中等职业教育国家规划教材
全国中等职业教育教材审定委员会审定
全国建设行业中等职业教育推荐教材

综 合 实 习

（工业与民用建筑专业）

主　　编　叶　刚
责任主审　刘伟庆
审　　稿　任国华　顾建平　金飞芳

U0330539

中国建筑工业出版社

图书在版编目（CIP）数据

综合实习/叶刚主编. —北京：中国建筑工业出版社，
2003

中等职业教育国家规划教材. 工业与民用建筑专业

ISBN 978-7-112-05393-3

Ⅰ. 综…　Ⅱ. 叶…　Ⅲ. ①工业建筑-实习-专业学
校-教材②民用建筑-实习-专业学校-教材　Ⅳ. TU-45

中国版本图书馆 CIP 数据核字（2003）第 044956 号

本书是根据全国中等职业学校工业与民用建筑专业教学计划及综合实习教学大纲编写，内容包括：砌筑工程、抹灰工程、钢筋工程、模板工程和混凝土工程以及施工员、预算员、材料员和质量员的综合实习内容。着重阐述各项实习教学的目的、内容与要求、组织、考核与指导，其中突出对各项实习内容的重点和难点进行指导，有很强的针对性和实用性。

本书可作为中等职业学校（中专、技校、职高）工业与民用建筑专业及相关专业的教学用书，也可供建筑工人培训和现场技术管理人员培训参考使用。

中 等 职 业 教 育 国 家 规 划 教 材
全国中等职业教育教材审定委员会审定
全国建筑行业中等职业教育推荐教材
综 合 实 习
（工业与民用建筑专业）
主　编　叶　刚
责任主审　刘伟庆
审　稿　任国华　顾建平　金飞芳

*

中国建筑工业出版社出版、发行（北京西郊百万庄）
各地新华书店、建筑书店经销
廊坊市海涛印刷有限公司印刷

*

开本：787×1092 毫米　1/16　印张：24¼　字数：584 千字
2003 年 7 月第一版　2014 年 5 月第五次印刷
定价：38.00 元
ISBN 978-7-112-05393-3
（17256）

中等职业教育国家规划教材出版说明

为了贯彻《中共中央国务院关于深化教育改革全面推进素质教育的决定》精神，落实《面向21世纪教育振兴行动计划》中提出的职业教育课程改革和教材建设规划，根据教育部关于《中等职业教育国家规划教材申报、立项及管理意见》（教职成〔2001〕1号）的精神，我们组织力量对实现中等职业教育培养目标和保证基本教学规格起保障作用的德育课程、文化基础课程、专业技术基础课程和80个重点建设专业主干课程的教材进行了规划和编写，从2001年秋季开学起，国家规划教材将陆续提供给各类中等职业学校选用。

国家规划教材是根据教育部最新颁布的德育课程、文化基础课程、专业技术基础课程和80个重点建设专业主干课程的教学大纲（课程教学基本要求）编写，并经全国中等职业教育教材审定委员会审定。新教材全面贯彻素质教育思想，从社会发展对高素质劳动者和中初级专门人才需要的实际出发，注重对学生的创新精神和实践能力的培养。新教材在理论体系、组织结构和阐述方法等方面均作了一些新的尝试。新教材实行一纲多本，努力为教材选用提供比较和选择，满足不同学制、不同专业和不同办学条件的教学需要。

希望各地、各部门积极推广和选用国家规划教材，并在使用过程中，注意总结经验，及时提出修改意见和建议，使之不断完善和提高。

教育部职业教育与成人教育司

2002 年 10 月

前　　言

本书是根据教育部颁发的中等职业学校《工业与民用建筑专业教学计划》及《综合实习教学大纲》（试行）的要求而编写的。

本书针对《综合实习教学大纲》中所要求的两个专门化方向的要求进行编写。建筑施工操作岗位专门化方向，要求通过综合实习，有1个工种达到中级工水平，1～2个专业工种达到初级工标准，内容包括砌筑工程、抹灰工程、钢筋工程、模板工程和混凝土工程。建筑施工技术管理岗位专门化方向，要求通过综合实习，有1～2个岗位达到岗位规范的基本要求，内容包括施工员（工长）、预算员、材料员、质量员等。

本书针对上述两个专门化方向既从实习目的、实习内容和要求、实习组织、实习考核及实习指导等方面进行了具体的阐述，又对实习操作步骤、要领、注意事项等进行了详尽的介绍，有很强的针对性和实用性，是对专业教材的必要补充和提高。

本书由北京城建培训中心叶刚担任主编，并编写概述、钢筋工程与模板工程实习、施工员（工长）实习、材料员实习；天津建筑工程学校王志坚编写砌筑工程实习和抹灰工程实习；陕西省建筑安装技校李国年编写混凝土工程实习和常见建筑施工工种操作实习；山东城建学校桑佃军编写质量员实习；北京城建培训中心黄东红、阳星亮编写预算员实习。

本书在编写过程中难以找到类似的参考资料，是各位参编老师在收集现场施工资料的基础上，结合长期教学经验并参考兄弟学校的实习资料编写而成的，由于编写时间仓促，加上编者本身的水平有限，书中难免有错误和不足之处，恳请各位读者批评指正，以期进一步修改与完善。

在本书编写过程中，得到了各方面的大力支持和帮助，在此表示感谢。

目　　录

概　　述

我国正处在建立社会主义市场经济体制和实现现代化战略目标的关键时期，综合国力的强弱越来越取决于劳动者的素质，取决于各类人才的质量和数量。21世纪，我国既需要发展知识密集型产业，也仍然需要发展各种劳动密集型产业。我国的国情和所处的历史阶段决定了经济建设和社会发展对人才的需求是多样化的，不仅需要高层次创新人才，而且需要在各行各业进行技术传播和技术应用、具有创新精神和创业能力的高素质劳动者。

根据《中共中央国务院关于深化教育改革全面推进素质教育的决定》精神，中等职业学校担负着培养高素质劳动者这一艰巨的历史重任，是全面推进素质教育，提高国民素质，增强综合国力的重要力量。

新编制的中等职业学校《工业与民用建筑专业教学计划》进一步明确了培养目标，树立了以全面素质为基础，以能力为本位的新观念，培养与社会主义建设要求相适应，德智体美等全面发展，具有综合职业能力，在生产、服务、技术和管理第一线工作的高素质劳动者和中初级人才。

建筑施工综合实习是工业与民用建筑专业中实践性最强的课程。它实习时间最长、内容最丰富，是学生系统地学完本专业的理论知识，完成建筑施工专业工种基本功训练后的一次综合性的教学实践活动，对学生毕业后形成熟练的职业技能和适应职业变化的能力，起着重要作用。

一、建筑施工综合实习的目的和作用

（一）验证、巩固、深化所学的理论知识

实习场地，特别是建筑施工现场是建筑施工的百科全书。通过对建筑产品生产全过程的实习，学生首先可以在实习的过程中验证所学的理论知识，并学会用所学的知识分析、解决工程实际问题。与此同时，学生会发现很多在课堂上没学过的东西，发现自己在知识掌握上的单纯、肤浅、欠缺和漏洞，需要重新温习课本或查找课外书籍和资料，从而使所学的知识得到巩固、深化和完善。

（二）提高专业工种的综合岗位操作能力

学生经过两年的专业基础课和专业课学习已掌握了建筑施工各专业、工种的基本功训练知识，通过综合实习，按照建筑工人职业技能鉴定规范的要求，在实习基地进行上等级的岗位综合操作，使学生逐步熟练操作技能，并形成初步的技术经验，对各专业工种的质量通病防治、安全生产和文明施工有更深的了解，使学生毕业后能尽快适应操作岗位的需要。

（三）基本明确一线施工技术管理岗位的职责范围和工作要领

通过综合实习，学生在施工现场跟班作业，在工长和技术员的指导下进行各种施工技术管理岗位（施工员、质量员、材料员、预算员等）的实习，从而了解各岗位的职责，并初步掌握各管理岗位的工作要领，为毕业后从事现场施工技术管理工作奠定良好的基础。

（四）培养良好的职业道德和吃苦耐劳、一丝不苟的工作作风

建筑产品的质量好坏关系到千家万户的利益,所以从事建筑行业工作的人员要有良好的职业道德,对建筑产品要精心设计、精心施工,让业主安居乐业。通过现场跟班作业,工人师傅言传身教,使学生深刻了解建筑产品的质量,除与施工技术有关,还与从业人员的整体素质有关。

目前,建筑施工还存在大量的手工操作,工作环境较差,劳动强度大,通过实习可以让学生了解将来的工作环境和体能要求,培养学生吃苦耐劳、尽职尽责、一丝不苟的工作作风,为毕业后尽快适应并胜任工作打下良好的基础。

(五)扩大视野,培养综合工作能力

建筑现场施工是紧张、有序、高效的产品生产过程,除了技术因素之外,还涉及建筑经济、社会关系、环境保护、安全保卫等方方面面的因素,是一个综合的系统工程,通过实习,可以扩大视野,增加对建筑市场各主体状况的初步了解,提高综合工作能力,以适应走上社会以后的职业变化。

二、综合实习的内容和要求

综合实习分为两个专门化方向。即:建筑施工操作岗位专门化和建筑施工技术管理岗位专门化。

(一)建筑施工操作技能专门化

实习分为校内实习和施工现场实习两个阶段进行。校内实习可与学校基建配合或按比例缩小进行模拟训练,目的是为现场生产岗位的实习打下坚实的技能基础。实习内容应与现场接轨,要达到独立操作的要求,切忌技术不熟练,到现场用产品作训练,影响工程质量,这不但对工程的进度和质量造成不利的影响,而且影响接收单位的积极性。

施工现场实习,要求学生跟班作业,在师傅指导下进行。定期讲评,做好阶段性总结。

具体实习内容包括:

(1)砌筑工程综合实习;

(2)抹灰工程实习;

(3)钢筋工程与模板工程实习;

(4)混凝土工程实习。

学生可在上述四项实习中任选二项,通过综合实习,保证一个专业工种达到中级工水平,1~2个工种达到初级工水平,毕业时通过技能等级考核,取得岗位证书,达到一专多能的目的。

(二)建筑施工技术岗位专门化

此实习分为常见建筑施工工种操作实习和建筑施工技术管理岗位实习两大模块。常见建筑施工工种操作实习要求此专门化的所有学生均应参加,但可在砌筑、抹灰、钢筋、混凝土或其他工种中选择1~2个工种实习,旨在让学生对常见的建筑施工工种操作技能有一个基本的了解,为从事施工技术管理岗位工作打下专业基础。

此实习一般建议在校内的实训基地进行,有条件的可到建筑施工现场跟班作业,在师傅的指导下进行。这种实习特别要强调操作质量,条件不具备的应以校内实习为主。

施工技术管理岗位实习应在施工现场进行,在工长和技术人员的具体指导下跟班作业,具体参与施工员、质量员、材料员、预算员或其他技术管理岗位的运作,详细了解其职责范围、工作内容和工作要领,应注意的事项以及与其他岗位的配合等。通过实习,有

1～2个岗位达到岗位规范的基本要求，并通过各地的岗位考试取证。

具体实习内容包括：

(1) 常见建筑施工工种操作实习；

(2) 施工员（工长）实习；

(3) 预算员实习；

(4) 材料员实习；

(5) 质量员实习。

三、实习的组织领导

（一）实习组织

1. 学校成立实习领导小组

该组织负责实习的宏观安排、指导、检查、监督及实习的总结等工作。其中实习场地的选择尤为关键，这直接关系到实习的结果是否达到预期的目的。校内实习场地要保证每个学生有足够的工位，实习材料在经济条件许可的情况下，尽量与现场接轨。学校应经常与当地的大施工集团、公司挂钩，建立长期良好的合作关系，形成稳定的实习基地，以保证每年综合实习场所有充分的选择余地。

实习领导小组成员应包括校领导、教务科、专业科的有关人员，要经常到实习现场进行检查指导，解决实习过程所出现的各种宏观性问题。

2. 优选实习指导老师

要求实习指导老师要有一定的理论知识、现场工作经验和组织管理能力。能够及时妥善地与现场指导人员配合，尽可能按照实习大纲的要求安排实习岗位和实习内容。随时引导学生将工地遇到的实际问题，看到的实物与课本上的理论知识联系起来，巩固学生所学到的理论知识和技能，培养学生分析问题和解决问题的能力。并与学生吃住在现场，精心安排学生的实习和照料学生的生活。具体做好以下几个环节的管理工作：

(1) 实习动员；

(2) 带领学生进入现场；

(3) 实习交底；

(4) 及时与现场指导人员协调实习过程，解决有关问题；

(5) 定期召集实习小组长汇报实习情况；

(6) 随时到工地进行检查指导，及时发现问题，解决问题；

(7) 随时对学生的实习日记进行检查、批改和考评；

(8) 及时向实习领导小组汇报各阶段的实习情况，落实领导小组的各项任务和指示；

(9) 做好学生实习成绩的评定工作。

3. 学生成立实习小组，指定小组长

实习小组学生组长的职责：负责本组学生在实习期间的纪律和考勤工作，协助工程技术人员和指导老师安排好实习期间的具体事宜，协助指导老师处理好与实习工地的关系。

实习小组内应设学生安全员，负责本组学生在实习期间的人身安全，随时提醒本组成员注意安全。

学生在实习期间应注意以下事项：

(1) 注意搞好师徒关系。学生在实习期间应以徒弟的身份进行跟班作业，尊重师傅，礼貌待人，做到"五勤"，即：手勤：能动手时多动手，与工人师傅打成一片，主动多做一些力所能及的工作，以取得工程技术人员和工人师傅的好感，切忌眼高手低，夜郎自大，看不起工人师傅。嘴勤：要不耻下问，虚心向工人师傅和现场工程技术人员学习，经常参与工程管理工作和技术交底，要敢于发表意见。腿勤：学生在实习工地要多走动，切忌扎堆闲坐聊天，影响现场的紧张施工气氛。眼勤：在工地要多看，看在眼里，记在心里，当好工程技术人员和工人师傅的助手，这有利于培养自己观察事物、分析事物的良好习惯。脑勤：遇到问题要多问几个为什么，培养自己分析问题、解决问题的能力。

（2）遵守实习纪律。应特别注意遵守实习纪律和施工现场的规章制度，按时上下班，注意搞好场纪场容，对新工艺和新技术做好保密工作。有事请假，未经批准，不得随意缺勤。

（3）落实实习计划，不得擅自离岗。学生应按实习计划的安排，分阶段落实实习内容，不得随个人的喜好随意串岗、离岗，以免影响施工秩序。

（4）做好个人的安全工作。学生应树立自我保护和安全防范意识。学生进入施工现场，必须配戴安全帽，自觉遵守安全操作规程，戴好安全防护用品，确保实习期间不发生人身、设备事故。

（二）实习时间安排

综合实习安排在最后一学年的最后一学期，使用时间为19周，共570学时，具体时间安排如下：

1．操作岗位专门化

（1）砌筑工艺操作实习9周（270学时）；

（2）砌筑综合实习9周（270学时）；

（3）抹灰工程实习9周（270学时）；

（4）钢筋工程和模板工程实习9周（270学时）；

（5）混凝土工程实习9周（270学时）；

（6）实习考核一周（30学时）。

学生可根据自己的特长选择前五项实习内容中的二项进行实习，达到一专一能的目的，实习指导老师应根据现场的具体情况，安排好校内实习和施工现场实习的时间比例，并做好学生实习岗位的轮换工作，避免出现空档闲置时间，提高实习时间的使用效率和使用质量。

2．施工技术管理专门化

（1）常见建筑施工工种操作实习4周（120学时）；

（2）施工员（工长）实习10周（300学时）；

（3）预算员实习10周（300学时）；

（4）材料员实习4周（120学时）；

（5）质量员实习4周（120学时）；

（6）实习考核1周（30学时）。

常见建筑施工工种实习，所有选择施工技术管理专门化岗位实习的学生均应参加，可选择1～2个岗位实习，四周内各工种如何配合轮换，各地区可根据当地的具体情况，安排在校内或现场实习，通过实习应有一个岗位达到初级工水平。技术管理岗位实习，各地可根据自己的需要和学生的意愿选择1～2个技术管理岗位实习，通过综合实习，应有

1～2个岗位达到规范的基本要求，并通过当地组织的岗位考核取证。

（三）实习安全和实习纪律要求

1．实习安全

施工现场是一个多工种、立体的综合施工场所，各种不安全的因素较多，加之本身的不安全行为，随时可能出现人身或设备安全事故，因此，进入施工现场一定要树立安全第一的防范意识。为了确保安全，学校应与学生和接纳实习的单位签定安全责任合同。

学生在施工现场实习期间，一般的安全要求如下：

（1）学生在实习期间，应服从指导老师的指挥和安排。

（2）认真听取现场的安全技术交底。

（3）在操作岗位上严格遵守安全操作规程。

（4）进入现场必须戴安全帽，在操作岗位上必须按规定使用个人安全防护用品，严禁穿高跟鞋和拖鞋进入施工现场。

（5）进入施工现场要遵守工地的一切规章制度，听从现场实习指导人员的指挥。

（6）未经操作人员允许，不得随意操作机器设备。

（7）注意"四口"、"五临边"有无防护标志，不要靠近现场设有警戒标志的区域，不准随意移动和拆除防护设施。

2．实习纪律要求

（1）实习期间学生应服从实习指导老师和现场实习指导人员的安排和指挥，严格遵守所在实习单位的一切规章制度。

（2）日常实习学生应服从组长和工人师傅的安排，不得与组长和工人师傅发生争执。

（3）在操作岗位上，学生应服从工程技术人员和工人师傅的安排和指导，不得违章操作和私自操作。

（4）学生应在指定的操作岗位上从事指定的实习操作，不得随意串岗和离岗，私自单独活动。

（5）学生应按时上下班，不得迟到、早退，更不得无故旷工。实习期间一般不得请假，有特殊情况，须履行请假手续，待批准后方可离开实习场地。

（6）学生应文明礼貌，尊重工程技术人员和工人师傅，不得吵嘴打架。

（7）实习期间，学生应积极主动做好分配的工作，不得偷懒耍滑，更不准在工地扎堆聊天、打扑克、下棋等。

（8）实习期间，无论发生什么问题或事故，学生都必须及时报告实习指导老师或带班师傅，不得自行处理。

（9）每天写好实习日记。

四、实习成绩考核与评定

学生的实习成绩由实习表现、实习日记和实习报告三部分组成。学生应端正态度，认真实习，逐日写好实习日记，在实习结束时进行全面总结，写出实习报告。

实习成绩由实习指导人和实习指导老师考核评定。

（一）考核标准

综合实习成绩按优秀、良好、及格、不及格四级制评定，单独记入学生成绩册。考核标准、实习鉴定与成绩评定的具体内容见表0-1和表0-2。

表 0-1

	实习表现	实习日记	实习报告	口试或答辩	工地实习指导人鉴定
优秀	实习态度端正,工作积极主动,认真负责并做出一定成绩;圆满完成实习任务,受到工地各方一致好评;严格遵守纪律,出勤率达95%以上	每天都有详细的日记记录,且内容丰富具体,认识深刻,书写认真	观点明确,材料具体而丰富且材料与观点相统一,有叙有议有理有据,分析论证正确有一定深度,文字流畅,图文并茂	答辩围绕问题,论点明确,论据充分,说明清晰简洁,言简意赅	工作积极主动,肯钻研,有开拓精神,遵守纪律,尊重师傅和管理干部,协作精神好
良好	实习态度端正,工作认真负责,能较好地完成实习任务,遵守实习纪律,出勤率达85%	每天都有日记记录,且内容丰富具体	观点明确,材料运用得当,有叙有议,文字流畅	回答问题材料运用得当,观点明确,叙述条理清楚	服从分配,工作积极主动,有一定的开拓精神,识大体,遵纪守法,吃苦耐劳
及格	实习态度端正,基本完成了实习任务,有一定实习习惯,遵守实习纪律,出勤率达70%以上	日记篇数不多,内容比较平淡	观点明确,并有一定材料加以论证,说明,文字通顺	能围绕问题作一定的说明,观点明确,叙述有一定条理	能服从分配,按质,按量完成任务
不及格	没有完成规定的实习任务,有违纪行为,出勤率在70%以下	日记篇数不达应有篇数的1/2或日记内容空洞	观点不明或材料贫乏,或材料与观点不相吻合,文字不畅	观点不明,答非所问或引用材料与观点不符,叙述不清	出勤率不高,工作懒散,缺乏积极性

综合实习鉴定及成绩评定表

班　　　级_____

姓　　　名_____

实习指导人_____

实习指导教师_____

年　　月　　日

姓名		班级		实习 时间	始	
					止	
实习单位						
实习项目名称及地点						

实 习 报 告

实习 表现 （30%）	
实习 日记 （20%）	
实习 报告 （20%）	
口试或答辩 （10%）	

工地实习指导人鉴定（20%）	签字：　　年　月　日
实习指导老师评语	签字：　　年　月　日
实习成绩	
备　注	

（二）考核办法

实习结束后，学生即将实习日记、实习报告和现场实习指导人员的鉴定交给实习指导老师，指导老师根据考核标准逐项考核，并评出相应的成绩。

操作岗位证书应通过当地具有相应权限的单位组织的工人技术等级技能鉴定，合格后取证。

五、实习指导

（一）操作岗位专门化方向的实习指导

参加操作岗位专门化方向的学生，要求选择 2 个工种进行，通过综合实习其中一个工种要达到中级工水平，另一个工种要达到初级工水平，从而达到一专一能的培养目标，以满足毕业后从事建筑施工岗位操作和职业变化的要求。

为了保证实习质量不影响现场施工质量和施工秩序，综合实习应分两个阶段进行，第一阶段应在校内实训车间或场地进行与现场接轨的仿真模拟训练。这种训练应根据现代建筑施工现场的要求，从施工准备（材料与机具准备、作业条件）、操作工艺、质量标准、应注意的质量问题、成品保护、质量记录资料等方面进行工种的全方位、全过程的综合训练，要求经过训练后能达到独立操作的水平，即具备到现场跟班作业的条件，以保证现场实习的顺利进行。切忌到现场实习之前，基本操作技能不熟练，到工地拿产品作练习品，既影响工地的产品质量和施工进度，又对今后的现场实习造成不良影响，增加今后联系现场实习场地工作的难度。

校内实习可配合学校基建或将工程实物按比例缩小，进行仿真训练。时间分配比例可视校内实训的条件和现场接纳情况等作灵活的安排。

经过校内综合训练，条件具备之后，带学生进入工地进行现场施工实习。学生进入工地之后，应以徒弟的身份跟班作业，在师傅的指导下进行技术工人等级训练，巩固所学的知识和技能，并使自己的操作技能按照工人技术等级标准的要求达标，经技能鉴定后取得资格证书。

（二）施工技术管理岗位专门化方向的实习指导

建筑施工技术管理岗位专门化方向的建筑施工常见工种操作实习，所有选择该岗位的学生均应参加。可选择 1~2 个岗位进行，在四周的时间内，通过综合实习应有一个工种岗位达到初级工的水平。这种实习原则上应以校内实训为宜，条件具备的话也可到现场实习，但必须采取切实可行的组织措施和技术措施，保证产品质量。

施工技术管理岗位的现场实习，也可分为校内实习和现场实习两个阶段。因为这些岗位所涉及的知识和技能在各门专业课程中，虽然都作了专业性的讲授，但作为岗位所须具备的综合性知识和技能没有作过系统性的介绍，所以在进入施工现场实习之前，应在校内对各岗位应掌握的知识和技能作一个系统的学习。例如，预算员可以在校内作一个单位工程的施工预算编制工作。这样，学生在进入现场以后，对所从事的管理岗位工作职责、操作要领有一个事前的了解，做到心中有数，有利于尽快熟悉业务，提高实习效率和实习质量。

施工技术管理岗位的现场实习，学生应跟班作业，在工程技术人员和相应岗位指导老师的带领下进行。要特别注意各岗位的职责要求、运作规范和操作要领，通过综合实习进一步熟悉岗位的综合要求，并在实习指导老师的指导下，参加各地组织的岗位考试，合格后取证。

（三）实习日记、实习报告撰写指导

1. 实习日记主要内容

（1）记录每天的实习内容和完成情况，气象资料；

（2）记录每天的收获和体会、难以理解和难以解决的问题；

（3）记录各项具体工作的工作依据、重点和难点、质量标准和安全要求；

（4）记录实习工地的所见所闻，施工状况；

（5）记录必要的图表和数据，收集有关的资料和信息；

（6）记录实习指导老师和带班师傅的指示和嘱咐。

2. 实习报告的撰写指导

（1）综合实习报告的性质：综合实习报告是反映实习成果的说明性应用文，它具体介绍实习的过程、收获和体会。它对今后的学习和工作起着借鉴和指导作用。

实习报告的撰写形式可以从个人的角度，就自己的经历、所见所闻谈体会和收获，并提出自己的建议；也可以站在学校、施工单位乃至整个社会的不同角度，从更大的范围内对综合实习的作用、地位和作法作深入细致地研讨，提出成功经验，找出存在问题，提高解决问题的能力。

（2）综合实习的撰写格式和内容：综合实习报告的格式分为前言、正文和结尾三部分。

1）前言：可采用概述法或直述法，概述法是对实习的全过程作一个概要的叙述；直述法是一开始直奔主题，点明自己的观点，说明报告的重要性，以引起阅者的重视。

2）正文：正文是实习报告的主体，内容较多，为了使层次、条理清楚，一般应先列出纲要，形成一个完整的结构。可按时间的先后形成纵向结构。按不同的实习阶段，介绍实习情况、收获和体会，最后对本次实习自己能力的提高和认知的进步作结论性的论述。另一种方法是按报告的不同性质形成横向结构。例如，先把正文分为收获与提高、存在问题与不足、建议改进措施三大部分，第一部分叙述自己知识与技能的提高；第二部分写自己在实习过程中发现的问题和不足之处；第三部分对存在问题提出自己的改进建议等。

3）结尾：结尾应简要地对正文的观点进行深化，也可在此基础上对综合实习提出一些新的想法和建议。

（3）综合实习报告的基本要求：材料要丰富充实，不得虚构或抄袭；分析方法正确，透过现象看本质，使自己的分析问题和解决问题的思维能力有一个质的提高；语言要求准确、简洁和朴实。

（4）实习报告的篇幅要求：实习报告的字数以 3000 字左右为宜。

模块一 砌筑工艺操作实习

砌筑工程是指砖、石和各类砌块的砌筑。砖石取材容易、施工简便、造价低，是我国的传统建筑用材，至今仍大量采用。其缺点是自重大，手工操作劳动强度大，且砖的烧制占用农地，从环境保护和节能的角度出发，国家正推广用中、小型砌块代替黏土砖，这是墙体材料改革的重要途径之一。

砌筑施工过程主要包括材料准备、运输、脚手架搭设和砌体砌筑等过程。

本模块分为砌筑综合练习和特殊砖砌体砌筑两个单元进行实习。通过实习，考核取证。

一、实习目的

通过实习，学生将《建筑施工工艺》课程中学到的基本操作，加以综合运用，按照瓦工的等级要求，完成等级训练。并按照学生个人的意愿，各自参加中级工或初级工的考核，取得相应的上岗合格证。

二、实习内容与要求

（一）实习内容

（1）单片墙体、独立柱的砌筑；

（2）带门窗过梁实心墙体的砌筑；

（3）砖墙交接组砌与基础砌筑；

（4）封山、拔檐；

（5）坡屋面铺挂瓦；

（6）砖平碹、弧形碹砌筑；

（7）特殊墙体砌筑；

（8）毛石、砌块墙体砌筑；

（9）中、小型砌块砌筑。

初级瓦工和中级瓦工的职业技能标准可参阅《建设行业职业技能标准》。

（二）实习要求

1．纪律要求

（1）在现场师傅的带领下实习，要以徒弟的身份向工人师傅和技术人员虚心学习。

（2）遵守安全操作规程，不违章作业。

（3）坚守岗位，不擅自离岗或串岗。

（4）按时上下班，不迟到早退，实习期间一般不准请假，有特殊情况，应向实习指导老师请假。

（5）每天写好实习日记。

2．技术要求

（1）对实习内容要做好预习，掌握技术要求和操作要领。

（2）实习时，要认真听取现场技术人员和工人师傅的技术交底，严格按操作规程操作，严格控制工程质量。

（3）操作过程中，发现问题要及时汇报请示处理办法，不得任意擅自处理。

（4）对实习中的重点和难点要做好实习记录和心得体会，为实习总结积累资料。

三、实习组织

（一）实习方式

1. 校内实习

为了保证学生到现场实习时，操作水平达到现场要求，以免影响现场的工程进度和质量，应安排一定的时间在校内实习场地进行综合性的等级实习。

学生在实习指导老师和工人师傅的带领下，分成若干小组，从作业条件、工具和材料的使用、操作规程和质量要求等方面进行与现场接轨的仿真训练，为进入现场实习打下坚实的基础。

2. 校外实习

学生到达施工现场后，应尽快熟悉工程概况、图纸要求、质量验收标准和操作要领，特别要认真听取技术人员和工人师傅的技术交底，对所从事作业的进度、质量要求做到心中有数。然后，以学徒的身份，以师傅带徒弟的形式跟班作业。

操作时，学生应听从师傅的安排，一般主要部位由工人师傅操作，学生安排在次要部位，或由一名师傅带一名学生，确保工程质量。

工地实习，应视情况安排学生实习内容的轮换，以便按计划完成实习任务。

（二）实习时间安排

1. 校内实习时间安排

校内安排二周的时间进行综合实习，各组轮流进行。

2. 校外实习时间安排

校外实习安排七周时间，具体实习课题视学生的个人意愿和工地的具体情况安排，各组轮流进行，实习结束前，用2～3d时间写实习报告。

四、实习考核

（一）综合实习成绩评定

根据教学计划规定，综合实习单独考核成绩，考核内容和考核办法参照概述中的有关规定执行。各课题实习成绩考核应按相应的考核标准进行，各单元实习应另列考核评定表。

（二）考证

条件具备时，学生应参加岗位职业技能鉴定，由劳动部门按建筑工人岗位职业技能鉴定规范的要求进行等级考核，成绩合格者，发给相应等级证书。

五、实习指导

（一）校内实习指导

瓦工的校内实习是在掌握了基本功的基础上进行等级实习。要掌握正确的组砌原则和不同构件的组砌形式，规范基本操作动作，熟练掌握操作要领。通过各种不同课题的实训，使自己的知识水平和技能水平上一个台阶，为到现场后能马上顶岗实习创造良好的条件。

（二）校外实习指导

施工现场的实习不可能按照事先拟定的课题去单独完成，往往是综合性的施工过程，要在技术人员的指导下，在师傅的具体带领下去完成。

一般根据现场的安排分成若干小组，以师傅带徒弟的形式跟班作业，实习指导老师可以根据工位、部位的不同，灵活安排人员的调配和交流，以尽可能多地接触实习项目，完成实习任务。

在现场实习的过程中，要虚心向现场师傅学习，认真仔细地观察和学习师傅的操作方法和操作要领，将学校学到的基本功与现场实际情况有机地结合起来，并注意从全局的角度了解综合施工的全过程，积极主动地参与各具体过程的施工，充实已学的知识和技能，掌握校内未接触过的现场知识和技能。

现场施工一定要注意安全，严格遵守现场的安全规定和安全操作规程，避免伤亡事故的发生。

单元一　砌筑综合练习

本单元的实习是以组成砖混结构房屋的实心砖砌体为主要内容的，如单片砖砌体、独立砖柱和房屋各细部墙体构造的砌筑。其目的就是要在掌握了一般砖砌体的砌筑技能后，为进一步的特殊砖砌体的训练打下良好的基础。

课题一　单片墙体和独立砖柱砌筑

一、单片墙体

课题要求：厚度 240mm、长度 1240mm、高度 15 皮。组砌形式：一顺一丁（满丁满条十字缝）。外清水里混水墙。见图 1-1。

（一）作业准备

（1）材料准备　普通黏土砖：符合设计要求。砂：中砂，使用前过 5mm 孔径筛子。白灰膏熟化时间 >7d。采用白灰砂浆。

（2）工具准备　大铲、刨锛、线锤、靠尺、钢卷尺、灰桶等。

（二）工艺顺序

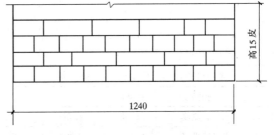

图 1-1　单片墙体

摆砖撂底→砌盘头砖（角）→两端挂线→砌筑中间墙→检查墙、角垂直度、平整度→划线扫墙→清理操作现场。

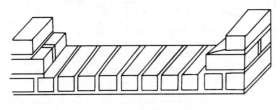

图 1-2　砌盘头砖（角）

（三）操作要点

（1）摆砖撂底　如无设计要求，组砌形式满丁满条遵循"山丁檐跑"让"七分头顺着条砖"摆。竖缝一般按 10mm 宽计。

（2）砌盘头砖（角）　先检查皮数杆层数尺寸，如无差错，先砌三层吊直，如图 1-2，一端砌完检查完，砌另一端并检查垂直度。

（3）两端挂线　先用别线卡子将线拉直，用铁钉将拴砖的线别在墙体侧面。如图1-3。

（4）砌中间墙体　按准线砌完两层墙体后，再砌三层盘角砖后再按准线砌中间墙体，以此类推，让角砖比墙体永远高两层直至砌完。每向上砌完三层角砖，要检角砖的垂直度和墙平整度及皮数杆层数的尺寸误差。

（5）划缝、扫墙　先用划缝棍把清水墙面缝子划出后，用扫帚扫清，再把混水墙面灰舌头扫净。

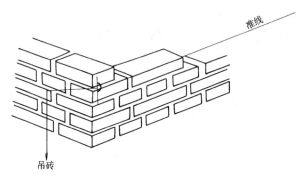

图 1-3　挂准线

（6）清理操作现扬　将落地灰及碎砖清除干净做到活完场清。

（四）质量检查与评定标准

内容可以见表1-1所示，学生可以边训练，边对照，采用自检、互检的方法提高砌筑技能。经过自检、互检评定合格后，再由考评员（高级工或实习教师）进行考核评定成绩。

实 操 考 核 评 定 表　　　　　　　　　　　　　表 1-1

项目：砌单片清水（混水）墙　　　学生编号：　　　姓名：　　　总得分：

序号	考核内容	检查方法	测点数	允许偏差	扣分标准	标准分	实得分
1	砂浆饱满度	百格网	3块以上		达不到80%，每块扣2分	10	
2	水平缝厚度	尺量	10皮累计	8mm	不符，每处扣3分	10	
3	水平缝平直	拉统线	3处	5mm	同上	10	
4	游丁走缝	吊线	3处丁砖	全高20mm	不符，每处扣2分	8	
5	墙面平整度	塞尺	2处	5mm	不符，每处扣4分	8	
6	墙面垂直度	拉线板	4处	5mm	超过，每处扣2分	8	
7	墙体标高	尺量	2处	3mm	与皮数尺寸超，每处扣2分	8	
8	墙面整洁、组砌正确	目测	任意		有缺损，错误扣2分	8	
9	划缝	目测	任意		深度一致，不符扣2分	8	
10	安全、文明操作	目测	无安全事故		有安全事故扣5分	10	
11	工效	手表计时	定额时间		超过30min，扣5分	10	
	备注						

考评员：　　　　　　日期：

二、独立砖柱

独立砖柱与附墙砖垛的砌筑练习是砌筑技能的基本训练。下面以 365×365 方形砖柱为例说明。课题要求：

独立砖柱、清水方柱 365×365、高 15 皮。

组砌形式：如图 1-4 所示。

（一）作业准备

（1）材料准备　普通黏土砖应为边角整齐、色泽均匀、规格一致的整砖。

砂浆：M5 以上的水泥砂浆。（校内练习可采用石灰砂浆）

（2）工具　除一般砌筑工具外还应准备水平尺和方尺（包括阴角、阳角两种）。

（二）工艺顺序

摆砖撂底→拉通线→砌筑→检查→划缝清理。

（三）操作要点

（1）摆砖撂底　不论是砖柱和附墙砖垛都要进行干砖按轴线试摆。并要求要符合砌体排列要求，砖柱不得采取包心砌法。见图 1-5。

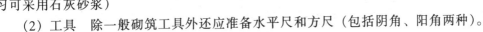

图 1-4　独立砖柱

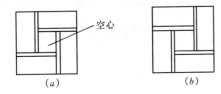

图 1-5　包心砌法

（2）拉通线　砖柱和附墙砖垛的排柱都要以排柱两头柱子为准拉通线检查尺寸、方正和标高。

（3）砌筑　宜采用"三一砌砖"以保证砂浆饱满度。并要求"三层一吊，五层一靠"，附墙砖垛与墙体搭接符合组砌要求并同时砌筑，不得留槎和脚手眼。砖柱每天砌筑高度不应超过 1.2m。所搭脚手架不得靠在柱上。

（4）检查　使用水准尺检查柱四角是否在一个水平面上并与皮数杆尺寸核对。还要用钢尺、方尺检查柱的对角线尺寸和方正。

（5）划缝、清理　清水砖柱和附墙砖垛应进行划缝清理，其方法与要求同清水砖墙。

（四）质量检查与评定标准

质量检查与评定标准见表 1-2。

实操考核评定表　　　　　　　　　　　　　　　　　表 1-2

项目：清水砖柱　　　　　　学生编号：　　　　姓名：　　　总得分：

序号	考核内容	检查方法	测点数	允许偏差	扣分标准	标准分	实得分
1	平面几何尺寸	尺量	4	±3mm	偏差 3mm，每处扣 5 分	10	
2	砂浆饱满度	百格网	3 块		达不到 80％，每块扣 2 分	10	
3	标高尺寸控制	尺量	4	±15mm	超范围，每点扣 2 分	10	
4	垂直度	托线板	4 面	5mm	同上	10	
5	竖缝饱满	目测			空缝，每处扣 2 分	10	

序号	考核内容	检查方法	测点数	允许偏差	扣分标准	标准分	实得分
6	水平缝厚度	尺量			10 皮计超范围，扣 3 分	10	
7	组砌要求	目测			通缝或包心扣 5 分	10	
8	砖搭接尺寸	尺量		±2mm	超允许值扣 2 分	10	
9	安全文明施工	目测			发生事故或清理 不干净扣 3 分	10	
10	工效	总额时间	计时		超过 30min 扣 5 分	10	

考评员：　　　　　　日期：

课题二　墙　体　砌　筑

课题要求：厚度 370mm、高 1.2m，尺寸如图 1-6，组砌形式：梅花丁。外清里混水墙体。

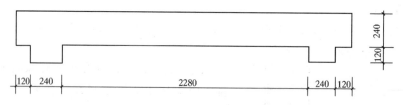

图 1-6　带附墙砖柱 240 砖墙

（一）作业准备

（1）材料准备　普通黏土砖、砌筑砂浆、木砖、门窗框、拉结筋等。

（2）砌筑工具及场地准备等。

（二）工艺顺序

摆砖撂底→立门框→砌筑墙体→砌门窗洞口→砌窗台→立窗框→窗间墙砌筑→门窗过梁。

（三）操作要点

（1）摆砖撂底　实心墙体摆砖采取"山丁檐跑"的方式，按墙身线进行摆砖，墙体的砌角又有小盘角与大盘角的区别。墙体的错缝要考虑两个因素，一个要考虑门、窗口上口合拢时"游丁走缝"；另一个要考虑门、窗口两边窗间墙不能形成"阴阳膀"。门窗洞口两边要对称。所以要统一摆底。

（2）墙体砌筑　除了要满足单片墙体的一般要求外，还要考虑墙体留槎的两种情形：一种是墙体与构造柱的连接，另一种是内外墙的连接留槎。

墙体与构造柱连接时要先绑扎钢筋，后砌筑砖墙，最后浇混凝土。砖墙应砌成马牙槎，每一马牙槎沿高度方向的尺寸应符合标准，马牙槎从每层柱脚开始，应"先退后进"，并沿墙高 500mm 设两根 φ6mm 钢筋，每边伸入墙内不应小于 1m。

墙体交接由于条件限制不能同时砌筑时要留槎。位置在交接处时，要先砌外墙，并留设斜槎。其长度不应小于高度的 2/3。斜槎的第一皮排出的长度最小为 750mm。如图 1-7。

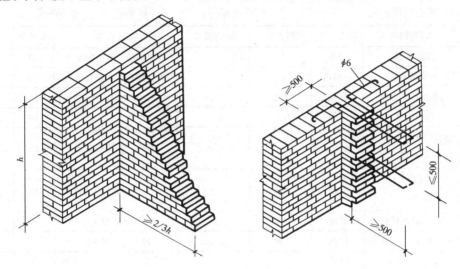

图 1-7　墙体留槎

当不能留踏步槎时，除转角处可留直槎，但必须砌成阳槎，并埋设拉结筋。数量为每半砖墙厚设置一根 $\phi 6$ 的钢筋，每道墙至少 2 根；间距沿墙高不超过 500mm，埋入长度每边不少于 500mm，末端应有 90°弯钩（图 1-7）。

（3）门窗洞口砌筑　对先立框的门砌筑时，将砖与门框相距约 10mm。后塞口的门洞应按其线砌筑，并根据门的高度在门框位置上埋砌底木砖。其间距不大于 1.2m，事先将木砖进行防腐处理。

（4）砌窗台　窗台有挑出墙面 60mm 的平砌挑窗台和侧立斗砌挑窗台两种形式，并且也有清水和混水之分。窗台应砌过窗洞口过窗角 120mm，并挑出墙面 60mm。砌时拉窗台的通线，把通线挂在两头挑出 60mm 砖的下砖角上，操作方法是把灰打在砖中间，四边留 10mm 左右，一块挤一块地砌，灰浆要饱满。如果是清水，要求陡砖要选砖。平砌窗台一般为混水。

（5）立门、窗框

1）立门框　按所弹的墨线放置门框，用线锤吊直，用木杆支撑固定。砌筑时离框边 3mm，防止把框挤得太紧造成门框变形。

2）立窗框　窗台砌筑完毕可放窗框，并校核其标高。其他要求与先立门框要求一样。先立门窗框后砌的施工优点是框与墙体结合紧密牢固，但楞边易破损，碰坏。

后嵌门窗就是在砌筑时预留好门窗洞口，当主体工程完成后，再将门窗嵌入预留洞口内固定，其优点是门窗框边摆角不会被损坏污染，便于施工。

（6）窗间墙砌筑　摆砖时不要破坏原墙体的组砌形式，并使门窗洞口两边门窗角的砌筑形式一致，不要形成"阴阳膀"，要对称。其他与单片墙体砌筑要求相同。

（7）门窗过梁　当砌至门窗间墙至平口时，就要放置门窗过梁，应先校核标高后抹找平层，再搁置过梁。如果是现浇就转入下一道工序了。

（四）质量检查与评定标准（见表 1-3）

项目：实心墙体砌筑　　　　　学生编号：　　　姓名：　　　总得分：

序号	考核内容	检查方法	测点数	允许偏差	扣分标准	标准分	实得分
1	墙面整洁	目测			墙面破损、污染扣 5 分	10	
2	砂浆饱满度	百格网	3 块以上		低于 80%，每块扣 2 分	10	
3	门窗洞口垂直度	靠尺	2 处	2mm	每处扣 2 分	10	
4	游丁走缝	吊线	3 点	2mm	每点，扣 2 分	10	
5	墙面、大角垂直，平整度	托线板	4	5mm	不符，每处扣 2 分	10	
6	留槎（构造柱、内外墙）	目测	全部		不符一处扣 4 分	10	
7	组砌形式与摆砖	目测	全部		不符一处扣 4 分	10	
8	水平缝厚度（10 皮计）	拉线	2 处	2mm	超出一处扣 3 分	10	
9	安全文明施工	目清			出质量、安全事故扣 5 分	10	
10	工效	计时	定额时间		超出 30min 扣 5 分	10	
	备注						

考评员：　　　　　　日期：

课题三　砖墙交接组砌与基础砌筑

一、砖墙交接组砌

砖墙交接组砌主要包括砖墙丁字交接组砌与砖墙十字交接组砌两种。

课题要求：一顺一丁墙体 370 墙丁字交接。尺寸与高度见图示 1-8。

梅花丁墙体 240 墙十字交接。尺寸与高度见图示 1-9。

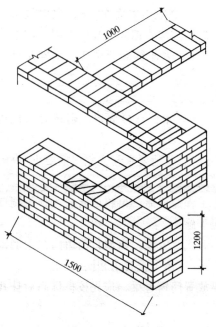

图 1-8　丁字墙交接

（一）作业准备

如课题一。

（二）工艺顺序

摆砖撂底→砌盘头砖（角）→挂线→砌筑→清整场地。

（三）操作要点

（1）摆砖撂底　370 墙丁字交接一顺一丁需要 3 个七分头交错搭接。240 墙十字交接只需要摆缝合适两层互相交接即可。

（2）砌盘头砖（角）　370 墙丁字交接不留槎，需 2 人同时砌筑。一人砌主墙需砌两端盘头砖（角），另一人砌交接墙，一端砌盘头砖（角），另一端与主墙搭接处要穿墙砌平整后用"八字卡子别线"挂水平准线后砌墙。

240 墙十字交接要同时砌筑需 4 人操作，否则来回过墙，影响砌墙速度。每人负责一端的盘头砖（角）的砌筑，并且要同时拉长线。注意不要使中间交接处砌砖妨碍准线，影响他人砌筑和墙体的平整度和水平缝的均匀程度。十字墙的各端头都要有皮数杆并要求第一层与抄平的±0.000吻合。

（3）挂线砌筑　370墙丁字连接处砌筑的每皮厚度尺寸要以主墙为主，砌筑速度与主墙一致，不允许砌筑时人为地留槎后再接槎。

240墙十字交接同时砌筑时要经常"穿线"看准线是否被挑起或移位，并且注意每一端每皮厚度与皮数杆皮数层是否一致，否则容易造成"螺丝墙"。

二、砖基础砌筑

砖基础施工包括垫层、大放脚、基础墙、防潮层。大放脚又有等高式和间隔式两种。训练以等高式六皮三收大放脚台阶为主。

要求：六皮三收大放脚台阶尺寸如图1-10，高度为12层。

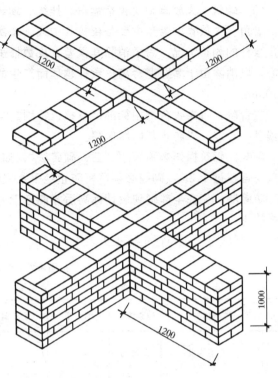

图1-9　十字墙交接

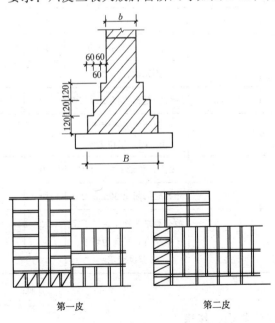

图1-10　砖基础砌筑

（一）作业准备

如课题一作业准备。

（二）工艺顺序

确定组砌方式→摆砖撂底→砌筑→抹防潮层。

（三）操作要点

（1）组砌方式　六皮三收为等高式，当设计无规定时，大放脚及基础墙一般采用一顺一丁组砌方式。此大放脚三个台阶，每阶退台宽度为1/4砖长，即60mm。为确保退台尺寸准确，可制成1/4砖长的标准尺作为退台的标准使用。

（2）排砖撂底　按"山丁檐跑"的原则将山墙摆成丁砖，檐墙为条砖。退台组砌采用挑丁压条。角部以小角摆砖，每半砖宽为一个"七分头"，六皮为两砖半宽共5个七分头，以后随墙体宽度减少，每退一台阶减一个"七分头"。

(3) 砌筑 大放脚砌筑包括盘角、挂线、砌砖、收台阶，最后是基础墙的砌筑。

盘角：大放脚的盘角主要是校核其中线，每次盘角都要检查退台的尺寸。标高要检查其皮数杆的相符情况，为了消除其误差，皮数杆采用钢筋而不用木杆，并且位置搁在墙的中心，以消除由于墙宽退台离皮数杆越远而产生的视差。要求各层与皮数杆偏差不得大于 ±10mm。

收台阶：每次收台都用标准尺校核，特别是第三收台为基础墙时要利用龙门板拉线检查墙身中心线，以防止基础墙偏移。

砌筑：砌筑操作必须采用"三一砌砖法"，如分段砌筑必须留踏步槎，分段砌筑高度相差不得超过1.2m。砌缝必须严密防止地下水侵蚀。

防潮层：应在全部砌到设计标高后才能施工。并应先抄平，用靠尺夹在墙两侧，按线摊平抹压。

（四）质量检查与评定标准见表1-4。

实操考核评定表   表 1-4

项目：基础墙（十字、丁字墙）   学生编号：   姓名：   总得分：

序号	考核内容	检查方法	测点数	允许偏差	扣分标准	标准分	实得分
1	砂浆饱满度	百格网	4块		不得低于80%，不符每块扣2分	10	
2	头缝饱满度	目测			如有空、瞎缝一处扣2分	10	
3	水平灰缝厚度（10皮计）	尺量	5mm	±8mm	超过规范，每处扣2分	10	
4	水平灰缝平直度	拉线尺量	3处	10mm	同上	10	
5	墙角、墙面垂直度	托线板	2处	5mm	超出，每处扣3分	10	
6	墙体交接正确	目测			不正确，扣5分	10	
7	轴线位移	尺量		±10mm	超出不得分	10	
8	收分要求	目测尺量			每边收分不大于1/4砖，超扣2分	10	
9	安全文明施工				安全、质量事故扣5分	10	
10	工效	计时			定额时间超出30min无分	10	
	合计				收分要求一项十字、丁字墙没有，可改为墙平整度要求		

考评员：   日期：

课题四 封山、拔檐

一、封山、拔檐

此工序操作练习可以分成封山和拔檐两个单项进行。如图1-11、图1-12所示。

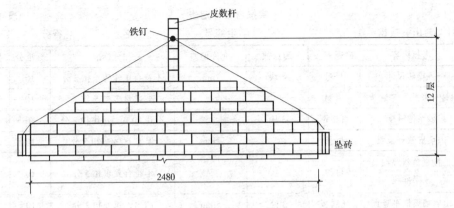

图 1-11 砌山尖

（一）作业准备

（1）材料准备 除满足课题一要求外，砌筑砂浆比平时练习增加稠度。

（2）工具准备 除砌筑工具外，增加短木皮数杆、铁钉、小线等。

（二）工艺顺序

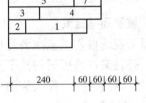

图 1-12 拔檐

封山砌筑：立皮数杆→挂三角斜线→砌盘头砖→挂水平线→砌山尖→打楔砖找坡→砌压顶砖。

檐墙砌筑：砌檐头砖→复核挑出尺寸→挂底线→砌筑挑砖→砌压砖→逐层挑砌→清扫。

（三）操作要点

1．封山砌筑

（1）立皮数杆 把皮数杆钉在山墙中心，在皮数杆的屋脊标高处钉一铁钉，往前后檐挂三角斜线，砌时按斜线坡度退踏步槎向上砌筑。

（2）砌山尖 砌山尖也要先砌两头盘头砖，用靠尺找平后挂水平线砌至山尖标高。

（3）平封山 按放好的檩条或钉好的望板找平封山尖砖成楔形，砌成斜坡后找平作压顶。

（4）高封山 按皮数杆要求高度砌至山顶顶部。高出屋面坡度但应和屋面坡度一致，后按标高斜线砌楔形砖，最后砌压顶砖。

2．檐墙砌筑

（1）砌檐头砖 要先选定是两皮一挑砖和一皮一挑（1/4 砖长）或间隔挑砌，可以逐项练习。

（2）挂底线 砌时，砖光面朝下，阴阳线条均匀，立缝要披满砂浆，水平灰缝砂浆外高内低，由外向里靠向已砌好的砖，后再砌上层的压砖。

（3）一般一次砌筑高度不宜大于 8 层，砂浆可增加强度等级一级。砌完后随之清扫。

（四）质量检查与评定标准

内容如表 1-5 所示。

23

项目：封山、拔檐　　　　　　　学生编号：　　　　姓名：　　　　总得分：

序号	考核内容	检查方法	测点数	允许偏差	扣分标准	标准分	实得分
1	挑檐砖尺寸	尺量	4块	2mm	不符合1/4砖长扣2分	10	
2	挑砖"倾头"、"翘头"	目测			数量多扣5分	10	
3	砂浆饱满度	百格网	3块		不到80%，每块扣2分	10	
4	山墙皮数杆位置	尺量		2mm	误差＞2mm扣5分	10	
5	挂三角斜线和水平准线	目测			不符合要求扣5分	10	
6	山墙墙面横平竖直	托线板	3处	5mm	超出，每处扣2分	10	
7	山墙斜坡楔砖打制	目测			不整齐，扣5分	10	
8	挑檐砖竖缝和水平缝有无砂浆	目测			瞎缝，无砂浆，扣5分	10	
9	安全文明施工				出事故扣5分	10	
10	工效	计时			定额超出30min扣5分	10	
	备注						

考评员：　　　　　　　　日期：

二、坡屋面铺挂瓦

屋面工程的操作工艺主要是根据屋面形式而定，屋面形式又分为坡屋面、平屋面、拱形屋面。并且又以坡屋面的挂平瓦、小青瓦及筒瓦的铺挂操作为主。

要求：以两坡一脊带天沟的平房为例，见图1-13平瓦与小瓦坡屋面。

（一）作业准备

（1）材料准备　平瓦、小青瓦、筒瓦（或脊瓦）、砂浆。

（2）工具准备　瓦刀、准线、灰浆桶、墨斗、直尺等。

（二）工艺顺序

平瓦操作：准备工作→运瓦和堆放→铺瓦→做脊→天沟与泛水。

小青瓦操作：准备工作→运瓦和摆放→做脊铺瓦→做斜沟→清扫屋面。

（三）挂平瓦操作要点

1．准备工作

（1）检查基层　黏土平瓦一般间距为280～330mm，屋脊处两个坡面上最上两根挂瓦条，要保证挂瓦后，两个瓦面的间距在搭盖脊瓦时，脊瓦搭接瓦尾的宽度每边不小于40mm。檐口条（封面板）要比挂瓦条高20～30mm并满足檐瓦出檐50～70mm的要求。

（2）选瓦　可按平瓦质量等级要求挑选，砂眼、裂纹、掉角、缺边、少爪等不符合质量要求规定的不宜使用，但半边瓦和掉角、缺边的平瓦可用于山墙、檐边、斜沟及斜脊处，但使用部分的表面不得有缺损或裂缝。

（3）检查脚手架　应检查脚手架的高度和稳定程度，高度是否超出檐口1m以上。

2．运瓦和堆放

（1）瓦的运输　瓦利用垂直运输机械运至屋面标高，然后按脚手分散到檐口各处，要求平瓦长边侧立堆放，一顺一倒合拢靠紧，堆放成长条形，高度以5～6层为宜。

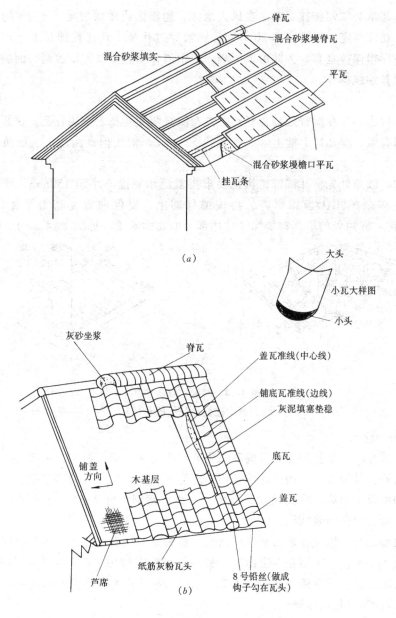

图 1-13　坡屋面挂平瓦、挂盖小瓦

(a) 坡屋面挂平瓦；(b) 坡屋面铺盖小瓦

（2）摆瓦　一般分为"条摆"和"堆摆"两种。"条摆"要求隔三根挂瓦条一条瓦，每米约22块；"堆摆"要求一堆9块瓦，间距为：左右隔两块瓦宽，上下隔两根挂瓦条，均匀错开。注意上瓦与堆放必须前后两坡同时同一方向进行，以免屋架不均匀受力而变形。

3. 铺瓦

（1）铺瓦顺序　"自左往右，自下往上"，从檐口开始往上挂。要求右瓦压左瓦，上瓦压下瓦。操作时，人蹲在瓦条上，左脚在上，右脚在下，面对山墙，从檐口铺到屋脊。

（2）铺瓦要求　上下两楞应错开半张，使上行瓦的沟槽在下行瓦当中，檐口的第一块瓦应出檐60mm左右，檐口瓦宜用镀锌铁丝和檐口挂瓦条拴牢，瓦与瓦之间应落槽挤紧，不能搁空，瓦爪必须勾住挂瓦条。在风大地区，地震区或屋面坡度大于30°的瓦屋面、冷摊瓦屋面，瓦应固定，每排应用20号镀锌铁丝穿过瓦鼻小孔挂在挂瓦条上。一般矩形屋面的瓦应与屋檐保持垂直，为此可以间隔一定距离弹垂直墨线加以控制，而檐口可以在出檐60mm处拉通线操作。

4. 做脊

铺瓦完成后，应在屋脊处铺盖脊瓦。先在屋脊两端各稳上一块脊瓦，拉好通线，然后在两坡屋面脊第一楞瓦口上铺上砂浆，宽约5～8cm，依次把脊瓦放上，依照通线用手撖压扶平。

在斜沟、戗角处先将瓦试铺，沟瓦要求搭盖泛水宽度不小于150mm，弹出墨线，编好号码，将多余的用无齿锯锯齐，再按编号铺上，要保证脊瓦搭盖平瓦每边不小于40mm。斜沟、戗角处的平瓦都要保证使用部分的瓦面质量。见图1-14（a）、（b）。

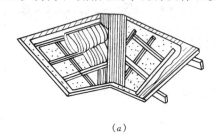 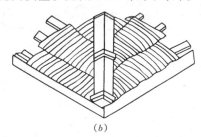

（a）   （b）

图1-14 斜沟、戗角挂瓦

（a）斜沟挂瓦；（b）戗角挂瓦

5. 天沟与泛水

（1）天沟作法 平瓦屋面的天沟和斜脊处均要切瓦，即先试铺，再弹墨线，再用切割机切割，最好按号铺盖。天沟的底部要用厚度为0.45～0.75mm的镀锌钢板铺盖，并应在铺盖前涂刷两道防锈漆后再涂两度罩面漆。并要求薄钢板伸入瓦下面不少于150mm，瓦铺好以后用麻刀混合砂浆抹缝。

（2）山墙泛水 以封檐板为准拉好通线，然后以一块整瓦隔一块半瓦相间铺设。可事先将瓦割成1/2宽，一半用在左边山墙，另一半用在右边山墙，如果山墙高度与屋面平，则只要在山墙边压一行条砖，然后用1:2.5水泥砂浆抹严并抹出披水线即可。

（四）铺挂小青瓦操作要点

（1）检查木基层 木椽条断面为30mm×70mm，平钉于檩条上，椽条间距视青瓦尺寸大小而定（一般为140mm左右），要求间距相等，偏差不宜过大。

（2）运瓦 用垂直运输机具上瓦，两坡同时同方向进行，堆放时，瓦片立放成条形或圆形堆放，高度以5～6层为宜，不同规格的小青瓦分别堆放。

（3）铺檐口瓦及脊瓦 檐口第一块面瓦应垫高40～50mm，并挑出檐砖40～50mm。铺檐口第一块底瓦时，小瓦大头向下，小头朝上。屋面底瓦均小头向下，大头朝上。盖瓦均大头向下，小头朝上。

小青瓦与平瓦铺法不同，一般铺前先做脊。包括人字脊、直脊与斜脊等几种。事先把屋脊安排好，在两坡仰瓦下面用碎瓦、砂浆垫平，将屋脊分档瓦楞窝稳，再铺上砂浆，平铺俯瓦3～5张，然后在瓦的上口，再铺上砂浆，将瓦均匀地竖排于砂浆上，瓦片下部要嵌入砂浆使其窝牢不动。铺完一段用靠尺拍直，再用麻刀灰把缝塞严、抹光。

（4）铺底瓦盖盖瓦　从檐口瓦与脊瓦拉一条中心线或边线（盖瓦拉中线，底瓦拉边线）按其准线自檐口向上铺底瓦。两底瓦之间的空隙用灰泥填塞垫稳后再铺盖瓦。

铺小瓦与盖平瓦一样，从左往右、自下往上。按照已排好的瓦垄拉线铺盖。每块瓦间的搭接应是瓦长的 2/3，不得少于瓦长的 1/3（俗称"一搭三"）。山墙处瓦应挑出半块瓦宽，并抹坡水线。

铺盖小瓦时，应选一些大瓦做底瓦，小一些瓦做盖瓦。在盖瓦时，每垄瓦铺完后，应检查上下是否疏密一致，两侧面校直，是否有张口翘曲现象。也可用一根 2m 长的直尺拍靠瓦头，校正瓦头高低，使瓦垄平直，屋面平整。

（5）清扫、抹瓦头及压光　清理瓦沟内各种杂物。对小青瓦屋面的屋脊及悬山屋面的坡水，可用麻刀灰顺砌一皮顺砖，或采用麻刀灰刮塞压光。

（四）质量检查与评定标准
见表 1-6。

实操考核评定表　　　　　　　　表 1-6

项目：坡屋面铺挂瓦　　　　　　学生编号：　　　姓名：　　　总得分：

序号	考核内容	检查方法	测点数	允许偏差	扣分标准	标准分	实得分
1	选瓦，堆放瓦	目测	全测		不得出现不合格瓦片，堆放合格	10	
2	檐口瓦外出尺寸合格并整齐一致	尺量	拉线找直	≤3mm	超出偏差一处扣 2 分	10	
3	屋面瓦铺设平整，行列整齐，搭接严密	目测	检查三处		不平或不严密每处扣 2 分	20	
4	脊瓦安放平稳、搭接长度合格，接缝严密	目测	检查三处		同上	20	
5	山墙泛水、平直、抹光	目测			倒泛水，扣 5 分	10	
6	>30°时，用铅丝，将瓦扎牢	目测	全检		有不扎牢处，一处扣 2 分	10	
7	安全、文明施工	目测			发生事故或不清理，分别扣 3 分	10	
8	工效	定额时间			超过 30min 扣 5 分	10	
	合计：						

考评员：　　　　　　日期：

单　元　小　结

（1）本单元为实心砖墙砌筑的基本技能训练内容，其结果的好坏直接影响墙体的砌筑质量和今后技能训练的发展。对此，必须进行有步骤的严格训练。

（2）在实习训练中，要严格按质量标准检验并采用自检、互检和专职指导教师检查相结合的方式防止质量通病的发生。

（3）砖墙摆砖撂底时，要考虑门窗间墙的位置，并要求在同一轴线的门窗间墙拉通线，同时砌筑，上下层门窗要吊线对齐。

（4）要抓紧对实心砖墙砖砌筑的盘角垂直度、水平灰缝的厚度、砂浆饱满度和纵横墙的方正度的训练。清水砖墙要防止"游丁走缝"，要做到墙平、灰缝深浅一致、美观。

（5）砖基础的砌筑要摆砌合理，按照"山丁檐跑"摆砌。退槎尺寸符合要求，保证墙轴线不位移，标高、防潮层符合规范质量要求。

（6）砖砌体砌筑工艺顺序：准备工作→拌制砂浆→确定组砌方式排砖撂底→砌筑墙身→梁底和板底处理→楼层砌筑→封山和挑檐砌筑→清理墙面。

复习思考题

1．砖砌体组砌形式的确定应考虑哪些因素？

2．砖砌体的组砌应遵循哪些原则？

3．砖砌体的摆砖撂底应遵循的原则？

4．叙述一顺一丁和梅花丁各自砌法的优缺点。

5．使用什么工具检查墙体的垂直度、平整度？

6．墙体转角和连接处留槎有几种形式？各有什么要求？

7．门窗洞口砌筑有哪些问题？

8．盘角有几种？各自有什么优缺点？

9．窗台砌筑有几种？怎样砌筑？

10．实心墙体在构造柱处留槎有什么要求？

11．砖基础的操作工艺顺序是怎样的？

12．砖基础大放脚收退的原则是什么？

13．墙体交接同时砌筑时要注意什么？

14．怎样砌筑山尖？山尖砌筑时应挂什么线？

15．挑檐砌筑时挂线有什么要求？砖砌筑时有什么要求？

16．砌筑檐墙和封山墙对砌筑砂浆有什么要求？

17．黏土瓦主要包括哪些形式的瓦？

18．挂平瓦前应做好哪些准备工作？

19．简述挂平瓦的操作要点。

20．挂平瓦应注意哪些安全事项？

21．简述小青瓦的铺筑要点。

单元二　特殊砖砌体砌筑

特殊砖砌体的砌筑，其操作技能等级标准已是中级工要求的范围，也只有在掌握好砌筑的基本技能之后，才能开始练习。由于这部分应用的范围越来越窄，所以这部分内容只是作为一般性的练习，而重点还是要放在单元一砌筑的基本技能上。

课题一 砖平碹、弧拱碹砌筑

重点掌握砖平碹砌筑要领，因为弧拱碹的操作要领与砌砖平碹基本相同。

课题要求：砌筑宽 900mm、高 240mm、厚 240mm 砖平拱碹。如图 1-15 所示。

（一）作业准备

（1）材料准备 普通黏土砖、砌筑砂浆、碹底模板、铁钉。

（2）工具 砌筑工具，准线，小水壶等。

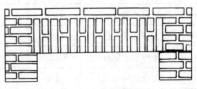

图 1-15 砖平拱碹

（二）工艺顺序

留碹肩→砌拱座→支碹板→定拱砖数→砌碹拱→灌浆、划缝→清扫。

（三）操作要点

（1）留碹肩 当墙砌至洞口上口时，在洞口两边墙上后退留出 20mm 错台，作为碹拱的拱脚。见图 1-16。

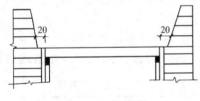

图 1-16 碹拱脚

（2）砌拱座 以拱脚退出尺寸为边线砌四层高墙体，并且沿拱脚向上成斜坡。厚度与砖碹相同，高度即为平碹的高度。

（3）支碹板 核对洞口标高尺寸后按过梁的跨度支好平碹模板。要求跨中有跨度 1% 的起拱度。可用砌筑砂浆在模板抹出。

（4）定拱砖数 在模板侧面划出砖碹的砖数，并要求砖的块数为单数，两边的砌砖形式要对称。

（5）砌碹拱 砌筑要从两边碹拱底座开始交替向中间合拢，并要立砖和侧砖交替。操作时在砖面上打灰，用手挤紧贴于已砌好的砖上。最后中间的一块砖称为锁砖，要两面打灰往下塞砌，并用砂浆填密实。中间一块单数砖要垂直，各砖层之间灰缝上大下小或楔形，上口灰缝不得大于 15mm，下口灰缝不小于 5mm。砌筑砂浆强度等级不低于 M5。砌碹拱砖为使其平整，除利用砌墙的准线外，还可以再加一道准线，上下两道准线，使碹身同墙面一样平整。

（6）灌浆、划缝 用稠度较大的水泥砂浆灌拱砖缝，力求灌密实，不得污染墙面，然后清扫，划缝。

（四）质量检查与评定标准

见表 1-7。

实操考核评定表   表 1-7

项目：砌平拱碹　　　　　　　学生编号：　　　　　姓名：　　　　总得分：

序号	考核内容	检查方法	测点数	允许偏差	扣分标准	标准分	实得分
1	砂浆粘结率	目测	三块		达不到 80%，每块扣 2 分	10	
2	上下灰缝厚度	尺量			最小不少于 5mm，最大不大于 15mm，不符扣 5 分	10	

序号	考核内容	检查方法	测点数	允许偏差	扣分标准	标准分	实得分
3	平整度	塞尺	1mm		偏差>3mm扣5分	10	
4	拱脚砌砖	尺量	2mm		误差>5mm扣5分	10	
5	砌拱砖数及对称性	目测			不对称，不为单数扣5分	10	
6	销砖部位	目测			与中心偏差>5mm扣5分	10	
7	拱脚座坡度	尺量			样板检查不符扣4分	10	
8	操作工艺顺序	目测			不符扣5分	10	
9	安全文明施工	目测			发生安全事故扣5分	10	
10	工效	计时	定额时间		超过30min扣5分	10	
	合计						

考评员： 日期：

课题二 特殊墙体砌筑

特殊墙体砌筑包括了花饰墙、异形角墙、弧形墙及什锦窗的砌筑。可以在实习教师带领下逐项练习。重点放在掌握工艺顺序和操作要领上。

一、花饰墙砌筑

要求：砌筑高度在 0.6~2.0m 之间，长度一般在 1.5~3.5m 之间选取。花格墙的两端要有实心砖墙（或附墙砖垛）与之拉结。如图 1-17 所示。

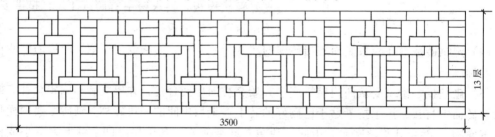

图 1-17 花饰墙

（一）作业准备

（1）材料准备 普通黏土砖（一等品）要求使用形状规格、尺寸标准、颜色一致且强度等级为 MU10 砖。砌筑砂浆的和易性要好，强度等级应为 M5。

（2）工具 大铲、刨锛、瓦刀、准线等，还要准备数十个小木楔，作为临时加固悬空砖。

（二）工艺顺序

放线→摆砖→砌实心砖墙→砌花饰墙→砌压顶砖→划缝、清理。

（三）操作要点

（1）放线、摆砖

按图放出墙身线，皮数杆测平后立在两端，按花格图样进行摆砖。使砖的模数组砌吻合，把破活放在两端实心墙体上。花饰的模数和花饰的搭接错缝要求要综合考虑。花格墙的两端相对应，防止两端不统一而形成阴阳墙。如排砖不对称时，可用平砌砖补齐。

（2）砌实心砖墙

操作方法同砌清水砖墙相同。两端挂线，从一端开始砌筑，灰浆要饱满，砖要放平。砖垛有向外挑和花饰向垛内伸的情况，要逐皮搭接砌筑。将其校正垂直、平整后，再进行挂线砌花饰墙。

（3）砌花饰墙

先根据花饰图案砖的排列形式，确定起线、挂线的高度。即要考虑平、侧、立砖砌筑三种挂线的需要。砌筑时，采用座浆砌法。用大铲进行点铺，每块砖砌上后，要达到平、实，严禁采用"揉"的手法砌筑。外露的条面和丁面砖要光滑、美观，同时注意不要污染墙面。砌局部的悬空砖时，要用预备的木楔临时支托找平。

（4）砌压顶砖

花饰墙砌至标高后，上部应砌平，无空格，再砌压顶砖。一般不宜砌外挑砖，但可以采取勾缝（加浆）处理。

（5）划缝、清理

必须等砌筑砂浆强度达到30％后撤去临时加固各层砖所用的木楔，发现偏差及时纠正，墙面平整度、垂直度严禁用撬和砸的方法去纠正。修整合格后，进行划缝，收拾花格内余灰，清理干净，整理场地，做到活完、料净、场地清。

二、异形角墙与弧形墙砌筑

异形角砖墙与弧形砖墙的砌筑练习，重点是异形角砖墙的摆砖、加工和砌角的操作方法，每个学生可按图1-18进行砌筑练习。砌筑高度为15皮，长度为1m。

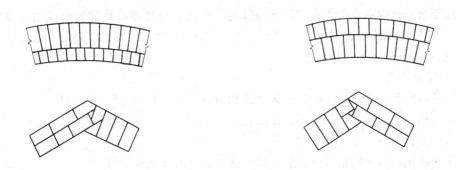

图 1-18 弧形墙与异形角

（一）作业准备

（1）材料准备 普通黏土砖，砌筑砂浆，三层板或油毡纸（加工异形砖作样板用）。

（2）工具 砌筑工具、加工异形砖的工具及切割机、质量检查工具。

（二）工艺顺序

按图弹墙身线→摆砖撂底→加工异形砖→砌筑→修整、清理。

（三）操作要点

（1）弹线 按图上标出的角度和墙身的长度标出墙身中心线，再按中心线弹出墙身边线。

（2）摆砖撂底 异形角墙体应根据弹出的墨线，首先在墙的转角处用砖试摆，要遵循

"内外搭接、错缝合理、保证砌体整体性"的原则，尽力做到砍砖少，收头好，角部搭接美观。异形角采用"七分头"来调整错缝搭接。

弧形墙摆砖，可采用顺砖和丁砖交错砌筑，当弧度小时，可以采用丁砖或加工成楔形砖来调整。但竖缝要求不小于7mm，最大不大于12mm。

（3）加工异形砖　经过试摆，确定异形砖的加工尺寸后，异形角墙的角部应做出异形砖的加工样板，后按样板加工异形砖。弧形墙做出弧形，木套板，以备砌墙时用来检查墙面。特别弧形墙的前三层墙，一定先用弧形墙的木套板反复检查，确定好其弧度，以后可以结合靠尺板一起检查其垂直度和平整度。如需采用楔形砖应比照样板事先用切割机进行切割。要求其切割面磨光，方角的角度应符合要求和错缝搭接的尺寸。

（4）砌砖　异形角墙体的砌筑同直角墙体基本一样。关键要掌握好头角处错缝搭接符合1/4砖长的砌筑原则。为此首先在砌筑头角处的顶点，左右两侧向里约100mm处，标好三个固定检查点，先砌筑3~5皮砖，用线锤吊直吊点，后用托线板靠直左右两侧，并复准皮数杆尺寸标高后挂线进行砌筑。

弧形墙砌筑时，在砌筑3~5皮砖后，同样要确定3个标准点，先用弧形木套板检查墙面的弧度，用托线板靠直后随时边砌边检查弧度和平整度、垂直度。砌至达到标高要求后再进行复核一遍。

（5）修整、清理　异形角墙和弧形墙砌筑过程中，要避免出现弯曲、弧度不一致及凹凸现象，并保证墙面及角部的垂直度和平整度。砌筑完毕，进行划缝和清扫墙面，并搞好现场清理。

三、什锦窗砌筑

课题要求：什绵窗常用作庭院围墙建筑的空窗洞，也可镶嵌单层玻璃或双层玻璃窗。一般窗洞尺寸为800~1200mm，具体练习可参照图1-19。b 为800~1200mm，可出墙60mm，也可不出墙，练习时自选。

（一）作业准备

（1）材料准备　普通黏土砖、砌筑砂浆和胎具（木胎具也可使用干砖码）。

（2）工具　大铲、刨锛、抹子、准线等。

（二）工艺顺序

放线→砌筑墙体→放胎具→砌窗间墙→砌窗套→清理→拆胎具。

（三）操作要点

（1）放线　放墙身中心线和边线及窗套的上下皮的标高线标在皮数杆上。

（2）砌筑墙体　同实心墙体的砌筑相同，砌至皮数杆标注的窗台的下皮，按照图样的尺寸标注在墙上，后砌窗套的下皮，出墙60mm，一般用扁砖平砌。如果有弧度先按弧度用砂浆抹好再砌。

（3）放胎具　把已做好的胎具放在砌好窗台扁砖上，并留出砌窗套的尺寸，留待砌完窗间墙后补砌。

（4）砌窗间墙　先砌出各什绵窗之间的窗间墙并按留出的窗套尺寸留出后，待到砌至窗洞口上皮再补砌窗套。

（5）砌窗套　在已砌好窗洞的边上按照预留的窗套尺寸线平砌窗套。接口缝隙要挂满砂浆，并且与墙体接触部分也要挂满灰。直线窗套要平直。弧线要按图线达到弧度要求。

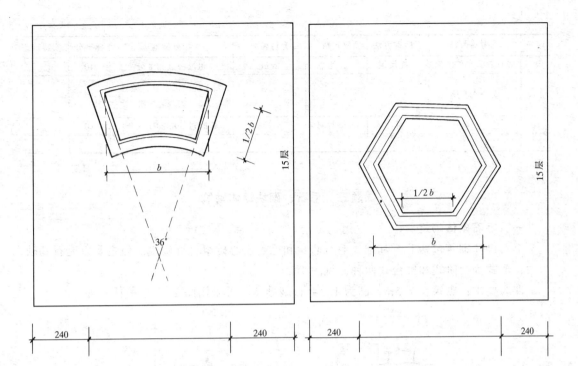

图 1-19　什锦窗

伸出墙外 60mm 要一致。

（6）清理、拆胎具　清理墙面与窗洞里的落地灰，砌体强度达到 50% 以上时拆除胎具，清理干净。

（四）质量检查与评定标准

见表 1-8。

实操考核评定表　　　　　　　　　　　　　　　表 1-8

项目：花饰、异形角、弧形、什锦窗墙砌筑

学生编号：　　　　姓名：　　　总得分：

序号	考核内容	检查方法	测点数	允许偏差	扣分标准	标准分	实得分
1	墙体与花饰连接合理	目测	3 点		不合理一处扣 3 分	10	
2	花饰上下对齐，不错缝	目测	全部	2mm	不对齐，错缝一处扣 2 分	10	
3	异形角砖加工合格	尺量	全部	2mm	角尺量测，误差较大扣 2 分	10	
4	转角处无通缝	目测			通缝一处扣 3 分	10	
5	弧形墙弧度符合要求	套板	3 处	2mm	>2mm，扣 2 分	10	
6	什锦窗砌筑符合要求	目测			不符合要求一处扣 2 分	10	
7	按操作工艺顺序操作	目测			不按规范操作扣 5 分	10	

33

序号	考核内容	检查方法	测点数	允许偏差	扣分标准	标准分	实得分
8	墙垂直、平整度偏差	托尺板	3 处	2mm	超过一处扣 2 分	10	
9	安全文明施工				无工伤，无事故，场地清，否则扣 5 分	10	
10	工效	计时	定额时间		超时过 30min 扣 5 分	10	
	合计						

考评员：　　　　日期：

课题三　毛石、砌块墙体砌筑

一、毛石砌体砌筑

毛石砌体砌筑包括毛石基础、毛石墙身和毛石实心砖组合墙砌筑。但主要以毛石基础为主，形式为台阶式和锥台式两种，见图 1-20。

课题要求：砌筑长 1.5m，高为 1m 毛石基础墙，可采用图 1-20 中的任一种。

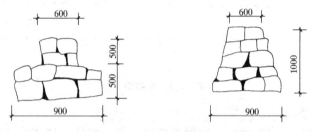

图 1-20　毛石基础墙

（一）作业准备

（1）材料准备　毛石、水泥砂浆。

（2）工具　砌筑工具大铲、刨锛、瓦刀、手锤、尼龙绳等。

（二）工艺顺序

准备工作→挂线→砌角石→砌墙身→清理划缝。

（三）操作要点

（1）准备工作　应先检查基槽尺寸及垫层标高是否符合要求，并清除基底的杂物、松土及积水，如垫层较干要适当浇水。

（2）挂线　首先是放线，包括砌体的中心及边线。再立挂线杆及拉准线。其做法是在基墙身的两端的两侧各立一根木杆，再横钉一根木杆连接，根据基墙身宽度拉好立线，再拉水平线。也可以根据设计尺寸，用 50mm×50mm 的小木方做成基础断面形状，当做样架，立于墙身两端，并在样架上注明标高，用准线连接作为砌筑的依据，见图 1-21。

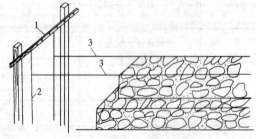

图 1-21　毛石砌体挂线

1—轴线钉；2—立线；3—水平线（卧线）

（3）砌角石　根据基墙身的边线在墙

阴阳角处先砌两皮较方整的石块，以此为基准，作为砌筑基墙身的水平标准，当两边砌好后再砌中间部分腹石，填腹石时要考虑拉结，并应根据缝隙大小选用毛石，不许用几块小石块填充一个大空隙。

（4）砌墙身　第一层石块在土层或砂垫层上砌筑时，先将大块石干砌满铺一皮；再将砂浆灌入空隙处，用小石块挤砌入砂浆中，并用手锤打紧，再填砂浆填满空隙，禁止先放小石块后灌浆的方法。砌第二层以上石块时，每砌一块，应先铺好砂浆，砂浆不必铺满，铺到边，当石块往上砌时，恰好压到要求厚度，并刚好挤满整个灰缝。砌筑时要求石块间的上下皮竖缝必须错开，并力求丁顺交错排列。灰缝厚度为 20～30mm，砂浆应饱满，并每砌完一层后，其表面要求大致平整，不能有尖角、驼背、放置不稳等，使上层砌筑时容易放稳，保证有足够的接触面。最上一层石块，要选用较大的毛石砌筑。为保证墙身的整体性，每层间隔 1m 左右，必须先砌一块横贯墙身的拉结石，上下层拉结石要互相错开位置，在立面上的拉结石呈梅花状，拉结石要选平面比较平整，长度超过墙厚 2/3 的石块砌筑。当砌至设计标高时，应注意挑选尺寸大致相等的石块砌筑，并提高砌筑砂浆强度等级后，将基墙顶面找平、压实。

二、毛石墙的砌筑

要求：砌筑带盘角的毛石墙体，高为 0.9m，两长边各为 1.2m，墙宽为 370mm，见图 1-22。

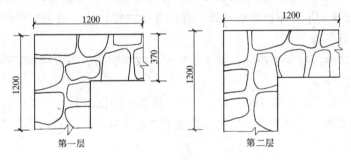

图 1-22　毛石墙体砌筑

（一）作业准备

（1）材料准备　平毛石、乱毛石若干，砌筑砂浆。

（2）工具　大铲、方锤、铁锹等。

（3）场地可在原毛石基础之上。

（二）工艺顺序

弹墙身线→砌角石→挂线→砌筑墙身→清理。

（三）操作要点

1. 弹墙身线

在原基础之上重新复测墙身轴线，并按设计墙身宽度在基础之上弹出墙身线，并划出门口及纵横墙交接处尺寸线，作出标记。

2. 砌角石盘角

盘角的角石要选用比较方整的石块，石块的长、短方向尺寸有一定差矩，砌筑时使长面顺向纵墙。当砌第二层时，长短面调换、互相压槎、避免通缝。要求角部要垂直，用线锤吊直调整好。

3. 挂线

毛石墙体要求双面挂线。由两端大角外挂外皮线，由大角及外皮线往里量测墙体的宽度后挂里皮线，准线砌毛石墙时可使用细铁丝，但一定要从两端大角将准线的水平穿直，如有下坠，可作腰线。

4. 砌筑墙身

毛石墙体的砌筑质量要求比毛石基础高。毛石墙体的石块要选择基本平整的砌在外皮。选择墙面外面石的原则是"有面取面、无面取凸"，同一层的毛石尽量使用高度相近的石块，同一道墙砌筑，应将较大的石块砌在下面，较小的砌在上面，以增加稳固的质感，其砌筑顺序与方法同毛石基础。具体方法有以下几种：

(1) 搭砌　毛石墙体都必须两面挂线，两线之间的宽度应比实际尺寸多10mm，砌筑时不得顶线，最好两人对面同时砌筑，里、外皮长石、短石错开砌筑，使墙体的内外皮和上下层互相错缝搭接，成为一个整体。

(2) 棱齐　毛石墙体要有整齐的边棱，上下边棱要整齐，外口灰缝要匀，内口灰缝要严。砌筑墙体顶面的石块尽量要平，外口可稍高于内口，尽力为上层砌石的稳定创造条件。

(3) 垫平　同实心砖墙一样毛石墙体也要求砂浆饱满，灰缝厚度均匀并控制在20～30mm，砂浆过厚易变形，所以要垫石片。石片要垫在里口，一般不少于两块，但不要重垫，保证每块毛石平稳。

(4) 咬槎　错缝搭接就要咬槎，即上下层毛石咬槎组砌，不仅增加砌体强度，也同时满足了组砌形式需要。

(5) 嵌拉　每层毛石相隔1m左右，应砌一块通长的拉结石，使里外拉结，并且上下层错开，从整体立面上呈梅花状。拉结石要选平面较平整，长度超过墙厚2/3的石块。

5. 清理

清水墙砌筑完毕要勾缝。并对墙面垂直度和平整度检查，加以修整，预留孔洞要先留出，不得砌后留洞，墙体灰缝不饱满处要嵌实，并用扫帚清扫墙面，落地灰清除。

三、中、小型砌块砌筑

砌块按大小分为中型、小型砌块，并有承重和非承重之分，实习以小型砌块砌筑隔断墙或围护墙为主要项目。

课题要求：砌筑一段长度为2.1m、高为1.2m的围护墙。

(一) 作业准备

(1) 材料准备　小型砌块、混合砂浆。

(2) 工具　砌筑工具、夹具、木锤、撬杠、小抿子或鸭嘴抹子等。

(二) 工艺顺序

准备工作→确定砌块排列→砌筑墙身→勾缝、清理。

(三) 操作要点

(1) 准备工作　常温下浇水湿润砌块，并做好清污工作。清扫基层，找出墨线确定好中心线与边线位置。

(2) 确定砌块排列　在尽量使用主规格砌块情况下少打砖。画好第一层砌块的位置，非主规格砖确定完规格尺寸后用机器切好。要求砌块也应错缝搭接，搭接长度不小于砌块的 1/3，并不小于 150mm。砌体的水平和竖直灰缝厚度为 8～12mm。小砌块应底面朝上反砌于墙上。

（3）砌筑　先铺上一层砂浆，长度不宜超过砌块，用大铲（或瓦刀）扒平。用夹具把搬来砌块的平整面朝外，平稳地放在铺设砂浆的部位。安装砌块时要防止偏斜、砂浆挤掉及碰掉棱角。砌完两块，灌缝时用夹板夹住立缝两边进行灌浆，如缝宽大可考虑要用豆石混凝土灌缝。砌筑同实心砖墙一样，用托线板挂直，使用准线，当砌块就位后略有偏差可用木槌敲击砌块顶面偏高处直至跟线为止。砌块应逐皮交圈砌筑，一般不宜留槎，必须留槎时应放拉结筋。

（4）勾缝、清理　砌块砌筑一段结束后，应随即进行水平和竖缝的划缝，深度一般为 3～5mm，深度一致，然后用水泥砂浆勾缝，一般为平缝，后用扫帚清扫墙面，结束操作。

（四）质量检查与评定标准

见表 1-9。

实操考核评定表　　　　　　　　　　　　　　　表 1-9

项目：毛石、砌块砌筑　　　　　　学生编号：　　　　姓名：　　　总得分：

序号	考核内容	检查方法	测点数	允许偏差	扣分标准	标准分	实得分
1	放线准确，盘角、挂线合理	目测		2mm	误差＞2mm 扣 2 分	10	
2	角石砌筑合理，错缝正确	目测	3 处		角石砌筑不合理扣 4 分，错缝不对扣 4 分	10	
3	砌体平整度符合要求	托线板	3 点	5mm	＞5mm 扣 4 分	10	
4	水平、竖直缝符合要求	拉线尺量		2mm	误差大，有通缝扣 4～6 分	10	
5	砌块组砌符合要求	目测	3 处		组砌不对扣 6 分	10	
6	砌块灰缝在 15～20mm 之间	尺量	3 处	2mm	误差＞2mm 扣 2 分	10	
7	勾缝光洁，密实，无污染	目测	3 处		不密实一处扣 2 分	10	
8	墙面整洁，无污染	目测			污染一处扣 3 分	10	
9	安全、文明操作	目测		无安全事故	出现安全事故扣 5 分	10	
10	工效	计时		定额时间	＞30min 扣 5 分	10	
	备注						

考评员：　　　　日期：

四、空心墙砌筑

空心墙包括了空斗墙与空心砖墙两种砌体的砌筑。实测时可采用同一课题，两种练习内容来训练。

练习一 空斗墙砌筑

课题要求：一眠一斗（带丁砖）砌筑尺寸见图 1-23。

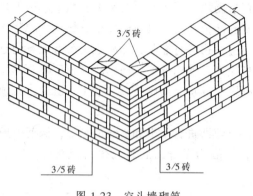

图 1-23 空斗墙砌筑

（一）作业准备

（1）材料准备 普通黏土砖、空心砖、石灰砂浆、木砖等。

（2）工具 瓦刀、准线、托线板、线坠、钢卷尺等。

（二）工艺顺序

砌筑实心砌体→摆砖→盘角→砌筑→划缝→清整墙面。

（三）操作要点

1. 砌筑实心砌体

根据图纸尺寸放好轴线并复核墙体标高后，要先砌 3～5 皮实心砖砌体，使皮数杆的空斗皮数符合要求。

2. 摆砖

先进行干摆砖，与实心砖墙一样，先把墙体的转角和交接处摆好，要求要使上下皮互相搭接。不足整砖处，可加砌丁砖或平砖砌筑，不得砍凿斗砖砌筑。要注意灰缝的横平竖直、摆砌均匀。灰缝厚度一般为 10mm，最小不应小于 7mm，也不应大于 13mm。

3. 砌筑

盘角：空斗墙的外墙大角应用实心砖砌成弓形楼，然后与空斗墙交接，并且盘砌大角一次以不超过三斗砖为宜，并要随时检查垂直度、平整度及与皮数杆尺寸之差。

墙体砌筑：斗砖与眠砖间竖缝应错开，墙面不应有通缝。内外墙同时砌筑，不宜留槎。

砌筑要求错缝搭接、灰缝均匀，对口灰（碰头缝）严密。手法要采用铺浆、刮对口灰、要砌三步做法。眠砖层与丁砖接触处，除两端外，其余部分不应填塞砂浆。

4. 划缝、清理

清水空斗墙划缝不宜过深，划缝即用扫帚扫干净。混水空斗墙也应用扫帚把墙上灰舌头（余灰）扫净。活完后将掉在地上的灰扫净。

练习二 空心砖墙砌筑

课题要求：用 190mm×190mm×90mm 空心砖组砌一角墙如图 1-24。

（一）作业准备 见前面空斗墙。

（二）工艺顺序

准备工作→摆砖撂底→砌筑墙身→检查、清理。

（三）操作要点

（1）准备工作 检查空心砖外观等级及规格尺寸符合模数要求并准备切割用的砂轮锯砖机，以便切割半砖或七分头砖。并在砌筑使用前 1～2d 浇水湿润。

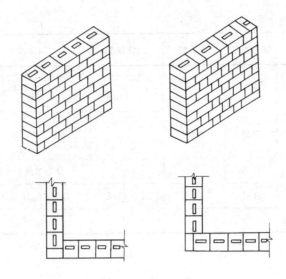

图 1-24　空心砖墙砌筑

（2）摆砖摆底　按图示尺寸计算砖块尺寸和灰缝厚度排出皮数和摆活。灰缝厚度取 8～12mm，多孔砖的孔应垂直向上，组砌方法可选满丁满条或梅花丁，从转角或定位处开始向一侧摆砖，上下皮错缝搭砌长度不小于 60mm，如果组砌为十字缝，上下竖缝相互错开 1/2 砖长。不够半砖处，用普通实心砖补砌。

（3）砌筑墙身　砌筑时要注意上跟线、下对楞，大角及交接处，要加半砖使灰缝错开。盘砌大角不宜超过三皮砖，也不得留槎。灰缝要求横平竖直，水平与竖直灰缝满足规范要求，但决不允许墙体砌完后，再撬动或敲打墙体。空斗墙的预留孔洞必须砌时留出，严禁砌后凿洞。墙身检查合格后用水泥砂浆灌缝。

（4）检查、清理　按规范检查墙体的垂直平整度，校核墙体的轴线尺寸和标高。合格后，清扫墙面，后清除落地灰。

（四）质量检查与评定标准。

见表 1-10。

实操考核评定表

表 1-10

项目：空心墙砌筑　　　　　　　学生编号：　　　　姓名：　　　　总得分：

序号	考核内容	检查方法	测点数	允许偏差	扣分标准	标准分	实得分
1	按操作工艺顺序操作	目测			违反操作工艺扣 5 分	10	
2	组砌方法正确	目测			组砌错误扣 5 分	10	
3	墙面无通缝	目测	3 处		通缝一处扣 2 分	10	
4	丁砖要砌垂直且压斗砖中	目测	3 点		丁不压中，一处扣 2 分	10	
5	头角垂直合格	托线板	3 处	≤2mm	一处不合格扣 2 分	10	
6	墙面平整合格	托线板	3 处	≤2mm	一处不合格扣 2 分	10	

序号	考核内容	检查方法	测点数	允许偏差	扣分标准	标准分	实得分
7	对口灰、水平灰缝严密	塞尺	3处		一处不合格扣2分	10	
8	空心墙交接处搭接符合要求	目测	3处		一处不合格扣2分	10	
9	安全操作，文明施工	目测			发生事故扣5分	10	
10	工效	计时		定额时间	超过30min扣5分	10	
	合计						

考评员：　　　　　日期：

单 元 小 结

（1）特殊砖砌体的实习是在砌筑工艺基本操作技能训练的基础上为进一步提高砌筑水平，提高技能技巧和等级而设立的训练考核项目。在实习教学课时较紧张时，还是以砌筑工艺基本操作为主。

（2）特殊砖砌体的实习应以本地区常用的为主，特别是以本地区的规范要求为准，如地震区的某些特殊要求。

（3）平拱砖碹要对称，砖数为单数。

（4）砌筑时从两边往中间砌，最后砌中心砖，并且要求垂直。

（5）为保持砖碹平整度，除原来砌墙的准线外，再临时加一准线，用上下两准线来控制。

（6）砖拱碹砌完后养护一段时间后再拆模。

（7）特殊墙体砌筑操作要求比较全面，准备工作要求高，有些摆砖要求高，如花饰墙，有的对砖的加工要求高，如异形角墙，有的则对套板、胎具搭设有较高的要求。

（8）特殊墙体对错缝搭接需要特别加以注意，否则容易出现通缝、混乱。特别是砖墙与花饰的搭接、异形角墙的角部内外搭接和什锦窗窗套与砖墙的窗间墙的搭接都容易出现质量问题。

（9）特殊墙体的砌筑同样对墙体的平整和垂直有着严格的要求，特别是清水墙，水平灰缝的厚度及竖缝的要求同样不可忽视。

（10）空斗墙墙面不应有通缝，墙上孔洞必须砌时留出，严禁砌后凿洞。

（11）灰缝要横平竖直，砂浆饱满。眠砖层与丁砖接触处，除两端外，其余部分不应填塞砂浆。

（12）砌块砌筑要根据所砌部位，按照排列图进行摆砖。

（13）掌握各种砌块的模数要求及组砌方法，重点掌握小型砌块各种搭砌方法。

复 习 思 考 题

1. 平拱碹操作顺序是什么？

2．砖墙砌至门窗洞口上口时，要砌拱脚应注意什么？

3．怎样防止砌筑砖平拱时形成"阴阳膀"？

4．砖平拱立砖灰缝有什么要求？

5．异形角砌筑时，必须用什么来调整错缝搭接？

6．花饰墙砌筑的工艺顺序是什么？

7．什锦窗的砌筑前应当预备什么来保证其图形？

8．简述弧形墙的砌筑要求。

9．空斗墙、空心砖墙各自构造如何？

10．空斗墙怎样摆砖撂底？空心砖墙怎样摆砖撂底？它们有什么相似之处？又有什么不同之处？

11．空心墙砌筑时盘角和内外墙交接应做到什么？

12．空斗墙应在哪些部位砌成实心墙？

13．为什么空斗墙、空心砖墙砌好后不得在墙上打凿洞口？

14．毛石砌体对石材和砂浆各有什么要求？

15．毛石基础第一、二层石块应怎样砌筑？

16．砌块砌筑应注意哪些事项？

模块二 砌筑综合实习

砌筑工程施工的全过程包括：定位放线、挖土、验收地基、浇筑垫层、砌基础、砌墙身、搁檩条、椽条、铺瓦、做屋脊、封山、砌台阶、修筑化粪池和安装下水道等主要施工过程。本课题要求学生在建筑施工现场或校内实习工地跟班作业，在师傅的指导下，参加砖砌房屋施工全过程的综合训练，提高学生的综合施工能力，并具备一定的现场施工管理能力。

本模块实习分为砖砌房屋施工全过程实习和砌筑工程现场施工管理两个单元进行实习。

一、实习目的

通过实习，使学生在掌握砌筑基本功的基础上，了解房屋施工的顺序、施工方案的编制、各工序的操作要领和现场施工管理的主要内容和运作方法，从而提高学生的综合操作技能和一定的现场管理能力。

二、实习内容和要求

（一）实习内容

单元一实习内容包括识图、砖砌房屋施工全过程等两个课题。单元二实习内容包括班组管理、定额、进度和质量管理，安全生产和文明施工两个课题。

（二）实习要求

除了遵守模块一中的纪律要求和技术要求外，本模块的实习特别强调发挥学生的主观能动性，要多练、多问、勤学苦干，善于把已学的基本功综合地运用起来，处理好知识和技能结合部位的衔接，从而提高自己的综合操作能力。此外，结合项目的实际运作，掌握项目进度、质量、成本管理的要诀以及环境保护、文明施工和安全生产的要求，努力将自己培养成一个懂技术会管理的技术管理人才。

三、实习方式

本模块在单元一中给出了一个施工实例，说明施工的全过程，可安排在校内完成。现场综合实习可根据各校新联系的施工现场的具体情况安排。

现场施工管理的实习一般应在现场进行，在现场技术管理人员的带领和安排下，具体参与各项管理工作的运作。

单元一和单元二实习的轮换应视具体情况安排。

四、实习时间安排

该模块的实习时间总共9周，为了突出技能培养，原则上单元一（砖砌房屋施工全过程实习）安排5周时间，单元二（砌筑工程现场施工管理）安排3周时间，留一周时间进行实习总结。

五、实习考核

实习考核办法和技能鉴定可参照模块一的要求办理。

六、实习指导

（一）砖砌房屋施工全过程实习指导

此阶段的实习必须在熟练掌握砌筑基本功的基础上进行。切忌基本功不扎实，拿建筑产品作为试验品，这不但造成工料的浪费，而且影响到现场施工的质量和进度，是一定要杜绝的问题。

在实习过程中，应在工序的掌握和技能的综合运用上下功夫，一般砌筑工程分为挖土、基础施工、主体结构施工和装饰收尾等四个阶段，每个阶段都有不同的工作内容，要掌握其中的难点和重点，按时、按质、按量、安全环保地完成任务。

（二）砌筑工程现场施工管理实习指导

本单元的实习应围绕砌筑工程的质量、进度、成本管理进行。要学会按图计算工料，然后据此编制施工方案和质量保证措施，注意合理使用能源和原材料，降低消耗、降低工程成本。在施工过程中，要注意施工环境保护，不污染施工现场周围的环境，文明施工，并制订完善的安全措施，确保施工安全。

单元一　砖砌房屋施工全过程实习

本单元实习分为建筑识图和砖砌房屋施工全过程实习两个课题进行，旨在培养看懂图纸的能力和提高砌筑技能的综合应用能力。

课题一　建　筑　识　图

一般建筑工程的施工图分为建筑施工图与结构施工图两大类。建筑施工图说明房屋各层平面布置，立面、剖面形式，建筑各部构造和构造详图。结构施工图说明房屋的结构构造类型、构造平面布置、构件尺寸、材料和施工要求等。

建筑施工图是施工的依据，施工人员要熟悉工程图纸，了解设计意图，掌握工程的重点和难点，合理安排施工顺序，才能保证按时、按质、高效有序地完成施工任务。

一、读图的顺序和要领

（一）读图的顺序

读图要按顺序，其方法一般是：由外向里看，由大到小看，由粗到细看，图样与说明对照看，建筑施工图与结构施工图对照看。

拿到图纸后，应先将目录看一遍，了解工程性质、建筑面积、设计单位、图纸的总张数等基本情况，然后按照目录检查各类图纸是否齐全。

读图时，首先看总说明，了解建筑概况、技术要求等，图面表达不清必须用文字补充说明的一些问题，然后阅图。阅图一般按目录顺序，由总平面图→建筑平面图→建筑立面图及剖面图→结构施工图，依此看下去。

（二）读图的要领

要尽快地熟悉图纸，必须掌握关键，抓住要领，具体做法如下：

1．阅图时注意"四先四后"

（1）先建筑后结构：先看建筑图，然后将建筑图与结构图对照看，以核对轴线、标高、尺寸是否一致。

（2）先粗后细：先看平面图、立面图和剖面图，对整个工程的概况有一个大体的了解，对工程的总长度、轴线尺寸、标高有一个总体的印象；后看细部做法，核对总尺寸与细部尺寸、位置、标高是否相符；各种表中的规格、数据与图中相应的规格、数据是否一致。

（3）先小后大：看细部做法时，先看小样后看大样。核对平面、立面和剖面图中标准的细部做法与大样图中的编号、尺寸、做法、形式是否相符，大样图是否齐全，所采用的标准构配件图集编号、类型与本设计是否相符，有无遗漏之处。

（4）先一般后特殊：先看一般的部位和要求，后看特殊的部位和要求。

2．读图时要做到"三个结合"

（1）图纸与说明相结合：读图时，要把设计总说明与图中细部说明结合起来看，注意图纸和说明有无矛盾，内容是否齐全，规定是否明确，要求是否具体。

（2）土建与安装相结合：在熟悉土建施工图以后，也要结合看设备安装图，了解各种预埋件、预留孔洞的位置、尺寸是否相符，施工中如何配合等。

（3）图纸要求与实际情况相结合：在看图时，要注意图纸与现场的实际情况是否相符，例如，相对位置、场地标高、地质情况、地下水位及地下管线的情况。

二、设计总说明及总平面图的识读

设计总说明是建筑施工图首页的主要内容，它主要包括工程概况与设计标准、结构特征、构造做法等。总平面图是表示新建房屋及其周围总体情况的平面图，阅读时要注意以下几点：

（1）熟悉总平面图的比例、图例及文字说明，总平面图尺寸一律以米为计算单位。

（2）通过图示的指北针了解建筑物的方向。

（3）了解工程性质、用地范围、地形地貌以及周围环境情况，以便看出场地平整工作量与要求，需拆迁的房屋数量等。

（4）了解新建房屋的位置关系及外围尺寸，注意底层室内地坪标高与等高线标高的关系，从而确定排水方向并可计算土方平衡。

（5）了解道路、绿化与建筑物的关系，注意保护古树，合理安排交通疏导及工地运输。

（6）查看水、暖、电等管线的布置与走向，注意它们对施工的影响。

图2-1为某学校新建学生宿舍工程的总平面图的示例。从图中可以看出，新建宿舍位于已建浴室以南、教学楼以东，西有篮球场，东有一池塘。由等高线可以看出该地势西北高，东南低。图中还反映出其他诸如拟拆迁房屋、围墙、水沟、护坡、挡土墙、道路、绿化区等情况。

三、建筑平面图的识读

建筑平面图是基本的建筑施工图，它是假想用一水平的剖切面沿门窗洞位置将房屋剖切后，对剖切面以下部分所作的水平投影图。它反映出：房屋的平面形状、大小和布置；墙、柱的位置、尺寸和材料；门窗的类型及位置等。

建筑平面图识读时须注意以下几点：

（1）按照由外向内、由大到小、由粗到细的阅图原则，首先了解平面图的总长、总宽、房间的功能及布置方式。然后了解纵、横轴线间的尺寸，查看承重墙及非承重墙的位置、厚度与材料。

（2）查看门窗洞口尺寸、编号，并与门窗表核对。注意楼梯出入口的位置及尺寸等。

（3）了解室内外设备及设施的位置尺寸。

（4）核对各种平面尺寸及标高有无错误。

（5）核对从平面图中引出的详图或标准图有无错误。

今以某住宅楼的一层平面图（图2-2）为例说明识读的具体内容。

1）从图名可以得知该建筑为某小型住宅的一层平面图，比例为1：100。

2）从图中指北针可知房屋的主要出入口在南侧。

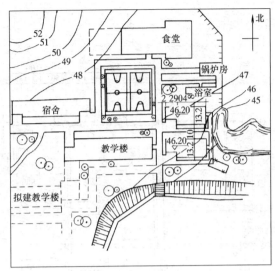

图2-1　总平面图示例

3）房屋的总长为11.46m，总宽为12.48m。横向有4道轴线，纵向有5道轴线。

4）建筑物的平面形状为矩形，在主要出入口处向南突出1.5m。

5）从主要出入口进入门厅，再进入各房间，为水平交通；垂直交通是设置在门厅西侧的楼梯，可由此上二楼，楼梯的走向用箭头指明，被剖切的楼梯段用45°折断线表示。

6）表明建筑物的各个房间的布置。包括客厅、餐厅、厨房、卫生间（两处）工人房、车库。

7）门窗的代号标注在图中，其中门的代号有M-1、M-2、M-3等，窗的代号有C-2、C-3；门窗洞口的尺寸，详见平面图外部尺寸中最里面一道尺寸及内部局部尺寸；门窗的数量、类型及开启方向，应当与门窗明细表对照阅读。

8）房间内有关设备的布置。厨房间有洗涤池、灶台及操作台，卫生间有洗脸盆、座便器及浴盆（北侧卫生间无浴盆）。

9）房屋的外墙厚360mm，内墙厚240mm。

10）室内主要地面标高为±0.000，车库地面标高为-0.150。

11）平面图中有一个剖切符号，在②～③轴线之间，通过南侧大门入口穿过门厅、北侧小门，剖切后向右侧作投影，剖面图编号为1-1。

12）在南侧主要出入口、北侧小门外台阶处、车库坡道以及室外散水等处均有详图索引符号，表示这些地方另用详图表示。

四、识读建筑立面图和建筑剖面图

（一）建筑立面图的识读

图2-3～图2-6为某二层小型住宅的立面图。通览全图可知道这是房间四个立面的投影，分别用首尾轴线编号标注立面图的名称，亦可把它们分别称为房屋的正立面、左侧立面、背立面、右侧立面图或南立面、西立面、北立面、东立面图。

现以图2-3为例，识读如下：

（1）该立面朝南，为建筑物的主要立面，两端轴线编号为①、④，主要出入口位于该

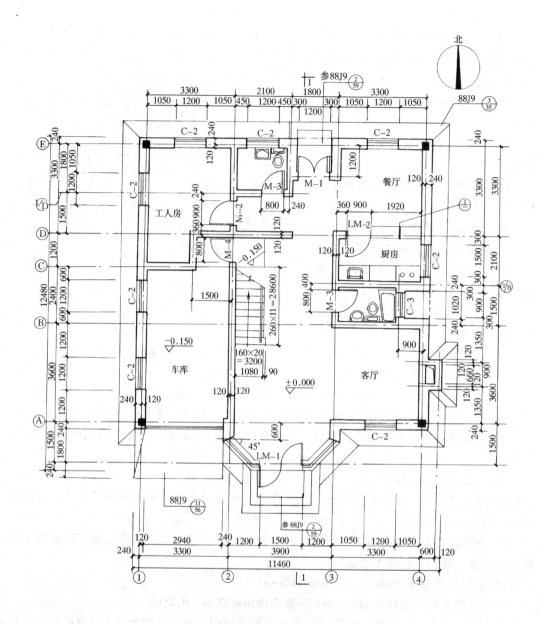

图 2-2 某住宅楼一层平面图 1:100

立面的中部；对照平面图可知，该立面不是处于一个平面上。

（2）从该立面图可看出门窗的布置形式以及它们的开启方向，并可与平面图对照得知它们的编号。

（3）从标高可知建筑物总高度为 9.00m，室外地坪低于室内地面 0.30m，设三步台阶。还可知其余部位标高及有关高度尺寸。

（4）从图中可知屋顶为四坡形式，主要出入口门头上部为两坡屋面。

（5）立面图中还注明了外墙面及屋顶的装修做法：墙面贴白色外墙面砖，腰线为蓝灰色，檐口刷白色外墙涂料，屋顶为砖红色黏土装饰瓦，勒角是灰色水刷石。

（二）识读建筑剖面图示例

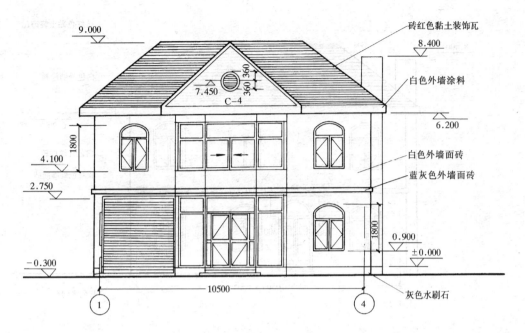

图 2-3 ①~④立面图

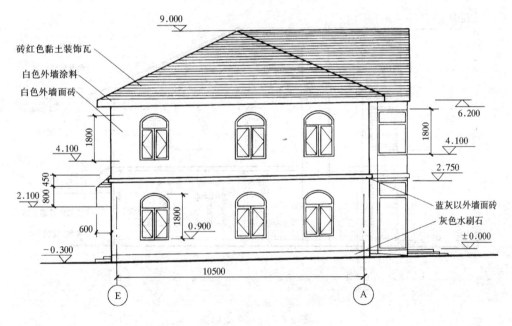

图 2-4 Ⓔ~Ⓐ立面图

以某住宅的 1-1 剖面图（图 2-7）为例，说明识读建筑剖面图的基本内容。

（1）由剖面图的图名 1-1 和两端定位轴线Ⓔ~Ⓐ，去查找一层平面图（图 2-2），可知该剖面图是从建筑物中部南侧主要出入口到北侧次要出入口做横向剖切后，向东侧投影所得。

（2）房屋竖向分为二层，从图中可看到一层的客厅、餐厅、卫生间的门和南北两个出入口及室外台阶，还可看到二层主卧室及北侧卧室的门和壁柜。

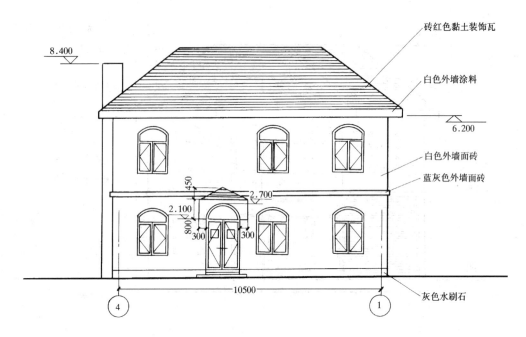

图 2-5 ④~①立面图

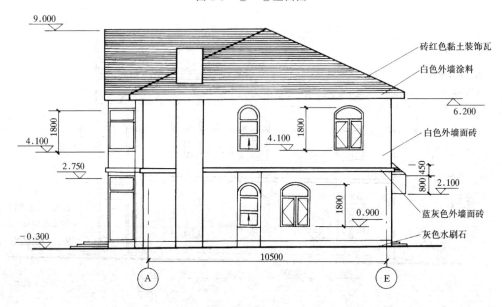

图 2-6 Ⓐ~Ⓔ立面图

(3) 一层地面标高为 ±0.000m, 二层楼面标高为 3.200m, 顶层结构顶面标高为 6.300m, 室外地坪标高为 -0.300m。并可知其余部位标高及有关高度尺寸。

(4) 从 1-1 剖面图中可看到该房屋为坡屋顶, 并注有北侧出入口门头屋面做法。

五、建筑结构图的识读

结构施工图是建筑工程施工的依据, 也是编制预算和施工组织的依据。它主要表达结构设计的内容, 表示建筑物各承重构件的布置、形状、尺寸、材料、构造及其连接方法, 同时反映出建筑、暖通、给排水、电气等对结构的要求。结构施工图包括结构设计说明、

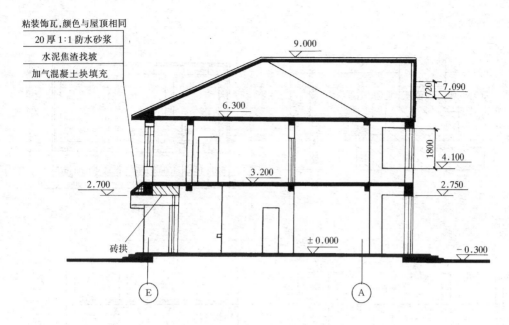

内标注：

粘装饰瓦,颜色与屋顶相同
20厚1:1防水砂浆
水泥焦渣找坡
加气混凝土块填充
砖拱
9.000
7.090
720
6.300
1800
4.100
3.200
2.700
2.750
±0.000
−0.300
E
A

图2-7 1-1剖面图

结构平面图、构件详图。

学生可在实习指导老师的指导下，按照识读的顺序和要领，对本书后面的附图进行详细的识读，并做好读图笔记。条件许可时，可以借用拟进入实习现场的工程图纸进行识读，这样更具针对性，有利于学生进入实习现场后尽快熟悉工程项目的大体情况和具体要求。

课题二 砖砌房屋施工全过程

要求：以图示2-8建筑施工图为例，进行一次砖砌体房屋施工全过程的练习。

（一）作业准备

1. 材料准备

普通黏土砖、石灰砂浆、拉结筋、木砖、模板、木桩、木板、小钉等。

2. 工具

常用砌筑工具，皮数杆，脚手架，勾缝工具及检查质量的工具（托线板、塞尺、百格网、方尺、皮尺）。

（二）工艺顺序

砌砖基础大放脚→砌外墙→砌内墙→砌山尖拔檐→封山尖→外墙面勾缝→铺砌砖地面。

（三）操作要点

1. 砖基础大放脚工艺顺序及要点

放线→确定组砌形式→摆砖撂底→砌筑（盘角、挂线、收台阶）→抹防潮层

（1）放线　按图示基础大样图和设计尺寸放出基础中心轴线及基础大放脚的匝线。图示可看出为"间隔式"大放脚，间隔收分为60mm。

（2）确定组砌形式　可按一顺一丁组砌方式和砖基础的台阶形式以及"山丁檐顺"的原则，确定转角处及基础墙身的组砌方式，可按"小角"摆砌，以每半砖墙宽一个七分头

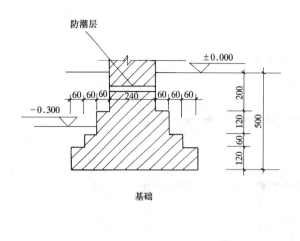

基础

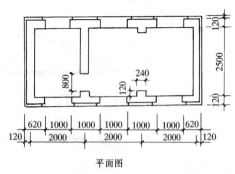

平面图

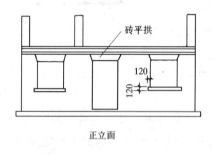

正立面

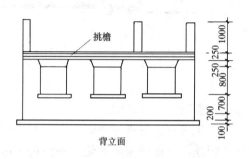

背立面

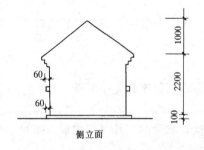

侧立面

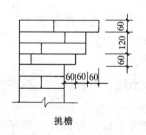

挑檐

图 2-8　砖砌体砌筑综合练习图

的原则确定七分头个数来摆角的组砌形式。

（3）摆砖撂底　从墙基础大角处顺基础匝线进行干摆砖，先摆出内外墙、附墙垛的交接部位，做到错缝搭接符合要求，灰缝均匀。

（4）砌筑时盘角位置准确垂直，收分台阶要准确。墙宽大于 240mm 要双面挂线，附墙垛要统一拉线并与墙体同时砌筑。

（5）大放脚砌完后，从中心线校核轴线偏移情况，并在基础墙侧面画"中"字标记。最后抹防潮层，按操作程序和要求抹平、搓实压光，厚度以 20mm 为宜。

2．砌外墙工艺顺序及要点

弹墙身线→立皮数杆→摆砖→砌筑→砌附墙垛→留槎→门窗洞口砌筑→砌窗台→砌砖拱过梁

（1）弹墙身线　以基础侧面"中"字为准，复核后在防潮层上弹出墙身中心线及边线，并标出门窗洞口、附墙垛、内外墙交接位置并划上标记。

（2）立皮数杆　皮数杆上±0.000应与基础墙上±0.000相符，并要求平房一次从基础±0.000划到平房前后檐。立在墙体的转角、内外墙交接处和与附墙垛交接处。然后用钉子固定在基础墙上。

（3）摆砖　按一顺一丁组砌方式，按"山丁檐跑"的摆砖原则进行干摆砖。竖缝宽度按10mm考虑。门口两边不能形成"阴阳膀"，并要使门口过梁合拢后清水墙不出现破活。同时也要考虑窗台的上下砌体不得错缝。

（4）砌筑　砌筑方法要严格按照"三一砌墙法"和"二三八一"砌砖法进行。要求砂浆饱满度达到规范要求。

（5）砌附墙垛　必须同时砌筑，并应隔皮搭接。砌筑要经常检查平整度和垂直度，同时注意墙垛与墙同皮砖的水平缝。

（6）留槎　转角处和交接处如不能同时砌筑，要求留踏步槎。如留马牙槎，必须按规定放拉结筋。

（7）门窗洞口砌筑　采用后塞口，在砌3~4皮砖放置木砖。木砖小头在外与墙面平。窗洞口可采取门洞口一致的作法。

（8）砌窗台　可采用侧砌清水窗台（虎头砖），高度120mm，两侧伸入窗间墙各120mm，外挑60mm，并有20mm的坡度。

（9）砖拱过梁　包括砌拱肩→砌拱座→支模→划砖数→砌拱砖，其方法见前面拱过梁一节。

3．砌内墙操作工艺顺序及要点

清理留槎→挂线→预留洞口→砌砖→安置预制构件→清理

（1）清理留槎　将槎子里余灰清理干净，浇水湿润。

（2）挂线　要求"三线合一"即两端立线和水平线及线锤立线合一。保证墙体（内墙）与外墙垂直。

（3）留置洞口及安置预制件　洞口尺寸正确，预制构件指过梁，支承处要铺1:2.5水泥砂浆找平，预留孔洞要留置，不能事后凿墙等。

4．拔檐、砌山尖、封山操作工艺及要点

（1）拔檐　檐砖砌筑时，先在两端砌出挂线（挂底线），后砌中间挑砖，要打对口灰，砖要湿润，清水檐砖要求阴阳线条均匀、规整，无下垂现象。

（2）砌山尖　在山墙中心位置垂直钉一根皮数杆，高度比山尖略高，在皮数杆上量出山尖标高位置钉一铁钉，以此向前后檐口拉斜线，作为砌筑山尖的坡度，然后在山墙挂水平线逐皮上砌。砌筑时按斜线砌成踏步槎，留出檩条位置，砌至山尖标高为止。

（3）封山　砌高封山：先砌捶头后钉小皮数杆，挂斜线，砌筑到标高后找斜槎，后砌压顶砖；

砌平封山：在安置好檩条找好坡度后即可砌压顶出檐砖。要求砌压顶出檐砖要从下往上，丁砖、顺砖间隔砌筑。

5. 清水砖墙勾缝操作工艺及要点

勾缝操作工艺：修整墙面→浇水湿润→拌制砂浆→勾缝→清扫

勾缝前，对墙面瞎缝不顺直处进行开缝修整，并浇水湿润。勾缝砂浆采用水泥细砂浆，用量小，可采用人工拌制，并要求按配比拌制，符合稠度要求。勾缝时要注意手法正确，先勾水平缝，后勾竖缝，特别注意不要污染墙面。勾阳角时要接角方正，门窗边要勾嵌严密，塞实。扫缝要上下楞边都要扫净，竖缝尾巴灰和砖楞上沾的灰要全部扫干净，不得有空缝现象。

6. 砖地面铺砌操作工艺及要点

砖地面铺砌操作工艺：弹四周水平标高墨线→夯实素土后铺垫砂垫层→试摆→挂线铺砖→细砂灌缝→清扫。

砖铺地面缝宽一般为 2～3mm，相邻的两行砖相错半砖。铺砌顺序应从里间外退或从中间向四周铺砌。采用人字纹式，"人"字应对向长方向。铺好地面砖，要考虑泛水要求，踩上应不翘不活，平整美观。

单 元 小 结

建筑工程施工图是工程施工的"语言"，看懂建筑施工图是每一个参与工程施工的工程技术人员和技术工人必须具备的专业技能，只有看懂图纸，才能领会设计意图，记住图纸的内容和要求，才能严格地按图施工，确保工程质量。

读图要抓住要领，掌握关键，认真细微，只有通过严格的训练和长期的工程实践，才能逐步培养起较强的识图能力。

砖砌房屋施工全过程实习是一项技能性很强的综合训练项目，通过砖砌房屋施工全过程的实习，学生可以将模块一中的单项砌筑工艺进行综合运用，形成建筑产品，这个过程既提高了学生的综合运用能力，又学习了现代施工管理的相关知识，对学生职业能力的形成与提高有很大的作用。

复 习 思 考 题

1. 读图的顺序是什么？

2. 读图时要注意哪"四先四后"？

3. 读图时要做到哪"三个结合"？

4. 建筑平面图识读时要注意什么问题？

5. 什么叫建筑立面图？一般分为几个立面？

6. 如何识读建筑剖面图？

7. 什么叫建筑结构图？它表达什么内容？

8. 如何识读建筑结构图？

9. 砖砌房屋施工前要做好哪些准备工作？

10. 砌筑工程的工艺顺序如何？

11. 砖基础大放脚施工顺序是什么？

12. 砖外墙施工的工艺顺序和施工要点是什么？

13. 砖内墙施工与外墙施工要求有何不同？

14．清水墙勾缝工作有什么要求？

15．砖地面铺砌的操作要点是什么？

单元二　砌筑工程现场施工管理

课题一　班组管理、定额、进度和质量管理

（一）班组管理

班组是企业的细胞，是企业最基本的生产单位，企业的各项方针目标的实施及生产任务的完成，最终都要落实在生产班组。企业管理方面的基础工作，如施工过程中的原始记录、计量、安全操作、技术档案、施工规范和操作规程、工程质量检验评定等项工作都要由班组落实执行，并成为班组管理工作的主要内容。

班组管理内容大致有以下几项：

（1）根据企业经营方针目标和施工计划，有效地组织生产活动，保证全面均衡地完成下达的施工任务。

（2）坚持实行和不断完善以提高工程质量、降低各种消耗为重点的经济责任制和"项目管理和项目承包"的各种管理制度，抓好安全生产和文明施工及维持施工生产所必须的秩序，积极推行现代化管理的方法和手段，不断地提高班组管理水平。

（3）积极组织职工参加政治、文化、技术、业务学习，不断提高班组生产工人的政治思想水平和技术水平，增强工作责任心，提高班组的集体素质和人员的个人素质。

（4）广泛开展技术革新和岗位练兵活动，开展合理化建议活动，努力培养"一专多能"的人材和提高职工的技术等级。在开展比、学、赶、帮的活动中，扩大眼界，积极参加劳动竞赛，加强精神文明建设，开展有益于身心健康的活动，使班组成为团结互助、共同努力向上的集体组织。

（5）做好班组施工管理工作。施工管理，就是为完成建筑产品施工全过程的组织与管理活动。是指从接受工程任务开始到工程竣工验收为止的全过程中，围绕施工对象和施工现场而进行的生产事务和组织管理活动。其内容包括：工艺技术管理、产品质量管理、安全操作管理、料具现场管理、机械安全使用和操作管理、产量计量和经济核算等具体管理工作。

（6）开好班组管理总结会。其目的是不断地总结工作和积累原始资料。如班组工作月、季小结、每日施工任务书、考勤表的填写、材料限额领料单、机械使用记录表、工程质量检验评定表、交接检验记录、工程产量计量、工具及材料消耗记录等原始资料。

（二）班组生产计划进度及定额管理

企业生产班组接受生产任务是从项目管理班子生产计划进度管理而来的。而项目管理的生产计划一般分为年度、季度、月旬计划以及按工种分班组的周旬作业计划。对于项目领导下达的施工生产任务，生产班组应无条件地接受，并力争按计划保证任务的完成。

班组生产计划进度及定额管理包括以下内容：

（1）施工生产班组接受任务后要明确当月、当旬生产计划任务，施工的部位、工艺、工序要求，质量标准和工期进度，需要准备的机具和材料等准备工作。

（2）班组实施作业计划，实施定额管理是关键的一步。应当知道，任何作业计划是以定额为基础的，反映正常条件下施工企业的生产技术和管理水平，反映了社会的平均、先进水平。利用定额来抓好班组作业的综合平衡和劳动力调配是促进生产力发展的动力。

（3）签发施工任务书（单），是实现班组定额管理、搞好经济核算的基础和依据。是提高质量、降低成本，并达到按劳分配的具体措施。一般包括以下内容：

1）施工任务书（单），内容应有工程项目、工程量数量、劳动定额、计划工数、开完工日期、质量标准和安全要求等。

2）班组记工单（考勤记录表），作为班组计件工资及奖励工资的依据。

3）限额领料单与机械使用记录表，它是班组核算、估算的依据。

以上都是班组生产计划进度及定额管理的内容，并且也是企业计划统计的原始凭证，班组必须及时地抓好这一工作。

（三）班组的技术、质量管理

1．班组的技术管理

班组的技术管理是工程技术管理工作的一部分，也是技术管理的基础工作。它主要包括施工员技术交底和班组技术交底和管理工作。

施工员技术交底主要是在工程开工前和分项工程施工前向班组长和技术工人交待施工任务和技术要求，其内容一般包括：

（1）项目领导班子关于施工组织设计要求、各分部分项工程技术要求和施工规范标准。

（2）指出施工部位上必须注意的尺寸、轴线、标高、预留洞口和预埋件的位置、规格、大小、数量以及有关工种协作配合要求。

（3）说明所使用材料的品种、规格、等级、质量要求及材料配合比的有关规定。

（4）根据施工组织设计说明各工种施工方法、施工顺序、工种配合、工序搭接要求以及隐蔽工程验收要求。

（5）进行质量安全交底，说明监理工程师所确定的质量监控点，协助班组制定质量保证措施及质量通病的预防要求。

班组技术交底，主要由班组长负责，在充分领会施工员技术交底的基础上，搞清关键部位质量要求，操作要求及安全要求，并把任务明确到个人，并进行详细的质量、操作和安全交底。明确砌筑工程中的砌筑部位、水平标高、门窗洞口位置、墙身厚度、砂浆强度等级、砂浆配合比、预留孔洞、预埋件及原材料质量要求。明确砌体组砌方法、形式和要求，必要时采取形象交底和样板交底的方法。

班组技术管理工作内容一定要掌握以下内容：

（1）认真学习本工种技术操作规程和质量验收与评定标准，不断提高工人的技术水平。

（2）学会识读施工图，掌握工程"语言"，了解工程图上的轴线、标高及尺寸线的实际意义。

（3）了解常用工程上砖、瓦、砂、石、水泥等原材料质量要求和施工配合比，群策群力把好质量关。

（4）认真做好自检、互检和交接检验，为工程施工原始记录提供宝贵资料。

2. 班组工程质量管理

从施工准备开始到工程交付使用的全过程中始终存在着质量管理，它是保证和提高工程质量所进行的各项组织管理工作。

根据我国建筑工程施工质量验收的实践经验，确定了"验评分离、强化验收、完善手段、过程控制"的指导思想，并且在建设部新颁布的"建筑工程施工质量验收统一标准"中规定如下：

（1）建筑工程采用的主要材料、半成品、成品、建筑构配件、器具和设备应进行现场验收。凡涉及安全、功能的有关产品，应按各专业工程质量验收规范规定进行复验，并应经监理工程师（建设单位技术负责人）检查认可。

（2）各工序应按施工技术标准进行质量控制，每道工序完成后，应进行检查。

（3）相关各专业工种之间，应进行交接检验，并形成记录。未经监理工程师（建设单位技术负责人）检查认可，不得进行下一道工序施工。

"标准"在这里强调"质量控制"，而"质量控制"的基础在于班组的质量管理，不论是工序的自检和各工种之间的交接检都是班组质量管理的主要内容，具体讲应包括以下内容：

（1）明确班组对工程质量应负的责任

1）树立"质量第一"和"谁施工谁负责"的观念，以自己责任心来保证工程质量。

2）严格按图、按标准施工，确保每道工序完工后，按质量检验评定标准进行检查。

3）开展班组自检和上下工序交接检查，做到本工序不合格不交下道工序施工。

（2）建立班组质量管理体系

1）坚持"五不"施工。即质量标准不明确不施工；工艺方法不符合标准不施工；机具不完好不施工；原材料不合格不施工；上道工序不合格不施工。

2）坚持"四不"放过。即质量事故原因找不出来不放过；不采取有效措施不放过；当事人和群众没有受到教育不放过；没有制定防范措施不放过；

3）管理好质量检查资料。设立班组质量检查员认真做好施工现场质量管理检查记录。

（3）提倡事前控制、预防为主

1）施工员在技术交底时必须进行质量交底，班长安排工作时，也应作质量交底工作。

2）严格遵守施工操作规程，做好班组质量的日检工作，及时填写自检记录，及时检查质量通病，发现问题及时向项目部报告，并限期整改。

3）熟悉"标准"的质量要求和检验方法，对于分项工程的检验批划分方法、检验批的合格条件、资料检查、主控项目检验和一般项目检验应熟练掌握。

课题二 安全生产和文明施工

安全生产与文明施工包括了安全操作与劳动保护和质量与安全事故的预防和处理两方面的管理工作。

一、安全操作与劳动保护

施工班组应做好以下几项安全工作：

（1）项目安全员在班组工人上岗前要交待安全保护措施。班组长也要同时向组内成员交待安全事项。

（2）班组设立兼职安全员，经常讲安全、检查安全隐患，并及时解决。

（3）定期组织学习安全知识，安全技术操作规程，并在施工生产中认真遵守和实行。

（4）严格实行安全施工，进入施工现场要遵守建设部十项安全措施的规定。

建设部十项安全措施规定为：

（1）按规定使用"三宝"（即安全帽、安全带、安全网）。

（2）机械设备防护装置一定要齐全有效。

（3）起重设备必须有限位保险装置、不准"带病"运行，不准超负荷作业，不准在运行中维护保养。

（4）架设电线线路必须符合当地电业局的规定，电气设备必须全部接地接零。

（5）电动机械和电动手操工具，要设漏电掉闸装置。

（6）脚手架材料及脚手架的搭设必须符合规程要求。

（7）各种揽风绳及其设置必须符合规程要求。

（8）在建工程的楼梯口、电梯口、预留洞口、通道口必须有保护设施。

（9）严禁赤脚或穿高跟鞋、拖鞋进入施工现场，高处作业不准穿硬底和带钉易滑的鞋靴。

（10）施工现场的悬崖、陡坎等危险地区应有警戒标志，夜间安设红灯示警。

砌筑安全操作事项：

（1）砌筑基础要检查地槽的土壁是否安全，防止土壁裂缝塌方。在基槽内上下必须有工作梯，不要任意攀登基槽边上下，防止滑跌和土坡受力坍塌。

（2）墙体高度超过1.2m时，必须搭设脚手架。上脚手架必须先检查脚手架是否牢固。上下脚手架应有爬梯或斜道。采用里脚手架施工，砌墙高度超过4m时，必须在墙外支搭安全网。

（3）不准站在墙顶上刮缝、清扫墙面，也不准站在墙顶检查大角垂直度等。在脚手架上不能向外打砖，打砖应面向墙面。脚手架的护身拦上不得坐人。正在砌砖的墙顶不准行人。房屋山墙砌完后，应立即安装桁条或临时支撑，防止倒塌。

（4）脚手架上堆料每平方米不得超过3kN。堆砖高度不得超过三侧砖。砖块必须码放整齐，防止下落伤人。运输车装料不要太满，吊运不能超载，使用井架吊篮要有安全装置，井架不许乘人上下。

（5）冬期施工有雪时，上脚手架操作前先清扫霜雪，然后才能操作。

（6）砌筑烟囱的人员应进行身体检查，有高血压、心脏病、癫痫病的人不能上高作业。

（7）烟囱施工的四周（10m）之内，应设置围栏，防止闲人进入。进料口必须搭防护棚，砌筑高度超过4m时，在烟囱四周要支搭安全网。垂直运送料具及联系工作时，必须有联系信号，有专人指挥。

（8）施工中遇到5级以上风和大雨时，应停止烟囱施工，大风雨后先要检查脚手架是否安全，当发现架子有安全隐患时，要及时处理好，才能继续施工操作。

二、砌筑质量通病与安全事故

1.砌筑质量通病

（1）砂浆强度不稳定。

（2）砂浆品种混淆。

（3）轴线和墙中心线混淆。

（4）基础标高偏差。

（5）基础防潮层失效。

（6）砖砌体组砌混乱。

（7）砌体砂浆不饱满或饱满度不合格。

（8）清水墙面游丁走缝。

（9）砖墙砌体留槎不符合规定。

（10）水平灰缝厚度不均匀或超出规定数值。

（11）构造柱处墙体留槎不符合规定，抗震筋不按规范要求设置。

（12）框架结构中柱边填充墙砌体留槎不符合规定，抗震筋设置不符合要求。

（13）内隔墙中心线错位。

（14）墙体产生竖间和横间裂缝。

（15）非承重墙或框架中填充墙砌体在先浇梁、后砌墙的情况下墙顶（即梁底）砌法不符合要求。

2．安全事故

（1）挖土塌方伤人。

（2）架设物倒塌伤人。

（3）高处作业坠落。

（4）抛落物体打击事故。

（5）触电事故伤人。

三、质量与安全事故处理

1．质量事故处理

（1）分类　按事故造成的后果分为未遂事故、已成事故。按事故发生的原因分为指导责任事故，操作责任事故。按事故的性质分为一般事故、重大事故。

（2）处理　质量事故发生以后，上报要及时、准确、实事求是。对重大质量事故，应及时向主管部门报告，并采取有效措施，防止事故的扩大。事故处理要由施工单位、建设单位、监理部门和设计部门的质检、技术人员共同研究，制定纠正措施，限期改正，安全员跟踪验证。按照被批准的整改方案认真、及时处理。并做好文字和图像记录，经有关部门审定归入工程档案。

2．安全事故处理

（1）安全事故分为四个等级　一级重大事故、二级重大事故、三级重大事故、四级重大事故。

（2）处理　除对伤者进行抢救外，要保护好事故现场。凡属多人事故、重大伤亡事故除了必须上报主管部门外还必须按规定组织调查组，搞清楚事故的基本情况、事故分析要有证据，内容要有说服力，事故责任分析要明确、实事求是、准确而有证据。应编制安全检查报告，项目部要认真讨论调查报告，并提出处理意见，调查报告及处理决定向群众公布并且上报归档。

单 元 小 结

班组管理是建筑企业管理的基础，企业的一切工作最终都要落实到班组，所以班组管理工作的好坏直接关系到企业的社会效益和经济效益。

现场以班组为单位的施工管理核心是工程质量、进度和成本，通过强有力的班组管理，达到按时、按质、按量、低耗、高效地完成工程项目的目的。

现代建筑施工对环境保护和安全工作提出了更高的要求，工程应围绕结构安全、环境保护、人体健康和公众利益的要求进行，作为直接操作的技术工人，了解这一点有特别重要的意义。

复 习 思 考 题

1. 班组管理的内容有哪些？
2. 班组进度管理包括什么内容？
3. 班组质量管理有什么要求？
4. 班组采取什么措施节约工程成本？
5. 什么是质量事故？如何分类？
6. 如何预防质量通病的发生？
7. 现场施工容易出哪些安全事故？如何预防？
8. 砌筑工程安全操作要注意哪些事项？
9. 砌筑工程冬期雨期施工要注意什么问题？
10. 砌筑工程常见的质量通病有哪些？
11. 砌筑工程施工时应采取哪些主要的措施保护施工环境？

模块三 抹灰工程实习

抹灰工程分为一般抹灰和装饰抹灰两种。

一般抹灰是指用各种抹灰砂浆涂抹在墙面或顶棚的做法，对房屋有找平、保护、隔热保温、装饰等作用。

装饰抹灰与一般抹灰的区别在于两者具有不同的装饰面层，其底层和中层的做法基本相同。

本模块分为一般抹灰、装饰抹灰、抹灰工程现场施工管理三个单元进行实习。

一、实习内容

（一）单元一　一般抹灰

此单元包括砂浆的配制、内外墙抹灰、地面与顶棚抹灰、细部抹灰等内容。

（二）单元二　装饰抹灰

此单元重点介绍水刷石、干粘石、斩假石、假面砖、饰面砖的镶贴、饰面板的安装、清水墙体勾缝等内容。

（三）单元三　抹灰工程现场施工管理

此单元内容包括班组管理、安全生产和文明施工两个课题。

二、实习形式

学生在建筑施工现场跟班作业，在师傅指导下进行。本模块实习的内容较多，施工现场不可能同时具备所有项目的实习条件、一部分可以在校内实习基地进行，另一部分可以跨现场穿插安排，通过协调平衡，让学生尽可能多地接触实习项目，提高综合实习的效率和质量。

三、实习时间安排

本模块的实习时间安排为9周，各个项目事先不作具体的时间安排，主要视实习条件灵活掌握，原则上每个学生应完成80%以上的项目实习。

四、实习考核

实习最后考核的方式和方法参照概述中所叙述的方法进行，各课题的实习成绩则应按各单项的操作评定表打分，最后归总计入实习总成绩。

五、实习指导

（一）一般抹灰的实习指导

顶棚抹灰时，打底子灰必须与预制板缝或模板纹相垂直，以便砂浆挤入缝隙，粘结牢固，且抹灰的厚度越薄越好；第二遍灰要紧跟底子灰，保证粘结牢固；罩面灰须待二遍灰六七成干时，才能进行。

内墙抹底子灰时要待冲筋稍干硬后再做、保证底子灰表面与冲筋表面高度一致。

外墙抹灰时，为保证墙面色泽一致，要用同一品种规格的水泥和同一配合比，对挑出墙面的檐口、窗台、阳台等底面要做滴水处理，以免雨水顺墙下淌污染墙面，压光时要掌握好墙面的干湿程度和砂浆的初凝时间，及时压光。

（二）装饰抹灰的实习指导

本单元有些实习内容现场较难找到，可以看录相或在校内基地小范围示范。

（三）抹灰工程现场施工管理实习指导

本单元实习在现场跟班作业，在抹灰工长或指定师傅的带领下，熟悉班组管理的具体内容和运作方法，并牢记安全生产规定和文明施工的相关要求。

单元一　一　般　抹　灰

一般抹灰是指使用石灰砂浆、水泥砂浆、水泥混合砂浆、聚合物水泥砂浆和麻刀石灰、纸筋石灰、石膏灰等抹灰材料进行施工的一种传统工艺。

抹灰工是使用手工工具或机械对建筑物表面（屋面、地面、墙面）涂抹灰浆及镶贴各种装饰材料的工种。抹灰工的一般抹灰的工作内容主要包括内墙、顶棚、细部及外墙的抹灰。

对于实习教学有如下要求：

（1）重视职业道德教育，培养钻研技术、扎实严谨的工作作风。把职业道德教育同技能训练结合起来。

（2）一般抹灰技能是专业技能的基础，必须熟练掌握。从基本操作技能训练开始，就注意正确规范技术动作，为今后的学习打好基础。

（3）严格按照新标准和工艺要求进行操作，使理论学习和操作技能结合起来，培养学生的创造力。

（4）要按照安全、文明生产的规程和规定进行操作，养成良好的工作作风。

课题一　砂　浆　的　配　制

课题要求：配制室内墙面中层石灰砂浆及地面水泥砂浆。石灰砂浆配合比为 1:3，稠度为 7～9cm，水泥砂浆配合比 1:2，稠度不大于 3.5cm。

一、作业准备

1. 材料准备

（1）水泥　普通硅酸盐水泥，其强度等级不低于 32.5，具有产品合格证书，严禁不同品种不同强度等级的水泥混合使用。

（2）砂　采用 0.35～0.5mm 的中砂，含泥量不大于 3%，使用前过 8mm 孔径筛子，并且不得含有杂物。

（3）石灰膏　熟化期不少于 15d，不含未熟化颗粒。严禁使用已冻结风化的石灰膏。

2. 机具准备

固定式 200L 砂浆搅拌机，每台班搅拌砂浆的产量为 26m³/台班。还应准备磅秤，以保证按照配合比称量砂子、石灰膏和水泥。按机械的出料容积确定各种材料的配比添入量，并准备好手推车及料斗。

3. 作业条件

砂浆搅拌机应固定安置在适当位置，使砂浆运送到各抹灰地点都比较方便，防止二次倒运，并应在砂浆搅拌机上搭设防雨遮护。

二、配制工艺顺序

机械试运转→按加料顺序添料→搅拌质量与时间确定→卸料与使用→安全与清理。

三、拌制操作要点

（1）机械试运转　砂浆搅拌机在使用前，应检查传动机构、工作装置、防护装置都应牢固可靠、操作灵活。启动后先空运转，检查搅拌叶片旋转方向是否正确，有无漏电现象，一切无误后方可正式搅拌。

（2）按加料顺序添料　石灰砂浆应先将石灰膏和部分砂子添入，待胶凝材料搅拌均匀后再添入余下材料，水可以在搅拌过程中徐徐加入。水泥砂浆可将水泥与砂干拌均匀后，再加水继续搅拌。各种材料（包括砂子、石灰膏、水泥）在添料前应称量，并应随时检查磅秤的误差，以保证材料重量误差在规定的范围之内。

（3）搅拌质量与时间确定　在实际操作中，应根据砂浆的组成材料多少及其颜色差别而定，以搅拌到砂浆（无论是石灰砂浆或水泥砂浆）的组成材料分布均匀，颜色一致，砂浆和易性达到要求为止。每盘砂浆搅拌时间不得少于 2min。

（4）卸料与使用　每盘砂浆搅拌好后应立即卸出，把筒内砂浆卸尽后，才能进行下一盘加料与搅拌。砂浆应随拌随用，水泥砂浆应分别在 3～4h 内使用完毕；如施工期间最高温度超过 30℃，必须分别在拌成后 2～3h 内使用完毕。砂浆拌成后和使用时，均应盛入贮灰斗内，如砂浆出现泌水现象，应在使用前再次拌合。

（5）安全与清理　砂浆搅拌机在运转中，不得用手或棍棒等伸进搅拌筒内或进筒口清理杂物。砂浆搅拌机使用完毕，应立即用水冲洗搅拌筒内外，清除筒内的砂浆积料，并对各润滑点加注润滑油。

四、质量评定与要求

对抹灰砂浆质量评定指标包括以下几个方面：

（1）和易性　包括稠度、保水性。稠度要求：石灰砂浆 7～9cm，水泥砂浆不大于 3.5cm，经测定后误差不应大于 2cm。保水性的分层度要求在 1～2cm 之间为合格。

（2）强度　是以强度等级来衡量的，但一般抹灰工程对强度要求不高。如墙面抹石灰砂浆，主要要求的是粘结力，但对于楼地面水泥砂浆面层施工，则要求做水泥砂浆强度检验试块，每组试块为 6 块，取其 6 个试块试验结果的算术平均值，作为该组砂浆试块的抗压强度。

（3）粘结力　一般条件下，砂浆的抗压强度越高，其粘结力越大。

（4）变形　引起砂浆变形的主要原因是混合材料过多，所以控制变形，就是控制混合材料掺量，看配合比误差。

五、操作评定表

砂浆配制操作评定见表 3-1。

实 操 考 核 评 定 表　表 3-1

项目：砂浆配制　　学生编号：　　姓名：　　总得分：

序号	考核内容	检查方法	应得分	实得分	备注
1	材质检验	检验合格证	10		
2	安全操作	目测	10		

序号	考核内容	检查方法	应得分	实得分	备注
3	称量准确	复验	10		
4	添料顺序	目测	10		
5	搅拌时间	计时	10		
6	拌料均匀	目测	10		
7	颜色一致	目测	10		
8	和易性	仪器检测	10		
9	强度	仪器检验	10		
10	场地清理	目测	10		
合计					

考评员：　　　　　　　　日期：

课题二　内外墙抹灰

本课题分为内墙石灰砂浆抹灰和外墙水泥砂浆抹灰两个内容的技能训练。

一、内墙石灰砂浆抹灰

课题要求：砖墙基层，分层作法 1:3 石灰砂浆打底总厚度为 20mm，纸筋灰罩面 2mm。如图 3-1 所示。

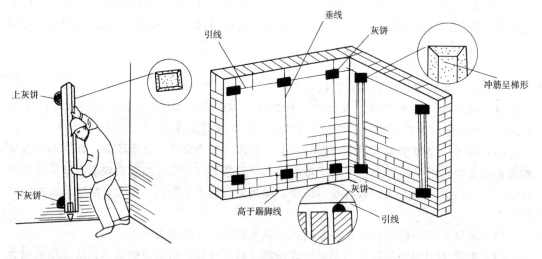

图 3-1　做灰饼　挂线、冲筋

（一）作业准备

（1）材料　中砂、石灰膏、纸筋灰、水泥。

（2）工具　铁抹子，木抹子，塑料抹子，托灰板，托线板，阴阳角抹子，刮尺，方尺，水平尺，线锤，尼龙线，八字靠尺，小条帚等。

（3）墙体工程已验收合格，表面凹凸已经过处理，埋件已就位并做表面防腐处理。

（二）工艺顺序

基层处理→墙面浇水→贴灰饼、冲筋→做护角→抹石灰砂浆→抹罩面灰。

（三）操作要点

（1）**基层处理**　清除表面杂物、尘土、砂浆等附着物。

（2）**墙面浇水**　抹灰作业前，应用胶皮管自上而下徐徐浇水湿润墙面基层。

（3）**贴灰饼、冲筋**　首先用托线板检查墙体基层表面垂直度和平整度，根据检查情况和抹灰总厚度要求，决定墙面抹灰厚度。然后在距阴角100mm，高为2m处，作一个大小为50mm的灰饼，并在距地面200mm处再做一个同样灰饼，厚度均为抹灰层厚度。在做好两端头灰饼之后，以这两块灰饼为依据拉准线，以此准线，每隔1.2～1.5m做一个同样大小灰饼。注意：灰饼最厚不得超过25mm，最薄处不得小于7mm。

冲筋，就是在上下两个灰饼之间抹出一条长梯形灰埂，其宽度为100mm左右，厚度与灰饼相平，作为墙面抹灰填平的标准。冲筋一般冲竖筋，先在两块灰饼之间抹一层，第二遍抹成梯形并比灰饼凸出10mm左右，然后用长木杠紧贴灰饼来回搓，直至把标筋搓得与灰饼一样平为止。

（4）**做护角**　一般抹灰要做暗护角线，室内的墙面及门窗洞口的阳角，宜采用1:2水泥砂浆做暗护角，其高度不低于2m，每侧宽度不应小于50mm。厚度以门窗框离墙面的空隙为准，而另一面（大面墙）的厚度以墙面抹灰层厚度为准，护角线也可起冲筋的作用。

（5）**抹石灰砂浆**　砖墙面抹石灰砂浆的操作包括装档、刮杠、搓平。石灰砂浆要分层施工，底层灰一般在冲筋完成2h后，待砂浆达到一定强度，刮尺操作不致损坏时即可进行（叫装档或刮糙）。底层抹灰要薄，使砂浆嵌入砖缝内。中层灰要待底层灰稍收水（用手指按压不软，但有指印和潮湿感）后进行。中层砂浆抹至略高于标筋（约10mm），以便刮尺后与标筋相平。中层灰刮平，采用大刮尺紧贴标筋将灰刮平，最后采用木抹子搓实。

墙的阴角处，先用刮尺横竖刮平，再用刮尺上下检查方正，然后用木质阴角器上下搓平找直，使室内阴角方正。见图3-2。

墙面阴角抹灰时，先将靠尺在墙角的一面用线坠找直，然后在墙角的另一面顺靠尺抹上砂浆。

（6）**抹罩面灰**　面层采用纸筋灰作罩面材料时，一般是当中层砂浆七八成干（若中层较干，可适当洒水湿润）可进行罩面。操作时，由阴角或阳角开始，一般为两次成活，自左向右，两人配合。一人先抹竖向（或横向）一次，左手拿托灰板，右手拿抹子薄薄抹一层，使罩面灰与中层砂浆紧密结合；另一人再横向加抹第二层，并要压平压光。最后再用排笔蘸水刷一遍，使表面光泽一致，使用抹子再压实、压光一次。阴阳角分别用阴角或阳角抹子搓光。

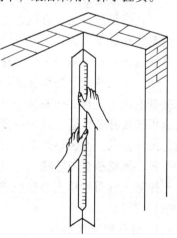

图3-2　阴角刮平找直

二、外墙水泥砂浆抹灰

课题要求：砖墙基层，分层作法：1:1:6水泥混合砂浆底层12mm厚，1:2.5水泥砂浆面层6mm厚，总厚度18mm，见图3-3，按普通抹灰验收。

注：实习训练如在实习车间，可按比例缩小进行训练。

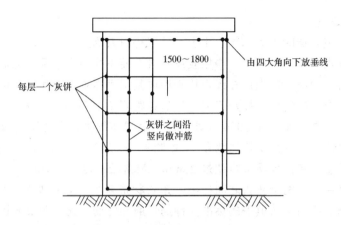

图 3-3 外墙做灰饼、冲筋

（一）作业准备　见前内墙抹灰作业准备。

（二）工艺顺序

基层处理→做标志（灰饼）→抹底层灰→镶贴分格条→面层抹灰。

（三）操作要点

（1）基层处理与浇水见内墙作法。

（2）做标志（灰饼）　首先从房屋四大角向下作垂线（钢丝），根据设计要求的抹灰厚度做出标志块（灰饼），一般每层一个。再根据两侧标志块拉线，做出水平标志块，间距 1.5～1.8m。操作时为控制厚度，在每层标志块之间，拉竖向与水平线，增补若干标志块，并沿竖向在标志块之间做出宽约 60～80mm 的冲筋。

（3）抹底层灰　以冲筋为准，装档、刮杠同内墙抹灰。

（4）镶贴分格条　分格条提前一天用水泡透，在分格条的背面抹上素水泥浆后，沿弹好的墨线粘贴于墙面。垂直方向的分格条要粘在垂直线的左侧，水平方向的分格条要粘在水平线的下口，一般用水泥浆抹成八字（45°）角，隔天起条做 60°角。

（5）面层抹灰　外墙抹水泥砂浆面层一定要在底层砂浆抹好并粘完分格条后再进行。抹时自上而下，自右向左抹平分格条，然后根据分格条厚度用木刮杠刮平，再用木抹子搓实，用铁皮抹子压光。最后用刷子蘸水按同一方向轻刷一遍，目的是要达到颜色一致，然后起出分格条。水泥砂浆罩面成活 24h 后，要浇水养护 7d 以上。

四、质量检查与验收

抹灰工程质量检查与验收按《建筑装饰装修工程施工质量验收规范》（GB 50210—2001）进行。

1. 检查数量规定

（1）室内每个检验批应至少抽查 10%，并不得少于 3 间；不足 3 间应全数检查。

（2）室外每个检验批每 100m² 应至少抽查一处，每处不得小于 10m²。

2. 主控项目规定

一般抹灰所用材料的品种和性能应符合设计要求。水泥的凝结时间和安定性复验应合格。砂浆的配合比应符合设计要求。

检验方法：检查产品合格证书、进场验收记录、复验报告和施工记录。

抹灰工程应分层进行，当抹灰总厚度大于或等于 35mm 时，应采取加强措施。不同材料基体交接处表面的抹灰，应采取防止开裂的加强措施，当采用加强网时，加强网与各基体的搭接宽度不应小于100mm。

检验方法：检查隐蔽工程验收记录和施工记录。

抹灰层与基层之间及各抹灰层之间必须粘结牢固，抹灰层应无脱层、空鼓，面层应无爆灰和裂缝。

检验方法：观察；用小锤轻击检查；检查施工记录。

3．一般项目规定

一般抹灰工程的表面质量应符合下列规定：

(1) 普通抹灰表面应光滑、洁净、接槎平整，分格缝应清晰。

(2) 高级抹灰表面应光滑、洁净、颜色均匀、无抹纹、分格缝和灰线应清晰美观。

检验方法：观察；手摸检查。

护角、孔洞、槽、盒周围的抹灰表面应整齐、光滑；管道后面的抹灰表面应平整。

检验方法：观察。

抹灰层的总厚度应符合设计要求；水泥砂浆不得抹在石灰砂浆层上；罩面石膏灰不得抹在水泥砂浆层上。

检验方法：检查施工记录。

抹灰分格缝的设置应符合设计要求，宽度和深度均匀，表面应光滑，棱角应整齐。

检验方法：观察；尺量检查。

有排水要求的部位应做滴水线（槽）。滴水线（槽）应整齐顺直，滴水线应内高外低，滴水槽的宽度和深度均不应小于10mm。

检验方法：观察；尺量检查。

一般抹灰工程质量的允许偏差和检验方法应符合表3-2的规定。

一般抹灰的允许偏差和检验方法　　　　　　　　　表3-2

项次	项　　目	允许偏差（mm）		检验方法
		普通抹灰	高级抹灰	
1	立面垂直度	4	3	用2m垂直检测尺检查
2	表面平整度	4	3	用2m靠尺和塞尺检查
3	阴阳角方正	4	3	用直角检测尺检查
4	分格条（缝）直线度	4	3	拉5m线，不足5m拉通线，用钢直尺检查
5	墙裙、勒脚上口直线度	4	3	拉5m线，不足5m拉通线，用钢直尺检查

注：1．普通抹灰，本表第3项阴角方正可不检查；

　　2．顶棚抹灰，本表第2项表面平整度可不检查，但应平顺。

五、操作评定（表3-3和表3-4）

实 操 考 核 评 定 表　　　　　　　　　表3-3

项目：内墙石灰砂浆抹灰　　　学生编号：　　　姓名：　　　总得分：

序号	考核内容	检查方法	应得分	实得分	备注
1	表面平整	2m托线板与塞尺检查	10		
2	垂直度	2m托线板检查	10		

序号	考核内容	检查方法	应得分	实得分	备注
3	无接槎起泡	目测	10		
4	无裂缝空鼓	目测	10		
5	无抹纹	目测	10		
6	表面压光	目测	10		
7	阳角方正	方尺检查	10		
8	尺寸	用2m卷尺检查	10		
9	安全文明操作	目测	10		
10	工效	定额计时	10		
	合计				

考评员：　　　　　　　　　日期：

实 操 考 核 评 定 表　　　　　　　表 3-4

项目：外墙水泥砂浆抹灰　　　　　学生编号：　　　　姓名：　　　　总得分：

序号	评分项目	评定方法	应得分	实得分	备注
1	墙面平整度	2m托线板与塞尺检查	10		
2	墙面垂直度	2m垂直检测尺	10		
3	分格条直线度	拉5m线尺量检查	10		
4	抹纹	目测	10		
5	色泽	目测	10		
6	尺寸	2m卷尺检查	10		
7	无脱层、起鼓	小锤轻击检查	10		
8	无爆灰、裂纹	目测	10		
9	安全、文明操作	目测	10		
10	工效	定额计时	10		
	合计				

考评员：　　　　　　　　　日期：

课题三　地 面 与 顶 棚 抹 灰

一、地面水泥砂浆抹灰

课题要求：选一间标准单元房，抹25厚1:2水泥砂浆面层。见图3-4、图3-5。

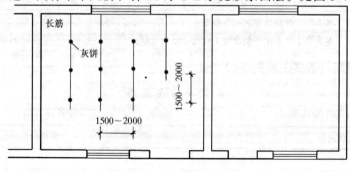

图 3-4　做灰饼、冲筋

（一）作业准备

（1）材料　普通硅酸盐水泥，强度等级42.5，中砂，含泥量不大于3%。

（2）工具　铁抹子，木抹子，刮尺，水平尺，分格器。

（3）作业条件　四周墙面已弹好50cm墨线，地面垫层已完成，门框已立好，核查找正。

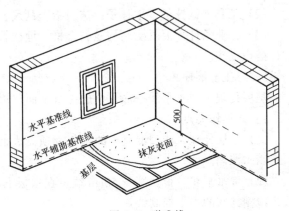

图 3-5　弹准线

（二）工艺顺序

基层处理→弹线→做灰饼、冲筋→铺灰→压光→养护

（三）操作要点

（1）基层处理　清除垫层基层表面浮灰、杂质、油渍。要求基层表面粗糙、洁净、潮湿。

（2）弹线　根据四周墙面50cm标高水平线，向下量至地面面层标高，弹出墙面四周辅助基准线，作为贴灰饼、冲筋的依据。见图3-5。

（3）做灰饼、冲筋　根据水平辅助基准线，在四周墙角处每隔1.5～2.0m用1:2水泥砂浆做灰饼标志块。灰饼大小一般为8～10cm见方。待灰饼结硬后，依灰饼标志块的高度做出纵横方向通长的标筋，以控制面层的厚度并应与门框的锯口线相吻合。冲筋一般也用1:2水泥砂浆，宽度为8～10cm。

（4）铺灰　铺灰前，先对基层浇水湿润，扫一道素水泥浆（水灰比0.4～0.5），扫浆后即在标筋之间铺砂浆，随铺随用木杠按两边标筋的高度刮平，要从房间里面向外刮至门口，并符合门口锯口线标高。

（5）压光　水泥砂浆用木杠刮平后，立即用木抹子搓平，并随用2m靠尺检查其平整度，木抹子搓平后，即用铁抹子压头遍，第一遍压光以不出水纹为宜。第二遍压光开始应当在水泥砂浆初凝时，要求第二遍压光把地面不平处压平，这时用铁抹子抹压地面，会发出"沙沙"声音，握铁抹子的手腕要用力，边抹压边把坑洼填平，这是清除砂浆内气泡、表面孔隙、使地面表面平整光滑的关键，要做到压实、压光、不漏压。要求有分格缝的地面，要用分格器按设计划线的分格墨线分格溜压，使宽度、深度均匀，表面应光滑、棱角整齐。在砂浆终凝前进行第三遍压光，使地面表面不再有抹子纹，光滑、洁净、颜色均匀。

（6）养护　水泥砂浆面层铺设后24h再进行养护，一般不少于7d，水泥砂浆抹灰层在凝结前，应防止快干、水冲、撞击和震动，并应在湿润条件下养护。

二、顶棚抹灰

课题要求：选一间标准单元房，现浇混凝土楼板顶棚，分层作法：1:0.5:1水泥石灰砂浆打底2mm厚，1:3:9水泥石灰砂浆中层找平6mm厚，纸筋灰罩面2mm厚。

（一）作业准备

（1）材料　普通水泥强度等级42.5、石灰膏、纸筋灰。

（2）工具　铁抹子，木抹子，抹灰板，刮尺，角抹子，砂浆桶，排笔，脚手架等。

（3）作业条件　混凝土结构验收合格、埋线管已完工、凹凸不平处已处理完毕，脚手架已搭设完毕。

（二）工艺顺序

基层处理→弹水平线→底、中层抹灰→面层罩面灰。

（三）操作要点

（1）基层处理　清理混凝土的余浆及顶棚表面的灰尘，对顶棚表面光滑处凿毛处理，然后洒水湿润。

（2）弹水平线　根据墙身50cm线，在顶板下100mm的四周墙面上弹出一条水平线，作为顶棚抹灰的水平控制线。

（3）底、中层抹灰　顶棚抹灰一般不做灰饼和冲筋，通常采用目测法控制平整度，用弹出的水平线作为抹灰的水平标准。在底层抹灰前先刮一层素水泥浆作为粘结层，抹底层灰必须与模板的方向垂直，底层灰要用力抹实，越薄越好，然后紧跟抹中层灰，用刮尺顺平，但应为麻面交活。

（4）面层罩面灰　应在底、中层砂浆六七成干即抹纸筋灰。应分两遍抹平、压光，厚度不超过2mm。可用塑料抹子或压子顺着抹纹压实压光成活。

四、质量检查与验收

（1）地面与顶棚属于一般抹灰工程，按一般抹灰验收，按室内每个检验批进行抽查。

（2）一般抹灰工程的主控项目规定：抹灰层与基层之间及各抹灰层之间必须粘结牢固、抹灰层应无脱层、空鼓，面层应无爆灰和裂缝。造成空鼓、开裂、脱落等缺陷的原因主要是基体表面清理不干净或表面光滑、浇水不透、砂浆质量不好、抹灰过厚等等，这些都为质量检查与验收的重点。

（3）一般抹灰工程地面和顶棚抹灰质量的允许偏差和检验方法应符合课题二质量检查与验收表的规定。

五、操作评定（表3-5和表3-6）

实 操 考 核 评 定 表

表3-5

项目：地面水泥砂浆抹灰　　　　　学生编号：　　　　　姓名：　　　　　总得分：

序号	考核内容	检查方法	应得分	实得分	备注
1	表面平整度	2m靠尺和塞尺检查	10		
2	分格缝直线度	拉5m线，用钢直尺检查	10		
3	标筋距离与高度	用2m卷尺检查	10		
4	无起砂、脱皮	目测	10		
5	无空鼓、裂缝	目测	10		
6	无抹纹、接槎	目测	10		
7	符合标高要求	直尺测量	10		
8	无气泡、砂眼	目测	10		
9	安全、文明操作	目测	10		
10	工效	定额计时	10		
	合计				

考评员：　　　　　日期：

表 3-6

实 操 考 核 评 定 表

项目：顶棚抹灰　　　　　学生编号：　　　　姓名：　　　　　　　　总得分：

序号	考核内容	检查方法	应得分	实得分	备注
1	表面平整	2m靠尺和塞尺检查	25		
2	符合厚度要求	目测	10		
3	表面压实压光	目测	10		
4	无裂纹	目测	10		
5	无抹纹	目测	10		
6	无接槎	目测	10		
7	安全文明操作	目测	15		
8	工效	定额计时	10		
合计					

考评员：　　　　　　日期：

课题四　细　部　抹　灰

一、楼梯抹灰

课题要求：选一楼梯段，用 1：3 水泥砂浆抹底层、中层，厚度 15mm；面层 1：2 水泥砂浆，厚度 10mm；防滑条 1：1.5 金钢砂浆。见图 3-6。

（一）作业准备

（1）材料　普通水泥，中砂，金钢砂

（2）工具　铁抹子，木抹子，托灰板，刮尺，靠尺，阴角、阳角抹子，粉线袋，钢筋长子，方尺，钢卷尺，分格条，排笔。

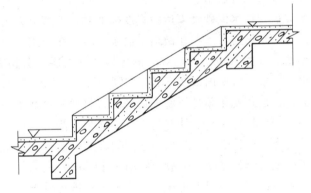

图 3-6　楼梯抹灰弹线

（3）作业条件　混凝土楼梯结构已验收合格，扶手栏杆已安装就位，或者预埋部分已安装好。

（二）工艺顺序

基层清理→弹线→底层抹灰→面层抹灰→做防滑条。

（三）操作要点

（1）基层清理　抹灰前应将基层清刷干净。清除楼梯板面上的浮灰等，对尺寸误差较大处，应进行剔凿和用水泥砂浆修补。

（2）弹线　根据两端平台抹灰层的标高及两端踏步口尺寸，在楼梯侧墙和挡板上用粉线袋先弹出踏步抹灰斜线，再以斜线为准线，根据踏步的踢面尺寸，弹出分步标准线。

不靠墙的独立楼梯不能弹线时，应在梯段左右两侧分别拉斜向准线进行操作，以保证踏步尺寸一致。

（3）底层抹灰　先洒水湿润基体表面，后刷一道素水泥浆，随即抹底子灰。先抹踢面（立面），再抹踏面（平面），由上往下逐级抹灰。按踏步宽度线留出面层灰厚度，依靠尺板抹灰，用木抹子搓平。再把靠尺稳固在踢脚面上，按踏步高度线留出灰口，并用水平尺将靠尺调平，依靠尺铺灰，用木抹子搓平，做出楞角。见图3-7、图3-8。

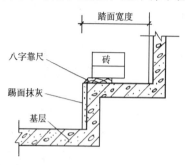

图3-7　踢面抹灰　　　　　　　　　　　　　　　　图3-8　踏面抹灰

（4）面层抹灰　面层抹灰一般在第二天进行，先稳好靠尺，从上到下逐级抹，要用木抹子搓平，要使踏步的阳角落在分步斜线上，并使踢面和踏面的尺寸分配均匀，高宽一致。砂浆初凝后用铁抹子压光，并用阴角、阳角抹子把阴、阳角捋光。抹完后24h开始洒水养护，在水泥砂浆未达到强度标准时，严禁上人走动。

（5）做防滑条　在做踏步面层灰时，在距踏步口40mm处弹出墨线，按线用素水泥浆粘贴上口宽20mm、厚7mm的分格条，面层与分格条平齐，待面层灰达到一定强度后取出分格条，将槽内清理干净，用水湿润，再在槽内填抹金刚砂浆，并使其高出踏面3～5mm，后用圆阳角抹子将表面抹圆，将两侧余灰清理干净。

如果楼梯踏步设计有勾脚（即踏步外侧边缘的凸出部分，也称挑口），抹灰时也应先抹立面，后抹平面，踏步面连同勾脚要一次成活（但要分层做）。贴于立面靠尺的厚度应正好是勾脚的厚度（一般勾脚凸出15mm左右）。抹灰时，每步勾脚进出要一致，立面厚度要一致，阳角用阳角抹子（小圆角）压实捋光。

二、窗台抹灰

课题要求：外墙水泥砂浆抹平砌砖窗台，尺寸见图3-9，分层作法：10mm厚1:2.5水泥砂浆底层，6mm厚1:2水泥砂浆面层，要求有流水坡度和滴水槽。

（一）作业准备：

（1）材料　中砂、普通水泥。

（2）工具　铁抹子，木抹子，托灰板，阴角、阳角抹子，八字靠尺，钢筋卡子，分格条，线锤，毛刷，水桶。

（二）工艺顺序

基层处理→底层抹灰→面层抹灰→做滴水槽。

（三）操作要点

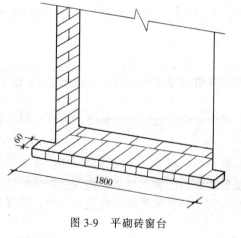

图3-9　平砌砖窗台

（1）基层处理　先检查窗台的平整度以及与左右上下相邻窗台的关系，即窗台与窗框下槛的距离是否为40～50mm，否则抹灰前进行调整。然后清除窗台表面浮灰，并充分湿润。对窗下槛的间隙必须用水泥砂浆填塞密实。

（2）底层抹灰　由于一个窗台有五个面，八个角，一条凹档，一条滴水槽（或滴水线）。要求抹灰的顺序是先立面、后平面、再底面、最后侧面。用钢筋卡子将八字靠尺卡在墙面后。上灰，后用木抹子搓平，要求上面符合坡度要求，棱角清晰，为罩面创造条件。

（3）面层抹灰　罩面灰在第二天进行，上完面层灰后，再用木抹子搓平，铁抹子压光。无论立面、平面、底面和侧面都要先卡靠尺再上灰操作，用木抹子搓实后压光。阳角用角抹子捋光，在窗下槛处也要用阴角抹子捋光，以免渗水。

（4）抹滴水槽　在窗台底面距边口20mm处，用素水泥浆粘分格条，要求宽度与深度均不小于10mm，整齐一致，待面层抹完成活后取掉即可。也可以在面层抹灰后用分格器沿着靠尺将滴水槽这部分砂浆挖掉，后用抹子修理整齐。见图3-10。

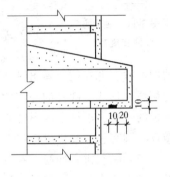

图 3-10　滴水槽做法

三、方、圆柱抹灰

课题要求：室内独立370mm方砖柱。分层作法为：14mm厚1:3石灰砂浆底层灰，2mm厚纸筋面层灰。

（一）作业准备

（1）材料　中砂，石灰膏，纸筋。

（2）工具　铁抹子，木抹子，托灰板，方尺，钢筋卡子，八字靠尺，短刮杠，托线板，线锤，粉线袋。

（二）工艺顺序

基层处理→找规矩→贴灰饼→柱面底层抹灰→罩面灰。

（三）操作要点

（1）基层处理　柱基体表面清理干净，并提前将砖柱浇水湿透。

（2）找规矩　按图纸标注的轴线，测量方柱的尺寸和位置，在地面上弹出相互垂直的两个方向的中心线，然后依据抹灰的总厚度，在柱边的地面上弹出抹灰后的外边线，一般要弹出底层灰和抹面后的两道边线，并应注意各个柱面宽度一致，四角方正。

（3）贴灰饼　上下两人配合，上边人用短靠尺挑线锤，尺头顶在柱面上，下边人把住线锤，使线锤尖对准地面上的边线，检查柱面的垂直、平整度，如不超偏差，可在柱四角距地坪和柱顶各15cm处做四个柱面标志灰饼。见图3-11。

（4）抹底子灰　先在柱两侧面卡固八字靠尺，抹柱的正、背面的底层、中层灰。然后将靠尺卡固在正、背面，依上下灰饼将靠尺调正再抹其底层，中层灰。底层、中层抹灰、搓平的方法与内墙抹石灰砂浆的方法相同，要求表面平整、四角垂直方正。注意：正式施工时，往往要求抹石灰砂浆方柱时，做水泥砂浆暗护角。

（5）抹罩面灰　纸筋灰罩面、压光的方法同内墙面抹灰。应当在抹底子灰后第二天抹面层，要求纸筋灰罩面"两遍交活"，柱子抹灰要随时检查柱面上下垂直平整，边角方正，外型整齐一致。柱子边角可用阳角抹子顺线角轻轻抽拉，从上到下，一次抽拉到底，中间

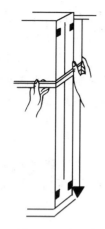

图 3-11 独立方
柱找规矩

不要停顿，使每个外角线型顺畅，手摸不能割手。砖壁柱抹灰方法与上述方法相同，但与墙交接阴角处要规方。

课题要求：室外抹混凝土独立圆柱，分层作法，12mm 厚 1:3 水泥砂浆底层，6mm 厚 1:2.5 水泥砂浆面层。

（一）作业准备

（1）材料　普通水泥、中砂。

（2）工具　铁抹子，木抹子，托灰板，软刮尺，托线板，线锤，粉线袋，圆形抹灰套板。

（二）工艺顺序

基层处理→找规矩→贴灰饼、冲筋→抹底层灰→抹面层灰。

（三）操作要点

（1）基层处理　清理基体表面，并提前浇水湿润。

（2）找规矩　独立圆柱找规矩，应先找出纵横两个方向相互垂直的中心线，并在柱上弹出纵横两个方向四根中心线。按四面中心点，在地面分别弹四个点的切线，形成了圆柱的外切四边形。这个四边形各边长就是圆柱的实际直径。然后用缺口木板的方法，沿柱上四根中心线往下吊线坠，检查柱子的垂直度。由于直径较小的圆柱，做成半圆套板，套板里口包上铁皮，滑动无阻。

（3）贴灰饼、冲筋　在柱四面中心线的下部，根据地面上弹出的抹灰后的外切四边形，做出四个灰饼，然后用缺口木板挂线锤的方法做出挂上端四个灰饼，同时竖向每隔 1.2m 左右再做几个灰饼，用圆形套板将灰饼检查刮好。再根据灰饼冲筋，用刮尺将冲筋刮平。作灰饼、冲筋的方法如同内墙抹灰。最后用托线板和圆形套板检查冲筋，使其垂直度、弧度准确无误。

（4）抹底层灰　抹灰操作如同内墙抹灰，抹灰时用长木杠随抹随找圆，并用抹灰圆形套板核对找圆。

（5）抹面层灰　在底层灰六七成干时再抹面层灰，防止下坠和裂缝出现。抹面层灰时要应用圆形套板经常上下滑动，将抹灰层抹成圆形，最后再由上至下滑磨搓平。见图 3-12。

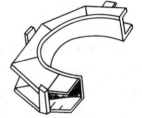

图 3-12　圆形套板

（四）质量检查与验收

一般抹灰工程的细部抹灰的质量检查与验收重点放在以下几个方面：

（1）施工前应进行全面的技术交底，使每个操作者了解细部操作规程及技术难点。

（2）加强各工序、各分项工程自检、互检及交接检并加强成品保护措施。

（3）抹灰层的厚度应符合设计要求；水泥砂浆不得抹在石灰砂浆层上；罩面石膏灰不得抹在水泥砂浆层上，并检查施工记录。

（4）要检查和验收抹灰分格缝的设置是否符合要求，宽度和深度应均匀，表面要光滑、棱角应整齐。有排水要求的部位应做滴水线（槽），滴水线（槽）应整齐顺直，滴水线应内高外低，滴水槽的宽度和深度均不应小于 10mm。并要通过观察、尺量检查。

（5）一般抹灰工程的细部抹灰质量的允许偏差和检验方法应符合表 3-2 的规定。

四、操作评定方法

见本课题所附楼梯踏步、外窗台、方柱、圆柱抹灰操作评定见表3-7～表3-10。

实 操 考 核 评 定 表 表3-7

项目：楼梯踏步抹灰　　　　学生编号：　　　　姓名：　　　　总得分：

序号	考核内容	检查方法	应得分	实得分	备注
1	表面平整	直尺和塞尺检查	10		
2	踏步尺寸正确	钢直尺检测	10		
3	踏步口平直	水平尺检测	10		
4	防滑条顺直	拉线尺量	10		
5	无空鼓、裂缝	小锤敲击目测检查	10		
6	表面压光	目测	10		
7	阴阳角光滑	方尺检查	10		
8	分步高度尺寸正确	尺量	10		
9	安全文明操作	目测	10		
10	工效	定额计时	10		
	合计				

考评员：　　　　日期：

实 操 考 核 评 定 表 表3-8

项目：外窗台抹灰　　　　学生编号：　　　　姓名：　　　　总得分：

序号	考核内容	检查方法	应得分	实得分	备注
1	表面平整	直尺和塞尺检查	10		
2	表面光滑压光	目测	10		
3	棱角清晰平直	水平尺与直尺	10		
4	流水坡度	水平尺检测	10		
5	窗下槛填塞密实	目测	10		
6	滴水槽整齐一致	拉线、钢直尺检查	10		
7	滴水槽宽、深度尺寸	直尺检查	10		
8	阴阳角方正	方尺检查	10		
9	安全、文明操作	目测	10		
10	工效	定额计时	10		
	合计				

考评员：　　　　日期：

实 操 考 核 评 定 表 表3-9

项目：方柱抹灰　　　　学生编号：　　　　姓名：　　　　总得分：

序号	考核内容	检查方法	应得分	实得分	备注
1	表面平整	直尺和托线板检查	10		
2	立面垂直	托线板检查	10		
3	阳角方正	方尺和塞尺检查	10		
4	阳角垂直	托线板检查	10		
5	线角顺直清晰	拉线目测	10		
6	抹灰厚度符合要求	直尺检测	10		

73

序号	考核内容	检查方法	应得分	实得分	备注
7	无脱层、空鼓	小锤敲击	10		
8	面层无爆灰、裂缝	目测	10		
9	安全、文明操作	目测	10		
10	工效	定额计时	10		
	合计				

考评员：　　　　　　日期：

实 操 考 核 评 定 表　　　　　　表 3-10

项目：圆柱抹灰　　　　学生编号：　　　　姓名：　　　　总得分：

序号	考核内容	检查方法	应得分	实得分	备注
1	立面垂直	托线板检查	15		
2	弧度一致	弧度套板与塞尺	15		
3	抹灰厚度符合要求	直尺检测	10		
4	无脱层、空鼓	小锤敲击检查	10		
5	面层无裂缝	目测	10		
6	表面光洁	目测	10		
7	安全、文明操作	目测	15		
8	工效	定额计时	15		

考评员：　　　　　　日期：

单 元 小 结

一般抹灰工程主要包括了内、外墙抹灰，地面及顶棚抹灰和细部抹灰几方面的内容。

材料是保证抹灰工程质量的基础，因此，抹灰工程所用材料应符合设计要求及国家现行产品标准的规定，并应有出厂合格证。

抹灰工程的质量关键是粘结牢固，无开裂、空鼓与脱落。如果粘结不牢，出现空鼓、开裂、脱落等缺陷，会降低对墙体的保护作用，且影响装饰效果。

各种抹灰的技术措施与规范要求主要是解决好面层与基体（层）的粘结和面层的装饰效果。

复习思考题

1. 抹灰经常使用的水泥是哪一种？
2. 抹灰经常使用的是中砂，为什么？使用细砂有什么弊病？
3. 简述搅拌石灰砂浆、水泥砂浆的投料顺序。
4. 室内、室外墙面抹灰工序流程如何？
5. 水泥楼地面抹灰工艺顺序？各工序的操作要点？
6. 护角的作用？做水泥护角有什么要求？
7. 砖基体墙面抹水泥砂浆在一天内完成打底、中层和罩面是否可行？为什么？

8. 独立方、圆柱抹灰怎样找规矩？柱面垂直、平整超差影响抹灰时如何处理？

9. 如何保证楼地面抹灰不空鼓、起砂及裂缝？

10. 对于外窗台抹灰面的表面与底面有些什么要求？抹灰时应注意什么？

11. 楼梯踏步抹灰怎样放线找规矩？

单元二 装 饰 抹 灰

装饰抹灰工程包括水刷石、斩假石、干粘石、假面砖等四个工艺操作内容。

课题一 墙面水刷石、干粘石、斩假石、假面砖抹灰

课题要求：窗间砖墙抹水刷石见图3-13，分层作法：12mm厚1：3水泥砂浆底层砂浆，10mm厚1：1.25面层石粒浆。

（一）作业准备

（1）材料 普通水泥，中砂，石粒，石灰膏，色粉，分格条等。

（2）工具 铁抹子，木抹子，托灰板，刮尺，钢筋卡子，排笔刷，喷雾器，粉线袋，水平尺。

（二）工艺顺序

基层处理→找规矩→抹底层砂浆→粘贴分格条→抹面层水泥石渣浆→修整→喷刷→起分格条。

（三）操作要点

（1）基层处理 抹灰前将尘土、污垢清扫干净、堵脚手眼，再浇水湿润。

（2）找规矩 应用特制的大线坠从顶层往下吊垂直，绷紧钢丝后，按钢丝的垂直要求在门窗洞口两侧

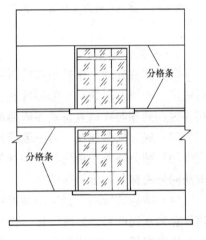

图 3-13 窗间砖墙水刷石

等分层抹灰饼，并按灰饼找规矩，使横竖方向达到平整一致。

（3）抹底砂浆 以灰饼、冲筋为准控制抹灰厚度，并分层分遍装档，直至与冲筋抹平，木杠刮平后搓毛，并浇水养护。

（4）粘贴分格条 按图纸尺寸弹线分格，用素水泥浆粘分格条（粘贴前浸水泡透分格条），分格条应按部位粘贴，要求横平竖直交圈。

（5）抹水泥石渣浆 在分格区内浇水湿润后刮一道水灰比为0.4的素水泥浆，然后抹水泥石渣浆，分两遍与分格条抹平，并及时用木杠检查其平整度（石渣浆高于分格条1mm）。后将石渣层压平、压实。同一方格的面层要一次抹完，不留施工缝。

（6）修整 待水泥石粒浆稍收水后，用抹子将石渣面拍平压实，将其内水泥浆挤出，并用铁抹子将露出的石子尖棱轻轻拍平，拍平压光一遍后，再刷再压不少于3遍，使石子大面朝外，最后以指捺无痕，用水刷子刷不掉石粒为度。

（7）喷刷 喷刷分两遍进行，第一遍先用毛刷子蘸水刷掉面层水泥浆，露出石粒。第二遍用喷雾器先将四周相邻部位喷湿，然后由上往下喷水，喷头离墙面10～20mm，喷射要均匀，将面层表面及石粒间的水泥浆冲出，使石粒露出表面1/2粒径，颗粒不均匀处，

75

可轻轻拍压。最后用清水从上而下冲洗一遍，使刷石面干净。

如表面水泥浆已结硬，可使用5%的稀盐酸水溶液洗刷，然后用清水冲洗干净。

（8）起分格条　喷刷后，轻轻敲击分格条，使其上下活动，轻轻起出。用刷子梳理缝边，破损处，用素灰将缝格修补平直，颜色一致。防止分格条高低不平，不均匀。

课题要求：楼阳台混凝土挡墙干粘不抹灰，见图3-14，分层做法：6mm 厚 1:2.5 水泥砂浆底、中层灰、小八厘石渣面层。

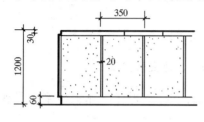

图3-14　楼阳台混凝土挡墙干粘石

（一）作业准备

（1）材料　普通水泥，中砂，石灰膏，色粉，石粒，分格条等。

（2）工具　铁抹子，木抹子，刮尺，托线板，粉线袋，卷尺，木拍，喷枪，压缩机等。

（二）工艺顺序

基层处理→底、中层抹灰→粘分格条→涂抹粘结层→甩粒→拍压→起分格条、养护。

（三）操作要点

（1）基层处理　干粘不装饰抹灰的基体处理方法与一般外墙抹灰方法相同，但因干粘石底层、中层及罩面层总的厚度较一般抹灰厚，若基体处理不好，极易产生空鼓等质量通病，因此处理时要认真将基体表面酥松部分去掉再洒水湿润。

（2）底、中层抹灰　与一般抹灰相同，中层表面要划毛，即麻面交活。

（3）粘分格条　按设计要求弹分格线。分格条宽度作为分格缝应不小于20mm。操作方法同外墙抹灰粘分格条的操作。

（4）涂抹粘结层　分格条粘牢后，第二天洒水湿润，待无明水后抹粘结层砂浆，可采用聚合物水泥砂浆，分两层抹，按分格大小一次抹一块，厚度比分格条低 2～3mm，避免在分块中留槎，一定要抹平，不显抹纹。

（5）甩石粒　甩石粒时，要掌握好粘结层砂浆的干湿程度。一般粘结层抹好后，稍停即可甩石粒。

操作时，左手拿盛料盘，右手握木拍，用木拍铲石粒，反手往墙上甩，甩时动作要快，注意甩撒均匀密布，轻重适宜。从边角处开始甩，使石粒均匀地嵌入粘结层粘结砂浆中，如有不均匀或过稀时应补甩。

甩石粒的操作顺序，以先上部及左右边角处，下部因砂浆水分大，宜最后甩。

除手工甩石粒外，喷石粒可采用喷枪，将石粒装入料斗内通过压缩空气即可使石子喷出。喷石粒时，喷头要对准墙面，距墙面约 30～40cm，气压以 0.6～0.8MPa 为宜。

（6）拍压　在粘结层上均匀地甩石粒后，用干净抹子轻轻地将石粒压入粘结层内，石粒嵌入深度不少于 1/2 粒径，表面应平整坚实，石粒大面朝外。要注意用力过大，会把灰浆拍出造成翻浆糊面，影响美观；用力过小，石粒粘结不牢，容易掉粒。

在阳角处操作时，要两侧同时进行，否则当一侧石粒粘上去后，在角边口砂浆收水，另一侧的石粒就不易粘上去，会出现接槎黑边。

（7）起分格条、养护　整个干粘石墙面做好后，就可及时起出分格条，起条时注意不要碰掉石粒。最后用素水泥浆勾缝，要求达到顺直、清晰。24h后，可用喷壶洒水养护。

课题要求：普通黏土砖挡墙斩假石抹灰，见图 3-15，分层作法：10mm 厚 1:2 水泥砂浆底层灰，粘结层素水泥浆一遍，15mm 厚 1:1.5 水泥石碴浆（2mm 米粒石，内掺 30% 白云石屑）面层灰。

（一）作业准备

（1）材料　普通水泥，米粒石，白云石屑。

（2）工具　铁抹子，木抹子，托灰板，刮尺，水平尺，线锤，托线板，剁斧，花锤，扁凿，齿凿，弧口凿，尖锥等。

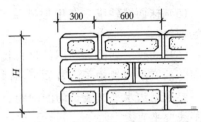

图 3-15　普通黏土砖墙斩假石

（二）工艺顺序

基层处理→底层抹灰→粘结层→抹罩面灰→养护→斩剁→起分格条、嵌缝。

（三）操作要点

（1）基层处理、底层抹灰、粘结层三道工序操作方法如同水刷石操作。

（2）抹罩面灰　在洒水、刮素水泥浆粘结层的基础上抹水泥石碴浆面层灰。一般分两遍进行，即先抹一层薄水泥石碴浆，待收水后，抹第二遍水泥石碴浆与分格条齐平，并用刮尺沿分格条将面层灰刮平。用木抹子打紧压实，使其表面平整，边角无空隙。最后用软毛刷子蘸水顺剁纹方向刷一遍，要求把表面水泥浆刷掉，露出的石子均匀一致。

（3）养护　水泥石碴浆面层完成 24h 后浇水养护，在养护期间要避免烈日暴晒和冰冻。养护时间根据温度、气候情况而定，一般情况养护时间不少于 7d。

（4）斩剁　面层养护完成后要先进行试剁，以石子不脱落为准。斩假石的操作应自上而下进行，边缘应弹线。先斩转角和四周边缘，后斩中间部位。转角和四周剁水平纹，中间剁垂直纹，水平面的斩剁缝应与棱角垂直。剁斧要保持锋利，斩剁时动作要快，轻重均匀，剁纹深浅要一致。

（5）起分格条、嵌缝　斩剁完后，及时起出分格条，用钢丝刷子顺剁纹刷净灰尘。分格缝的嵌缝可以嵌凹缝，要求深浅一致，均匀顺直。

课题要求：混凝土门柱假面砖抹灰，见图 3-16，分层做法：10mm 厚 1:3 水泥砂浆底层灰，3mm 厚 1:1 水泥砂浆半层灰，4mm 厚 1:1 的彩色水泥砂浆面层灰。

（一）作业准备

（1）材料　普通水泥，中砂，白水泥，色粉。

（2）工具　铁抹子，木抹子，刮尺，托线板，靠尺板，铁梳子，铁钩子，粉线袋，卷尺等。

（二）工艺顺序

基层处理→抹底、中层灰→浇水弹线→面层砂浆→划纹、划沟→边角清扫。

（三）操作要点

（1）清理基层，清除基层表面灰尘、油污、砂浆等杂物。

（2）做灰饼挂线，确定抹灰厚度。

（3）抹底层灰和中层灰，在基层上先抹一层 1:3 水泥砂浆底灰，其厚度一般为 6～8mm，当底层灰七八成干时接着抹

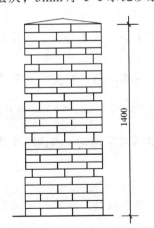

图 3-16　混凝土门柱假面砖

77

中层灰，厚度 6～7mm。

（4）浇水、弹线　浇水湿润中层后，先弹水平线，按每步架为一水平工作段，上、中、下三条水平通线，以便控制面层划平直度。

（5）抹面层砂浆　在中层砂浆上接着抹面层彩色砂浆 4mm 厚。面层砂浆稍收水后，开始划纹。

（6）划纹、划沟　利用靠尺板找直，用铁梳子由上向下划纹，深度 2～3mm。然后根据面砖的宽度用铁钩子沿着靠尺横向划沟，深度以露出中层灰为准，划好后将飞边砂粒扫净。要求划沟水平成线，沟的间距、深浅要一致。竖向划纹，也要垂直成线，深浅一致，水平线要平直。

四、质量检查与验收

（一）装饰抹灰工程验收主控项目包括

（1）抹灰前基层表面的尘土、污垢、油渍等应清除干净，并应洒水润湿。

检验方法：检查施工记录。

（2）装饰抹灰工程所用材料的品种和性能应符合设计要求。水泥的凝结时间和安定性复验应合格。砂浆的配合比应符合设计要求。

检验方法：检查产品合格证书、进场验收记录、复验报告和施工记录。

（3）抹灰工程应分层进行。当抹灰总厚度大于或等于35mm 时，应采取加强措施。不同材料基体交接处表面的抹灰，应采取防止开裂的加强措施，当采用加强网时，加强网与各基体的搭接宽度不应小于100mm。

检验方法：检查隐蔽工程验收记录和施工记录。

（4）各抹灰层之间及抹灰层与基体之间必须粘接牢固，抹灰层应无脱层、空鼓和裂缝。

检验方法：观察；用小锤轻击检查；检查施工记录。

（二）一般项目包括

（1）装饰抹灰工程的表面质量应符合下列规定

1）水刷石表面应石粒清晰、分布均匀、紧密平整、色泽一致、应无掉粒和接槎痕迹。

2）斩假石表面剁纹应均匀顺直、深浅一致，应无漏剁处；阳角处应横剁并留出宽窄一致的不剁边条，棱角应无损坏。

3）干粘石表面应色泽一致、不露浆、不漏粘，石粒应粘结牢固，分布均匀，阳角处应无明显黑边。

4）假面砖表面应平整、沟纹清晰、留缝整齐，色泽一致，应无掉角、脱皮、起砂等缺陷。

检验方法：观察；手摸检查。

（2）装饰抹灰分格条（缝）的设置应符合设计要求，宽度和深度应均匀，表面应平整光滑，棱角应整齐。

检验方法：观察。

（3）有排水要求的部位应做滴水线（槽）。滴水线（槽）应整齐顺直，滴水线应内高外低，滴水槽的宽度和深度均不应小于10mm。

检验方法：观察；尺量检查。

（4）装饰抹灰工程质量的允许偏差和检验方法应符合表3-11的规定。

装饰抹灰的允许偏差和检验方法　　　　　　　　　表3-11

项次	项　目	允许偏差（mm）				检　验　方　法
		水刷石	斩假石	干粘石	假面砖	
1	立面垂直度	5	4	5	5	用2m垂直检测尺检查
2	表面平整度	3	3	5	4	用2m靠尺和塞尺检查
3	阳角方正	3	3	4	4	用直角检测尺检查
4	分格条（缝）直线度	3	3	3	3	拉5m线，不足5m拉通线，用钢直尺检查
5	墙裙、勒脚上口直线度	3	3	—	—	拉5m线，不足5m拉通线，用钢直尺检查

五、操作评定（表3-12～表3-15）

实操考核评定表　　　　　　　　　表3-12

项目：水刷石抹灰　　　学生编号：　　　姓名：　　　总得分：

序号	考核内容	检查方法	应得分	实得分	备注
1	表面平整	2m靠尺和塞尺检查	10		
2	立面垂直	2m垂直检测尺检查	10		
3	阴阳角方正	用直角检测尺检查	10		
4	棱角顺直清晰	目测	10		
5	石粒分布均匀	目测	10		
6	石粒冲刷干净	目测	10		
7	分格条横平竖直	拉5m线，不足5m拉通线，用钢直尺检查	10		
8	分层粘接牢固	目测	10		
9	安全文明操作	目测	10		
10	工效	定额计时	10		
	合计				

考评员：　　　　　　日期：

实操考核评定表　　　　　　　　　表3-13

项目：干粘石抹灰　　　学生编号：　　　姓名：　　　总得分：

序号	考核内容	检查方法	应得分	实得分	备注
1	表面平整	2m靠尺和塞尺检查	10		
2	立面垂直	2m垂直检测尺检查	10		
3	阴阳角垂直方正	用直角检测尺检查	10		
4	棱角顺直清晰	目测	10		
5	石粒分布均匀	目测	10		
6	石粒粘接牢固	目测	10		
7	分层粘接牢固	目测	10		
8	分格条横平竖直	拉5m线，不足5m拉通线，用钢直尺检查	10		
9	安全文明操作	目测	10		
10	工效	定额计时	10		
	合计				

考评员：　　　　　　日期：

实 操 考 核 评 定 表　　　　　　表 3-14

项目：斩假石抹灰　　　　学生编号：　　　　　姓名：　　　　　总得分：

序号	考核内容	检查方法	应得分	实得分	备注
1	表面平整	2m 靠尺和塞尺检查	10		
2	立面垂直	2m 垂直检测尺检查	10		
3	阴阳角垂直方正	用直角检测尺检查	10		
4	棱角顺直	目测	10		
5	剁纹均匀顺直	目测	10		
6	石面清洁	目测	10		
7	分格条横平竖直	拉 5m 线，不足 5m 拉通线，用钢直尺检查	10		
8	分层粘接牢固	目测	10		
9	安全文明操作	目测	10		
10	工效	定额计时	10		
	合计				

考评员：　　　　　　日期：

实 操 考 核 评 定 表　　　　　　表 3-15

项目：假面砖抹灰　　　　学生编号：　　　　　姓名：　　　　　总得分：

序号	考核内容	检查方法	应得分	实得分	备注
1	表面平整	2m 靠尺和塞尺检查	10		
2	立面垂直	2m 垂直检测尺检查	10		
3	阴阳角方正	用直角检测尺检查	10		
4	面砖尺寸符合要求	钢直尺检查	10		
5	划纹深浅一致	钢直尺检查	10		
6	分层粘接牢固	目测	10		
7	沟缝整齐、色泽一致	目测	10		
8	无掉角脱皮起砂	目测	10		
9	安全文明操作	目测	10		
10	工效	定额计时	10		
	合计				

考评员：　　　　　　日期：

课题二　饰面砖的镶贴

课题要求：选一单元房卫生间砖墙面镶贴白色饰面砖。

（一）作业准备

（1）材料　普通水泥，白水泥，中砂，颜料，乳液，石灰膏，饰面砖。

（2）工具　铁抹子，木抹子，托灰板，线锤，水平尺，直尺，卷尺，小线，小方铲，切割机。

（二）工艺顺序

基层处理→抹底子灰→抄平弹线→贴标准点→垫尺排底砖→镶贴→边角收口→擦缝。

（三）操作要点

（1）**基层处理**　清理残余砂浆、灰尘、污垢、油渍，并提前一天浇水湿润。

（2）**抹底子灰**　分层分遍抹1:3水泥砂浆。木杠刮平后，采用木抹子搓毛，隔天浇水养护。

（3）**抄平弹线**　当要求满墙贴砖时，先在与顶棚交接墙面上弹水平控制线（如果已有50cm线也可利用），再进行排砖设计。

确定采用直线排列还是错缝后，根据水平和垂直控制线，竖向可弹出每块砖的分格线，水平可采取挂立线扯水平准线的方法解决。

（4）**贴标准点**　铺贴前应确定水平及竖向标志，根据砂浆粘贴厚度及饰面砖的厚度用砂浆把小块饰面砖贴在底面砂浆层上，并用托线板靠直，作为挂线的标志。见图3-17。

（5）**立靠尺、排底砖**　按最下一皮瓷砖的上口交圈线反量标高垫好底尺板，作为最下一皮砖的下口标准和支托。底尺板面须用水平尺测平后垫实摆稳。垫点间距应以不致弯曲变形为准。底砖应与第一层皮数相吻合，要求底砖排法合理，上口平直，阳角方正，与标准块共面、立缝均匀。检查无误后，再进行大面积镶贴。见图3-18。

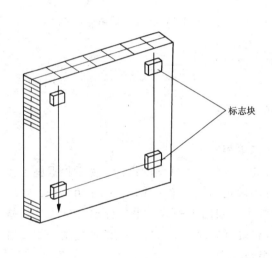

图3-17　做标志块　　　　　　　　　　　图3-18　排底砖

（6）**镶贴**　饰面砖铺贴前先进行挑选，使其规格一致，砖面平整方正。放入净水中浸泡2h以上，晾干表面水分。铺贴自下而上，自右而左进行。从阳角开始，左手平托饰面砖，右手拿灰铲，把粘贴砂浆打在饰面砖背面，厚度由标志块决定，以水平准线和垂直控制线为准贴于墙面上，用力挤紧，用铲柄轻击饰面砖使其吻合于控制标志。每铺贴完一行后，用靠尺校正上口与大面，不合格的地方及时修理合格。第一皮完后贴第二皮，逐皮向上，用同样贴法直至完成，但一面墙不宜一次铺贴到顶，以防塌落。

（7）**边角、收口**　上口到顶可采用压条，如没有，可采用一面圆的饰面砖。阳角的大面一侧用一面圆的饰面砖，这一排的最上面一块应用二面圆的饰面砖，如图3-19。大面贴完后再镶贴阴阳角、凹槽等配件收口砖，最后全面清理干净。

（8）**擦缝**　饰面砖粘贴完后，即用铲刀将砖缝间挤出的余浆铲去。沿砖边一边铲一次，后清除铲下的余渣，再用棉纱蘸水将砖擦净后，调制白水泥成粥状，用铲刀将白水泥浆往缝子里刮满、刮实、刮严、粗细均匀，溢出的水泥浆随手揩抹干净。最后用干净棉纱，擦出饰面砖本色。

课题要求：外墙面铺贴饰面砖见图 3-20。采用离缝分格排砖，水泥浆勾缝。

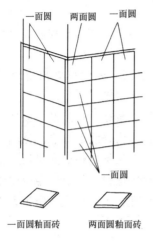

一面圆 两面圆 一面圆

一面圆

一面圆釉面砖　　两面圆釉面砖

图 3-19　边角收口

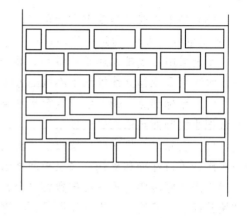

图 3-20　外墙面铺贴饰面砖

（一）作业准备

见上一课题要求的作业准备内容。

（二）工艺顺序

基层处理→抹底层灰→弹线、排砖→铺贴→勾缝。

（三）操作要点

外墙面铺贴饰面砖的基层处理与抹底层灰基本相同。

（1）弹线、排砖　外墙饰面砖镶贴前，应先进行施工大样图的设计，然后根据施工大样图统一弹线、分格、排砖。弹线可采取在外墙阳角用铁丝拉垂线，根据阳角垂线，在墙面上每隔 1.5～2m 做出标志块。再按大样图弹出分层的水平线，最后弹出分格线。因是离缝分格，应按整块砖的尺寸分匀，并确定分格缝（离缝）的尺寸。离缝的宽度采用分格条解决。一般分格条宽度为 10mm，高度为 15mm 左右。

排砖一般要求横缝与碹脸或窗台取平，阳角窗口都是整砖，非整砖应排放在次要部位或阴角处。每面墙不宜有两列非整砖，非整砖宽度不宜小于整砖的 1/2。

突出墙面的部分，如窗台、腰线及滴水的排砖，可按图 3-21 处理，需注意的是正面面砖要往下探出 3mm，并留有流水坡度。

（2）铺贴　墙面饰面砖铺贴前应进行挑选，并应浸水 2h 以上，以饰面砖表面有潮湿感但手按无水迹为准。

外墙饰面砖施工是自上而下，而每段内镶贴顺序是自下而上进行，先贴大墙面，再贴窗间墙。镶贴时，先按水平线垫木托板，从木托板上开始铺贴。采用 1:2 水泥砂浆，厚度为 6～10mm，应满铺在墙砖背面，贴完一行后，将每块面砖上的灰浆刮净，然后在上口放分格条，以控制水平缝大小与平直，然后再

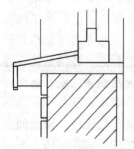

图 3-21　突出墙面贴法

进行第二层面砖的铺贴。竖缝的宽度由竖向分格条来实现。起出后的分格条清洗干净后，

可继续使用。

（3）勾缝　当外墙饰面砖镶贴完毕检查合格后，即可进行勾缝。勾缝用1:1水泥砂浆和水泥色浆分两次嵌实，后用棉纱清擦表面余浆，24h后洒水养护。

（四）质量检查与验收

1．墙面饰面砖粘贴工程的主控项目包括以下内容

（1）饰面砖的品种、规格、图案、颜色和性能应符合设计要求。

检验方法：观察；检查产品合格证书、进场验收记录、性能检测报告和复验报告。

（2）饰面砖粘贴工程的找平、防水、粘结和勾缝材料及施工方法应符合设计要求及国家现行产品标准和工程技术标准的规定。

检验方法：检查产品合格证书、复验报告和隐蔽工程验收记录。

（3）饰面砖粘贴必须牢固。

检验方法：检查样板件粘结强度检测报告和施工记录。

（4）满粘法施工的饰面砖工程应无空鼓、裂缝。

检验方法：观察；用小锤轻击检查。

2．墙面饰面砖质量检查与验收一般项目包括

（1）饰面砖表面应平整、洁净、色泽一致，无裂痕和缺损。

检查方法：观察。

（2）阴阳角处搭接方式、非整砖使用部位应符合设计要求。

检验方法：观察。

（3）墙面突出物周围的饰面砖应整砖套割吻合，边缘应整齐。墙裙、贴脸突出墙面的厚度应一致。

检验方法：观察；尺量检查。

（4）饰面砖接缝应平直、光滑，填嵌应连续、密实，宽度和深度应符合设计要求。

检验方法：观察；尺量检查。

（5）有排水要求的部位应做滴水线（槽）。滴水线（槽）应顺直，流水坡向正确，坡度应符合设计要求。

检验方法：观察；用水平尺检查。

3．饰面砖粘贴的允许偏差和检验方法应符合表3-16规定

饰面砖粘贴的允许偏差和检验方法　　　　　表3-16

项次	项　目	允许偏差（mm）		检验方法
		外墙面砖	内墙面砖	
1	立面垂直度	3	2	用2m垂直检测尺检查
2	表面平整度	4	3	用2m靠尺和塞尺检查
3	阴阳角方正	3	3	用直角检测尺检查
4	接缝直线度	3	2	拉5m线，不足5m拉通线，用钢直尺检查
5	接线高低差	1	0.5	用钢直尺和塞尺检查
6	接缝宽度	1	1	用钢直尺检查

（五）操作评定（表 3-17）

实 操 考 核 评 定 表   表 3-17

项目：内外墙饰面砖镶贴　　　学生编号：　　　姓名：　　　总得分：

序号	评分项目	评定方法	应得分	实得分	备注
1	立面垂直度	用 2m 垂直检测尺检查	10		
2	表面平整度	用 2m 靠尺和塞尺检查	10		
3	阴阳角方正	用直角检测尺检查	10		
4	接线直线度	拉 5m 线，不足 5m 拉通线，用钢直尺检查	10		
5	接线高低差	用钢尺和塞尺检查	10		
6	接缝宽度	用钢直尺检查	10		
7	表面清洁	目测	10		
8	无空鼓、裂缝	用小锤轻击检查	10		
9	安全、文明操作	目测	10		
10	工效	定额计时	10		
	合计				

考评员：　　　　　　日期：

课题三　饰面板的安装

课题要求：混凝土基体挡墙花岗石磨光镜面板材饰面。厚度为 20mm 左右，见图 3-22。

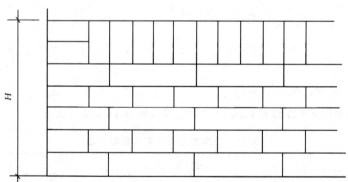

图 3-22　花岗石磨光镜面板安装

（一）作业准备

（1）材料　普通水泥，中砂，石膏，铜线或不锈钢丝，ϕ6mm 钢筋，木楔，膨胀螺栓，花岗石板材（边长不大于 400mm）。

（2）工具　铁抹子，木抹子，托线板，线锤，托灰板，直靠尺，水平尺，方尺，粉线袋，电钻，橡皮锤，切割机等。

（二）工艺顺序

饰面板一般采用紧缝拼贴，工艺分为粘贴（湿作业）和挂贴（干作业）两种。当板材边长尺寸小于400mm或镶贴高度不超过1m时，一般采用粘贴工艺。其方法、要求与外墙面砖镶贴基本相同。

　　选材→放样→基层处理→找规矩弹线→安装钢筋骨架→预拼→钻孔制槽→安装饰面板、灌浆→清理嵌缝。

　　（三）操作要点

　　（1）选材　板材在运输和搬运过程中会造成部分损坏，故使用前应重新挑选，将损坏、变色、局部污染和缺边少角的挑出，以保证安装质量。

　　（2）放样　根据墙面尺寸形状，对板材的颜色、花纹及尺寸进行一次试拼，使得板与板之间，上下左右纹理通顺，板缝平直均匀，颜色协调。试拼合格后，即可由上至下逐块编写镶贴顺序编号，便于安装时对号镶贴。

　　（3）基层处理　应根据设计要求检查墙体的水平度和垂直度。对偏差较大的基体要凿除和修补，使基层面层与大理石表面距离不得大于50mm。基体应具有足够的稳定性和刚度，表面平整、粗糙，基体表面清理完后，用水冲净。

　　（4）找规矩弹线　根据基体表面的平整度找规矩，外墙面应在建筑物外墙阳角、前后墙及山墙中间挂垂线，然后在四角由顶到底挂垂线，再根据垂直线拉水平通线。在立面墙上弹出地面标高线，以此为基准安排板块的排列和分格，并把分格线弹在立面上，把饰面板编号写在分格线内。

　　（5）安装钢筋骨架　一种方法是在预埋钢筋处连接绑扎（或焊接）$\phi6\sim\phi8$的竖向钢筋，随后绑扎横向钢筋为栓系饰面板用。另一种方法是用电钻在基体上打$\phi6.5\sim\phi8.5$，深度大于60mm的孔，打入短钢筋外露50mm以上并弯钩，或用电锤钻孔径25mm、孔深90mm，用M16胀管螺栓固定预埋铁，然后按上述方法绑扎竖向、横向钢筋。见图3-23。

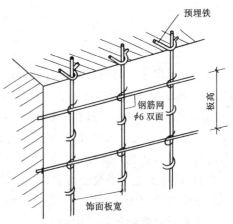

图3-23　预埋固定钢筋网

　　（6）预拼　饰面板应按图挑出品种、规格、色泽一致的块料，按设计尺寸进行试拼，校正尺寸及四角套方。凡阳角处相邻两块板应磨边卡角，要同时对花纹，预拼好后由下向上编排施工号，然后分类竖向堆好备用。见图3-24。

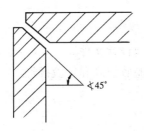
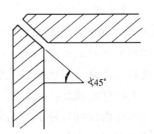

图3-24　阴角磨边卡角

（7）钻孔制槽　为方便板材的绑扎安装，在板背上下两面需打孔，并将不锈钢丝或细铜丝穿在里面并固定好，以便绑扎用。孔的形状有斜孔和 L 形孔，孔打好后，在其上下顶面孔口凿一水平槽（深 4mm），然后穿线，见图 3-25。

（8）安装饰面板　板材上墙安装前，先检查所有准备工作是否完成。安装由下往上进行，每层板由中间或一端开始。操作时两人一组，一人拿饰面板，使板下口对准水平线，板上口略向外倾，另一人及时将板下口的铜丝绑扎在钢筋网的横筋上，然后扣好板上口铜丝，调整板的水平度和垂直度（调整木楔），保证板与板交接处四角平整，经托线板检查调整无误后，扎紧铜丝，使之与钢筋网绑扎牢固，然后将木楔固定好，如发现间隙不匀，应用铅皮加垫。将调成粥状的熟石膏浆粘贴在饰面板上、下端及相邻板缝间，在木楔处可粘贴石膏，以防发生移位。见图 3-26。

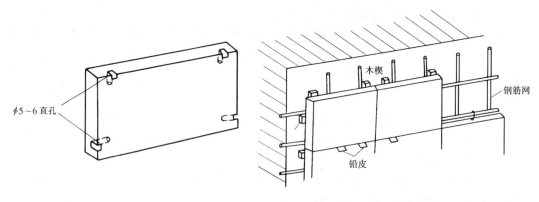

图 3-25　钻孔制槽　　　　　　　　图 3-26　饰面板安装

（9）分层灌浆　待石膏硬化后进行，一般分三次。第一次灌浆约为板高的 1/3，间隔 2h 之后，第二次灌到板高的 1/2，第三次灌到板上口 50mm 处，余下高度作为上层板灌浆的接缝。注意灌浆时不要只在一处灌注，应沿水平方向均匀浇灌。每次灌注不宜过高，否则易使板材膨胀位移，影响饰面平整。灌注砂浆可用 1:2.5 水泥砂浆，也可用不低于 C10 细石混凝土，为达到饱满度还要用木棒轻轻振捣。

（10）清理嵌缝　灌浆全部完成，砂浆初凝之后，即可清除板材上的余浆，并擦干净，隔天取下临时固定用的木楔和石膏等，然后按上述相同方法继续安装上一层饰面板。

为使板材拼缝缝隙灰浆饱满、密实、干净及颜色一致，最后还需用与板材颜色相同的色浆作为嵌缝材料，进行嵌缝，并将板表面擦干净。如表面有损伤、失光，应打蜡处理。板材安装完毕应做好成品保护工作，墙面可采用木板遮护。

（四）质量检查与验收

1. 饰面板（砖）工程验收时应检查下列文件和记录

（1）饰面板（砖）工程的施工图、设计说明及其他设计文件。

（2）材料的产品合格证书、性能检测报告、进场验收记录和复验报告。

（3）后置埋件的现场拉拔检测报告。

（4）外墙饰面砖样板件的粘结强度检测报告。

（5）隐蔽工程验收记录。

（6）施工记录。

2．饰面板（砖）工程应对下列材料及其性能指标进行复验

（1）室内用花岗石的放射性。

（2）粘贴用水泥的凝结时间、安定性和抗压强度。

（3）外墙陶瓷面砖的吸水率。

（4）寒冷地区外墙陶瓷面砖的抗冻性。

3．饰面板（砖）工程应对下列隐蔽工程项目进行验收

（1）预埋件（或后置埋件）。

（2）连接节点。

（3）防水层。

4．各分项工程的检验批应按下列规定划分

（1）相同材料、工艺和施工条件的室内饰面板（砖）工程每50间（大面积房间和走廊按施工面积30m² 为一间）应划分为一个检验批，不足50间也应划分为一个检验批。

（2）相同材料、工艺和施工条件的室外饰面板（砖）工程每500～1000m² 应划分为一个检验批，不足500m² 也应划分为一个检验批。

5．检查数量应符合下列规定

（1）室内每个检验批应至少抽查10%，并不得少于3间；不足3间时应全数检查。

（2）室外每个检验批每100m² 应至少抽查一处，每处不得小于10m²。

6．饰面板安装工程的主控项目包括

（1）饰面板的品种、规格、颜色和性能应符合设计要求，木龙骨、木饰面板和塑料饰面板的燃烧性能等级应符合设计要求。

检验方法：观察；检查产品合格证书、进场验收记录和性能检测报告。

（2）饰面板孔、槽的数量、位置和尺寸应符合设计要求。

检验方法：检查进场验收记录和施工记录。

（3）饰面板安装工程的预埋件（或后置埋件）和连接件的数量、规格、位置、连接方法和防腐处理必须符合设计要求。后置埋件的现场拉拔强度必须符合设计要求。饰面板安装必须牢固。

检验方法：手扳检查；检查进场验收记录、现场拉拔检测报告、隐蔽工程验收记录和施工记录。

7．饰面板安装工程的一般项目包括

（1）饰面板表面应平整、洁净、色泽一致，无裂痕和缺损。石材表面应无泛碱等污染。

检验方法：观察。

（2）饰面板嵌缝应密实、平直、宽度和深度应符合设计要求，嵌填材料色泽一致。

采用湿作业法施工的饰面板工程，石材应进行防碱背涂处理。饰面板与基体之间的灌注材料应饱满、密实。

检验方法：用小锤轻击检查；检查施工记录。

（3）饰面板上的孔洞应套割吻合，边缘应整齐。

检验方法：观察。

8. 饰面板安装的允许偏差和检验方法应符合表 3-18 的规定

饰面板安装的允许偏差和检验方法 表 3-18

项次	项目	允许偏差（mm）							检 验 方 法
		石 材			瓷板	木材	塑料	金属	
		光面	剁斧石	蘑菇石					
1	立面垂直度	2	3	3	2	1.5	2	2	用 2m 垂直检测尺检查
2	表面平整度	2	3	—	1.5	1	3	3	用 2m 靠尺和塞尺检查
3	阴阳角方正	2	4	4	2	1.5	3	3	用直角检测尺检查
4	接缝直线度	2	4	4	2	1	1	1	拉 5m 线，不足 5m 拉通线，用钢直尺检查
5	墙裙、勒脚上口直线度	2	3	3	2	2	2	2	拉 5m 线，不足 5m 拉通线，用钢直尺检查
6	接缝高低差	0.5	3	—	0.5	0.5	1	1	用钢直尺和塞尺检查
7	接缝宽度	1	2	2	1	1	1	1	用钢直尺检查

（五）操作评定（表 3-19）

实 操 考 核 评 定 表 表 3-19

项目：饰面板镶贴　　　　　　　　学生编号：　　　　　　姓名：　　　　　　总得分：

序号	评分项目	评定方法	应得分	实得分	备注
1	表面平整	用 2m 垂直检测尺检查	10		
2	立面垂直	用 2m 靠尺和塞尺检查	10		
3	排列正确	目测	10		
4	色泽一致表面洁净	目测	10		
5	接线平直、宽度	拉 5m 线，不足 5m 拉通线，用钢直尺检查	10		
6	粘结饱满密度	用小锤轻击检查	10		
7	阴阳角方正	用直角检测尺检查	10		
8	接缝高低差	用钢直尺检查	10		
9	安全文明操作	目测	10		
10	工效	定额计时	10		
	合计				

考评员：　　　　　　　　日期：

课题四　清水砌体勾缝工程

课题要求：选清水砌体普通黏土砖围墙一段，见图 3-27，要求勾平缝，水泥砂浆配合比为 1:1。

（一）作业准备

（1）材料　普通水泥，细砂，颜料。

（2）工具　长溜子，短溜子，托灰板，扁凿，锤子，喷壶，筛子，扫帚等。

（3）作业条件　各种脚手眼、洞口已用原砌筑材料堵砌完毕，并在勾缝前一天浇水湿

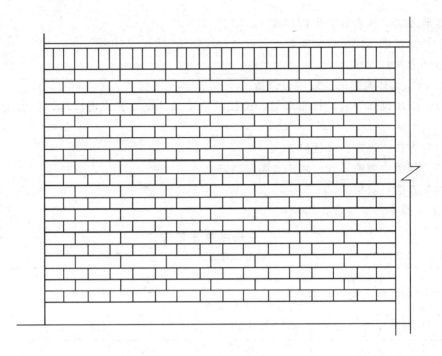

图 3-27　清水砌体勾缝

润，以防止砂浆早期脱水。

（二）工艺顺序

弹线→开缝、补缝→勾缝→清扫。

（三）操作要点

（1）弹线　用粉线弹出立缝垂直线和水平线，垂直线从阳角量过 1m 处弹出。

（2）开缝、补缝　以弹出粉线为依据对"游丁走缝"处进行修整、开缝。要求缝宽达 10mm，深度控制在 10～12mm，并将开出残渣清除干净。并对缺楞掉角处进行修补，用掺颜料的水泥色浆修补成与砖面颜色相近为宜。

（3）勾缝　勾缝前可用喷壶洒水湿润。勾缝的顺序从上而下进行，先勾水平缝后勾竖缝。勾水平缝采用长溜子，右手拿长溜子左手拿托灰板，用长溜子边把砂浆压入砖水平缝内，边用溜子顺平，当勾几皮缝子以后，可用长溜回趟一下，把砖缝外的余灰刮掉。这样自左向右，随勾随移动身体。阳角一定要勾过角，勾满、勾实。阴角要学会倒手勾缝。平缝一般沟深比墙面凹进 3mm 左右。勾完水平缝后，用小溜子勾竖缝，不允许有漏缝之处。水平缝和竖缝深浅一致，密实光滑，搭接平顺，阳角方正，阴角处不能有上下直通、瞎缝、丢缝现象。

（4）清扫　勾缝完毕稍干，用小条帚清扫墙面，要求砖的上、下楞都要扫到，不能再留有余灰，并注意补漏缝，并保持好墙面清洁。

（四）质量检查与验收

1．清水砌体勾缝的主控项目包括

（1）清水砌体勾缝所用水泥的初凝时间和安定性复验应合格，砂浆的配合比应符合设计要求。

检验方法：检查复验报告和施工记录。

（2）清水砌体勾缝应无漏勾。勾缝材料应粘结牢固、无开裂。

检验方法：观察。

2. 清水砌体勾缝的一般项目包括

（1）清水砌体勾缝应横平竖直，交接处应平顺，宽度和深度应均匀，表面应压实抹平。

检验方法：观察；尺量检查。

（2）灰缝应颜色一致，砌体表面应洁净。

检验方法：观察。

（五）操作评定（表3-20）

实 操 考 核 评 定 表 表3-20

项目：清水砌体勾缝　　　　学生编号：　　　　姓名：　　　　总得分：

序号	评分项目	评定方法	应得分	实得分	备注
1	水平缝平直	拉5m线，不足5m拉通线，用钢直尺检查	10		
2	砌体清洁	目测	10		
3	灰缝宽、深度均匀	用钢直尺检测	10		
4	阳角方正	用直角检测尺检查	10		
5	阴角无通缝	目测	10		
6	无漏缝瞎缝	目测	10		
7	砂浆复验合格	检查复验报告	10		
8	勾缝粘结牢固	用小锤轻击检查	10		
9	安全文明操作	目测	10		
10	工效	定额计时	10		
	合计				

考评员：　　　　日期：

单 元 小 结

本单元介绍了水刷石、斩假石、干粘石、假面砖等四种传统装饰抹灰做法的工艺要求和操作要点，其质量验收按照新规范《建筑装饰装修工程质量验收规范》（GB50210—2001）的规定，以确保结构安全、环境保护和人体健康，强化了抹灰工程的质量验收。

为了加强抹灰工的职业变化能力，本单元在抹灰工程的基础上增加了饰面砖的镶贴和饰面板的安装等内容，以拓宽抹灰工的技能范围，为学生毕业后适应劳动市场的变化打下坚实的基础。

复 习 思 考 题

1. 水刷石的主要做法是什么？

2.干粘石的工艺顺序是什么？

3.斩假石的操作要点有哪些？

4.假面砖的操作要点是什么？

5.装饰抹灰质量验收的主控项目是什么？

6.装饰抹灰工程的表面质量应符合什么规定？

7.饰面板（砖）工程应对哪些隐蔽工程项目进行验收？

8.饰面板（砖）工程应对哪些材料及其性能指标进行复验？

9.饰面砖镶贴时对基层有什么要求？不合格时应如何处理？

10.饰面砖镶贴的施工顺序是什么？

11.饰面板安装的施工顺序是什么？

12.饰面板安装的操作要点是什么？

13.饰面板安装质量验收的主控项目包括什么？

14.饰面板安装的一般项目要求有哪些？

15.饰面砖镶贴质量验收的主控项目是什么？

16.饰面砖粘贴质量验收的一般项目有什么要求？

单元三　抹灰工程现场施工管理

课题一　班　组　管　理

班组是企业的基本生产单位，企业生产任务的完成、企业的生存和发展均有赖于班组的建设和管理。班组的建设加强了，可以提高劳动者的素质，使企业在市场经济中更具有竞争力。班组管理的主要内容包括以下几方面：

（1）根据企业的经济目标、方针和施工计划，有效地组织班组生产活动，保证全面均衡地完成任务。

（2）提高班组成员的素质，主要专业工种需取得操作上岗证书。建立健全质量管理体系，按照有关的施工工艺标准或经审定的施工技术方案施工，并应对施工全过程实行质量控制。

（3）班组要坚持实行和不断完善以提高工程质量、降低各种消耗为重点的多种形式的经济承包责任制和各种管理制度，抓好安全和文明施工，维持施工的正常秩序，积极推行现代化管理方法和手段，不断提高班组管理水平。

（4）组织劳动竞赛，开展比、学、赶、帮、超活动，开展技术革新、技术练兵和合理化建设活动，努力培养"多面手"和能工巧匠。

（5）加强思想政治工作，搞好团结，互助互济，营造一个相互信任、相互尊重、心情舒畅的工作环境。

一、班组的生产计划管理

（1）班组在接受生产任务后，需要测算班组生产能力，编制好班组生产作业计划，动员班组成员明确当月、旬生产计划任务，熟悉图纸、工艺、工序要求、质量标准和工期进度，准备好需使用的机具、加工件和工程用的各种材料等，为完成生产任务做好一切准备工作。

(2) 组织班组成员执行作业计划前，要制定质量和进度保证措施，并逐日按所规定和分派的任务、时间、质量要求，逐项进行检查。在检查过程中对每道工序的进展情况要及时分析、研究，对可能发生的问题坚持"预防为主"，事前、事中、事后的全过程的控制。

(3) 抓好班组作业的综合平衡和劳动力调整。重点部位、关键工序要重点保证。保证质量、抓好进度，并要对施工中的劳动力资源进行合理安排，保持合理的作业规模，达到既能满足施工作业的需要，又能取得较好的经济效益，达到质量、工期，经济三大目标的综合效益。

(4) 班组必须严格执行计划，维护计划的严肃性。下达到班组的计划目标是根据施工队的计划统筹安排后确定的，生产班组只有按期完成所分配的任务，达到额定的计划目标，才能保证企业实现总体计划。

二、班组的质量管理

工程产品质量，是施工企业经营管理的核心，是企业各项管理工作的综合反映，也是企业的生命力。施工生产班组的工作质量好坏，直接影响后续工序，以至影响整个分部工程或单位工程的施工质量。班组在质量管理工作中，担负着以下主要任务。

(1) 坚持"质量第一"的方针和"谁施工，谁负责工程质量"的原则，认真贯彻和执行国家、部门和本企业的质量管理制度，严格按照各项技术操作规程认真进行工序操作，各工序应按施工技术标准进行质量控制，以自身的工作质量来保证所承担的工程产品质量。

(2) 严格按施工图施工，认真执行国家、行业和地方、企业的技术标准、规范和操作规程。

(3) 每道工序（或分项工程）完工后，应按质量验收标准进行检验，并填写质量检查记录，送交质量专职检查人员复查，评定质量等级。

(4) 严格执行交接检，并形成记录。未经监理工程师（建设单位技术负责人）检查认可，不得进行下道工序施工，保证每道工序达到标准。

三、班组作业准备工作

作业准备工作的好坏，将直接影响作业计划的完成，也是班组管理水平的直接反映。作业准备工作的内容主要有以下几项：

1. 作好施工前的技术交底

当班组接到施工任务后，首先应组织班组成员学习熟悉图纸，掌握工艺流程、细部结构、主要尺寸和标高，了解工程需要的主要材料、技术标准、质量要求等情况，然后向操作者进行书面或口头交底。

2. 材料、工具的准备

当班组接受任务后，应及时将任务单上所规定的工程项目所用的各种原材料、半成品、加工件、预制构件和机械备件的数量、规格、质量状况一一核对落实，严禁不合格的材料用在抹灰工程上。材料进场应进行现场验收，要有出厂合格证，要求对主要材料的某些性能如水泥的凝结时间和安定性进行现场抽样复验，并将结果记录入档。

3. 作业现场的准备

对作业现场的水源、电源、施工场地及脚手架的搭设逐一落实，检查安全技术措施执行状况以及存在的问题，为圆满地完成施工任务打下良好的基础。

课题二　安全生产和文明施工

一、施工现场安全生产和文明施工

安全生产和文明施工是建筑安装工人"应知"的重要内容。国家制定了具体的"三大规程"和"五项规定"，作为全国统一的劳动保护法规和完整的监察制度。

《建筑安装工程安全技术规程》是对建筑安装工程施工过程中的安全技术设施标准的规定。同时对施工管理和劳动保护也相应地提出了原则要求。

《国务院关于加强企业生产中安全工作的几项规定》中对安全生产具体作出了"五项规定"包括：关于安全生产责任制、关于安全生产措施计划、关于安全生产教育、关于安全生产定期检查、关于伤亡事故的调查和处理等规定。

"五项规定"是安全生产方面国家的方针、政策的重要决定，是指导安全生产的准则。

文明施工就是坚持合理的施工程序，按照施工组织设计，科学地组织施工，严格地执行现场管理制度，做到经常性的监督检查，保证现场整洁、工完场清，材料堆放，施工程序良好。主要要求：

1. 施工现场"三通一平"

即运输道路通、临时用电线路通、上下水管道通、施工现场场地平整。符合安全、卫生和防火要求。

2. 设立与外界隔离的设施

施工现场周围应设置围栏、砖墙、密目式安全网等围护设施，与外界隔离，防止施工现场与外界互相干扰。

3. 悬挂标牌及警示标志

每个施工现场的入口处，都要悬挂"四板一图"即工程概况板、安全生产管理制度板、消防保卫管理制度板、场容卫生环保制度板和施工平面布置图。这样，就使每个进入施工现场的人员对工程有一个大致了解，各项制度对其起到约束的作用。

施工现场除设置四板一图宣传牌外，危险部位处必须悬挂醒目《安全色》和《安全标志》规定的标牌。包括"禁止标志、指令标志、警告标志、提示标志"四种安全标志规定的标牌。夜间有人经过的坑洞处还应设红灯示警。

4. 运输道路要畅通

施工现场要有道路指示标志，人行道、车行道应坚实平坦，保持畅通。应尽量采用单行线和减少不必要的交叉点，载重汽车的弯道半径，一般不应该小于15m，特殊情况下不小于10m。

5. 材料堆放整齐

施工现场中的各种建筑材料、预制构件、机械设备等，都应该按照施工平面布置图已设计好的位置，分类堆放，不能超过规定的高度，更不能靠近围护栅栏或建筑物的墙壁位置，对工程拆下来的模板，脚手架的杆件，要随时清理堆放整齐，木板上的钉子要及时打弯和拔除。

6. 要有排水设施

施工现场要有排水沟，并应不妨碍施工区域内的交通，不污染周围的环境，并经常清理疏通。

7．要有卫生设施

施工现场必须为职工准备足够的清洁饮用水，吃饭和休息的场所，洗浴场所和男、女厕所。工地内的沟、坑应填平，或设围栏、盖板。

8．要有监护措施及人员。

施工现场要设置围护、要订立出入制度并设门卫（值班人员）。特殊工程作业场所要有安全监护人员。

二、抹灰工现场操作安全知识

1．安全防护要求

（1）室外抹灰使用单排或双排脚手架时，外脚手架、马道、平台要设有围网或护身栏杆。

（2）室外抹灰使用金属挂架时，应在一层建筑物外侧周围设 6m 安全大网。安全大网只有在室外抹灰 2 层以上（包括二层）完成后，方可拆除。

（3）室内外抹灰上料用门式架、井字架吊盘的前面要设置平网（5m×6m），并在门式架前设立网，防止吊盘落物伤人。

2．水平与垂直运料时的安全要求

（1）抹灰上料时，要检查脚手架是否牢固，是否符合上料要求，推小车运料一律推行，严禁倒拉车，不许撒把倾倒，坡道行车前后距离不小于 10m，严禁并行或超车。

（2）脚手架堆料，每平方米不超过 3kN。水桶和灰槽要顺架子放平稳，不得放在立杆外边。

（3）各种垂直运输用门式架、井字架的吊盘都要设置安全装置。

3．搅拌砂浆时的安全要求

（1）非操作上岗人员严禁开启砂浆搅拌机。

（2）往搅拌机拌合筒上料时，不准用脚踩或用铁锹、木棒等工具拨、刮拌合筒口，出料时必须使用手柄，不准搬转拌筒或用铁锹探入筒里扒灰。

4．室内抹灰饰面的安全要求

（1）室内抹灰使用的马凳（高凳）必须搭设平稳牢固，马凳跳板跨度不得超过 2m，并禁止人员集中站在同一跳板上操作。

（2）室内 4m 以上抹灰时，应搭设满堂脚手架，如无条件满铺脚手板时，可在脚手板下挂安全网。

（3）严禁将脚手板搭在暖气片、水暖管道上，并不准搭设探头板。

（4）在顶棚抹灰时，灰桶和工具要放平稳，并防止砂浆溅入眼内造成工伤。脚手板的板距不大于 50cm，在高大门窗处抹顶棚时，应将窗扇关上，并插上插销。

（5）室内手推车运料时要注意在拐弯时防止车把挤伤手指。

5．室外抹灰操作的安全要求

（1）室外抹灰时，脚手板要满铺，最窄不得超过三块板子。

（2）外部抹灰使用挂架子时，挂架间距不得大于 2.5m，在每跨上不得超过两人同时操作。

（3）抹灰时要将水桶、灰桶放平稳，托线板和八字尺不得竖立靠在墙上或脚手架上，应平放在脚手板上，防止滑落伤人。

6.饰面板（砖）安装和镶贴的安全要求

（1）剔凿瓷砖时应戴防护镜，清理瓷砖碎片时，不得往窗外抛扔，以免伤人。

（2）在脚手架堆放面砖时，要放平稳，不得集中堆放，要防止滑落伤人。

（3）使用人字梯或脚手架安装大理石时，必须轻搬轻放，同时要随用随运不得堆放在脚手架上，以免滑落伤人。

（4）使用电钻、砂轮等机电设备，必须装有漏电保护装置，在操作前应进行检查，并戴绝缘手套。

单 元 小 结

抹灰工程现场施工管理的内容与砌筑工程现场施工管理基本相同，在确保质量的前提下，调动一切积极因素，采取各种措施和激励办法，保证工程按时、按质、低耗、高效地完成预定的任务。在完成工程任务的同时，要按照现行政策的有关规定，搞好安全生产，确保国家财产和施工人员的安全，同时注重施工环境的保护，文明施工，做到施工不扰民，不污染周围环境，创造较好的社会效益和经济效益。

复 习 思 考 题

1.班组管理的主要内容是什么？

2.如何保证施工计划的顺利完成？

3.如何确保工程质量？

4.抹灰工程有哪些节约措施？

5.抹灰工程要做好哪些准备工作？

6.抹灰工程要遵守哪些安全规定？

7.抹灰工程文明施工有什么具体要求？

模块四　钢筋工程与模板工程实习

钢筋混凝土广泛应用于各类结构体系中，在整个建筑结构施工中占有相当重要的位置。

钢筋混凝土工程是由钢筋、模板、混凝土等多个工种组成，其一般施工程序如图 4-1 所示。

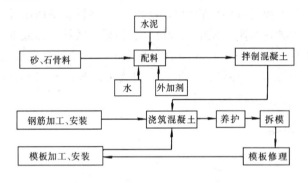

图 4-1　钢筋混凝土工程施工程序

本模块要求学生在施工现场跟班作业，在师傅指导下进行钢筋工程和模板工程的实习。通过实习，考核取证。

一、实习目的

通过实习，学生将《建筑施工工艺》课程中学到的基本操作，加以综合运用，按照钢筋工和模板工的等级要求，完成等级训练。并按照学生个人的意愿，各自参加中级工或初级工的考试，取得相应的上岗合格证。

二、实习内容与要求

（一）钢筋工的实习内容

1．钢筋识图；

2．钢筋的种类、外形特征；

3．钢筋的冷加工及施工过程；

4．了解钢筋的连接方法；

5．各种钢筋的配置；

6．基础、梁、板、墙、柱和楼梯钢筋的绑扎顺序和绑扎方法；

7．钢筋工程质量验收。

（二）钢筋工职业技能标准

钢筋工职业技能标准可参阅《建设行业职业技能标准》。

（三）模板工的实习内容

1．模板的种类、配置；

2．基础、梁、板、墙、柱和楼梯等木模板的构造与安装；

3．钢模板的构造与安装；

4．现浇钢筋混凝土结构拆模要求和拆模程序；

5．模板工程质量验收。

（四）木工职业技能标准

木工职业技能标准可参阅《建设行业职业技能标准》。

（五）实习要求

（1）对实习内容要做好预习，掌握技术要求和操作要领。

（2）实习时，要认真听取现场技术人员和工人师傅的技术交底，严格按操作规程操作，严格控制质量标准。

（3）操作过程中，发现问题要及时请示汇报，不得任意擅自处理。

（4）对实习中的重点和难点要做好实习记录，书写心得体会，为实习总结积累资料。

三、实习组织

（一）实习方式

1. 校内实习

为了保证学生到现场实习前，操作水平达到现场要求，以免影响现场的工程进度和质量，应安排一定的时间在校内实习场地进行综合性的等级实习。

在实习指导老师和工人师傅的带领下，分成若干个小组，从作业条件、工具和材料的使用、操作规程和质量要求等方面进行与现场接轨的仿真训练，为进入现场实习打下坚实的基础。

2. 校外实习

学生到达施工现场后，应尽快熟悉工程概况、图纸要求、验收规范和操作要领，特别要认真听取技术人员和工人师傅的技术交底，对所从事作业的进度、质量要求做到心中有数。然后，以学徒的身份，以师傅带徒弟的形式跟班作业。

操作时，工位应听从师傅的安排，一般重要部位由工人师傅操作，学生安排在次要部位，或由一个师傅带一个学生，确保工程质量。

工地实习，应视情况安排学生实习内容的轮换，以便按计划完成实习任务。

（二）实习时间安排

1. 校内实习时间安排

每一工种安排二周的时间进行综合实习，各组轮流进行。

2. 校外实习时间安排

校外实习安排七周时间，钢筋工程和模板工程的具体实习时间视学生的个人意愿和工地的具体情况安排，各组轮流进行，实习结束前，用 2～3d 时间写实习报告。

四、实习考核

（一）生产实习成绩评定

根据教学计划规定，生产实习单独考核成绩，考核内容和考核办法参照概述中的有关规定执行。

（二）考证

条件具备时，学生应参加工人技术等级考核，由劳动部门按职业技能标准的要求进行应知、应会的考试，成绩合格者，发给相应的等级证书。

五、实习指导

（一）钢筋工程的实习指导

钢筋工程的实习以现场的钢筋加工和绑扎为主。首先要掌握钢筋的识图方法和技巧，掌握各部件钢筋的构成和绑扎要求，确定钢筋的绑扎方案和绑扎顺序，以便提高绑扎效率，防止出现漏绑或部分钢筋穿不进去的情况。钢筋绑扎的同时，要注意及时安放保护层垫块，以保证相应的混凝土保护层厚度。在钢筋绑扎过程中，尚须考虑与其他工种的配合，为其他工种施工提供良好的工作条件。

钢筋绑扎完毕后，要按质量验收标准进行自检，确保检验合格。

（二）模板工程的实习指导

模板施工，首先要确保模板位置的正确，要注意根据测量放线确定模板支立的位置和标高。其次，要按模板设计图，遵照事先研究的支立方案操作，在整个操作过程中，要兼顾钢筋、预埋件的施工要求，密切配合，确保不出现漏绑、漏埋现象。最后要注意支撑体系的合理性和整体稳定性，保证在混凝土浇筑过程中，模板不发生移动、变形等毛病。

本模块分为钢筋和模板两个单元实习。

单元一　钢筋工程实习

钢筋工程主要包括钢筋的进场检验、钢筋的加工、钢筋的接头连接、钢筋的配料和钢筋的绑扎安装等施工过程。为提高实习效率和确保实习质量，本单元拟分为两个课题进行，即校内综合练习和施工现场实习。校内综合练习重点是用缩小的构件节点钢筋图，进行钢筋的配料、加工和绑扎的模拟训练，要求与现场接轨，通过训练应达到单独上岗操作的水平。施工现场实习应对钢筋施工的全过程进行实习，重点是现浇钢筋混凝土结构的配料、加工和绑扎。

课题一　校内钢筋综合练习

一、实操题型

实操题型设计原则是考虑学校实训车间的实际情况和节约材料，基本上应满足实操项目的要求，所以，题型多设计成基础、梁、柱、板、墙的节点，按实物缩小，达到节约、高效的目的。

（一）题型一

该题型为一基础、柱、梁的节点图（题型一附图），梁与柱的混凝土保护层厚度为25mm，基础为35mm，图中所有尺寸以毫米计，图中尺寸不按比例绘制。

（二）题型二

该题型为一门式框架与基础的钢筋图（题型二附图）、混凝土保护层厚度一律为25mm，图中尺寸均以毫米计，所有题图都不按比例绘制。

（三）题型三

该题型为一柱、梁、板的节点钢筋图（题型三附图），混凝土保护层厚度梁和板为25mm，柱子为35mm，所有题图不按比例绘制，图中尺寸均以毫米计。

二、工具与材料

（一）工具

实操车间配备下列工具：

（1）钢筋加工台；

（2）手摇板（6mm和10mm两种）；

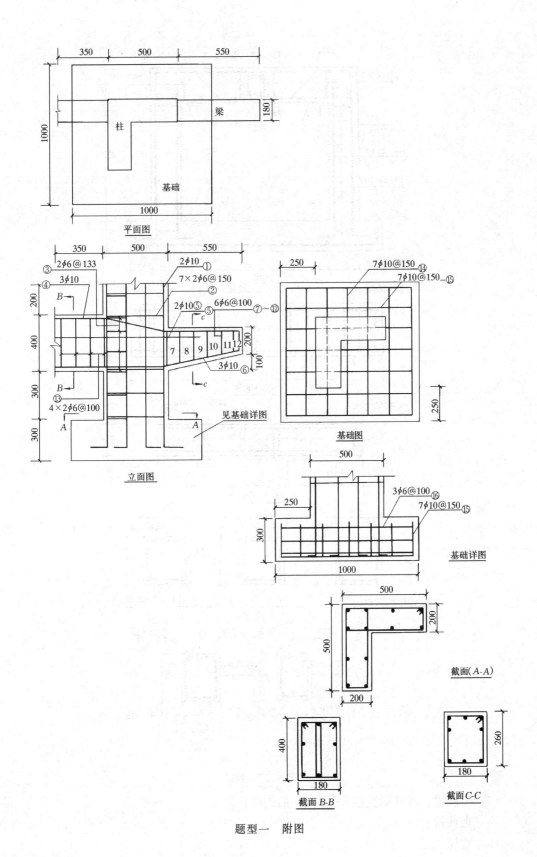

题型一 附图

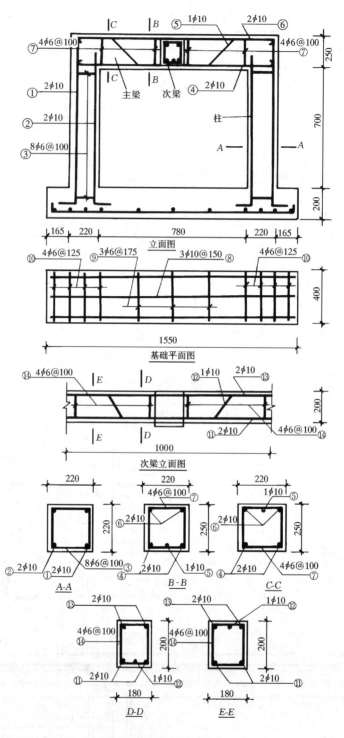

立面图

基础平面图

次梁立面图

A-A　　*B-B*　　*C-C*

D-D　　*E-E*

题型二　附图

（3）断线钳：可剪断直径 6～10mm 的钢筋；

（4）钢筋勾；

（5）盒尺。

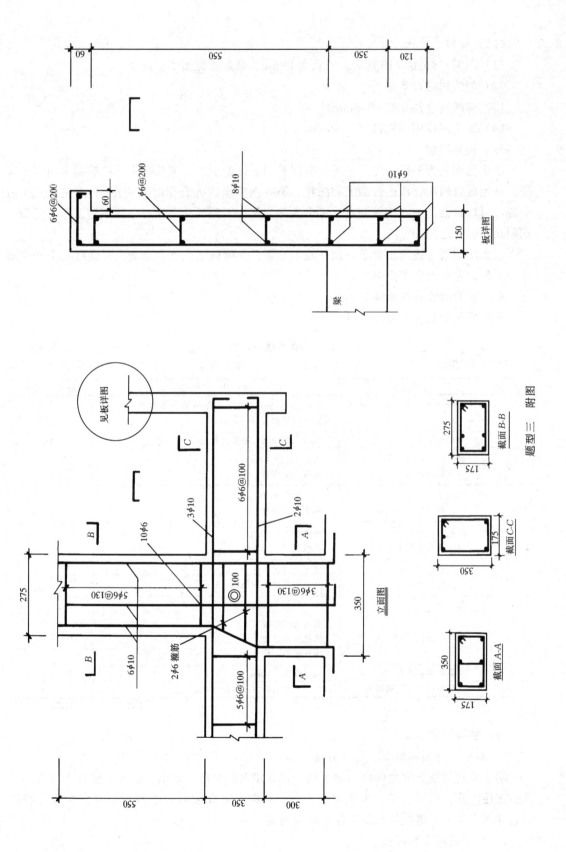

板详图

6φ6@200

φ6@200

8φ10

6φ10

60

150

梁

见板详图

3φ10

6φ6@100

10φ6

2φ10

C

C

B

B

A

A

275

350

5φ6@130

3φ6@130

◎100

6φ10

2φ6箍筋

5φ6@100

立面图

350

截面 B-B

275

175

题型三 附图

截面 C-C

175

350

截面 A-A

350

175

300 350 550

60 550 350 120

101

（二）材料

（1）圆钢：$\phi 6$ 和 $\phi 10$ 两种，长度每根 6m，数量按题型不同配备；

（2）划线用的石笔；

（3）绑线（直径 0.6～0.8mm）；

（4）加工定位用的铁钉（长 40mm）。

三、实操要求

学生每四人为一组，先用一天的时间看图，讨论加工、绑扎方案，然后到车间进行实操。开始可以四人合作进行加工和绑扎，第一次实操四人合作时间应在 4h 内完成，往后的练习可以将已加工的钢筋调直，每个人都应从加工到绑扎完成一个循环的工作，时间应控制在 4～5h 之内。

在实操期间应按现场要求，做好施工准备，文明施工，工完场清，并做好安全和劳动保护工作，避免出现工伤事故。

四、质量验收及成绩评定

实操质量验收及成绩评定见表 4-1。

实操考核评定表　　　　　　　　　　　　　　　　表 4-1

项目：钢筋绑扎　　　　　　　　　　学生编号：　　　姓名：　　　总得分：

项　次	考核内容	要求和允许偏差	标准分	实得分
1	劳动态度、安全与文明施工	正确使用劳动用品，工完场清，遵守劳动纪律，考完及时交回工具	5	
2	钢筋的数量	检查三个位置、钢筋的数量不多不少	5	
3	课题的总高度（含梁的标高）	允许偏差 ±10mm检查三个位置	12	
4	课题的总长度（含相互位置）	允许偏差 ±10mm检查三个位置	12	
5	课题的外形（含垂直度和水平度）	允许偏差 ±10mm各检查三个位置	12	
6	主筋的加工质量（含形状和尺寸）	尺寸允许偏差 ±10mm、弯点位移 ±10mm、要求平直弯起高度允许偏差 ±5mm	12	
7	箍筋加工质量	尺寸误差 ±5mm、要求平直、方正	12	
8	钢筋的绑扎	绑扎方法正确绑扣数量足够绑扎牢固不松动	10	
9	主筋和箍筋间距	允许偏差 ±5mm	10	
10	主筋和箍筋的正确摆放	主筋和箍筋的方向与位置摆放正确	10	

考评员：　　　　　　日期：

五、实操程序安排

（一）识图与编制加工、绑扎方案

学生应将课题分解为构件，逐个构件识读钢筋的组成、规格、数量；然后考虑构件之间的连接方式，确定加工、绑扎方案，在此基础上完成配料表中的相关内容的填写和计算，并做好加工、绑扎的准备工作，时间约为 1～2d。

（二）钢筋加工和绑扎

学生应事先做好加工、绑扎的准备工作，工具和材料进入实操现场，分配好工位，然后统一时间开始进行加工和绑扎操作。不同实操阶段应做好分工，明确完成时间和操作要求，每个学生都应独立完成一次以上的加工、绑扎作业，并写好实操日记。

（三）质量自检和老师专检

课题完成之后，学生应按照评分标准，对所完成的产品进行质量自检，有问题的应及时加以修整。实习指导老师和工人师傅负责对每个产品进行质量专检，填写成绩评定表，确定学生的实操成绩。

六、示例

今以题型一为例，对实操的全过程作一例解，供学生参考。

（一）钢筋识图

此题型由基础、柱和梁组成，梁、柱的混凝土保护层厚为25mm，基础的混凝土保护层厚度为35mm，各构件的钢筋组成、规格和数量分述如下。

1. 基础钢筋

（1）基础的主筋：由两层 ϕ10mm 的钢筋组成钢筋网，每层7根，间距150mm。

（2）基础的次筋：由三层 ϕ6mm 的箍筋组成，间距150mm。

2. 柱钢筋

柱为 L 型柱，其钢筋构成为：

（1）主筋：由12根 ϕ10mm 的钢筋组成，箍筋的角部布置8根，其余4根均匀分布。

（2）次筋：垂直梁方向的柱上布置有7层箍筋：除梁内的二层箍筋间距为133mm之外，其余间距均为150mm；与梁平行方向的柱上有5层箍筋，梁上二层、梁下三层，间距均为150mm。

3. 梁钢筋

（1）主筋：梁上主筋共三层，三种编号共8根，为 ϕ10mm 钢筋，其尺寸及大样见钢筋料表。

（2）次筋：梁的悬臂端有不等高的箍筋六种共6根，间距100mm；梁的另一端有四排箍筋，每排两个，间距100mm。

4. 钢筋的配料计算

钢筋的配料表如表4-2所示。

（1）柱钢筋

①号钢筋：根据钢筋配料表中钢筋间图的已知尺寸，其：

下料长度 $= 1145 + 200 - 2d$ （$d = 10$mm）

$= 1145 + 200 - 2 \times 10 = 1325$mm。

共12根 ϕ10mm 的圆钢筋。

②号和③号箍筋：

箍筋的内侧宽度 = 结构截面宽 - 保护层厚度

$= 200 - 2 \times 25 = 150$mm

箍筋的内侧高度 $= 500 - 2 \times 25 = 450$mm

端部加工成90°弯钩，考虑到加工要求，设每个钩长为50mm。

箍筋的下料长度 $= 2 \times 162 + 2 \times 462 + 2 \times 50 - 10 \times 6 = 1288$mm。

构件名称	钢筋编号	规 格	根 数	每根下料长度（mm）	总长（mm）	总重（kg）	简 图
柱	1	$\phi 10$	12	1325	15.9		200 / 1145
	2	$\phi 6$	10	1288	12.88		462 / 162
	3	$\phi 6$	2	1288	2.58		462 / 162
梁	4	$\phi 10$	3	1455	4.37		375 460 540 100 100
	5	$\phi 10$	2	1100	2.2		1100
	6	$\phi 10$	3	1470	4.41		100 830 560 100
	7	$\phi 6$	8	948	7.58		362 / 92
	8	$\phi 6$	1	838	0.84		257 / 142
	9	$\phi 6$	1	802	0.8		239 / 142
	10	$\phi 6$	1	766	0.77		221 / 142
	11	$\phi 6$	1	730	0.73		203 / 142
	12	$\phi 6$	1	694	0.69		185 / 142
	13	$\phi 6$	1	658	0.66		167 / 142

构件 名称	钢筋编号	规格	根数	每根下料长度 (mm)	总长（mm）	总重（kg）	简图
基础	14	φ10	7	1390	9.73		250 ⌐—930—⌐ 250
	15	φ10	7	1390	9.73		250 ⌐—930—⌐ 250
	16	φ6	3	3808	11.42		942 942

注：表中简图上所标尺寸均为外包尺寸。

（2）梁钢筋

④号钢筋：钢筋的大样如表 4-2 简图所示。因中间弯折的角度不大，故可忽略弯折度差度，端部 90°弯钩的弯折量度差为 $2d$（$d=10\text{mm}$）。

下料长度 $=375+460+540+100-2\times10=1455\text{mm}$，共 3 根。

⑤号钢筋：为直钢筋，长 1100mm，共 2 根。

⑥号钢筋：钢筋大样见表 4-2 简图，中间弯折忽略弯折量度差，端部弯折以 90°弯折计。

下料长度 $=830+560+100-2\times10=1470\text{mm}$，共 3 根。

⑦号箍筋：此箍筋在截面上为双箍布置，经计算确定内包尺寸为 80mm×350mm，钩长仍设为 50mm，以下各种箍筋钩长均设为 50mm，不再另行说明。

下料长度 $=2\times92+2\times362+2\times50-10\times6=948\text{mm}$，共 8 根。

⑧~⑨号钢筋：设⑧号钢筋位于柱的结构面处，则此处箍筋的高度可用比例求出：

$$\frac{100}{550}=\frac{X}{25} \qquad X=\frac{100\times25}{550}\approx5\text{mm}$$

则⑧号钢筋内包尺寸的高 $=250-5=245\text{mm}$，内宽为 130mm。因为⑧~⑬号箍筋的间距为 100mm，其相邻箍筋的高差△为：

$$\frac{100}{550}=\frac{\triangle}{100} \qquad \triangle=\frac{100\times100}{550}\approx18\text{mm}$$

由此可知，⑨~⑬号箍筋的内包尺寸分别为（高×宽）：227mm×130mm、209mm×130mm、191mm×130mm、173mm×130mm、155mm×130mm，⑧~⑬各一个。

根据②号箍筋下料长度的计算方法，可以求出⑧~⑬号箍筋的下料长度分别为：838mm、802mm、766mm、730mm、694mm、658mm。

（3）基础钢筋

⑭号钢筋为两端带 90°弯钩的直钢筋，弯钩长设为 250mm，钢筋的外包长 = 基础尺寸 − 保护层厚度 $=1000-2\times35=930\text{mm}$。

下料长度 $=930+2\times250-2\times2\times10=1390\text{mm}$。

⑮号钢筋同⑭号钢筋，各 7 根共 14 根。

⑯号箍筋的外包尺寸为 942mm×942mm，其下料长度按上述算法为 3808mm，共 3 根。

根据求出的各种钢筋的总长度，查有关的工程手册，学生可自行计算每种钢筋的总重，供编制预算和运输时参考。

（二）钢筋绑扎方案

经研究采用先绑单个构件，再组装成型的方案，具体程序如下：

（1）先绑基础钢筋，绑完后在基础钢筋上绑上两根柱筋安装的定位棍，此棍的内侧，即柱主筋外侧位置，其距基础钢筋主筋外侧的距离为：250mm－基础混凝土保护层厚度（35mm）＋柱混凝土保护层厚度（25mm）＋柱箍筋直径（6mm）＝246mm。

（2）再绑柱钢筋，绑完后与基础钢筋组装在一起（柱筋骨架紧靠定位棍固定、调整垂直度即可），并在柱上梁底主筋下沿的标高处绑上两根梁的定位棍，此棍的顶面高度为：300＋445－35＋25＋6＝741mm，用以控制梁的安装高度。

（3）最后绑梁并与柱组装在一起，考虑到梁全部绑扎完后与柱不能组装，所以先绑梁悬臂部分的箍筋，将梁的钢筋骨架成型后，在悬臂部分的主筋上标出与柱组装的位置556mm（即梁的外伸尺寸减去梁端保护层厚度 25mm，再加上柱箍筋直径 6mm），用以控制梁的外伸长度。然后将梁的骨架从悬臂端穿入与柱骨架绑扎在一起，此时梁的高度由原已绑在柱的定位棍控制，将梁上标出的 556 线与柱的主筋外侧持平，即可确定梁的外伸长度。

梁穿入柱组装定位后，将梁上剩余的箍筋绑扎完，整个绑扎工作即告完成。

（三）加工、绑扎实际操作

1．主筋的加工

主筋加工要求形状正确、平直，钢筋弯曲成型后的各部尺寸的允许偏差应符合下列规定：

全长：　　　　　±10mm
弯点位移：　　　±10mm
弯起高度：　　　±5mm

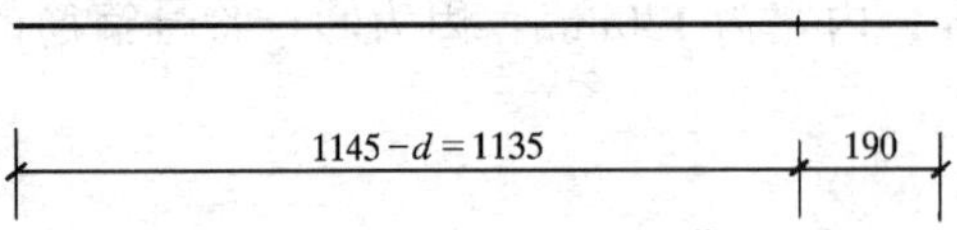

图 4-2　①号钢筋划线

加工程序：
（1）在钢筋上划出弯点位置；
（2）在工作台上放出钢筋弯曲大样；
（3）弯曲成型；
（4）检查调整。

①号钢筋加工程序：

（1）在直钢筋上用石笔划出下料长度 1325mm 的标志，然后用断线钳按标志剪断，并在剪断的钢筋上划出弯点，如图 4-2 所示。

（2）将钢筋上的垂点与扳柱的外侧持平，然后用手摇板弯曲 90°。

（3）检查和调整。要求平直，控制成型钢筋的总长偏差不超过 ±10mm，不合格者应调直重做。

④号主筋加工：因斜段的弯折角度不大，可忽略弯折量度差，端部应减去 d，据此可

将各弯点画在钢筋上，如图 4-3 所示。

根据斜段的斜率在工作台上放出大样，如图 4-4 所示。

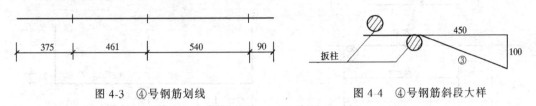

图 4-3 ④号钢筋划线　　　　　　　图 4-4 ④号钢筋斜段大样

将钢筋各弯折点置于加工台的扳柱边缘，分别按各处的弯折角度弯制。钢筋弯好后应平直，如有弯扭不平，应加以调整。

⑥号钢筋加工：中间弯折因角度小，其弯折量度差忽略不计，端部弯折按 90°计，应减去 d。

按④号钢筋的加工步骤分别在钢筋上划线，见图 4-5。在工作台上放出大样，见图 4-6。

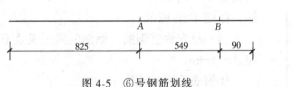

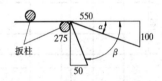

图 4-5 ⑥号钢筋划线　　　　　　　图 4-6 ⑥号钢筋放大样

弯制时，将 A 点置于扳柱边缘弯 α 角，接着将 B 点置于扳柱外缘弯 β 角即可。加工完后检查钢筋是否平整顺直，如有问题应及时修正。

⑭、⑮号主筋加工：

这两种钢筋两端各弯曲 90°，为此，钢筋划线时在两端部将端部弯钩各减去 d（10mm）即可，如图 4-7 所示。

分别将弯点置在扳柱外侧持平，用手摇板弯曲二次 90°即可，加工之后应检查钢筋是否平直，长度是否符合要求。

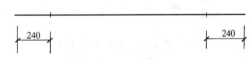

2．箍筋的加工

图 4-7 ⑭、⑮号钢筋划线

箍筋加工要求平直、方正，钩长相等，钩缝严密，成型箍筋的宽度和高度允许偏差不超过 ±5mm。

箍筋的加工方法为：

（1）按下料长度在原材料上划线，用断线钳剪断，并在剪断的钢筋上标出中点。

（2）在工作台上的左侧标出箍筋宽度控制线，如图 4-8 所示，用以控制箍筋的外包尺寸。加工时在控制线钉上小钉子。

（3）从中点开始加工。应将中点置于扳柱的 1/4 直径处开始弯制，然后按宽高控制线弯曲成型。加工完后应调整平直方正，并检查尺寸是否符合要求，有问题时，可以调整一下控制线的位置，直至合格为止。

3．绑扎成型

基础钢筋绑扎顺序：

（1）在⑭、⑮号钢筋上划出绑扎位置线，如图4-9所示。

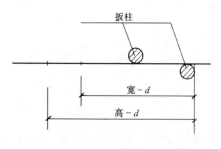

图4-8　箍筋长短边长度控制

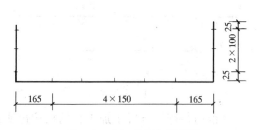

图4-9　⑭、⑮号钢筋划线

（2）按线压中绑扎主筋和箍筋，可用一面顺扣绑扎，注意四边平直、方正，箍筋的接头部位应错开。

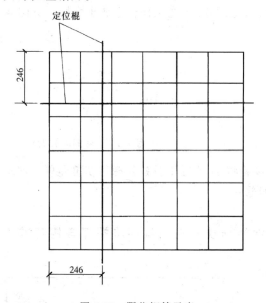

图4-10　限位钢筋示意

（3）绑扎后放在地下，地下要平整，在箍筋划上柱主筋两个方向的安装控制线（距基础箍筋外侧246mm），并绑上两根限位钢筋，如图4-10所示。

（4）检查调整钢筋，钢筋的间距误差不超过±5mm。

柱钢筋的绑扎顺序：

（1）在①号主筋上划出箍筋的绑扎位置线，如图4-11所示。

（2）按线压中绑箍筋。注意主筋上的位置线为两层箍筋的分界线，两个方向箍筋的层数不同，穿箍时要分清方向，箍筋的接头部位应置于L形柱的两个角部，并上下错开，绑扣角部应用缠扣，其余可用一面顺扣。绑完后箍筋应呈水平状态，主筋和箍筋的间距应符合设计要求，误差不大于±5mm。

①号主筋的弯钩应呈45°角摆放。

（3）将柱筋骨架紧靠基础骨架的限位钢筋组装绑扎在一起，要注意柱骨架的双向垂直

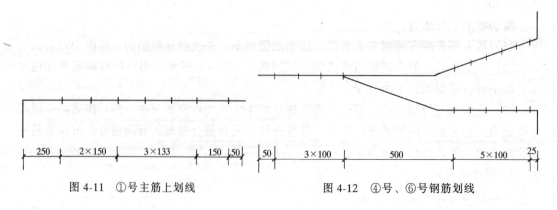

图4-11　①号主筋上划线　　　　　图4-12　④号、⑥号钢筋划线

度和方向，可做临时加固。

（4）在柱主筋两侧划上控制梁底标高的控制线（590mm），并在线下绑上两根定位棍。

（5）检查梁的标高和安装位置，有问题的要及时调整。

梁钢筋的绑扎顺序：

（1）将梁的④号、⑥号钢筋摆成图4-12所示的样子，并在上面划上箍筋的绑扎位置线。

（2）先按线压中绑扎梁悬臂端的⑧～⑬号钢筋，箍筋的接头部位应在梁下方并错开排列，箍筋四角与主筋交接处应用套扣绑扎，其余可用一面顺扣绑扎。

绑完后在两边④号钢筋上标出安装线556mm（由梁的悬臂端往里量），用以控制梁悬臂端的外伸长度。

（3）将绑好的半成品梁从柱的一侧穿入（注意方向），与柱组装在一起，梁的标高由柱上已绑好的定位棍控制，梁的外伸长度将梁上的安装线与柱主筋外侧持平即可。

调整梁的位置后，绑扎剩余的⑦号箍筋，这种箍筋的接头应位于梁的上部，错开排列布置，绑扣要求同前。

4. 质量验收及成绩评定

质量验收和成绩评定见表4-1。

其他题型按示例的要求进行，每个学生在校内实操期间，应将每个题型练习一遍以上，时间、质量均达到规定的要求以后，才能进入现场实习。

课题二 施工现场钢筋实习

钢筋工程主要包括钢筋的进场检查、钢筋的冷加工、钢筋的接头连接、钢筋配料和钢筋的绑扎安装等施工过程。

一、钢筋的进场检验

进场的钢筋质量是否合格，直接关系到结构的使用安全，所以在施工中要加强钢筋的现场检验。

进场钢筋的检验项目和检验方法请参阅模块九材料员实习的相关内容。

二、钢筋的冷加工

钢筋一般在车间加工，然后运到现场安装或绑扎。钢筋的加工包括冷拉、冷拔、调直、除锈、切断、弯曲成形、焊接、绑扎等。钢筋的冷加工常用冷拉或冷拔，以提高钢筋的强度设计值、节约钢筋，并有调直和除锈作用。

（一）钢筋的冷拉

钢筋冷拉是在常温下对钢筋进行强力拉伸，拉应力超过钢筋的屈服强度，使钢筋产生塑性变形（拉长），使钢筋的屈服点和抗拉强度显著提高的方法。冷拉过程可以达到调直、除锈的作用。冷拉Ⅰ级钢筋适用混凝土构件中的受拉钢筋，冷拉Ⅱ、Ⅲ、Ⅵ级钢筋可作预应力筋。

钢筋冷拉时，多采用控制应力或控制冷拉率两种方法进行控制。

1. 控制应力法

控制应力值如表4-3所示，冷拉后检查钢筋的冷拉率，以不超过表4-3规定者为合格，超过者要进行力学性能检验。

<table>
<tr><th colspan="4">冷拉控制应力及最大冷拉率   表 4-3</th></tr>
<tr><th>项　目</th><th>钢筋级别</th><th>冷拉控制应力
（N/mm²）</th><th>最大冷拉率
（%）</th></tr>
<tr><td>1</td><td>Ⅰ级</td><td>280</td><td>10</td></tr>
<tr><td>2</td><td>Ⅱ级</td><td>450</td><td>5.5</td></tr>
<tr><td>3</td><td>Ⅲ级</td><td>500</td><td>5</td></tr>
<tr><td>4</td><td>Ⅳ级</td><td>700</td><td>4</td></tr>
</table>

<table>
<tr><th colspan="4">测定冷拉率时钢筋冷拉应力   表 4-4</th></tr>
<tr><th colspan="2">项　次</th><th>钢筋级别</th><th>冷拉应力（N/mm²）</th></tr>
<tr><td colspan="2">1</td><td>Ⅰ级</td><td>310</td></tr>
<tr><td rowspan="2" colspan="2">2</td><td>Ⅱ级 $d \leqslant 25$</td><td>480</td></tr>
<tr><td>$d = 28 \sim 40$</td><td>460</td></tr>
<tr><td colspan="2">3</td><td>Ⅲ级</td><td>530</td></tr>
<tr><td colspan="2">4</td><td>Ⅳ级</td><td>730</td></tr>
</table>

2．控制冷拉率法

用此法时，冷拉率的控制值必须由试验确定。对同炉批钢筋测定的试件不宜少于 4 个，每个试件都按表 4-4 规定的冷拉应力值在万能试验机上测定相应的冷拉率，取其平均值作为该炉批钢筋的实际冷拉率。不同炉批的钢筋不宜用控制冷拉率的方法进行冷拉。

确定控制冷拉率后，还要通过实际试拉，再切取试件实验，各项指标符合要求后，才能成批冷拉。

（二）钢筋的冷拔

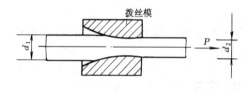

拨丝模

图 4-13　钢筋冷拔模示意图

钢筋冷拔是在常温下，通过图 4-13 所示的合金拔丝模，强制钢筋沿轴向拉伸并径向压缩，使钢筋产生较大塑性变形，从而提高钢筋的抗拉强度。这种经冷拔加工的钢筋称为冷拔低碳钢丝。冷拔低碳钢丝分为甲、乙级，甲级钢丝主要用作预应力构件的预应力筋，乙级钢丝用于焊接网和焊接骨架、架立筋、箍筋和构造钢筋。

冷拔的总压缩率和冷拔次数对钢丝质量和生产效率都有很大影响，一般按表 4-5 正确选择。

<table>
<tr><th rowspan="2">项次</th><th rowspan="2">钢丝直径
（mm）</th><th rowspan="2">盘条直径
（mm）</th><th rowspan="2">冷拔总
压缩率
（%）</th><th colspan="6">冷拔次数和拔后直径（mm）</th></tr>
<tr><th>第 1 次</th><th>第 2 次</th><th>第 3 次</th><th>第 4 次</th><th>第 5 次</th><th>第 6 次</th></tr>
<tr><td rowspan="2">1</td><td rowspan="2">$\phi^b 5$</td><td rowspan="2">$\phi 8$</td><td rowspan="2">61</td><td>6.5</td><td>5.7</td><td>5.0</td><td></td><td></td><td></td></tr>
<tr><td>7.0</td><td>6.3</td><td>5.7</td><td>5.0</td><td></td><td></td></tr>
<tr><td rowspan="2">2</td><td rowspan="2">$\phi^b 4$</td><td rowspan="2">$\phi 6.5$</td><td rowspan="2">62.2</td><td>5.5</td><td>4.6</td><td>4.0</td><td></td><td></td><td></td></tr>
<tr><td>5.7</td><td>4.5</td><td>4.0</td><td></td><td></td><td></td></tr>
<tr><td rowspan="2">3</td><td rowspan="2">$\phi^b 3$</td><td rowspan="2">$\phi 6.5$</td><td rowspan="2">78.7</td><td>5.5</td><td>4.6</td><td>4.0</td><td>3.5</td><td>3.0</td><td></td></tr>
<tr><td>5.7</td><td>5.0</td><td>4.5</td><td>4.0</td><td>3.5</td><td>3.0</td></tr>
</table>

钢丝冷拔次数参考表   表 4-5

三、钢筋连接

当短钢筋需要接长时，可以按照设计要求采用绑扎连接、焊接和机械连接。

钢筋的接头宜设置在受力较小处。同一纵向受力钢筋不宜设置两个或两个以上接头，接头末端至钢筋弯起点距离不应小于钢筋直径的 10 倍。

（一）绑扎连接

各受力钢筋之间采用绑扎接头时，绑扎接头的位置应互相错开。绑扎搭接接头中钢筋的横向净距不应小于钢筋直径，且不应小于 25mm。

钢筋绑扎搭接接头同一连接区段内（该区段长度为搭拉长度的 1.3 倍）纵向受力钢筋搭接接头面积百分率应符合设计要求，设计无要求时，应符合下列规定：

（1）对梁类、板类及墙类构件，不宜大于 25%；

（2）对柱类构件，不宜大于 50%；

当工程中确有必要增大接头面积百分率时，对梁类构件，不应大于 50%，对其他构件，可根据实际情况放宽。

纵向受拉钢筋绑扎连接的最小搭接长度，应符合表 4-6 的规定；受压钢筋绑扎连接的最小搭接长度，应取受拉钢筋绑扎连接搭接长度的 0.7 倍，在任何情况下，受压钢筋的搭接长度不应小于 200mm。

受拉区域内，Ⅰ级钢筋绑扎接头的末端应做弯钩；Ⅱ级、Ⅲ级钢筋可不做弯钩。直径不大于 12mm 的受压 Ⅰ 级的钢筋的末端，以及轴心受压构件中任意直径的受力钢筋的末端，可不做弯钩，但搭接长度不应小于钢筋直径的 35 倍。

钢筋搭接处，应在中心及两端用 20～22 号铁丝绑牢。

纵向受拉钢筋最小搭接长度 表 4-6

钢筋类型		混凝土强度等级			
		C15	C20～C25	C30～C35	≥C40
光圆钢筋	HPB235 级	45d	35d	30d	25d
带肋钢筋	HRB335 级	55d	45d	35d	30d
	HRB400 级 .RRB400 级	—	55d	40d	35d

注：1. 本表适用于纵向受拉钢筋的绑扎搭接接头面积百分率不大于 25% 的情况。

  2. 超出上条规定时，应按《混凝土结构工程施工质量验收规范》（GB50204—2002）的规定执行。

（二）焊接连接

受力钢筋采用焊接接头时，设置在同一构件内的焊接接头应相互错开。在任一焊接接头中心至长度为钢筋直径 d 的 35 倍且不小于 500mm 的区段内，同一根钢筋不得有两个接头；在该区段内，有接头的受力钢筋截面面积占受力钢筋总截面面积的百分率，应符合下列规定：受拉区不宜大于 50%；接头不宜设置在有抗震设防要求的框架梁端、柱端的箍筋加密区；直接承受动力荷载的结构构件中，不宜采用焊接接头。

1. 闪光对焊

闪光对焊广泛用于钢筋接长及预应力钢筋与螺丝端杆的焊接。热轧钢筋的接长宜优先采用闪光对焊，操作确有困难时，才用电弧焊。

钢筋闪光对焊的原理如图 4-14 所示，利用对焊机使两段钢筋接触，通过低电压的强电流，待钢筋加热到一定温度熔化后，进行轴向加压顶锻，形成对接焊头。

钢筋闪光焊后，焊接头的质量除外观检查（无裂纹和烧伤；接头弯折不大于 4°；接

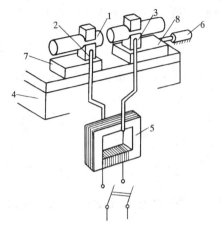

图 4-14 钢筋闪光对焊原理

1—焊接的钢筋；2—固定电极；3—可动电极；
4—机座；5—变压器；6—平动顶压机构；
7—固定支座；8—滑动支座

头轴线偏移不大于 1/10 的钢筋直径，也不大于 2mm）外，还应按规范规定进行拉伸实验和冷弯实验。接头不合格的不能使用。

2．电弧焊

电弧焊是利用电焊机使焊条与焊件之间产生高温电弧，使焊条和电弧范围内的焊件熔化，待其凝结便形成焊缝或接头。

电弧焊广泛用于钢筋接头、钢筋骨架焊接、装配式结构的接头焊接、钢筋和钢板的焊接及各种钢结构的焊接。

3．电渣压力焊

电渣压力焊在现场多用于现浇钢筋混凝土结构构件内竖向钢筋的接长。与电弧焊相比，它工效高、成本低，在一些高层建筑施工中已得到广泛使用。

电渣压力焊构造如图 4-15 所示。焊接时，先将钢筋端部约 120mm 范围内的铁锈除尽，将夹具夹牢在下部钢筋上，夹具需灵巧，上下口同心，使焊接接头上下钢筋的轴线尽量一致。夹具夹牢后，将上部钢筋扶直夹牢于活动电极中，上下钢筋间放一钢丝小球或导电剂，用手柄使电弧引燃，然后稳定一定时间，使之形成渣池并使钢筋熔化，随着钢筋的熔化，用手柄使上部钢筋缓缓下送，钢筋熔化达到规定时间后断电，与此同时用手柄进行加压顶锻，以排除夹渣和气泡，形成接头。待冷却一定时间后，即拆除药盒，回收焊药，拆除夹具和清理焊渣。上述过程连续进行，时间约 1min。电渣压力焊接头亦应按规范规定进行相关检查和实验。

4．电阻点焊

电阻点焊主要用于钢筋的交叉连接，如用来焊接钢筋网片、钢筋骨架等。它生产效率高，节约材料，在施工现场应用较多。

点焊机的工作原理如图 4-16 所示，当钢筋交叉点焊时，接触点只有一点，接触处接触电阻较大，在接触的瞬间，电流产生的全部热量都集中在一点上，因而使金属受热而熔化，同时在电极加压下使焊点金属得到焊合。

点焊应进行外观检查和强度实验。热轧钢筋的焊点应进行抗剪实验。冷处理钢筋的焊点除进行抗剪实验外，还应进行拉伸实验。

图 4-15 电渣焊构造示意图

1、2—钢筋；3—固定电极；4—活动电极；
5—药盒；6—导电剂；7—焊药；
8—滑动架；9—手柄；10—支架；
11—固定架

（三）机械连接

钢筋的机械连接大都是利用钢筋表面轧制的或特制的螺纹（或横肋）和连接套筒之间的机械咬合作用来传递钢筋中的拉力或压力。

常用的机械连接方法有：套筒挤压连接、锥螺纹套筒连接等。

1．钢筋套筒挤压连接

钢筋套筒挤压连接的工艺原理是：将两根待接钢筋插入钢连接套筒，采用液压压接钳侧向（或侧向和轴向）挤压连接套筒，使套筒产生塑性变形，从而使套筒的内周壁变形而嵌入钢筋螺纹，由此产生抗剪力来传递钢筋连接处的轴向力。

挤压连接分为径向挤压和轴向挤压两种（图 4-17）。适用于连接 $\phi 20 \sim \phi 40$ 的国产 II、III 级变形钢筋及相当于国产 II、III 级的进口变形钢筋的机械连接。

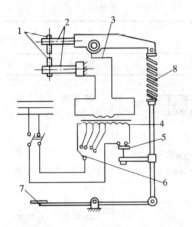

图 4-16　点焊机工作原理图

1—电极；2—电极臂；3—变压器的次级
圈；4—变压器的初级线圈；5—断路器；
6—变压器的调节开关；7—踏板；
8—压紧机构

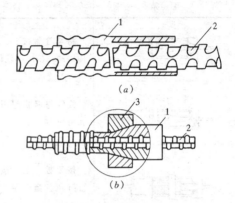

图 4-17　钢筋挤压连接

（a）径向挤压；（b）轴向挤压

1—钢套筒；2—变形钢筋；3—压模

径向挤压连接工艺流程为：钢筋套筒验收→钢筋断料、划出套筒套入长度定长标记→套筒套入钢筋、安装压接钳→开动液压泵、逐扣压套筒至接头成型→卸下压接钳→接头外形检查。

现场径向挤压连接一般分为二次进行，第一次先将套筒一半套入一根被连接钢筋，压接半个接头，然后在施工现场再压接另半个接头。

轴向挤压连接先用挤压机进行钢筋半接头挤压，再在现场用挤压机进行钢筋连接挤压。钢筋半接头挤压工艺见表 4-7，钢筋连接挤压工艺见表 4-8。

钢筋半接头挤压工艺　　　　　　　　　　　　　　表 4-7

图　示	操　作　说　明	图　示	操　作　说　明
压模座　限位器 压模　套管　油缸	装好高压油管和钢筋配用的限位器、套管、压模，并在压模内孔涂羊油		按手控"上"按钮，进行挤压
	按手控"上"按钮，使套管对正压模内孔再按手控"停止"铵钮		当听到溢流"吱吱"声，再按手控"下"按钮，退回柱塞，取下压模

图　示	操　作　说　明	图　示	操　作　说　明
	插入钢筋，顶在限位器立柱上，扶正		取出半套管接头，挤压作业结束

钢筋接头挤压工艺　　　　　　　　　　　　表 4-8

图　示	操　作　说　明	图　示	操　作　说　明
	将半套管接头，插入结构钢筋，挤压机就位		按手控"上"按钮，进行挤压
	放置与钢筋配用的压模和垫块 B		按手控"下"按钮，退回柱塞，加垫块 D
	按手控"上"按钮，进行挤压，当听到"吱吱"溢流声		按手控"上"按钮，进行挤压；再按手控"下"按钮，退回柱塞
	按手控"下"按钮，退回柱塞及导向板，装上垫块 C		取下垫块、模具、挤压机、接头挤压连接完毕，挂上挂钩，提升挤压机

2. 锥螺纹套筒连接

锥螺纹套筒连接是利用米制锥螺纹能承受轴向力和水平力，密封自锁性较好的原理，靠规定的机械力把钢筋连接在一起（图 4-18）。

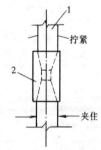

图 4-18　钢筋锥螺纹套筒连接

1—连接钢筋；2—钢套筒

这种连接方法要先在施工现场或钢筋加工厂，用钢筋套丝机把钢筋的连接端加工成锥螺纹，然后用锥螺纹连接套、力矩扳手，按规定的力矩值，把钢筋和连接套拧紧。这种钢筋接头可用于连接 $\phi10 \sim \phi40$ 的 I～Ⅳ级钢筋，也可用于异径钢筋的连接。

无论是套筒挤压连接的接头还是锥螺纹套筒连接的接头均应按规定的要求，抽取足够的试样进行外观检查和力学试验，各项检验和试验的结果必须符合规范要求。

机械连接接头与焊接接头相同，在同一构件内的接头要求错开，在同一连接区段内，纵向受力钢筋的接头面积百分率应符合下列规定：

（1）受拉区不宜大于 50%；

（2）接头不宜设置在有抗震设防要求的框架梁端、柱端的箍筋加密区；当无法避开时，对等强度高质量机械连接接头，不应大于 50%；

（3）直接承受动力荷载的结构构件中，当采用机械连接接头时，不应大于50％。

四、钢筋加工

钢筋加工主要是指钢筋的除锈、调直、切断、弯曲成型等加工过程。受力钢筋及箍筋的弯钩和弯折应符合《混凝土结构工程施工质量验收规范》（GB 50204—2002）的规定。

（一）钢筋的除锈和调直

钢筋调直在现场分为人工调直、卷扬机调直和机械调直三种。人工调直的效率较低，不宜用于大工作量的调直。直径10mm以下的Ⅰ级盘圆钢筋可采用卷扬机调直，它能同时完成除锈、拉伸、调直等三道工序。

各种型号的钢筋调直机，具有除锈、调直和切断三项功能，可根据工程需要选用。

（二）钢筋的切断和弯曲成型

1. 钢筋的切断

钢筋调直后，即可按钢筋的下料长度进行切断。钢筋切断前应有计划，精打细算，合理使用钢筋。首先应根据工地的实有材料，确定下料方案，长料长用，短料短用，使下脚料的长度最短，并确保品种、规格、尺寸、外形符合设计要求。

切断时要先划线后切断，切断的下脚料可作为电焊接头的绑条或其他辅助短钢筋使用，力求减少钢筋的损耗。

2. 钢筋的弯曲成型

钢筋的弯曲成型是将已切断、配好的钢筋按照图纸的要求加工成规定的形状尺寸。钢筋的弯曲成型的顺序是：划线（即划出弯曲点）→试弯→弯曲成型。弯曲分为人工弯曲和机械弯曲两种。

弯制钢筋时，扳子一定要托平，不能上下摆，以免弯出的钢筋产生翘曲。

五、钢筋绑扎与安装

钢筋绑扎、安装是钢筋施工的最后工序。

一般钢筋的绑扎安装采用预先将钢筋在加工车间弯曲成型，再到模内组合绑扎的方法，如果现场的起重安装能力较强，也可以采用预先用焊接或绑扎的方法将单根钢筋按图纸要求组合成钢筋网片或钢筋骨架，然后到现场吊装的方法。

（一）钢筋绑扎安装的准备工作

在混凝土工程中，模板安装、钢筋绑扎与混凝土浇筑是立体交叉作业，为了保证施工质量、提高效率、缩短工期，必须在钢筋绑扎安装以前，认真做好以下准备工作：

1. 熟悉施工图纸

施工图纸是钢筋绑扎的依据。施工前应熟悉各种型号钢筋的形状、标高、安装部位；钢筋的相互关系以及绑扎顺序。同时审核图纸有无错漏或不明确的地方，如有问题，应及时向技术部门反映，并落实解决办法。

2. 核对配料单和料牌

对照图纸，核对现场的钢筋是否正确，如有错漏，应及时纠正。

3. 研究施工方案

根据施工组织设计对钢筋工程的时间和进度要求，研究钢筋工程的施工方案，内容包括：

（1）施工方法。确定成品与半成品的进场时间、进场方法、劳动力组织，哪些部位钢筋预先绑扎，工地模内组装；哪些部位钢筋工地模内绑扎等。

（2）钢筋的安装顺序。比较复杂的钢筋工程纵横错综复杂地交织在一起，为了防止造成有些钢筋放不进去的弊端，事先要研究钢筋的安放顺序，以杜绝因返工而延误工期。

（3）与其他工种的配合。与模板、钢筋工程同时施工的还有各种水、电设备的预埋管线以及各种预埋件，在钢筋施工前，要与各有关工种共同协商施工进度及交叉作业的时间顺序。切忌各自为政、互相影响、互相干扰，这样的话既影响工程进度，又因为彼此不关照而造成返工。

4．钢筋位置放线

为使钢筋位置绑扎正确，一般先在结构或模板上用粉笔按图纸标明的间距划线，作为摆料绑扎的依据。

（二）基础钢筋的绑扎

1．地下室钢筋的绑扎

现浇钢筋混凝土地下室结构，通常由地下室墙体和基础底板组成。

（1）底板钢筋的绑扎

绑扎操作顺序：清理垫层→画线→摆下层钢筋→绑扎下层钢筋→摆放钢筋撑脚→绑扎上层钢筋→绑扎墙、柱预留插筋。

操作要点：

1）底板如有基础梁，可分段绑扎成型再安装就位，或根据梁位弹线就地绑扎成型。

2）绑扎钢筋时，靠近外围两行钢筋的相交点应全部绑扎；中间部位的相交点可以间隔交错扎牢，但应保证受力钢筋不移位；双向受力的钢筋不得跳扣绑扎。

3）下层钢筋绑扎完毕，摆放钢筋撑脚，每隔1m放置一个。

4）钢筋撑脚摆好后，即可绑扎上层钢筋纵横两个方向的定位钢筋，并在定位钢筋上画分档标志，然后穿放纵横钢筋，绑扎方法同下层钢筋。

5）上下层的钢筋接头应按有关规定错开；其位置和搭接长度应符合表4-6的要求。

6）墙、柱的主筋应根据放线时弹好的位置安放并绑扎牢固，其插入基础的深度、位置应符合设计要求，甩出长度不宜过长并可附加钢筋，用电焊焊牢，确保墙、柱主筋位置正确。

钢筋绑扎后应及时垫好砂浆垫块。垫块厚度等于保护层厚度，距离为1m左右呈梅花状摆放。如基础较厚或用钢量大，距离可缩小。

（2）墙筋的绑扎

操作顺序：底板放线→校正预埋插筋→绑定位竖筋及横筋→绑其他竖筋及横筋→安放附加钢筋及预埋件→安放砂浆垫块。

操作要点：

1）底板放线后，应校正竖向预埋插筋，问题严重的应与设计单位共同商定。墙模板宜跳间支模，以利于钢筋施工。

2）绑筋时先绑2~4根竖筋，并在其上画横筋分档标志，然后在下部及齐胸处绑两根横筋定位，并画竖筋的分档标志，然后按标志绑其他竖筋，最后按标志绑其余横筋，所有钢筋交叉点应逐点绑扎。横竖筋的间距和位置应符合设计规定。

3）墙筋若为双排时，中间应加撑铁固定钢筋的间距。撑铁直径为6~10mm，长度等于两层钢筋网片间的净距，间距约为1m，相互错开排列。

4）绑门洞口的附加筋时，应严格控制洞口标高，门洞上下梁两端锚入墙内的长度应符合设计要求。

各节点的抗震构造钢筋应按设计要求绑扎，其位置及锚固长度应仔细核对。

各种预埋件的位置、标高应符合设计要求，并固定牢靠，以免浇筑混凝土时发生位移。

在墙筋外侧应绑上带铁丝的砂浆垫块，以保证保护层的厚度。

2．独立柱基础钢筋的绑扎

操作顺序：与地下室底板钢筋的绑扎顺序基本相同。

操作要点：独立柱基础钢筋网片的绑扎要点与地下室底板钢筋网片的绑扎基本相同。应注意独立柱基础钢筋为双向弯曲钢筋，其底面短边的钢筋应放在长边钢筋的上面。上层钢筋的弯钩应朝下，下层钢筋弯钩应朝上，不要倒向一边。

独立柱基础为了与柱中钢筋连接，基础内应预埋插筋，如图4-19中的⑨号钢筋。为了确保柱轴线位置的准确，插筋的位置一定要准确，并固定牢靠。为此，插筋下端用90°弯钩与基础钢筋绑扎，经位置校核无误后，用井字形木架将插筋固定在基础的外模板上，在基础浇筑混凝土时，应随时注意插筋的位置，防止插筋位移或上端发生歪斜。

插筋与柱钢筋连接处的箍筋尺寸应比柱的箍筋缩小一个柱钢筋的直径，以便连接。

3．杯形基础钢筋的绑扎

工业厂房一般采用杯形基础，绑扎杯形基础钢筋时，首先要了解基础的轴线，有时基础轴线不一定是基础的中心线，所以在钢筋的画线时，应按照钢筋的间距从中间向两边分，把线划在基础垫层上。

杯形基础钢筋网片的绑扎方法与独立柱

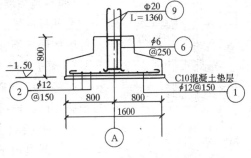

图4-19　现浇独立柱基础

基础钢筋的绑扎方法相同。应注意的是，必须确保杯口处钢筋的标高及尺寸，杯底标高可画在竖筋上，垫层上应划出杯口尺寸线，据此控制杯底钢筋标高及杯口周围钢筋的位置。

4．条形基础钢筋的绑扎

操作程序：垫层放线→绑扎底板网片→绑扎条形骨架→安放垫块。

操作要点：

（1）绑扎时一般先用绑扎架，架起上下纵筋和弯起钢筋。

（2）套入全部箍筋，从绑扎架上放下下层纵筋，拉开箍筋按画线标志正确就位。

（3）将上下纵筋及弯起钢筋按画线均匀排列好，绑扎牢固。

（4）条形钢筋绑扎成型后，抽出绑扎架，把骨架放在底板网片上绑扎成整体。

（三）现浇柱钢筋的绑扎

1．操作程序

调整插筋位置→套箍筋→立柱子四角的主筋→绑好插筋接头→立其余主筋→将柱骨架绑扎成型。

2．操作要点

（1）调整从基础或楼板面伸出的插筋，如问题较大，应与设计单位共同商定。

（2）计算好柱子共需多少个箍筋，并按箍筋弯钩叠合处需要错开的要求，将箍筋逐个整理好，并全部套入插筋上。

（3）立柱子钢筋，并与插筋绑扎好，在搭接范围内，绑扣不少于3个，绑扣应朝里，以便箍筋向上移动。柱中竖向钢筋搭接时，角部钢筋的弯钩平面与模板面的夹角，对矩形柱应为45°角，对多边形柱应为模板内角的平分角，对圆柱形钢筋的弯钩平面应与模板的切平面垂直。中间钢筋的弯钩平面应与模板面垂直。当采用插入式振捣器浇筑小型截面柱时，弯钩平面与模板面的夹角不得小于15°。

（4）按要求间距由上而下采用缠扣绑扎箍筋。箍筋接头的两端应往内弯曲；箍筋的绑扣相互间应呈八字形，箍筋转角与主筋的交点应逐点绑扎，主筋与箍筋平直部分的交点可成梅花状交错绑扎。

有抗震要求的地区，柱箍筋端头应弯成135°角，平直长度不小于10d（d为钢筋直径）。

柱基、柱顶、梁柱交接处，箍筋间距应注意按设计要求加密。

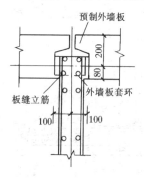

图4-20 外墙预制板与内横墙交接处构造配筋

（5）按要求在柱竖筋的外皮上绑牢垫块（或将塑料卡卡在外竖筋上），间距1000mm，以保证混凝土保护层厚度准确。

（四）现浇墙体钢筋的绑扎

在外板内模、外砖内模、全现浇大模板等结构中，要进行现浇墙体的钢筋绑扎。

1．操作程序

修整预留插筋→墙体钢筋绑扎→钢筋网片的定位与连接→与预制外墙板连接→与外墙连接→修整。

2．操作要点

（1）调直由下层墙体伸出的插筋，如插筋偏离墙线太大，应加绑立筋，并缓慢弯曲与立筋搭接好，弯曲角度应不大于15°。

（2）墙体钢筋绑扎一般分为现场钢筋绑扎和点焊钢筋网片绑扎两种。

墙筋现场绑扎时，绑扎要点与地下室墙体钢筋的绑扎要点相同。

点焊网片的绑扎是先将网片立起并临时加固好，然后逐根绑扎根部搭接钢筋，绑扣不少于3个，门窗洞口加固钢筋需同时绑扎，门口两侧钢筋位置应准确。

（3）单排钢筋网片应焊钢筋撑铁，间距不大于1m，其两端应刷防锈漆，以保证钢筋的准确位置。双排钢筋网片应绑扎定位用的支撑铁，以保证网片的相对距离，钢筋与模板之间应绑扎砂浆垫块，以保证保护层的厚度。

钢筋头或绑线不得露出墙面，以防止墙面喷浆后出现锈斑。

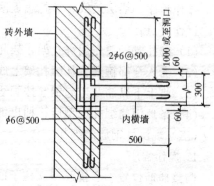

图4-21 外砖墙与内横墙连接构造配筋

118

（4）预制外墙板安装就位后，将本层边柱的板缝立筋插入内外墙的钢筋套环内，并按位置绑扎牢固，如图 4-20 所示。

（5）墙体钢筋应与外砖墙的拉接钢筋妥善连接，绑扎牢固。其连接构造如图 4-21、图 4-22 所示。绑扎内墙钢筋时，应先将外墙预留的 $\phi 6$ 拉结钢筋整理顺直，再与内墙钢筋搭接绑扎牢固。

全现浇内外墙连接构造如图 4-23 所示。必须保证内外墙连接构造配筋的数量及位置准确。

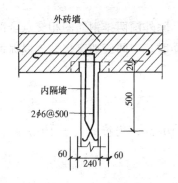

图 4-22　外砖墙与内隔墙连接构造配筋

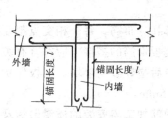

图 4-23　内外墙连接构造配筋

（五）现浇框架梁、板钢筋的绑扎

在多层轻工业厂房及民用建筑现浇框架结构中，需进行柱以外的梁、板等构件钢筋的绑扎。

1．梁钢筋的绑扎

梁钢筋的绑扎，一般分为两种方法：一种是预制主梁和部分边梁钢筋后安装，次梁、边梁钢筋在模内绑扎；另一种是主梁、边梁钢筋都在模内绑扎。应根据实际情况采用合适的绑扎方法，下面介绍后一种绑扎工艺。

模内绑扎程序：模板上画箍筋线→放箍筋→摆主梁弓铁和主筋→穿次梁弓铁和主筋→放主梁架立筋、次梁架立筋→绑扎。

操作要点：

（1）先在主梁、次梁的底模板上画出箍筋的间距线，再按标志将箍筋逐个放开。

（2）按预定的绑扎方案摆主梁弓铁和主筋，与此同时，次梁弓铁和主筋配合穿放，最后放主梁架立筋和次梁架立筋。

（3）绑扎时，先隔一定间距将下层弓铁与箍筋绑牢，然后绑架立筋，再绑主筋。箍筋弯钩的叠合处应在梁中交错绑扎在不同架立筋上，注意弓铁、副钢筋位置要准确，梁筋位置落正，并与柱子主筋绑扎牢固。

梁主筋有双排钢筋时，为保证两层钢筋之间的净距，可用直径为 25mm 的短钢筋棍垫在两层钢筋之间。

梁筋的三面垫好 25mm 厚的砂浆垫块。

（4）梁的受拉钢筋直径等于或大于 25mm 时，不宜采用绑扎接头。小于 25mm 时，可采用绑扎接头。此时，接头的搭接长度应符合表 4-6 的规定；搭接位置应避开最大弯矩处，接头应相互错开。

2．板钢筋的绑扎

操作程序：在模板上画主筋、分布筋线→摆放板下层主筋、分布筋及安放电线管等→绑扎楼板上层的受力筋和副筋。

操作要点：

（1）清理模板上的杂物，用粉笔在模板上画好主筋、分布筋间距。

（2）按画好的间距，先摆受力钢筋，后放分布钢筋，预埋件、电线管、预留孔等应及时配合安装。

（3）绑扎楼板钢筋时，一般用顺扣或八字扣绑扎，除外围两排钢筋的相交点全部绑扎外，中间部位的相交点可交错呈梅花状绑扎。双层配筋时，中间应加支撑铁，以保证有效高度。

（4）绑扎分布筋，每个相交点都要绑扎。

（5）楼板钢筋的搭接，应符合有关规定的要求。

（6）最后垫好砂浆垫块。楼板保护层厚度一般为 10mm，当板厚大于 10cm 时，保护层厚应为 15mm。

六、钢筋加工与安装的质量通病及其防治措施

（一）钢筋加工的质量通病及其防治措施

钢筋加工主要包括调直、切断和弯曲成型三个工序，其质量通病及其防治措施分述如下：

1．钢筋调直质量通病

钢筋调直最常见的质量问题是钢筋表面损伤过度。

原因：调直机上下压辊间隙太小，调直模安装不合适，钢筋表面被调直模擦伤，使钢筋的截面积减少 5% 以上。

防治：正常情况下，钢筋穿过压辊之后，应保证上下辊间隙为 2～3mm。调直时可以根据调直模的磨损情况及钢筋的性质，通过试验确定调直模合适的偏移量。

2．钢筋切断时的质量通病及其防治

（1）切断尺寸不准

原因：定尺卡板活动或刀片间隙过大。

防治：拧紧定尺卡板的紧固螺丝，调整钢筋切断机的固定刀片与冲切刀片间的水平间隙。冲切刀片作水平往复运动的切断机，其固定刀片与冲切刀片的间隙应以 0.5～1mm 为宜。

（2）钢筋切断时被顶弯

原因：弹簧预压力过大，钢筋顶不动定尺板。

防治：调整切断机弹簧的预压力，经试验合适后再展开工序。对已被顶弯的钢筋，可以用手锤敲打平直后使用。

（3）钢筋连切

原因：弹簧压力不足；传送压辊压力过大；钢筋下降阻力大。

防治：出现连切现象后，应立即停止工作，查出原因并及时修理。

3．弯曲成型的质量通病及其防治

（1）加工的箍筋不规范

原因：箍筋边长的成型尺寸与设计要求偏差过大，弯曲角度控制不严。

防治：操作时先试弯，检验合格后再批量弯制。一次弯曲多根钢筋时应逐根对齐。

对已超过偏差的箍筋，Ⅰ级钢筋可以重新调直后再弯一次，其他品种钢筋，不得重新弯曲。

（2）弯曲成型后的钢筋变形

原因：成型钢筋往地面摔得过重或堆放地坪不平整，堆放过高而压弯，搬运过于频繁。

防治：搬运堆放时应轻抬轻放，堆放场地应平整，应按施工顺序的先后堆放，避免不必要的重复翻垛。

已变形的钢筋可以放到成型台上矫正，变形过大的应视碰伤或局部裂纹的轻重具体处理。

（3）成型的尺寸不准

原因：下料不准确，画线方法不对或画线尺寸偏差过大，用手工弯曲时，扳距选择不当，角度控制没有采取保证措施。

防治：加强钢筋下料的管理工作，根据实际情况和经验预先确定钢筋的下料长度调整值。为了确保下料画线准确，应制订切实可行的画线程序。操作时搭板子的位置应按规定设置。对形状比较复杂的钢筋或大批量加工的钢筋，应通过试弯确定合适的操作参数（画线、扳距等），作为大批量弯制的示范。

对已超过标准尺寸的成型钢筋，除Ⅰ级钢筋可以调直后重新弯制一次之外，其他品种钢筋不能重新弯制。

（二）钢筋绑扎与安装的质量通病及其防治措施

1. 钢筋骨架外形尺寸不准

在模板外绑扎成型的钢筋骨架，往模板内安装时发生放不进去或保护层过厚等问题，说明钢筋骨架外形尺寸不准确。造成钢筋骨架外形尺寸不准确的原因主要包括两个方面：一是加工过程中各号钢筋外形不正确；二是安装质量不符合要求。

原因：安装质量不符合要求的主要表现是：多根钢筋端部未对齐；绑扎时，某号钢筋偏离规定的位置。

防治：绑扎时将多根钢筋端部对齐；防止钢筋绑扎偏斜或骨架扭曲。对尺寸不准的骨架，可将导致尺寸不准的个别钢筋松绑，重新安装绑扎，切忌用锤子敲击，以免其他部位的钢筋发生变形或松动。

2. 保护层厚度不准

原因：水泥砂浆垫块的厚度不准或垫块的数量和位置不符合要求。

防治：根据工程需要，分门别类地生产各种规格的水泥砂浆垫块，其厚度应严格控制。使用时应对号入座，切忌乱用。

水泥砂浆垫块的放置数量和位置应符合施工规范的要求，并且绑扎牢固。

在混凝土浇筑过程中，在钢筋网片有可能随混凝土浇捣而沉落的地方，应采取措施，防止保护层偏差。

浇捣混凝土前发现保护层尺寸不准时，应及时采取补救措施。如用铁丝将钢筋位置调整后绑吊在模板楞上，或用钢筋架支托钢筋，以保证保护层厚度准确。

3．墙柱外伸钢筋位移

原因：钢筋安装合格后固定钢筋的措施不可靠而产生位移。浇捣混凝土时，振捣器碰撞钢筋，又未及时修正。

防治：钢筋安装合格后，在其外伸部位加一道临时箍筋，然后用固定铁卡或方木固定，确保钢筋不外移；在浇捣混凝土时注意观察，如发现钢筋位移，应及时修整。在浇捣混凝土时应尽量不碰撞钢筋。混凝土浇捣完应再检查一遍，发现钢筋位移，应及时补救。

4．拆模后露筋

原因：水泥砂浆垫块垫得太稀或脱落；钢筋骨架外形尺寸不准而局部挤触模板；振捣器碰撞钢筋，使钢筋位移、松绑而挤靠模板；操作者责任心不强，造成漏振的部位露筋。

防治：每米左右加绑带铁丝的水泥砂浆垫块或塑料卡，避免钢筋紧靠模板而漏筋。在钢筋骨架安装尺寸有误差的地方，应用铁丝将钢筋骨架拉向模板，用垫块挤牢。

已产生漏筋的地方，范围不大的可用水泥砂浆堵抹。露筋部位混凝土有麻面者，应凿除浮碴，清洗基面，用水泥砂浆分层抹平压实。

重要受力部位及较大范围的露筋，应会同设计单位，经技术鉴定后确定补救办法。

5．钢筋的搭接长度不够

原因：现场操作人员对钢筋搭接长度的要求不了解或虽了解但执行不力。

防治：提高操作人员对钢筋搭接长度必要性的认识和掌握搭接长度的标准；操作时对每个接头应逐个测量，检查搭接长度是否符合设计和规范要求。

6．钢筋接头位置错误或接头过多

原因：不熟悉有关绑扎、焊接接头的规定。

防治：

（1）配料时应根据库存钢筋的情况，结合设计要求，决定搭配方案。

（2）当梁、柱、墙钢筋的接头较多时，配料加工应根据设计要求预先画施工图，注明各号钢筋的搭配顺序，并根据受拉区和受压区的要求正确决定接头位置和接头数量。

（3）现场绑扎时，应事先详细交底，以免放错位置。

若发现接头位置或接头数目不符合规范要求，但未进行绑扎，应再次制订设置方案；已绑扎好的，一般情况下应采取拆除钢筋骨架，重新确定配置绑扎方案再行绑扎。如果个别钢筋的接头位置有误，可以将其抽出，返工重做。

7．箍筋的间距不一致

原因：图纸上所注的间距为近似值，按此近似值绑扎，则箍筋的间距和根数有出入。此外，操作人员绑前不放线，按大概尺寸绑扎，也多会造成间距不一致。

防治：绑扎前应根据配筋图预先算好箍筋的实际间距，并画线作为绑扎时的依据。

已绑扎好的钢筋骨架发现箍筋的间距不一致时，可以作局部调整或增加1～2个箍筋。

8．弯起钢筋的放置方向错误

原因：事先没有对操作人员作认真的交底，造成操作错误，或在钢筋骨架入模时，疏忽大意，造成弯起钢筋方向错误。

防治：对类似易发生操作错误的问题，事先应对操作人员作详细的交底，并加强检查与监督，或在钢筋骨架上挂提示牌，提醒安装人员注意。

这类错误有时难以发现，造成工程隐患。已发现的必须坚决拆除改正，已浇筑混凝土的构件必须逐根凿开检查，通过构件受力条件计算，确定构件是否报废或降级使用。

9. 钢筋遗漏

原因：施工管理不严，没有事先熟悉图纸，各号钢筋的安装顺序没有精心安排，操作前未作详细交底。

防治：绑扎钢筋前须熟悉图纸，并按钢筋材料表核对配料单和料牌，检查钢筋的规格、数量是否齐全准确。在熟悉图纸的基础上，仔细研究各号钢筋绑扎安装顺序和步骤；在钢筋绑扎前应对操作人员详细交底。钢筋绑扎完毕，应仔细检查并清理现场，检查有无漏绑和遗留现场的钢筋。

漏绑的钢筋必须设法全部补上。简单的骨架将遗漏的钢筋补绑上去即可；复杂的骨架要拆除部分成品才能补上。对已浇筑混凝土的结构或构件，发现钢筋遗漏，要会同设计单位通过结构性能分析来确定处理方案。

10. 钢筋网主副筋位置放反

原因：操作人员缺乏必要的结构知识，操作疏忽，使用时不清主副筋的位置，不加区别地随意放人模内。

防治：布置这类结构或构件的绑扎任务时，要向有关人员和直接操作者作专门的交底。对已放错方向的钢筋，未浇筑混凝土的要坚决改正；已浇筑混凝土的必须通过设计单位复核后，再决定是否采取加固措施或减轻外加荷载。

11. 梁的箍筋被压弯

原因：当梁很高大时，图纸上未设纵向构造钢筋或拉筋，箍筋被钢筋骨架的自重或施工荷载压弯。

防治：当梁高大于 700mm 时，在梁的两侧沿高度每隔 300～400mm 设置一根直径不小于 10mm 的纵向构造钢筋。纵向构造钢筋用拉筋连接。

七、钢筋工程的质量验收

钢筋工程的质量验收参阅模块十质量员实习关于钢筋工程质量验收的有关内容。

八、钢筋工程安全技术

（一）钢筋的运输与堆放

（1）人力抬运钢筋时，动作要一致，无论在起落、停止时，还是在上下坡道或拐弯时，都要相互呼应。

（2）搬运及安装钢筋时，防止碰触电线，钢筋与高压线路或带电体间的安全距离，按建设部颁发的标准为准。

（3）机械吊运钢筋，现场应设专人指挥。严格按机械额定起重能力控制吊装重量，吊运时应捆绑牢靠，平稳运行，防止钢筋钩挂脚手架，吊物垂直下方，禁止有人停留。

（4）用人力垂直运送钢筋时，应预先搭设马道，并加护身栏。若采用人工垂直拉运钢筋，应搭设接料平台，加设护身栏，还须事先检查绳索滑车及绑扣等机具是否牢固。上边接料人员应挂好安全带，必须在护身栏内操作。

（5）堆放钢筋及骨架应整体平稳，下垫木楞。堆放带有弯钩的半成品最上一层钢筋的弯钩不应朝上。

（二）钢筋调直

（1）用卷扬机拉直钢筋或钢丝，操作前必须检查冷拉区内有无障碍物，并检查所用机具及平衡设备；冷拉人员应与司机密切配合，并须规定明确信号，在卡住钢筋拉伸开始后，操作人员必须站离钢筋两侧2m以外，禁止在两端停留，两端应设挡护墙。用张拉小车也应加设挡板，操作人员宜站在车后对角线45°处，在冷拉区内不准穿行。

（2）使用绞磨拉直钢筋时，应事先检查地锚牢固程度。展直盘条时，应一头卡住，防止回弹，并预防盘条背扣。在剪断钢筋时，须用脚踩住，以免崩人。推绞磨时步调要一致，绞磨要有制动措施。

（三）钢筋弯曲成型

（1）采用人工弯曲时，首先检查扳子卡口的方正和卡盘的牢固。操作中，扳要放平，靠近扳口的人要压住扳子，防止滑脱。操作场所的地面要平整，应及时清除积水、积雪及铁丝杂物。

（2）使用机械弯曲，应先检查机械是否完好，机械性能和所弯钢筋的规格是否符合。运转中操作人员要配合一致，在弯管料时，应随时注意司机的手势配合进退。

（3）在钢筋弯曲半径内一般不准站人，遇有特殊情况需站人方能操作时，开动机器与扶铁操作人员要互相招呼、紧密配合。

（四）钢筋绑扎

（1）在深基础进行绑扎钢筋时，上下基槽应搭设临时马道，马道下不准堆料，往基坑内传递材料时应明确联系信号，禁止向下投掷。

（2）绑扎、安装钢筋骨架前应检查模板、支柱以及脚手架的牢固程度。绑扎圈梁、挑沿、外墙、柱等外沿钢筋应有外架子或安全网。

（3）绑扎柱子、板梁钢筋，高度超过4m时，必须搭设正式操作架子，禁止攀登钢筋骨架进行操作及代替梯子上下。柱子骨架高度超过5m时，在骨架中间应加设支撑拉杆，加以稳定。

（4）绑扎高度1m以上的大梁时，应先立起一面侧模再进行绑扎钢筋。

（5）绑扎矩形梁时，先在上口搭设木楞，绑完后抽出木楞，慢慢落下。在平地上预制骨架，应架设临时支撑，保持稳定。

（6）绑完的平台钢筋，不准在上面踩踏行走。

（7）利用机械吊装钢骨架，应有专人指挥，骨架下严禁站人。就位人员必须待骨架降到1m以内方可靠近扶住就位。长梁两端人员应互相联系，落实后方可摘钩。注意保持与带电体及其他建筑物的距离（距离根据部颁标准）。

九、现场实习成绩考核标准

通过一段时间的现场实习，学生应达到以下标准：

（1）能从轧制外形分辨光圆钢筋、螺纹钢筋，并能目测常用钢筋的直径。

（2）能够根据钢筋的类型和表面锈蚀程度，采用适当的除锈方法。

（3）会使用手工和机械方式对钢筋进行调直。

（4）会操作手工和机械切断器具，切口和切断长度符合要求。

（5）会正确使用各种钢筋连接技术，连接质量符合规范要求。

（6）会进行钢筋配料计算，编制施工方案。

（7）会进行主筋和箍筋的加工。

（8）会对各种构件钢筋进行绑扎和安装，质量符合规范要求。

现场实习成绩考核见表 4-9。

钢筋现场实习成绩考核表　　　　　　　　　　　　　表 4-9

考核项目	考 核 要 求	分 数
一、分辨钢筋种类目测钢筋直径	能分清主筋和次筋，圆钢和螺纹钢，目测 $\phi6 \sim \phi32$ 钢筋直径	10
二、除锈方法正确、除锈干净	根据锈的颜色决定处理方式，除锈后达到规定的要求	5
三、钢筋的调直	表面擦伤极限不超过截面积的 5%；钢筋平直无曲折	10
四、钢筋切断	不合格的部位应切除；硬度不合格应检验；长度误差在允许范围内	10
五、钢筋的连接	绑扎接头、焊接接头、机械连接接头分别符合相关标准	10
六、钢筋配料和编制施工方案	配料计算正确、绑扎安装方案可行	15
七、钢筋弯曲成型	允许偏差：±10mm；弯点位移：±20mm 箍筋边长：±5mm；弯起高度：±5mm	15
八、钢筋绑扎安装	钢筋位置正确、绑扣符合要求、允许偏差不超出规范要求	15
九、安装技术	遵守各施工阶段的安全操作规程	10

注：经考核 90～100 分评为优秀；70～89 分评为良好；60～69 分评为合格；59 分以下为不及格。

单 元 小 结

本单元对钢筋工程实习，按校内综合实训和施工现场实习两个阶段进行阐述。

校内综合实习的目的是按现场的要求和钢筋工技能鉴定规范的内容进行等级培训，使学生在进入现场实习以前，技能操作水平达到一定的标准，以便适应现场实习的需要。主要实训内容是通过示例，进行钢筋识图、配料计算、钢筋加工与绑扎、质量检验的全方位培训，使学生熟练掌握钢筋施工的相关知识和技能，为现场实习的顺利进行打下坚实的基础。

钢筋施工现场实习分为钢筋的进场检验、钢筋的冷加工、钢筋的接头连接、钢筋加工、钢筋的绑扎安装、钢筋加工与安装的质量通病极其防治、钢筋工程验收、钢筋工程安全技术等八个方面进行实习，重点是钢筋的加工与绑扎安装。通过数周的实习，将学到的知识和技能与现场实际情况紧密地结合在一起，将操作技能水平达到预定的等级，并顺利地通过技能考试。

复 习 思 考 题

1．钢筋有哪些种类？外形有什么特征？

2．什么叫钢筋的冷拉？什么叫钢筋的冷拔？各有什么用途？

3．钢筋的绑扎连接接头有什么规定？

4．闪光对焊的原理是什么？适用什么场合？

5．电渣压力焊的原理是什么？适用什么场合？

6．电阻点焊的原理是什么？适用什么场合？

7．钢筋的机械连接有什么方式？操作要点是什么？

8．钢筋加工包含哪些过程？钢筋弯曲成型的施工顺序是什么？

9．钢筋绑扎安装前要做好哪些准备工作？

10．基础钢筋的绑扎顺序是什么？

11．柱钢筋的绑扎顺序是什么？

12．墙钢筋的绑扎顺序是什么？

13．现浇钢筋混凝土钢筋的绑扎顺序是什么？

14．钢筋加工过程有什么通病？如何预防？

15．钢筋绑扎过程易出现什么通病？如何预防？

16．钢筋工程验收包括什么内容？

17．钢筋加工过程要注意什么安全事项？

18．钢筋绑扎时要遵守什么安全规定？

单元二　模板工程实习

模板工程是钢筋混凝土工程的重要组成部分，特别是在现浇钢筋混凝土结构施工中占有主导地位，它决定施工方法和施工机械的选择，直接影响工期和工程成本。

模板工程施工包括模板的选材、选型、设计、制作、安装、拆除和周转倒运等施工过程。

一、模板的作用和组成

模板是保证钢筋混凝土结构或构件按设计形状成型的模具。它由模板和支撑体系两部分组成。

模板直接与混凝土接触，它的主要作用：一是保证混凝土浇筑成设计要求的形状和尺寸；二是承受自重和作用在它上面的结构重量和施工荷载。

支撑体系是保证模板形状、尺寸及其空间位置准确性的构造措施。支撑体系应根据模板特征及其所处的位置而定。模板及其支撑体系必须具备足够的承载能力、刚度和整体稳定性，保证施工过程中模板不发生变形、位移和破坏现象。

二、模板体系的基本要求

（1）能保证工程结构和构件各部分形状、尺寸和相互位置的正确性；

（2）具有足够的承载能力、刚度和稳定性，能可靠地承受新浇筑混凝土的自重和侧压力以及各种施工荷载；

（3）构造简单，装拆方便，并便于钢筋的绑扎和安装，混凝土的浇筑和养护等要求；

（4）模板的接缝应严密不漏浆，并方便多次周转使用。

目前，现场所使用的模板按所用的材料分为木模板、钢模板、钢木混合模板、胶合板模板及塑料模板等。本章仅介绍木模板和钢模板两种基本的模板。木模板用于结构形状复杂、尺寸不规则等处。钢模板可以灵活地组装成不同结构的模板系统，而且刚度和强度很大，装拆方便，周转率高，是最具发展前途的模板系统。

本单元分校内综合练习和施工现场实习两个课题进行，建议校内以木模板为主，校外则以实习现场的情况而定，一般以组合钢模板为主。

课题一　校内模板综合实习

一、木模板体系

（一）基础模板

木模板一般由拼板和拼条钉接而成。拼板厚度一般为 25～50mm，宽度不宜超过 200mm，以保证干湿时变形均匀，不易翘曲。拼条截面尺寸为 50mm×（35～50）mm。拼条的间距决定于新浇筑混凝土侧压力的大小，一般为 400～500mm，拼条一般立放。

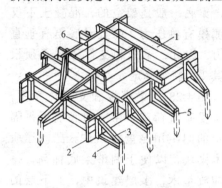

图 4-24　独立基础模板

1—侧板；2—木挡；3—斜撑；

4—平撑；5—木桩；6—中线

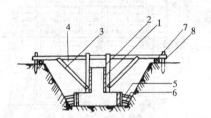

图 4-25　条形基础模板

1—上阶侧板；2—上阶吊木；

3—上阶斜撑；4—桥杠；5—下阶斜撑；

6—水平撑；7—垫板；8—木桩

钢筋混凝土基础分为条形基础、独立式基础、箱形基础等。独立式基础的模板构造如图 4-24 所示；条形基础的模板构造如图 4-25 所示。

从上述两图中可以看出，主要模板部件是侧模和支撑体系。侧模的尺寸是根据设计尺寸确定的。支撑体系的主要作用是保证在浇筑混凝土时，侧模不变形、位移和破坏。

（二）柱模板

柱子的断面尺寸不太大但比较高，因此柱模构造和安装主要考虑保证柱子的垂直度及抵抗新浇筑的混凝土侧压力。与此同时，也要便于浇筑混凝土、清理垃圾和绑扎钢筋等。

柱模板的构造如图 4-26 所示。从图中可以看出，柱模板主要由两片相对的内拼板和两对相对的外拼板以及柱箍组成。侧模主要承受新浇筑的混凝土的侧压力，并传给柱箍，最终由柱箍承受侧压力。柱模底部留有清碴口，便于清理底部的垃圾，沿柱的高度约 2m 开有浇筑孔。底部木框的作用是固定柱模的根部，安装柱模板前，应先绑好钢筋，放出轴线和标高，并将标高线标在钢筋上，然后固定木框，接线立支内外拼板，临时

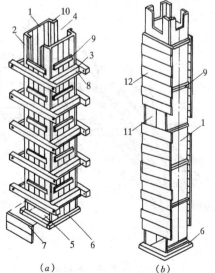

（a）　　　　　（b）

图 4-26　矩形柱模板

（a）拼板柱模板；（b）短横板柱模板

1—内拼板；2—外拼板；3—柱箍；4—梁缺口；

5—清理孔；6—木框；7—盖板；8—拉紧螺栓；

9—拼条；10—三角木条；11—浇筑孔；12—短横板

127

固定后用锤球校正垂直度。检查无误后上柱箍和用斜撑固定。同一条轴线上的柱，应先校正两端柱，再从柱模上口中心线拉线校正中间柱。柱模中间用水平撑和剪刀撑相互拉结。

独立柱时四周应设斜撑或拉紧螺栓，以确保其垂直度。

（三）墙模板

墙模板由相对的两片侧模和支撑体系组成，如图 4-27 所示。由于侧模较高，应设立楞和横杠，来承受墙体混凝土的侧压力，较高的墙应设穿墙螺栓承受侧压力，斜撑对保证墙体的垂直度有重要作用，施工时应多加注意。

（四）梁模板

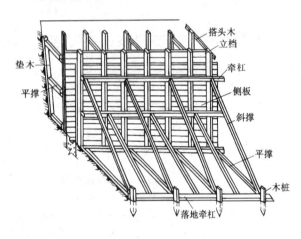

图 4-27 墙模示意图

梁底一般是架空的，混凝土不仅对侧模有侧压力，而且对底模有垂直压力，因此，梁模和支撑体系必须根据其受力特征确定。

图 4-28 是梁模板和支撑体系图，为承受垂直荷载，在梁的底模下每隔一定的间距用琵琶撑顶住。琵琶撑应垫木楔块，以便于调整梁底标高，撑下应放垫木，多层建筑中，上下层的琵琶撑应在同一竖线上。侧模的底部，用夹木固定，上部由斜撑和拉条固定。

为便于拆模，提高模板的周转率，根据承受侧压力的模板可以早拆的特点，模板安装时，要求侧模包在底模的外面。柱梁交接处，梁的模板不应伸到柱模板的开口内。同理，次梁模板也不应伸到主梁侧板的开口内。

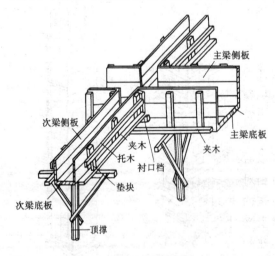

图 4-28 梁模板

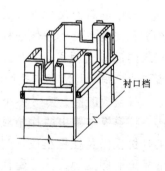

图 4-29 柱模顶处构造

梁模的安装顺序：在梁下楼面上铺垫板，在柱模缺口处钉衬口档（见图 4-29），把梁底板搁在衬口档上，再支立琵琶撑，用琵琶撑下的木楔调整梁底标高，接着把侧模放上，两头钉于衬口档上，在侧模底外侧铺钉夹木，再在侧模顶端钉上斜撑和水平拉条。有主次梁的模板,应先安装主梁模板,主梁模板安装校正后再安装次梁模板。

(五)有梁楼板模板

楼板面积大而厚度比较薄,侧压力小,模板及支撑系统主要承受钢筋、混凝土的自重和各种施工荷载。

图 4-30 是有梁楼板的模板构造,楼板模板的底模用木板条或定型模板拼成,铺设在楞木上,楞木的间距不大于 600mm,楞木支承在梁侧模板的托板上,托板上安短撑,撑在固定夹木上,如跨度大于 2m 时,楞木中间应增加一至几排立柱。

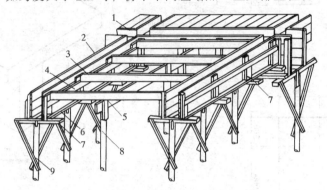

图 4-30 有梁楼板模板

1—楼板模板;2—梁侧模板;3—楞木;4—托板;5—杠木;
6—夹木;7—短撑木;8—立柱;9—顶撑

楼板模板的安装顺序,是在主、次梁模板安装完毕后,首先安托板,然后安楞木,铺定型模板。铺好后核对楼板标高、预留孔洞及预埋铁等的部位和尺寸。

二、校内综合实习题型设计

(一)设计原则

根据各校的经济承受能力和当地资源情况,可以选用木模和组合钢模两种方案,各校可在费用核算后自由选择。具体题型应考虑既能涵盖模板施工的基本内容,可操作性强,又尽量节约实习成本,所以一般选用梁、柱、板的缩小节点作为基本题型,今以木模为例,选用以下几种基本题型。

1. 题型一(梁、墙、板节点见附图)

2. 题型二(楼梯和柱节点见附图)

3. 题型三(柱、梁、平板节点见附图)

(二)材料和工具

1. 材料

方木:截面尺寸 50mm×25mm,作为制作模板的拼条和撑杆料。75mm×50mm,作为梁、板下的支撑柱用料。

五合板:2440mm×1220mm×12mm,作为制作模板的面板用。

铁钉:钉长 40mm 为模板加工用钉,钉长 50mm 的为制作支撑、加固用钉。

2. 工具

为学生提供下列工具:羊角锤、手锯、水平尺、方尺、划线板、铁钉盒、盒尺、木工铅笔等。

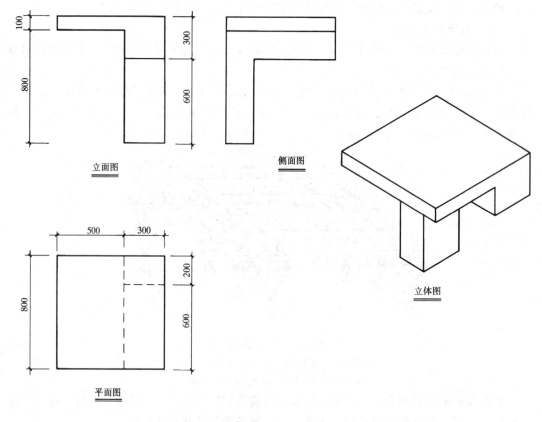

立面图 侧面图 立体图 平面图

题型一 附图

（三）实习基本做法和要求

1．识图

主要通过对实习题型的识读，了解题型的构成，各构件的主要尺寸和相互之间的关系，为配板和确定支撑方案做好准备。

2．配板和支撑方案的确定

配板原则上应以构件的分界线为配板的分界线，为了拆模方便，梁的侧模应封底模和端模。梁、板的底模下设有顶撑承受混凝土的重量和施工荷载，原则上不少于二根（或两排）间距以不大于30cm为宜。柱的加固用柱箍，板和梁的侧板可用斜撑加固，墙、柱端模象征性地以钉子加固。

3．模板加工

在配板的基础上，在五合板上设计配板，划出配板图，按图切割，用50mm×25mm拼条加工成模板。顶撑（含琵琶撑和挂架）也应按支撑方案确定尺寸，下料加工好。

4．钉法

考虑到模型的反复周转利用，方便拆模和尽量不损坏模型，钉子引入"死钉"和"活钉"两种叫法，死钉用于模板加工和部分顶撑加工，钉子全部打入木料内；活钉用于加固用钉，打入木料内2/3，将外露的1/3打弯，以便拆除时拔钉方便。"死钉"、"活钉"的含义下面不再赘述。

（四）实习组织和考核标准

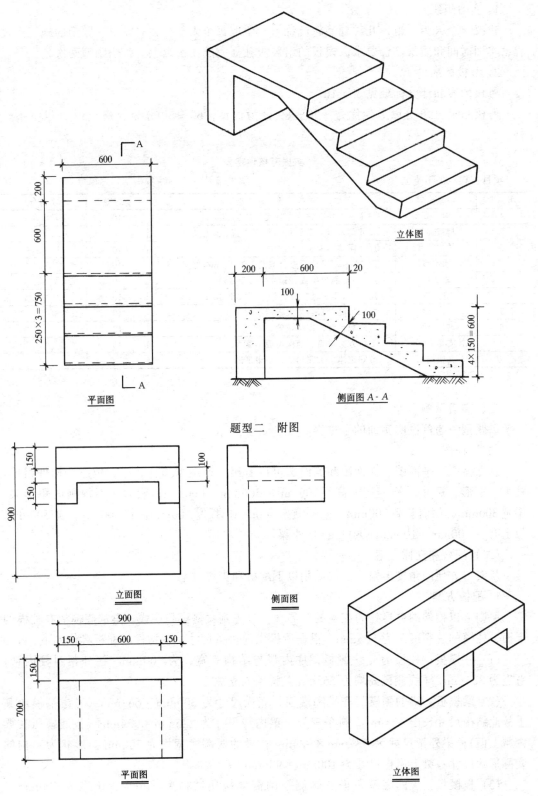

立体图

A

600

200

600

250×3=750

A

平面图

200 600 20

100

100

4×150=600

侧面图 A-A

题型二 附图

150

150

150

900

100

立面图

侧面图

900

150 600 150

150

700

平面图

立体图

题型三 附图

1. 实习组织

建议 4 个人为一组，几种题型轮流练习，争取每个人至少独立完成一题型的施工全过程，实训时间和质量符合要求。模板的组装应独立完成 4 次以上（每个题型两次）。

2. 考核标准

考核内容和评分标准见表 4-10。

考核结果：90 分以上为优秀，70～89 分为优良，60～69 分为合格，59 分以下不合格。

实操考核评定表

表 4-10

项目：模板加工支立　　　　　　　　学生编号：　　姓名：　　　总得分：

项 次	考核内容	考 核 标 准	标准分	实得分
1	时 间	每个学生独立完成，时间不超过 5h	10	
2	模板加工	尺寸偏差不大于 ±3mm 锯缝平直、模板方正	10	
3	结构尺寸	尺寸误差不大于 ±5mm	10	
4	水平度	用 50cm 水平尺检查，偏差不大于 3mm	10	
5	垂直度	用 50cm 靠尺检查，偏差不大于 3mm	10	
6	方 正	用 30cm 木工尺检查，偏差不大于 3mm	10	
7	板 缝	要求板缝严密、最大板缝不大于 3mm	10	
8	钉 法	钉的数目够，用法正确	10	
9	支撑方案	支撑方案正确、确保模板不变形	10	
10	文明施工	遵守纪律，工完场清，不出事故	10	

考评员：　　　　　　日期：

三、实习示例

以题型一为例说明实训的全过程。

（一）识图

从立体图、平面图、立面图和侧面图可以看出，该题型由柱、梁、板三个构件组成。柱为一矩形，尺寸：长×宽×高＝200mm×300mm×600mm；梁为一不规则的矩形梁，梁宽 300mm，梁内侧高 200mm，梁外侧高 300mm；板厚 100mm，长 800mm，宽 500mm，板上有一 100mm×100mm×800mm 的小梁。

（二）配板和支撑方案

从实习方便的角度出发，建议采用以下配板和支撑方案。

1. 配板方案

原则上以构件的分界处为配板的分界线，考虑到梁侧模封底模，梁的底模放在柱模的上面，柱模的总高度定为 563mm，根据所提供的拼条尺寸，各构件的配板具体如下：

（1）柱模板：柱模为 4 块侧板，柱内帮与结构等宽，为 300mm，柱外帮封柱内帮，总宽为 324mm，4 块侧模高均为 563mm。拼条均立放。

（2）梁模板：梁的侧模封底模和端模，底模尺寸为 300mm×662mm（考虑端模放其上故此结构尺寸长出 62mm），拼条扁放；梁内帮尺寸为 225mm×924mm（板底模压在梁内帮上面）；梁外帮尺寸为 337mm×924mm；梁的两端模宽均为 300mm，形状为结构的实际形状尺寸；梁上吊模尺寸为 100mm×924mm。

（3）板模板：板的底模考虑支撑侧模的需要应比结构尺寸稍大，确定为 600mm×1000mm；板的侧帮两块，尺寸均为 500mm×100mm；板的前帮尺寸为 100mm×924mm。

柱模共 4 块，梁模 6 块，板模 4 块，一共 14 块模板。

2. 支撑方案

柱下用琵琶撑支撑，共两个；板下用两个排架支承，排架上放 3 根上承木支承板的底模；柱用二层柱箍，配合楔子加固，侧模下部及柱端模用钉加固。支撑方案正面图和侧面图分别见图 4-31 和图 4-32。

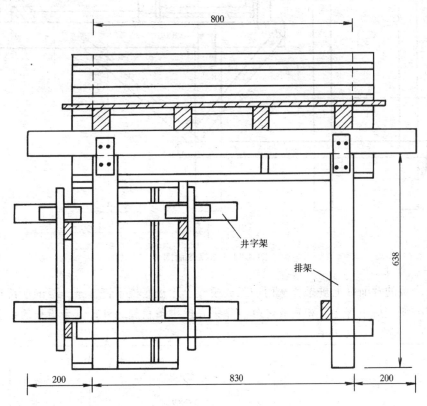

图 4-31　支撑正面图

（三）材料

每个题型提供以下木料，要求学生计划用料，不得另外再补充料。

（1）方木：50mm×25mm×6000mm　　　　10 根

（2）方木：75mm×50mm×6000mm　　　　6 根

（3）五合板：2440mm×1220mm×12mm　　1 张

（4）长 40mm 和 50mm 的铁钉　　　　　　按需领用

（四）具体操作

1. 裁板图

按配板方案，将 13 块模板在五合板上进行布置，可采用图 4-33 所示的裁板方案。

2. 按线裁板

裁板时为了避免出错，应先沿五合板长度方向划出长分别为 1000mm、924mm、324mm、100mm 的三条竖线，注意此线应与板的边垂直，然后沿线切割，注意锯口平顺垂直。最后在锯下的块料上再按配板图分块，并按线锯下，按柱、梁、板各自堆放。

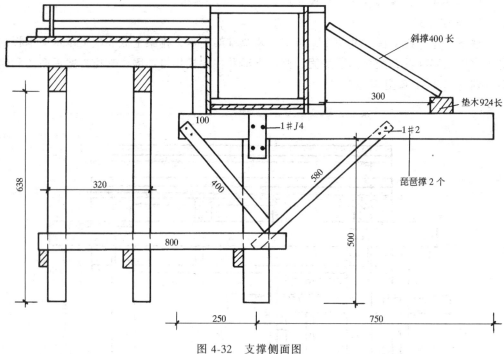

图 4-32 支撑侧面图

3．模板加工

在五合板的背面钉上拼条，从而加工成模板。除板底模不钉拼条，板的前帮和侧帮考虑钉支撑方便，拼条有立放和扁放之分、除梁底模拼条扁放之外，其余模板的拼条一般皆

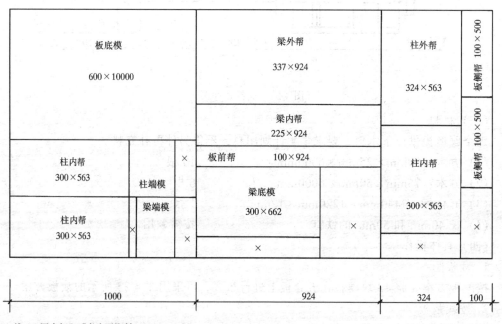

注：1．图中打"×"者为下脚料；

2．图中尺寸以 mm 计。

图 4-33 裁板方案图

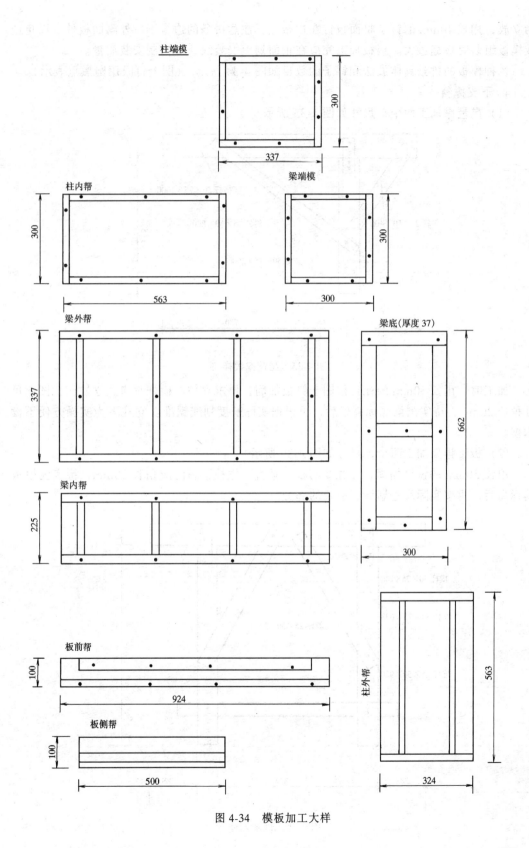

柱端模

梁端模

柱内帮

梁外帮

梁内帮

梁底(厚度37)

板前帮

板侧帮

柱外帮

图 4-34 模板加工大样

为立放，用长40mm的钉子将面板钉在拼条上，注意拼条的边缘不应外露面板外，以免造成模板组装时板缝过大。楼板加工完应在正面划上安装线，以控制安装质量。

各种模板的拼条具体放法和钉子的数目如图4-34所示。（图上钉眼用圆黑点表示）。

4．下支撑料

（1）琵琶撑加工两个，尺寸如图4-35所示。

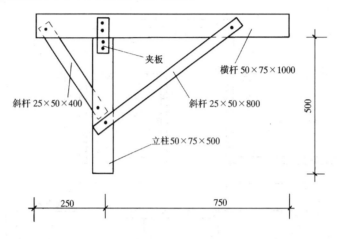

图4-35　琵琶撑大样

加工时，用长50mm的死钉按图上钉数加固，要求立柱与横杆垂直，立柱应比图上尺寸稍长20mm，待实测梁底标高以后，再根据实际长度划线锯准。立柱下为实操方便不设木楔。

（2）板下排架加工两个，尺寸如图4-36所示。

用长50mm的铁钉加固，立柱要与横杆垂直，立柱下料时应稍长20mm，待实测模板的标高后，再按实际尺寸划线锯去长的部分。

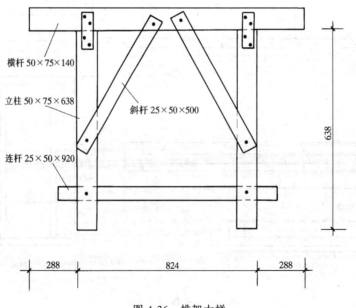

图4-36　排架大样

排架上的方木定为 50mm×75mm×700mm，共 3 根。

（3）柱箍：柱箍先加工成图 4-37 所示的井字架，每个柱箍 2 个井字架，组装时将井字架固定在模板上，穿上水平横木，井字架与水平横木之间用木楔加固。

其他支撑料按需要下料，不必预先下好。

5.模板组装和加固

（1）柱模组装和加固：找平场地，将柱内帮按柱外帮的安装线组装在一起，每侧用长 50mm 活钉 3 根（外露 20mm 打弯）加固，检查水平方正后，在柱内帮方向钉上井字架（距地 50mm），穿上水平横木，用楔子背紧。

（2）梁模板组装和加固。梁模板的组装和加固顺序如下：

1）将梁的底模用长 50mm 的死钉与柱内帮对齐钉固（梁底模盖在柱内帮上），用水平尺找好水平后，在梁底模的另一端临时加固。

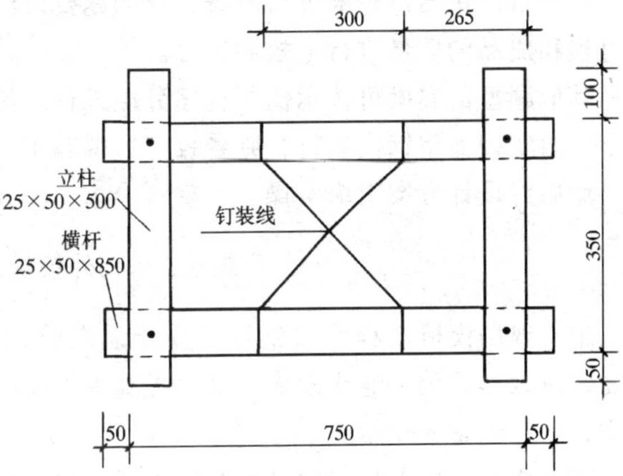

图 4-37　井字架大样

2）实测梁底标高，按标高在琵琶撑的立柱上划线并锯去长的部分，然后将琵琶撑支在梁的底模上，靠梁端的琵琶撑外侧应与端模的板背平（即距结构尺寸为 612mm），按净距 260mm 安放另一个琵琶撑，琵琶撑的短端外露底模 100mm，用 4 根长 50mm 的死钉将梁底模与琵撑撑加固，并用水平拉杆加固琵琶撑（距地 100mm）。

3）立梁的内帮、外帮和两端模，所有连接处均用长 50mm 的活钉加固，注意模板的接缝要严密，板要垂直，阴角方正。

4）加固梁的外帮：在柱外帮的外面 300mm 处的琵琶撑上钉一垫木，然后用斜撑将梁外帮加固在垫木上（打 4 根斜撑）。

5）安吊帮（每端 2 根长 50mm 的活钉与梁端板钉牢固），并在梁顶用长 50mm 的活钉加固两根水平拉杆，保证梁上口的尺寸。

（3）板模的组装和加固。板模的组装和加固按下列顺序进行：

1）实测板底标高，并距此标高划线锯去排架的超高部分。

2）安放排架：考虑板侧模打支撑方便，最外一排排架外侧与结构持平（即距梁面 500mm）对中安放，两排净距 180mm，调整排架的水平和位置以后，用纵横两个方向的水平拉杆将排架自身和排架与琵琶撑加固成一个整体，并在排架上安放 3 根上承木，两侧上承木的外侧应与结构持平，中间 1 根对中放置。

3）安放板的底模，并用长 40mm 的死钉与梁的内帮和上承木钉固，间距不大于 300mm。为便于检查，所有的边缘加固钉应在板侧内 20mm 的地方，避免压在侧模下，不好检查。

板底模安放后应检查水平度，不合格者应认真调整，直至合格为止。

4）安放板的前帮和 2 块侧帮，加固时均用长 50mm 的活钉，要注意阴角的方正和板的垂直度。

5）调整前帮和侧帮的方正和垂直后，用斜撑将其加固好，并在板帮模的平面方向的四角钉上斜撑，保证几块帮板连成整体。

6.质量检查

学生自己按质量标准进行自查，有问题要设法调整。老师根据考核评分标准对实操的全过程和成品的质量进行考核和评分。

其他题型的实操可按示例的程序分组进行，轮流练习。

校内实操如用钢模进行，则各校可另拟题型，根据材料的实际情况进行配板和支撑设计，然后按设计方案组织实操。

课题二　校外模板工程实习

施工现场模板工程约占钢筋混凝土总造价的 25％，劳动量的 35％，工期的 50％～60％，所以多采用工业化模板，这对提高施工速度、保证施工质量、节约木材和降低模板成本，均起到重要作用。

工业化模板用得最多的是组合钢模板，除此之外还有钢框覆合胶合板模板、早拆模板体系、利建模板、大模板、滑动模板、爬升模板、飞模及其他模板。本课题以框架结构组合钢模板的安装与拆除为例，说明现场模板施工的全过程。其他各类模板施工可根据现场接触的实际情况安排参观或实习。

一、定型组合钢模板的组成

定型组合钢模板是一种工具式定型模板，由钢模板和配件组成。

钢模包括平面模板、阴角模板、阳角模板和连接角模，根据需要还可以设计加工一些

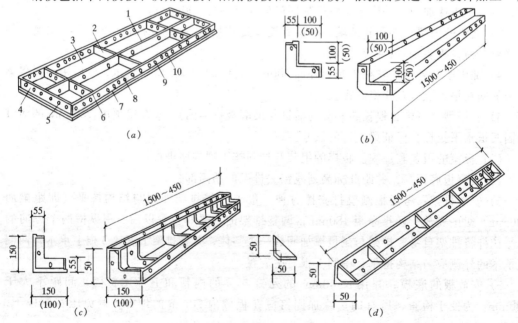

图 4-38　钢模板类型

（a）平面模板；（b）阳角模板；（c）阴角模板；（d）连接角模

1—中纵肋；2—中横肋；3—面板；4—横肋；5—插销孔；6—纵肋；7—凸棱；8—凸鼓；9—U 形卡孔；10—钉子孔

异形模板。钢模板采用模数制设计，宽度模数以 50mm 进级，长度为 150mm 进级，可以适用横竖拼装，拼接成以 50mm 进级的任何尺寸的模板。模板之间的连接用 U 形卡。钢模板类型见图 4-38。

钢模板的配件包括：U 形卡、L 形插销、钩头螺栓、对拉螺栓、紧固螺栓和扣件等连接件。

各种连接件的作用部位和作用方式见图 4-39。

各种支承件包括：钢楞、支架、斜撑、钢桁架梁卡具等。

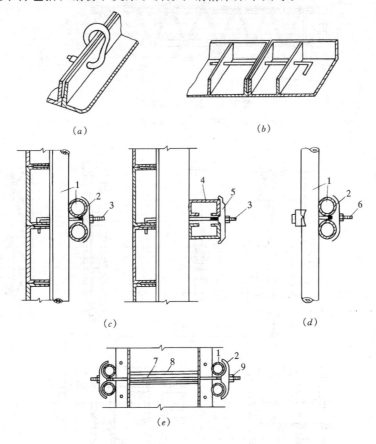

图 4-39．钢模板连接件

(a) U 形卡连接；(b) L 形插销连接；(c) 钩头螺栓连接；
(d) 紧固螺栓连接；(e) 对拉螺栓连接

1—圆钢管钢楞；2—"3"形扣件；3—钩头螺栓；4—内卷边槽钢钢楞；
5—蝶形扣件；6—紧固螺栓；7—对拉螺栓；8—塑料套管；9—螺母

1．钢桁架

如图 4-40 所示，其两端可支撑在钢筋托具、墙和梁侧模板的横档以及柱顶梁底横档上，以支撑梁或板的模板。图 4-41a 所示为整榀式，一个桁架的承载能力约为 30kN（均匀放置）；图 4-41b 所示为组合式桁架，可调范围为 2.5～3.5m，一榀桁架的承载能力约为 20kN（均匀放置）。

2．钢支架

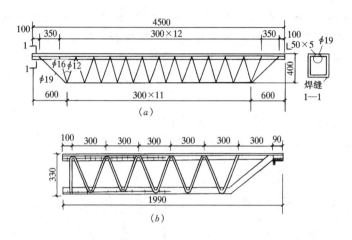

图 4-40　钢桁架示意图

（a）整榀式；（b）组合式

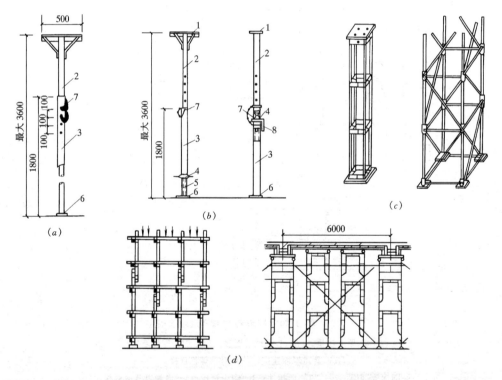

图 4-41　钢支架

（a）钢管支架；（b）调节螺杆钢管支架；（c）组合钢支架和钢管井架；

（d）扣件式钢管和门形脚手架支架

1—顶板；2—插管；3—套管；4—转盘；5—螺杆；6—底板；7—插销；8—转动手柄

常用钢管支架如图 4-41a 所示，它由内外两节钢管制成，其高低调节距模数为 100mm，支架底部除垫板外，均用木楔调整，以利于拆除。另一种钢管支架本身装有调节螺杆，能调节一个孔距的高度，使用方便，但成本较高，如图 4-41b 所示。

当荷载较大单根支架承载力不足时，可用组合钢支架或钢管井架，如图 4-41c 所示。

还可用扣件钢管脚手架、门形脚手架作支架，如图 4-41d 所示。

3. 斜撑

由组合钢模板拼成的整片墙模或柱模，在吊装就位后，应用斜撑调整和固定其垂直位置，斜撑构造如图 4-42 所示。

4. 钢楞

钢楞即模板的横档和竖档，分内钢楞和外钢楞。内钢楞配置方向一般应与钢模板垂直，直接承受钢模板传来的荷载，其间距一般为 700～900mm。外钢楞承受内钢楞传来的荷载，或用来加强模板结构的整体刚度和调整平直度。

钢楞一般用钢管较多。

5. 梁卡具

又称梁托架，用于固定矩型梁、圈梁等模板的侧模板，可节约斜撑等材料。也可用于侧模板上口的卡固

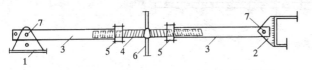

图 4-42　斜撑
1—底座；2—顶撑；3—钢管斜撑；4—花篮螺丝；
5—螺母；6—旋杆；7—销钉

定，其构造如图 4-43 所示。

二、框架结构组合钢模板的安装与拆除

（一）基础模板

各种构件选配模板前，都要根据设计图纸的几何形状和尺寸进行配板设计。配板的原则应尽量采用大规格的定型模板，以小规格模板作为补充，少量的缺角无法使用钢模处，也可以选用相同厚度的木模镶拼。

配板应根据结构的长度和总高度来确定模板的规格和排列顺序，对大面积的连续配板应以一个主导方向配置，以便布置模板的背楞。

一般的工程施工中，模板不要求进行计算，但特殊的结构和跨度很大时，则必须进行计算。

1. 条形基础

条形基础的配板和支撑如图 4-44 所示。

基础模板一般在现场拼装。

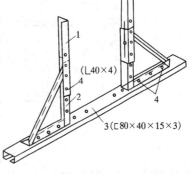

图 4-43　组合梁卡具
1—调节杆；2—三角架；3—底座；4—螺栓

先按照边线安装下层阶梯模板，用角钢三角撑或其他支撑加固好后，再在下层阶梯上安装上层模板，上层模板应设法与下层模板连接在一起，并视情况布设支承点。

2. 杯形基础

杯形基础模板如图 4-45 所示，第一层台阶模板可用角模将四块模板连成整体，四周用方木支在上壁上；第二层台阶模板可直接搁置在混凝土垫块上。

3. 独立柱基础

独立柱基础的模板和支撑如图 4-46 所示。可就地先

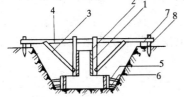

图 4-44　条形基础支撑示意图
1—上阶侧板；2—上阶吊木；3—上阶斜撑；
4—轿杠；5—下阶斜撑；6—水平撑；
7—垫板；8—木桩

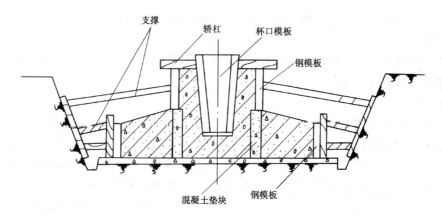

图 4-45 杯形基础模板

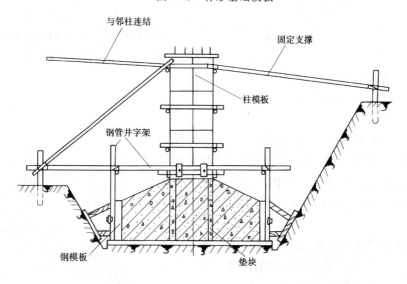

图 4-46 独立柱基础的模板

支立基础模板然后搭设井字架，以井字架和垫块为依托支立柱的模板。

4．大体积基础

大面积基础多为筏形或箱形基础，对模板的支撑体系要求较高，不太厚的墙体应优先采用图 4-47～图 4-48 所示的支撑方案。

不能采用对拉螺栓的厚大墙体，最好以钢管脚手架为牢固支撑，将模板与脚手架连接牢固。

基础的顶板往往与墙和基础连成整体，厚度较大，可根据荷载情况和现场施工要求选用图 4-41 的钢支架加以支顶。

（二）柱模板

柱模板的构造如图 4-49 所示，由四块拼板围成，四角由连接角模连接。若柱较高，应沿高度每隔 2m 设浇筑孔一道，浇筑孔的盖板可用钢模或木板镶拼，柱的下端应留垃圾清理口。

柱模板安装前，应沿边线用水泥砂浆抄平，并调整好柱模的底面标高。边柱的外侧需

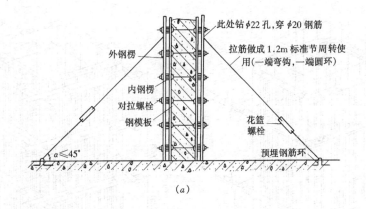

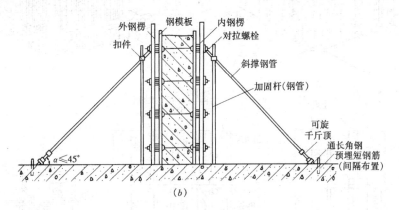

图 4-47　单墙模板支撑图

（a）4m 以上；（b）4m 以下

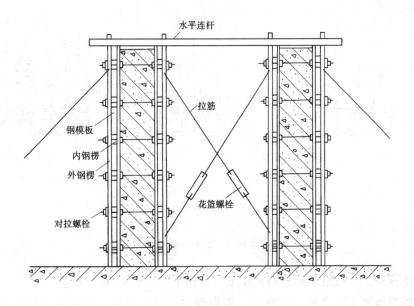

图 4-48　两近墙模板支撑图

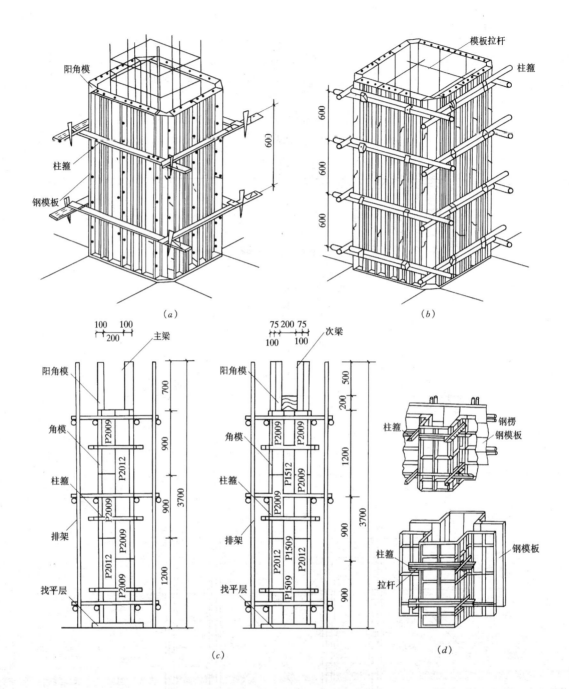

图 4-49　几种柱模支设方法

(a) 型钢柱箍；(b) 钢管柱箍；

(c) 钢管脚手支柱模；(d) 附壁柱模

支承在承垫板条上，板条用螺栓固定在下层结构上，如图 4-50 所示。

柱模板现场拼装顺序为：安装下一圈钢模板（留清理口）→逐圈安装而上直至柱顶（中间每隔 2m 设浇筑孔）→校正垂直度→装设柱箍→装柱间的水平和斜向支撑。

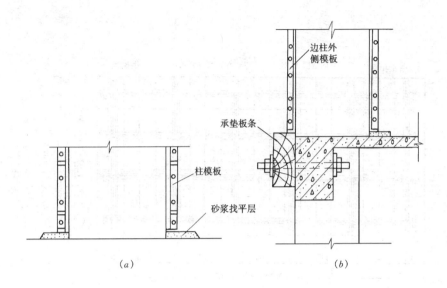

图 4-50　柱模板安装

（*a*）柱模板安装底面处理；（*b*）边柱边侧模板的固定方法

场外预拼现场安装的柱模板安装顺序为：场外将柱模分成四块拼装→运至现场→立四边拼板用角模连接成整体→校正垂直度→装设柱箍→装水平和斜向支撑。

（三）墙模板

墙模板分为现场散拼和场外预拼现场整片安装两种。墙模的两片模板用横竖钢楞加固，并用斜撑保护稳定，用对拉螺栓承受混凝土的侧压力和保持墙的厚度，如图 4-51 所示。

墙模板安装前，应做好基底处理，为配合钢筋的绑扎，可以先绑钢筋后立模，也可以先立一面墙模后绑钢筋，最后安装另一边的模板。模板支立后，应检查垂直度和相应的加固措施，确保混凝土浇筑过程中墙模板不变形和移位。

（四）有梁楼板模板

有梁楼板模板安装顺序：主梁模板→次梁模板→铺设底楞→安装楼板模板→与梁或墙模板连接→封四边模板。

比较大空间的楼板施工，为了减少支架用量，扩大板下的施工空间，宜用伸缩式桁架支承，如图 4-52 所示。此时，桁架之间要设拉结，以保持桁架垂直；模板两端应牢固，中间少设或不设固定点，以便拆模。

安装现浇结构的上层模板及其支架时，下层楼板应具有承受上层荷载的承载能力，或加设支架；上、下层支架的立柱应对准，并铺设垫板。

三、结构模板的拆除

及时拆除模板，可以提高模板的周转率，加快工程进度。但过早拆除模板，混凝土会因强度不足或外力作用而变形甚至断裂，造成重大的质量事故。现场施工人员对此应引起足够的重视。

（一）侧模板的拆除

侧模板为非承重模板，可在混凝土强度能保证其表面及棱角不因拆模而损坏时将侧模

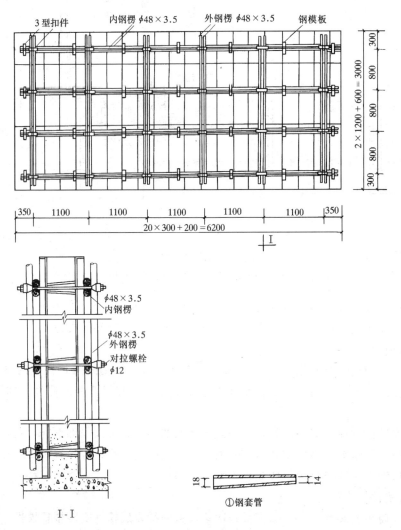

图 4-51 墙模板

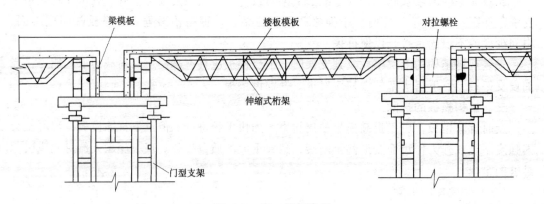

图 4-52 梁、楼板模板

拆除，具体时间可参照表 4-11。

（二）底模板的拆除

底模板是承重模板，拆除过早会引起严重后果。为此，底模板在与混凝土结构同条件养护的试件达到表 4-12 规定强度标准值时，方可拆除。

拆除侧模板时间参考表　　　　　　　　　　　　　　　　　　表 4-11

水泥品种	混凝土强度等级	混凝土的平均硬化温度（℃）					
		5	10	15	20	25	30
		混凝土强度达到 2.5MPa 所需天数					
普通水泥	C10	5	4	3	2	1.5	1
	C15	4.5	3	2.5	2	1.5	1
	≥C20	3	2.5	2	1.5	1.0	1
矿渣及火山灰质水泥	C10	8	6	4.5	3.5	2.5	2
	C15	6	4.5	3.5	2.5	2	1.5

底模拆除时的混凝土强度要求　　　　　　　　　　　　　　　表 4-12

构件类型	构件跨度（m）	达到设计的混凝土立方体抗压强度标准值的百分率（%）
板	≤2	≥50
	>2，≤8	≥75
	>8	≥100
梁、拱、壳	≤8	≥75
	>8	≥100
悬臂构件	—	≥100

（三）框架结构定型组合钢模板的拆除

拆模一般顺序是先支后拆，后支先拆，先拆除侧模部分，后拆除底模部分。框架结构组合钢模板各结构的拆除步骤如下：

1．柱模的拆除

先拆掉柱的斜拉杆或斜支撑，卸掉柱箍，再把连接柱模的 U 形卡拆掉，然后用撬棍轻轻撬动模板，使其与混凝土脱离。

2．墙模板的拆除

先拆穿墙螺栓等附件，再拆除斜拉杆或斜支撑，用撬棍轻轻撬动模板，使模板离开混凝土墙面，将模板拆下运走。

3．楼板、梁模板的拆除

拆除顺序为：拆梁侧模→拆楼板模→拆梁底模板。

楼板、梁模板的拆除为高空作业，拆模时要密切注意支架的稳定，应采取拆除部分支架后再拆除部分模板的方法，严禁拆掉全部支架后再拆模板。拆模时严禁模板直接从高处往下扔，以防伤人和砸坏楼板。

多层楼板模板支架的拆除，应按下列要求进行：上层楼板正在浇筑混凝土时，下一层楼板的支架不能拆除；再下一层楼板的支架仅可部分拆除。跨度 4m 及 4m 以上梁下应保留支架，间距不得大于 3m。

拆模时，应尽量避免混凝土表面或楼板受到损坏，注意防止整块下落伤人，拆下的模板，有钉子的，要使钉子朝下，以免扎脚。拆完后，应及时加以清理、修理，按种类及尺寸分别堆放，以便下次使用。

三、质量标准和应注意的问题

1．质量标准

模板及其支架必须具有足够的强度、刚度和稳定性，其支撑应坚实牢固。

板缝应严密不漏浆，模板与混凝土的接触面应洁净并涂隔离剂，严禁隔离剂沾污钢筋。

模板安装和预埋件、预留孔洞的允许偏差见表 4-13。

模板安装和预埋件、预留孔洞的允许偏差　　　　　　　　　表 4-13

项　　目		允许偏差（mm）	检查方法
轴线位置		5	尺量检查
底模上表面标高		±5	用水准仪或拉线和尺量检查
截面内部尺寸	基础	±10	钢尺检查
	柱、墙、梁	+4，−5	
层高垂直度	不大于 5m	6	经纬仪或吊线、钢尺检查
	大于 5m	8	
相邻两板表面高低差		2	钢尺检查
表面平整度		5	2m 靠尺和楔尺检查
预埋钢板中心线位置		3	
预埋管、预留孔中心线位置		3	
插筋	中心线位置	5	
	外露长度	+10，0	
预埋螺栓	中心线位置	2	钢尺检查
	外露长度	+10，0	
预留洞	中心线位置	10	
	尺寸	+10，0	

2．应注意的质量问题

（1）柱的质量通病及其防治：柱模易产生截面尺寸不准，混凝土保护层过厚、柱身扭曲等问题。防治措施是立模前应认真校正钢筋位置，柱的底部应做小方盘模板，确保底部尺寸和位置准确不位移。根据柱的截面尺寸，设计好柱箍的尺寸和间距，柱的四角做好支撑或拉杆，确保柱的垂直度。

（2）梁、板的质量通病及其防治：梁、板易产生梁身不平直、底模不平、梁侧鼓出、梁的上口尺寸偏大、板的中部下挠等问题。防止方法是通过设计，正确确定龙骨、支柱的尺寸和间距，确保支撑体系有足够的强度、刚度和稳定性，防止混凝土浇筑时引起模板变形。支柱的下部应垫通长的垫木，防止支柱下沉过大。梁、板应按规定起拱，防止挠度过大。梁模板的上口应有拉杆锁紧，防止上口变形。

（3）墙模的主要问题是墙体的混凝土厚薄不一，拼缝不严，墙的中部凹凸和墙身垂直度超出规定。防治方法是通过设计，确定纵横龙骨的尺寸和间距，以及对拉螺栓的尺寸和间距，全部对拉螺栓要穿齐、拧紧，板缝要嵌塞严密，确保上口标高和水平位移的准确。

四、模板工程安全技术

（一）支模和拆模的安全技术

（1）模板不得使用腐朽、劈裂的材料。顶撑要垂直，底端要平稳、坚实，并加垫木，木楔要钉牢，斜拉杆和剪刀撑要拉牢。

（2）如采用桁架支模，应要进行严格检查，发现严重变形、螺栓松动等应及时修复。

（3）支模板要按施工顺序进行，模板没有固定前，不得进行下道工序。禁止利用拉杆、支撑攀登上下。

（4）支设 4m 以上的立柱模板，四周必须顶牢。操作时要搭设工作台，并设 1m 以上的护身栏杆，不足 4m 的可使用马凳操作。

（5）支设独立梁模板时，应设临时工作台，不得站在柱模上操作，不得在梁底模板上行走。

（6）拆除模板应经施工技术人员同意。拆模时应按顺序分段进行。严禁猛撬、硬砸或大面积撬落和拉倒。完工前，不得留下松动和悬挂的模板。拆下来的模板应及时运送到指定地点集中堆放，防止钉子扎脚。

（7）拆除薄腹梁、吊车梁、桁架等预制构件模板时，应随拆随加顶撑支牢，以防构件倾倒砸人。

（8）大模板存放，必须将地脚螺栓提上来。使自稳角度成为 70°～80°，下部垫长方木。长期存放的模板，应用拉杆连接绑牢。存放在楼层时，须在大模板横梁上挂钢丝绳或花篮螺栓，钩在楼板吊钩或墙体钢筋上。

（9）没有支撑或自稳角不足的大模板，要存放在专用的堆放架内或者卧倒平放，不得靠在其他模板或构件上。

（10）安装和拆除大模板，吊车司机与安装人员应经常检查索具，密切配合，做到稳起稳落、稳就位，防止大模板大幅度摆动碰撞其他物件，造成倒塌事故。

（11）大模板安装时，应先里后外对号就位。单面模板就位后，用钢筋三角支架插入板面螺栓眼上支撑牢固。双面模板就位后，用拉杆和螺栓固定，在未就位固定前不得摘钩。

（12）拆大模板时，应先拆穿墙螺栓和铁件等，并使模板与墙面脱离，方可慢速起吊。

（13）清扫模板和刷隔离剂时，必须将模板支撑牢固，两板中间留出不少于 600mm 的走道。

（二）木构件安装安全技术

（1）在坡度大于 25°的屋面上操作，应有防滑梯、护身栏杆等防护措施。

（2）木屋架应在地面上拼装。必须在上面拼装的应连续进行，中断时应设临时支撑。屋架就位后，应及时安装脊檩、拉杆或临时支撑。吊运材料所用索具必须良好，绑扎要牢固。

（3）在没有望板的屋面上安装石棉瓦时，应在屋架下弦设安全网或其他安全设施，并使用防滑条的脚手板，钩挂牢固后，方可进行操作。禁止在石棉瓦上行走。

（4）在安装二层以上外墙窗扇时，如外面无脚手架安全网时，应挂好安全带。安装窗扇中的固定扇时，必须钉牢固。

（5）不准在板条顶棚或隔音板上通行及堆放材料。如必须通行时，应在大楞上铺设脚手板。

（6）钉房檐板，必须站在脚手架上，禁止在屋面上探身操作。

五、现场模板工程实习考核

考核项目及标准如下：

1. 放线

会从基础四周的定位桩和水准点引出轴线和标高控制点，根据施工图纸弹出结构的中心线和边框线，轴线的允许偏差≤±5mm；柱、墙、梁的位移的允许偏差≤±5mm；高层允许偏差≤±3mm；标高允许偏差≤±5mm。此项满分为20分。

2. 模板的组装

会根据构件的尺寸和位置进行合理的配板，要求板缝严密，模板的底部、阴阳角部位、柱、梁、板的结合部和对拉螺栓处等部位不漏浆，板面不出现凹凸变形。此项满分为30分。

3. 模板的校核

会用线锤校核垂直度，用水平尺校正平整度，能够校核构件的中心线偏差及标高等，每层垂直度允许偏差≤±3mm；表面平整度≤±5mm。此项满分为20分。

4. 设置合理牢固的支撑

能够合理地设置柱箍、对拉螺栓、水平撑、剪刀撑和斜撑等。整个支撑体系应具备足够的刚度、强度和稳定性，保证在浇筑混凝土的过程中，模板不发生位移、变形等毛病，预埋件和预留孔洞的位置正确，支撑牢固。此项满分为30分。

经考核评定，90分以上者为优秀；70～89分为良好；60～69分为合格；59分以下为不合格。

单 元 小 结

本单元介绍了模板工程的校内综合实训和施工现场实习两个方面的主要内容。

校内综合实训以木模板为主，运用已学过的知识和技能，通过题型的综合实训，对模板工程的识图、配板和支撑设计、模板加工、模板组装及质量标准进行综合性的实际操作，提高学生的综合操作水平，以达到相应的等级标准。

施工现场实习以框架结构组合钢模板的支立和拆除为主，扼要地介绍了组合钢模板的组成和作用，基础、梁、柱、楼板模板的配板原则和支撑方案以及拆除要求，使学生对模板工程的工艺流程和操作要领有一个更切合实际的认识，并通过师傅的指导，使自己的操作水平上一个台阶。

实习期间可结合工人技术等级考核的要求组织职业技能鉴定，通过当地的技能考试取得相应的工人技术等级证书。

复习思考题

1. 模板工程包括哪些施工过程？
2. 模板的作用是什么？
3. 模板体系由什么组成？各部分的作用是什么？
4. 模板体系的基本要求有哪些？
5. 举一例说明基础木模板的支立过程；
6. 柱木模由哪些部件组成？支立时要注意什么问题？
7. 墙模板的侧压力可采用什么方式支撑？如何确保墙模的垂直度？
8. 梁模板有什么特点？安装顺序是什么？
9. 有梁楼板模板有什么特点？如何支立？
10. 校内题型综合实训包括哪些过程？你有什么体会和收获？
11. 在施工现场实习时，你看见了哪些模板形式？
12. 定型组合钢模板由哪些部件组成？
13. 举一例说明基础采用组合钢模板时，配板和支撑注意什么问题？
14. 柱模板采用组合钢模板时，现场拼装顺序是什么？
15. 墙模板支立时要注意什么问题？
16. 有梁楼板模板的安装顺序是什么？
17. 侧模板拆除的原则是什么？
18. 底模拆除时要注意什么问题？
19. 框架结构组合钢模板的拆除顺序是什么？
20. 通过现场实习你有哪些体会和收获？

模块五　混凝土工程实习

一、实习目的

通过生产实习,能全面理解混凝土分项工程和土方与垫层分项工程的全部生产过程,并掌握主要工艺程序的操作要点和方法。结合有关工艺要求、质量标准、安全生产操作规程和文明施工要求,提出现场班组管理的重点内容。从而使实习参与者,在实习中提高操作水平和现场管理水平。

二、实习时间

该模块实习时间安排270学时,折合9个教学周。亦可根据实际教学需要调整。

三、实习方式

（一）实习方式的选择

1.施工现场实习

在施工生产企业或校办施工企业的施工工地安排实习。这种实习方式在完成实习任务的情况下,还需兼顾完成一定的生产任务。

2.非施工现场实习

即在学校实习车间或施工企业技术培训基地安排实习。这种实习方式以完成实习课题任务为主要目标,完成工种的等级培训,为进入现场实习打下坚实的基础。

（二）实习指导教师

在施工现场实习,由学校聘请能胜任工作的现场人员为指导教师,并由学校实习教师配合,共同完成实习指导任务。

在非施工现场实习,由学校专业实习教师完成实习指导任务。

四、实习内容和要求

通过混凝土分项工程的实训练习,主要了解混凝土搅拌机的常用型号、技术性能、安全使用及维护保养知识;了解混凝土振捣器的分类、安全使用与维护保养知识;了解常用混凝土运输机具;了解混凝土浇筑前的准备;了解混凝土的搅拌与运输。初步掌握混凝土浇筑与养护的工艺流程、操作方法和工艺要求。初步掌握现浇钢筋混凝土主要结构构件如基础、墙、柱、梁、肋形楼盖、悬臂构件、圈梁、楼梯等施工工艺流程、操作方法和工艺要求;了解防止混凝土表面缺陷的措施与修补工艺;了解现浇混凝土的施工缝留设位置与施工工艺要求;了解现浇混凝土基本构件质量检验标准。初步掌握轻骨料混凝土的组成材料、技术性质与施工工艺;初步掌握泡沫混凝土的组成材料、制备成型及养护的施工工艺。

通过对基槽土方与基础垫层的施工实习,理解基槽土方施工的工艺流程、施工方法和工艺要求;了解基槽土方施工质量标准及安全生产操作规程;了解基础垫层的材料、配合比及施工工艺要求。

通过混凝土施工现场管理的实训练习,了解班组管理的任务、内容、实施方法。

实习期间每个实习学生应逐日记好实习笔记,最后应写出内容详实、书写工整、体会具体的实习总结;每个分项或课题均进行考核并填写考核标准表。

实习期间的纪律要求和安全要求参阅概述中的相关内容。

五、实习考核

混凝土工的职业技能标准参阅《建设行业职业技能标准》。

生产实习成绩单独做为一门课程成绩记入学生操作技能档案，不及格者应按实习时间要求重新进行实习，不得补考。

考核的依据应是实习出勤表、实习日记、实习总结、班组考核意见，模块考核参阅概述中规定，课题考核表分别见各课题附表。学生在实习期间，应参加当地组织的技术等级考核，并取得相应的上岗证书。

六、实习指导

混凝土施工和土方与垫层施工是一项多人分工协作的操作技能工作，不能单独安排个人实习，因此，实习训练时需将实习学生放在重点操作岗位上进行考核，如混凝土配料、下料、振捣和养护；土方与垫层的配料、铺设层厚度的控制等。

现场组织实训时，应结合现场实习项目名称、特点、制定好实习方案，应既满足生产要求，又确保实习目标的完成，要充分利用实习的机会，提高实习效率和效果。

七、校内实习例图

本模块选择了七个实例，通过对题目的操作演练，完成实习任务。也可根据具体情况选择其他题目。

（一）砖混结构圈梁浇筑混凝土

1. 练习图（见图 5-1）

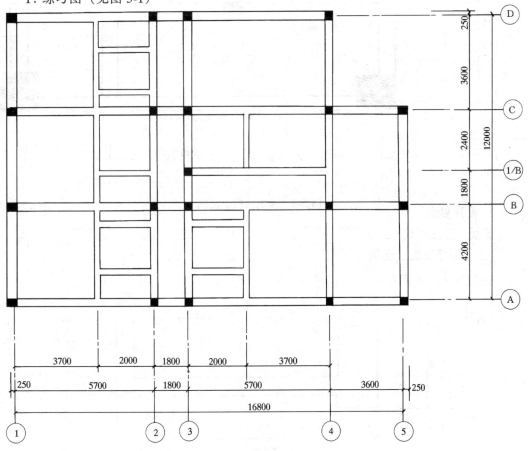

图 5-1　砖混结构混凝土圈梁浇筑

2．设计要求

混凝土强度等级 C20。圈梁高度 180mm，宽度外纵横墙为 370mm；内纵横墙为 240mm（包括③～④轴间的⑴/B轴）；其他内纵横墙为 120mm，圈梁顶标高 2.66 米。

（二）框架现浇梁板混凝土浇筑

1．练习图（见图 5-2）

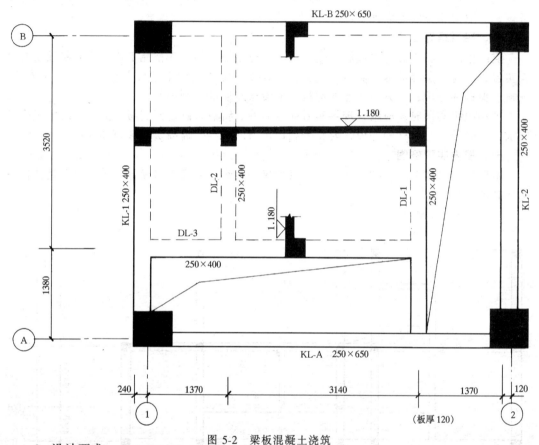

图 5-2　梁板混凝土浇筑

2．设计要求

混凝土强度等级 C25。

（三）雨篷混凝土浇筑

1．练习图（见图 5-3）

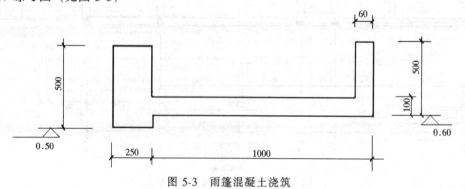

图 5-3　雨篷混凝土浇筑

2．设计要求

混凝土强度等级 C25，雨篷长度 3 米。

（四）阳台混凝土浇筑

1．练习图（见图 5-4）

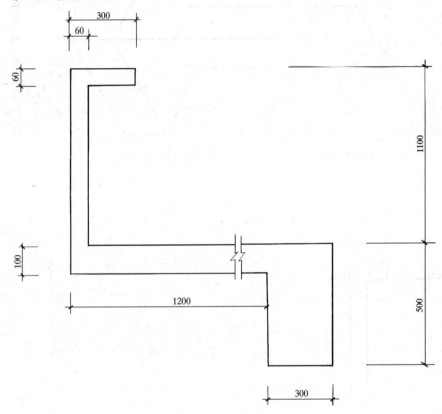

图 5-4　阳台混凝土浇筑

2．设计要求

混凝土强度等级 C25，阳台长度 3 米。

（五）楼梯混凝土浇筑

1．练习图（见图 5-5）

2．设计说明

选一个楼梯梯段及平台练习，宽 1.2m，混凝土强度等级 C25。

（六）独立柱混凝土浇筑

1．练习图（见图 5-6）

2．设计说明

混凝土强度等级 C20。可分为基础和柱两部分。

（七）基础灰土回填

1．练习图（见图 5-7）

2．设计说明

采用 3∶7 灰土。设有两阶加深部分。

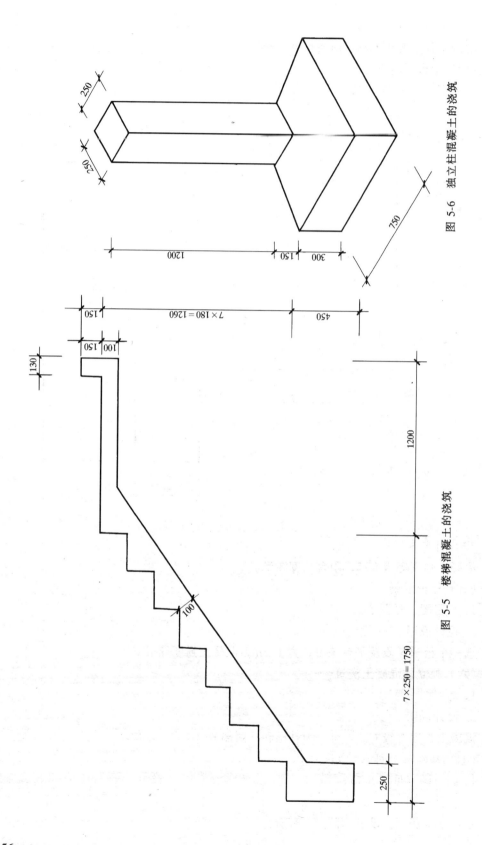

图 5-5　楼梯混凝土的浇筑

图 5-6　独立柱混凝土的浇筑

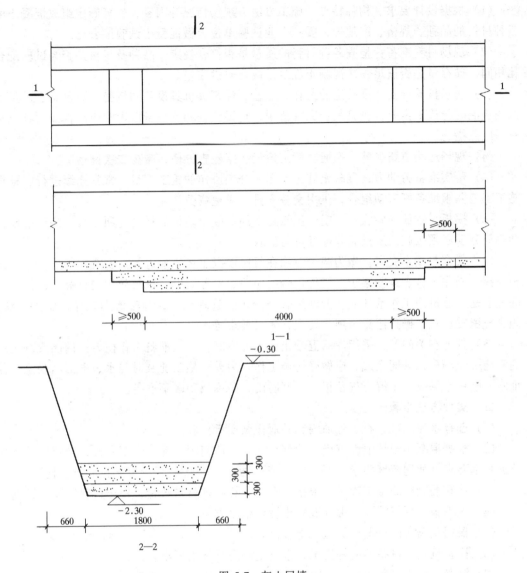

图 5-7　灰土回填

单元一　混凝土基本知识

通过本单元的综合实习使我们更加了解普通和特殊混凝土的基本性质，各主要组成材料的性能要求，混凝土工程施工准备工作，主要混凝土结构构件的施工操作方法以及特殊混凝土的施工要点等等，从而达到可直接上岗操作的目的和要求。

本单元适合于校内实习，在校外实习时，可根据现场条件，穿插本单元的实习内容。

课题一　混凝土工程的施工准备

一、混凝土施工准备

混凝土施工前的准备工作包括以下内容：

（1）根据设计要求、构件特点、施工方法、现场情况等因素，选择确定组成混凝土的各种材料的品种、规格、产地等，委托专业试验单位，做混凝土试验配合比。

（2）现场材料准备：检查各种材料的质量是否符合规定、品种及规格是否与试验配合比相同，储存量是否满足一次混凝土浇筑量或及时供应量。

（3）现场机具准备：混凝土的搅拌、运输、浇筑等机具设备的规格、数量是否满足本次浇筑混凝土施工需要，机具是否完好待用，重要工程和工程量巨大时应准备随时补充机具的应急措施。

（4）现场运输道路平整、畅通，管道敷设线路检查方便，减少二次倒运。

（5）落实准备劳动力：混凝土施工是多人分工协作的施工项目，常常连续进行，根据施工工艺要求准备好劳动组合，班次交替安排，避免疲劳作业。

（6）模板、钢筋的验收：混凝土浇筑是钢筋混凝土结构的最后分项工程，浇筑前模板和钢筋分项必须按施工质量验收标准进行验收。

（7）安全与技术交底：做为两个专项在每次混凝土浇筑前进行。安全方面重点检查模板支撑、操作平台、运输架子、指挥信号、照明、电器漏电，机具使用安全等等；技术交底重点是作业班的工作量计划，劳动组合与分工，管理程序，施工流向顺序，施工方法，施工缝留置位置，操作注意事项、要点，质量要求等。

（8）其他有关问题：采用商品混凝土施工方案时，施工准备工作内容由商品混凝土厂商和施工现场分工共同完成，应做好协调工作。另外，施工前及时与水、电部门联系，保证水、电正常供应。了解天气预报，做好防雨、防冻及防曝晒准备。

二、实训方法步骤

（1）选择水泥、砂、石、外加剂，并取样做质量检验。

（2）根据混凝土设计强度等级、构件尺寸、钢筋间距、施工进度安排，确定试验委托单的技术要求（如坍落度要求，石子粒径等），提前 10d 委托做混凝土试验配合比。

（3）计算混凝土施工工程量，根据配合比计算各种材料数量，提出材料需要量计划。

（4）根据施工现场情况，编制混凝土浇筑施工方案。

（5）根据现场实际情况计算施工配合比。

（6）检查机具、设备的完好情况，数量是否满足施工要求。

（7）钢筋、模板工程经质量验收合格后，方可安排混凝土浇筑。

三、实训考核

混凝土工程施工准备实操考核，见表 5-1。

实操考核评定表   表 5-1

项目：混凝土施工准备   学生编号：   姓名：   总得分：

序号	考核内容	单项配分	要　　求	考核记录	得分
1	原材料选择	10	合理		
2	实验委托	5			
3	计算工程量	10	准确		
4	施工方案、组织方法、人员安排	25	合理		
5	配合比换算	10	会把试验配合比换算成施工配合比		
6	机具准备组织	10	完好、到位		
7	现场工作面准备	15	达到可施工条件		
8	综合印象及提问	15			

考评员：   日期：

实例1：圈梁混凝土浇筑施工准备

砖混结构混凝土圈梁浇筑实例如图5-1所示。

1. 原材料选择

水泥采用42.5级或32.5级普通硅酸盐水泥。采用20～40mm规格的碎石或卵石。干净的中、粗砂。

2. 委托试验

将原材料选择样品，做质量检验。并委托试验站做C20混凝土试验配合比报告，坍落度选取30～50mm。

3. 计算圈梁混凝土工程量

（1）370mm×180mm截面圈梁工程量

长：$2×（16.8+12）=57.6m$

混凝土体积：$57.6×0.37×0.18=3.84m^3$

（2）240mm×180mm截面圈梁工程量

长：$（16.8-0.24）+（2×5.7+1.8-0.24）+（5.7-0.24）+2×（12-3×0.24）$
$+（4.2+1.8+2.4-2×0.24）=65.46m$

混凝土体积：$65.46×0.24×0.18=2.83m^3$

（3）120mm×180mm截面圈梁工程量

长：$（12-3×0.24）+（4.2-0.24）+（2.4-0.18）+7×（2-0.18）=30.14m$

混凝土体积：$30.14×0.12×0.18=0.65m^3$

（4）本例混凝土总工程量

$$3.84+2.83+0.65=7.32m^3$$

4. 提材料计划、准备材料

按配合比用量或经验提出计划，应略有富余。设为：水泥3t，石子8m³，砂子4m³。

5. 施工方案、组织人员安排

方案一：机拌机捣，单双轮车，一层地面水平运输，翻浆入模。

方案二：机拌机捣，单双轮车，垂直运至二层借助水平运输道，翻浆入模。

方案三：机拌机捣，塔吊运输，翻浆入模。

组织施工人员，根据用工数量，安排一个班次人员连续完成，重点落实后盘混凝土上料人员、翻浆入模人员、振捣人员和圈梁面层处理人员等四个主要岗位。

施工流向，沿纵向⑧～⑪B，从⑤～①退着完成。采用主、支运输道结合的方法。

6. 试验配合比的换算

假设本圈梁混凝土实验室配合比为：

水泥:砂:石=1:2.56:5.5，水灰比为0.64，每一立方米混凝土的水泥用量为254kg，测得砂子含水量为3%，石子含水量为1%，则施工配合比为：

$$1:2.56（1+3\%）:5.5（1+1\%）=1:2.64:5.56$$

每1m³混凝土材料用量为

水泥：254kg。

砂子：$254×2.64=670.56kg$

石子：$254×5.56=1412.24kg$

水：$254 \times 0.64 - 254 \times 2.56 \times 3\% - 254 \times 5.5 \times 1\%$

    $= 129.08 \text{kg}$

根据工地现有搅拌机出料容量确定每次需用几整袋水泥，然后按水泥用量来计算砂石的每次拌用量。

如采用 JZ250 型搅拌机，出料容量为 0.25m^3，则每搅拌一次的装料数量为：

水泥：$254 \times 0.25 = 63.5 \text{kg}$（取一袋水泥 50kg 配料）

砂子：$670.56 \times \dfrac{50}{254} = 132 \text{kg}$

石子：$1412.24 \times \dfrac{50}{254} = 278 \text{kg}$

水：$129.08 \times \dfrac{50}{254} = 25.41 \text{kg}$

施工时，严格控制混凝土的配合比，盘盘准确计量。按规范重量偏差不得超过以下规定：水泥、掺合料为 $\pm 2\%$；粗、细骨料为 $\pm 3\%$；水、外加剂 $\pm 2\%$。各种衡量器应定期校验，保持准确。

粗、细骨料含水量应经常测定，气候变化，雨天施工时，应增加测定次数。

7. 机具准备

主要落实的机具有：搅拌机（JZ250 型）一台；插入式振动器两套；单双轮车；灰盘等。

8. 现场工作面准备

主要落实方案二的运输道路的搭设，在 Ⓑ ～ 1/Ⓑ 间搭设双向主运输道，其他设单向支运输道。

9. 交底

对操作人员进行交底，重点强调安全、质量、进度和节约材料。

课题二　基本构件混凝土的浇筑

一、圈梁构件混凝土浇筑

（一）题目

砖混结构混凝土圈梁浇筑

（二）试题图

在图 5-1 中选择，支设完模板 10 延米的一段待浇混凝土圈梁。

（三）时间

3.5～4h。

（四）要求

(1) 三人一组，人搅机捣、协作完成。

(2) 现场准备，检查模板、钢筋，基体浇水湿润，无明水。

(3) 根据工程量领材料，试验振捣器。

(4) 完成混凝土各个程序。

配料→搅拌→运输→入模振捣→表面处理→养护。

（五）评分标准

见评分表 5-2。

项目：砖混结构混凝土圈梁浇筑　　　　学生编号：　　姓名：　　　总得分：

序号	考核内容	满分	评分标准	扣分	得分
1	准备工作	5	充分满分；每缺一个问题扣 1 分		
2	配料	5	配合比计算正确，计量准确满分；有偏差扣分		
3	人工搅拌	10	方法正确，搅拌均匀，满分；否则扣分		
4	运输	5	方法正确，无混凝土离析现象，运输时间短，满分		
5	入模振捣	20	入模方法，时机正确得当，振捣熟练，次序有条不紊，满分		
6	表面处理	5	表面适时二次收面，无裂纹，平整，或有覆盖保护措施，满分		
7	质量检查 {外观缺陷和外观质量 尺寸偏差	20	按质量标准项目、细化成 100 分，再计算折算分值		
8	工效	15	超过时间扣分		
9	安全、文明施工	5	工完场清，无材料浪费，无安全事故满分，否则扣分		
10	观感印象	10	观察施工步骤、方法、动作熟练程度得分		

考评员：　　　　　　　　　　　　　　　　　　　日期：

（六）有关说明

（1）操作结合题目进行基本功训练，操作考核可视为技能鉴定严格考核，记入学生实习档案。

（2）协作分工时，可有重点安排分工岗位，加强各自责任心。

（3）在学校车间完成时可采用代用材料，降低考试成本；在现场实习完成时，注意协调达到目的。

二、现浇梁板结构楼盖混凝土浇筑

（一）题目

梁、板结构混凝土浇筑

（二）试题图

在图 5-2 中进行梁、板、柱头混凝土的浇筑。

（三）时间

连续 6h。

（四）要求

（1）10 人班组，分工协作，机拌机捣，共同完成。

（2）现场准备、检查模板、钢筋、模板清理湿润，翻浆架子。

（3）机械检查，试运转正常；领运材料。

（4）完成混凝土各个程序

配料→搅拌→运输→入模振捣→表面处理→养护。

（五）评分标准见表 5-3

实操考核评定表　　　　　　　　　　　　　　　　表 5-3

项目：梁、板结构混凝土浇筑　　　　学生编号：　　姓名：　　总得分：

序号	考核内容		满分	评分标准	扣分	得分
1	准备工作		5	充分满分；否则扣分		
2	配料		5	计量准确，满分		
3	机械搅拌		10	搅拌时间，选择合理，投料顺序正确，搅拌均匀，满分		
4	运输		5	方法正确，无混凝土离析现象，运输时间短，满分		
5	入模振捣		20	入模下料方法正确，振捣内实外光，顺序正确，满分		
6	表面处理		5	表面适时进行二次抹面，无裂纹、平整、及时养护		
7	质量检查	外观缺陷和外观质量	20	按质量标准项目细化 100 分评定，再折算分值		
		尺寸偏差				
8	工效		15	参照劳动定额用日要求，超过时间扣分		
9	安全、文明施工		5	工完场清，无材料浪费，无安全事故满分，否则扣分		
10	观感印象		10	观察施工步骤，方法，动作熟练程度		

考评员：　　　　　　　　　　　　　　　　　　　日期：

（六）有关说明

（1）本题目是一个较大的室内训练题，可和模板、钢筋练习相结合，最后完成混凝土的练习。考核成绩，记入学生实习档案。

（2）分工协作，强调重点岗位，提高责任心。

三、现浇雨篷混凝土结构浇筑

（一）题目

雨篷混凝土浇筑

（二）试题图

如图 5-3 所示，长 1.5m。

（三）时间

3.5h。

（四）要求

（1）三人小组，分工协作，人拌机捣，共同完成。

（2）现场准备，检查模板、钢筋、模板清理湿润、翻浆灰盘等。

（3）机械试运转正常，领运材料。

（4）完成混凝土施工各项程序

配料→搅拌→运输→入模振捣→表面处理→养护等。

（五）考核评分标准见表 5-4

项目：雨篷混凝土浇筑　　　　　　　学生编号：　　　姓名：　　　总得分：

序号	考核内容	满分	评分标准	扣分	得分
1	准备工作	5	准备充分，满分；		
2	配料	5	计量准确，满分		
3	人工搅拌	10	方法正确，搅拌均匀，满分		
4	运输	5	方法正确，无混凝土离析现象，运输时间短，满分		
5	入模振捣	20	下料方法正确，振捣内实外光，满分		
6	表面处理	5	表面平整、无裂纹，满分		
7	质量检查〔外观缺陷和外观质量 尺寸偏差	20	按质量标准项目细化 100 分评定、再折算分值		
8	工效	15	超过时间扣分		
9	安全、文明施工	5	工完场清，无材料浪费，无安全事故，满分；否则扣分		
10	观感印象	10	观察施工步骤、方法，动作熟练程度，得分		

考评员：　　　　　　　　　　　　　　　　　　日期：

（六）有关说明

（1）本题目梁、翻檐有二块反吊侧模板，施工时严格掌握操作要领，容易出现翻浆或烂根等质量问题，通过练习可掌握此类构件的操作方法。

（2）现场施工时，翻檐可二次支模，两次浇筑。

（3）标高设计低，以利教学要求。

四、阳台拦板混凝土结构浇筑

（一）题目

拦板混凝土浇筑

（二）试题图

如图 5-4 所示，长 2.5m。

（三）时间

3.5h。

（四）要求

（1）二人小组，分工协作，人拌人捣，共同完成。

（2）现场准备，模板、钢筋检查，振捣钢钎（竹片）准备。

（3）领运材料。

（4）完成混凝土施工各项程序

配料→搅拌→运输→入模振捣→表面处理→养护等。

（五）考核评分标准见表 5-5

项目：拦板混凝土浇筑　　　　　　学生编号：　　姓名：　　总得分：

序号	考核内容	满分	评分标准	扣分	得分
1	准备工作	5	准备充分		
2	配料	5	计量准确		
3	人工搅拌	10	方法正确、搅拌均匀		
4	运输	5	运输时间短		
5	入模振捣	20	下料方法正确，振捣内实外光		
6	表面处理	5	表面平整、无裂纹		
7	质量检查 外观缺陷和外观质量 尺寸偏差	25	按质量标准项目细化100分评定、再折算分值		
8	工效	10	超过时间扣分		
9	安全、文明施工	5	工完场清，无材料浪费，无安全事故		
10	观感印象	10	观察施工步骤、方法，动作熟练程度等		

考评员：　　　　　　　　　　　　　　　　日期：

（六）有关说明

（1）本题目强调窄构件的人工捣筑操作技能，严格掌握下料地点、时间、数量和人捣的配合。

（2）可一次只作拦板和压顶部分，时间许可时，可考虑梁、挑板、拦板、压顶一起完成，进行练习。

五、楼梯混凝土结构浇筑

（一）题目

楼梯混凝土浇筑

（二）试题图

如图 5-5 所示，单跑楼梯，宽 1.2m。

（三）时间

4h。

（四）要求

（1）4 人小组，分工协作，机拌机捣，共同完成。

（2）现场准备，检查模板、钢筋、浇水湿润，无明水，支架稳固。

（3）领用材料，调试机具。

（4）完成混凝土各项施工程序

配料→搅拌→运输→入模振捣→表面及外形整理→养护。

（五）评分标准见表 5-6

项目：楼梯混凝土浇筑　　　　　　　　学生编号：　　　姓名：　　　总得分：

序号	考核内容	满分	评分标准	扣分	得分
1	准备工作	5	准备充分		
2	配料	5	计量准确		
3	机械搅拌	10	方法正确，搅拌均匀，搅拌体积准确，坍落度符合要求		
4	运输	5	运输时间短		
5	入模振捣	20	先振底板，再振踏步、二次下料、二次振捣正确，返浆及时回收		
6	表面处理	5	表面平整、无裂纹		
7	质量检查 外观缺陷和外观质量 尺寸偏差	20	按质量标准项目细化 100 分评定、再折算分值		
8	工效	15	超时扣分		
9	安全、文明施工	5	工完场清，无材料浪费，无安全事故		
10	观感印象	10	观察施工步骤、方法，动作熟练程度，得分		

考评员：　　　　　　　　　　　　　　　　　　　　　日期：

（六）有关说明

（1）楼梯浇筑混凝土从下向上，分两次，连续完成，掌握好坍落度和浇筑三角踏、踢面的时机。

（2）楼梯踏面吊模板要及时清理。

课题三　轻骨料、泡沫混凝土施工

一、轻骨料混凝土浇筑

（一）题目

基础、短柱轻骨料混凝土浇筑

（二）试题图

如图 5-6 所示。

（三）时间

4h。

（四）相关知识

（1）由轻骨料和胶结料、水配制成的混凝土称为轻骨料混凝土，其密度不大于 1900kg/m³。

（2）轻骨料有粗、细之分。轻粗骨料——粒径在 5mm 以上，松散密度小于 1000kg/m³，轻细骨料——粒径不大于 5mm，密度小于 1100kg/m³。常用轻骨料品种有粉煤灰陶粒、膨胀矿渣珠、煤矸石、浮石、火山渣、页岩陶粒、黏土陶粒、膨胀珍珠岩等。

（3）轻骨料混凝土具有自重轻、导热系数低、保温好、耐火性好、抗冻性好、抗震性能好、抗渗、耐水、耐久、环保等多种优点。

（4）轻骨料混凝土宜用强制式搅拌机进行搅拌，搅拌时，先加细骨料、水泥和粗骨料，搅拌约 1min，再加水继续搅拌不少于 2min。采用自落式搅拌机搅拌时，先加二分之一的用水量，然后加粗细骨料和水泥，均匀搅拌 1min，再加剩余的水量，继续搅拌不少于 2min。

(5) 轻骨料吸水性大，运输过程中坍落度损失比普通混凝土要大。施工时应控制运输距离和入模时间。

(6) 轻骨料混凝土应采用机械振捣成型。浇筑方法与普通混凝土基本相同，不过振捣时间应稍加长，振点距离缩短。

(7) 振捣成型后应及时覆盖喷水养护，以免表面失水太快而出现网状收缩裂纹。

(五) 要求

(1) 4 人一组，机拌机捣，协作完成。

(2) 现场准备，检查模板、钢筋，浇水湿润，无明水。

(3) 调试运转机具正常、领取材料。

(4) 完成混凝土各个程序

配料→搅拌→运输→入模振捣→表面处理→养护。

(六) 评分标准见表 5-7

实操考核评定表 表 5-7

项目：基础、短柱轻骨料混凝土浇筑　　学生编号：　　　姓名：　　　总得分：

序号	考核内容	满分	评分标准	扣分	得分
1	准备工作	5	充分得满分		
2	配料	5	配合比正确，计量准确，满分；有偏差扣分		
3	机拌机捣	10	方法正确，搅拌均匀，坍落度合适满分		
4	运输	5	方法正确，运输时间短坍落度损失小满分		
5	入模振捣	20	先下阶基础，后上阶短柱，入模方法正确，振捣熟练		
6	表面处理	5	表面适时收光，无裂纹，及时养护		
7	质量检查 外观缺陷和外观质量 尺寸偏差	20	按质量标准项目、细化成 100 分、再计算折算分值		
8	工效	15	超过时间扣分		
9	安全、文明施工	5	工完场清，无材料浪费、无安全事故满分；否则扣分		
10	观感印象	10	观察施工步骤、方法，动作熟练程度得分		

考评员：　　　　　　　　　日期：

(七) 有关说明

(1) 轻骨料混凝土和普通混凝土有所区别，浇筑时必须按要求操作。

(2) 轻骨料混凝土浇完后，及时进行养护。

二、泡沫混凝土施工

(一) 题目

基础、短柱泡沫混凝土浇筑

（二）试题图

如图 5-6 所示。

（三）时间

4h。

（四）相关知识

（1）泡沫混凝土是由水泥、水和泡沫剂配制而成的。轻质多孔，气孔率可达 85%，密度约为 $400\sim600\text{kg/m}^3$。

（2）泡沫剂是由一定量的松香、碱和胶，并加适量的水配制而成。

（3）泡沫剂稀释成泡沫浆。

（4）水泥加水搅拌成水泥浆。

（5）将搅拌好的泡沫浆和水泥浆一起倒入泡沫混凝土搅拌筒中混合搅拌 5min，即成泡沫混凝土。

（五）要求

（1）由多人提前进行备料。

（2）基础部分采用普通混凝土提前浇筑完成。

（3）短柱采用泡沫混凝土演示完成课题。

单 元 小 结

本单元对混凝土工程的实习，按初级工要求，校内实习进行阐述。

混凝土基本知识实习，旨在使学生在进入现场实习以前，对混凝土分项工程的主要工序过程有一个整体性的理解，操作技能水平达到初级工的标准，为适应现场实习和就业上岗打好基础。主要培训内容是通过既定题例的模拟，进行混凝土的施工准备，配料、浇筑、养护、质检等主要工序过程的全方位培训，同时，深化相关的理论知识。

复 习 思 考 题

1．如何进行混凝土工程的施工准备工作？

2．混凝土工程施工的主要工序步骤有哪些？

3．混凝土入模振捣的操作要点有哪些？

单元二　土 方 与 垫 层 施 工

通过本单元的综合实习，使我们更加了解土方工程的施工过程，垫层回填的方法要求，达到可直接参与该项的施工操作。本单元实习宜在施工现场进行，校内有条件者也可在校内进行。

课题一　基 槽 土 方 施 工

一、题目

基槽土方的开挖。

二、试题图

图 5-7，长约 7m。

三、时间

2d。

四、要求

（一）15 人班组，分工二天挖完

（二）完成开挖主要施工程序有

抄平放线→土方开挖→土方外运→检查对中→标高测量→边坡放坡→清底验收。

五、考核评分标准（见表 5-8）

实操考核评定表   表 5-8

项目：基槽土方开挖   学生编号：   姓名：   总得分：

序号	考核内容		满分	评分标准	扣分	得分
1	施工准备		10	机具、材料准备充分		
2	抄平、放线		15	标志明确，位置正确		
3	开挖质量	放坡控制	30	按质量标准100分细化评分折算分值		
		标高控制				
		加深				
4	槽底清理		10	符合允许偏差要求		
5	工效		15	按时完成		
6	安全生产		10	安全无事故		
7	观感印象		10	观察施工步骤、方法、动作熟练程度		

考评员：   日期：

课题二 垫 层 施 工

一、题目

灰土垫层施工。

二、试题图

图 5-7，长约 7m。

三、时间

4h 准备，4h 施工。

四、要求

（1）石灰粉提前过 5mm 筛，回填土料品种符合要求，含水量达到或接近最佳含水量，过 15mm 筛，采用 3∶7 灰土比例，进行回填。

（2）由深向浅逐层施工，每层压实后高度约为 15cm，施工缝接搓间距大于 500mm，垂直接搓。

（3）10 人班组、分工协作，共同完成。

（4）电夯试运行，作好漏电检验。

（5）每层施工完成后，取样检查密实质量。

（6）完成回填土主要施工程序有

基槽清理→底夯→灰土拌合→控制虚铺厚度→机械夯实→质量检验→逐皮交替完成。

五、考核评分标准（见表 5-9）

实操考核评定表 表 5-9

项目：灰土基槽垫层施工　　　　　学生编号：　　　姓名：　　　总得分：

序号	考 核 内 容	满分	评 分 标 准	扣 分	得 分
1	施工准备，作业条件	5	准备充分		
2	抄平、放线	10	标志明确，使用方便		
3	底夯	5			
4	土、灰料拌合	10	比例准确，均匀		
5	虚铺灰土	10	方法正确，厚度合理均匀		
6	夯实密实度	10	符合试验及设计要求（控制干密度、压实系数）		
7	夯实标高	10	符合质量允许偏差		
8	夯实表面平整度	10	符合质量允许偏差		
9	工效	10	超时扣分		
10	安全生产　文明施工	10	工完场清，安全无事故		
11	观感印象	10	观察施工步骤、方法、动作、熟练程度		

考评员：　　　　　　　　　　　　　　　　　日期：

单 元 小 结

土方及垫层工程施工是一个经常遇到却容易忽视其质量的施工项目，实习时，应重点领会各个施工步骤的质量要求，严格按规定程序施工，管理细化，努力达到实习的目的。

土方回填及垫层主要施工程序有：施工准备、选料、试验、拌合、施工及控制、验收等。

复 习 思 考 题

1．如何进行灰土的按比例拌合？

2．影响回填土质量的主要因素有哪些？

3．怎样进行回填土和垫层的质量验收？

4．回填土料较湿时，施工时如何处理？

单元三　施工现场混凝土实习

混凝土工程主要包括混凝土组成材料的选择及进场检验、配料、搅拌、运输、入模振捣、养护、混凝土质量检验与评定以及采用商品混凝土与之配套等施工过程。现场实习须按实习大纲要求完成主要施工过程的实习，深化校内实习的成果，为上岗独立操作打好基础。

课题一　混凝土配料与搅拌

一、原材料的准备

1．普通混凝土

由水泥、砂子、石子、水、外加剂等组成。

2．原材料的选择与进场检查

在施工地点，根据当地材料的供应情况、工程量大小、施工构件截面尺寸、钢筋配制疏密、混凝土强度等级、施工环境、施工工艺方法等综合因素确定原材料的规格、品种、级别、产地等。

确定的原材料，施工前按进度要求陆续组织进场，进场时要检查产品合格证和出厂检验报告。

进场材料，工地按验收规范要求取样复验检查。水泥复验强度、安定性及其他必要的性能指标；外加剂按产品技术参数进行对照复验。

原材料的储备量要满足施工进度要求。

二、确定施工配合比

1.配合比设计

混凝土应按国家现行标准《普通混凝土配合比设计规程》(JGJ55)的有关规定，根据混凝土强度等级、耐久性和工作性等要求进行配合比设计。

配合比设计一般委托试验室进行。

2.施工配合比

混凝土拌制前，应实测砂、石含水率并根据测试结果调整材料用量，确定施工配合比。首次使用的混凝土配合比应进行开盘鉴定，其工作性参数应满足设计配合比的要求。

三、混凝土的搅拌

1.混凝土搅拌

就是将组成混凝土的各种原材料按施工配合比进行均匀拌合的过程。

2.搅拌方法

常有人工拌合和机械拌合两种。要优先选用机械搅拌方法。

3.搅拌机械

按其搅拌原理分为自落式搅拌机和强制式搅拌机两类。选择时，要根据工程量大小、混凝土技术参数、施工方案要求等确定。

4.搅拌制度

为了优质、高效的获得混凝土拌合物，必须正确地确定搅拌制度。

（1）搅拌时间

根据搅拌机机型、容量、坍落度及混凝土品种的要求，合理地确定搅拌时间，一般90～150s之间。

搅拌时间过短，混凝土不均匀，强度及和易性都将下降；搅拌时间过长，搅拌生产效率降低，粗骨料受损；可能重新离析而影响混凝土的质量。

（2）投料顺序

为提高搅拌质量，减少机械磨损和搅筒粘结，改善工作环境，减少污染，提高混凝土强度等因素，应选择好投料顺序。

常用一次投料法，二次投料法等。一次投料法，将水泥夹在砂、石之间和水一起同时加入搅拌筒中进行搅拌。这种方法目前最为常用。二次投料法是先将水泥和水或者加砂一次投料进行充分搅拌后，再将剩余材料二次加入进行搅拌而成的混凝土。

5.搅拌要求

原材料必须严格计量，每盘称量的偏差应符合规范要求。

搅拌好的混凝土按盘及时卸尽，并按施工要求在规定时间内运至浇筑现场。

课题二 混凝土浇筑、捣实及养护

一、混凝土浇筑的一般要求

（1）混凝土浇筑前应检查混凝土的拌合质量，不应发生初凝和离析现象，在浇筑地点取样检查坍落度满足配合比要求。

（2）为了保证混凝土浇筑时不产生离析现象，混凝土自高处倾落时的自由倾落高度不宜超过2m。满足不了要求时应采取必要措施。

（3）同一施工段的混凝土应分层连续浇筑，并应在底层混凝土初凝之前将上一层混凝土浇筑完毕。

（4）由于技术上的原因或施工资源的限制，混凝土不能连续进行时，则应留置施工缝。施工缝位置及处理方法要符合设计或规范要求。

二、浇筑捣实

根据构件特点确定好浇筑方案，按方案分层浇筑和捣实。

混凝土捣实分人工捣实和机械振实两种，优先采用机械振实的方法。振动机械按其工作方式分为内部振动器、表面振动器、外部振动器和振动台等。振动机械选择合理，方法正确，保证质量。

三、混凝土养护

混凝土浇筑完毕后，应按施工技术方案在12h以内对混凝土加以覆盖并保湿养护。

混凝土浇水养护的时间，根据水泥品种和是否掺用外加剂或有抗渗要求，选取不小于7～14d的时间。

浇水次数应能保持混凝土处于湿润状态。

课题三 商 品 混 凝 土

一、商品混凝土供应

现场根据构件的设计要求，施工工艺情况，委托商品混凝土厂，直接给工地进行商品混凝土供应。

委托应明确工程量、混凝土各项技术参数、供应密度大小，调度方法等。

二、现场施工

按操作规程，混凝土委托单，逐车查对混凝土强度等级、坍落度等是否符合要求。

按规范要求现场预留混凝土试块。

按方案要求实施混凝土的场内运输、浇筑、振捣、养护等施工过程。

单 元 小 结

混凝土工程分项是一项多人分工协作的施工项目。从领会设计意图开始到选材、确定配合比、配料、搅拌、浇筑振捣、养护等工序过程都对整体工程质量有较大的影响，实习必须熟悉程序，掌握操作要领，才能完成实习任务。

复 习 思 考 题

1．混凝土使用的原材料怎样选择？

2．为什么试验配合比施工时还需换算成施工配合比？

3．如何测试混凝土的坍落度？

4．混凝土振实的方法有哪些？

5．混凝土的养护要求如何？

单元四　混凝土现场施工管理

在现场钢筋混凝土结构的施工中，混凝土分项的完成，标志着对钢筋、模板分项工作的认可。混凝土施工是以行政班组或自由组合班组的形式，分工协作，共同完成混凝土施工任务的最小单位。

班组管理的好坏，直接影响混凝土分项的进度、质量、安全、成本、文明施工等各个方面。只有加强班组的现场管理，才能更好的完成施工任务。

班组管理的任务是根据上级下达的生产任务要求，遵循生产特点和规律，合理配置资源，调动一切积极因素，把班组成员有机地组织起来，多、快、好、省地完成各项任务指标。使全部生产过程达到高速度、高质量、高工效、低成本、安全生产、文明施工的要求。

班组管理的内容是根据企业给班组下达的任务和要求，做好准备工作，确定实施方案，保证工程进度；学习相关的质量标准、规范，提高作业质量；针对生产任务特点，强调各分工岗位的安全注意事项，保证安全生产和文明施工；进行用工用料分析，降低材料和用工消耗，提高经济效益。

课题一　施工现场班组进度和质量管理

一、施工现场班组进度管理

（一）计划与准备管理

计划与准备管理要做好干什么、怎么干、在哪干、谁来干、何时干等方面的工作。

班组要把上级下达的任务搞清楚，理解任务的全部内容及各个细节部分，明确完成任务的时间要求。通过劳动定额计算投入的劳动数量，通过材料消耗定额计算投入材料的数量，通过机械台班定额计算投入的机械数量。

根据工艺文件安排具体实现办法、生产方案、各种工艺装备的准备及质量、安全保证体系。

（二）实施阶段管理

实施管理包括对整个生产过程的控制，结合其他方面的管理，监督控制生产的全过程。如进度控制、质量控制、安全保障、文明生产、处理意外事件（如机械临时故障、停电、停水、人员病事假、原料供应等）。

（三）进度管理实训练习

1．题目：砖混结构混凝土圈梁浇筑

2．实习图：见图 5-1

3．时间：4h

4．完成内容

（1）采用机拌机捣、单双轮车施工方案，完成时间 4h。

（2）计算工程量，套劳动、材料、机械定额提出需要量计划，安排劳动组合和操作岗位分工。

（3）提出实施管理的重点措施。

（4）进行施工交底，明确责任。

5．考核：见表 5-10

施工现场班组进度管理考核表 表 5-10

项目：砖混结构混凝土圈梁浇　　　　学生编号：　　　姓名：　　　总得分：

序号	考 核 内 容	配分	评分内容标准	扣 分	得 分
1	领会设计意图	5	熟悉施工内容、规范		
2	计算工程量	15	按定额计算方法计算		
3	制定施工方案、方法	20	合理、便于实施		
4	提资源需要量计划	20	劳动力、机具、材料、数量、规格、进场时间等		
5	提出保证措施	20	根据进度要提出合理、可行的进度保证措施		
6	现场提问	20	回答教师所提出的问题		

主考：　　　　　　　　　考评员：　　　　　　　　　成绩：

二、施工现场班组质量管理

（一）班组质量管理的重要性

班组质量管理工作是企业的最基础产品质量管理。因为生产过程的一砖一瓦、一钉一木都是经过工人的操作转移到建筑产品上去的。班组如果不注意把关，不重视工程质量、不加强质量管理，就搞不好总体工程的质量，企业的质量管理也就无从谈起。

（二）班组质量管理的实施

为了搞好班组的质量管理，要求明确班组质量管理责任制；成立班组质量管理小组，加强班组生产过程中的质量管理；学习掌握质量检验评定标准和方法；对项目在生产过程中容易或经常出现的通病，制定好对应的预防措施。明确施工准备、施工过程、施工完成检查等阶段的质量管理实施重点内容。

（三）质量管理实训练习

结合一个混凝土施工分项，模拟实施质量管理的全过程，达到训练的目的。

课题二　安全生产和文明施工

一、班组安全生产管理

安全生产和劳动保护是党和国家的一项重要政策，也是企业和班组管理的一项基本原则。必须在职工中牢固地树立"生产必须安全，安全为了生产"及预防为主的观点。克服那种认为"生产是硬指标，安全是软任务"的错误观点。根据生产特点，必须建立安全生产责任制，班组设立不脱产的安全员，加强安全检查，开展安全教育，认真执行安全操作规程，把安全工作贯穿于生产的全过程。

班组长和安全员要针对班组各成员的具体工作，进行针对性的安全交底，容易出现安全问题的地方更要重点检查，反复交待，确保安全生产。

二、现场文明施工管理

文明施工是现代企业管理的重要组成部分。班组在生产过程中必须按上级或施工组织的要求，在生产场地、材料堆放、机具使用、现场整洁、生活环境等方面做好工作，使生产过程具有良好的文明氛围。

三、管理实训练习

结合一个施工现场，模拟安全生产管理和文明施工管理，达到训练的目的。

单 元 小 结

混凝土工程分项是保证工程质量的重要环节。现场组织与管理是企业管理的最小单位。工程进度、质量、安全、成本、文明施工等各方面管理，均需要现场作业班组去落实完成。只有对作业班组进行目标管理，才能提高整个企业的管理水平。

复 习 思 考 题

1. 班组管理的主要内容是什么？
2. 如何进行班组施工进度的控制管理？
3. 如何进行班组施工质量的控制管理？
4. 如何进行班组安全和文明施工管理？

模块六 常见建筑施工工种操作实习

一、实习目的

本模块是对前面 5 个模块的一个综合操作实习项目，一般宜在学校进行，也可结合教材内容分解到现场进行。

在学校通过对一套实习图纸的阅读理解和安排实施，能全面理解砖混结构中的砌筑、钢筋、模板、混凝土、抹灰、饰面等分项的全部生产过程，并完成多个项目的综合实习。通过实习，掌握主要工艺流程的操作要点和方法。选择技术管理岗位实习的学生，可从中选择 1~2 个工种进行实习，达到大纲的实习要求。

二、实习时间

该模块实习时间为四周。

三、实习方式

根据实习项目的选择，校内可直接安排，反复模拟实习项目。校外施工现场，按生产要求，兼顾实习考核内容。

在学校由专业实习教师指导，学生独立完成任务。在施工现场由学校聘请能胜任工作的现场人员为实习指导教师，学生分工配合完成实习任务。

四、实习内容和要求

本模块选择图 6-1~图 6-20 的课题实习，可完成砌筑、抹灰、钢筋、模板、混凝土 5 个课题，各课题的实习内容项目很多，根据学生的培养目标，进行取舍。各课题可完成实训部分项目如下：

（一）砌体部分可完成实训项目及工位数量

序号	实训项目名称、主要工艺程序	可设置工位数量	序号	实训项目名称、主要工艺程序	可设置工位数量
1	抄平放线 控制线→轴线→墙边线→细部线	视情况安排	4	异形墙体的砌筑 做样板放线→摆砖摆底→砌筑 （1）圆弧墙砌筑 （2）折线墙砌筑 （3）造型墙砌筑	视情况安排
2	竖向抄平 ± 0.000→$+50cm$ 线　皮数杆 弹线上墙	同上	5	腰线砌筑 找平→挂线→砌筑	同上
			6	砖砌窗套 放线→挂线→砌筑	同上
3	一般墙体的砌筑 查线、准备、立皮数杆→摆砖摆底→砌筑	同上	7	楼梯踏步砌筑 放线、技术准备→砌筑	同上
			8	其他墙体砌筑	同上

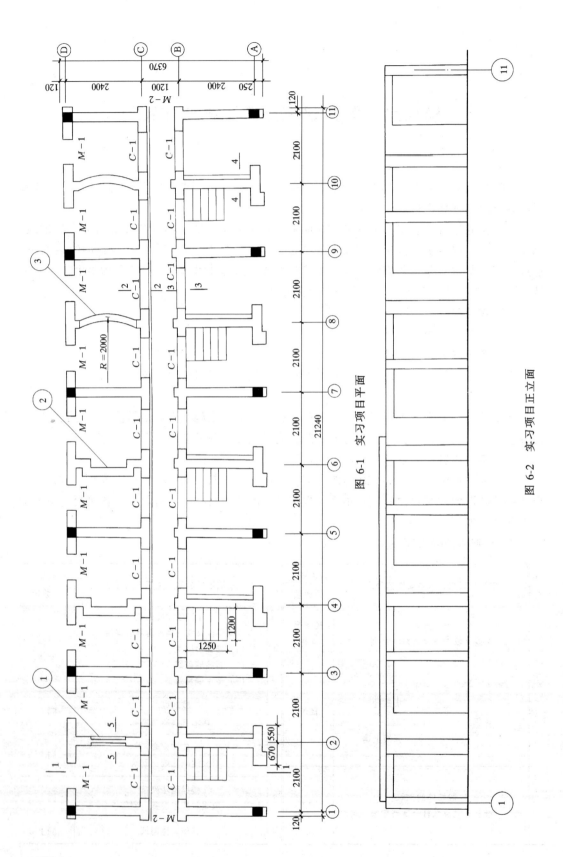

图 6-1 实习项目平面

图 6-2 实习项目正立面

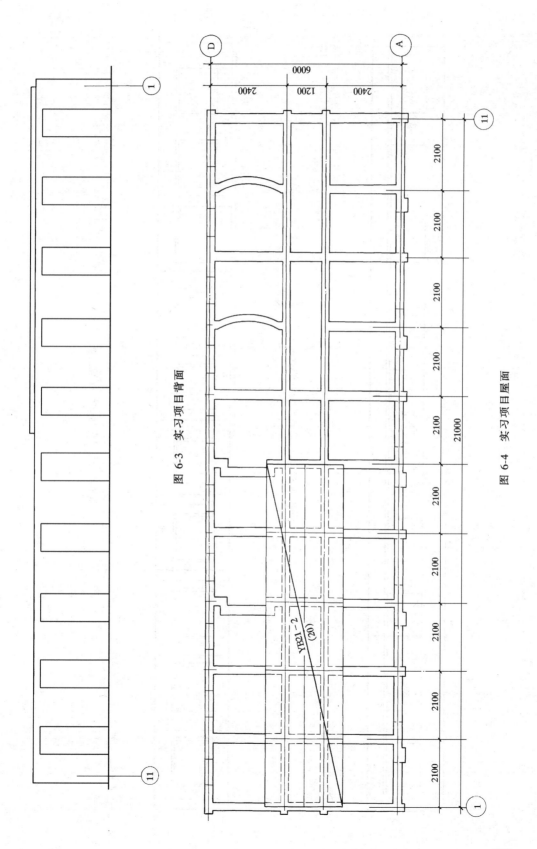

图 6-3 实习项目背面

图 6-4 实习项目屋面

177

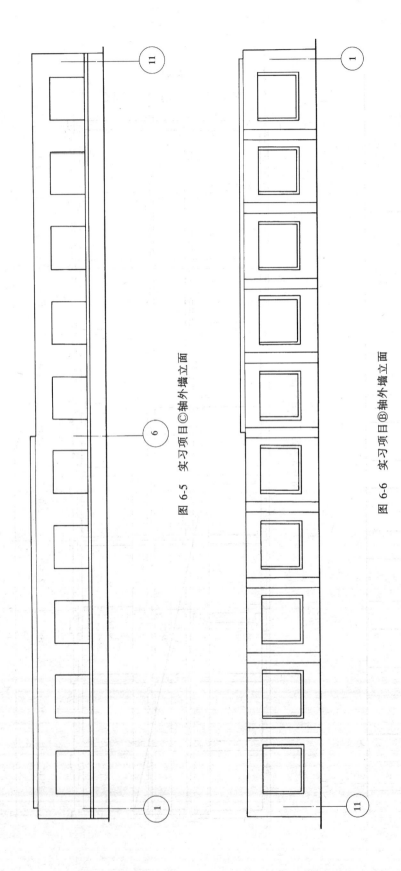

图 6-5 实习项目ⓒ轴外墙立面

图 6-6 实习项目Ⓑ轴外墙立面

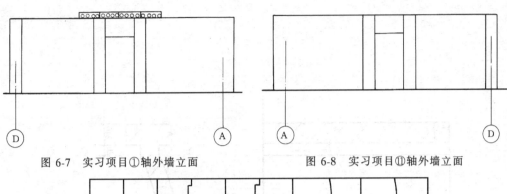

图 6-7 实习项目①轴外墙立面　　　　　图 6-8 实习项目⑪轴外墙立面

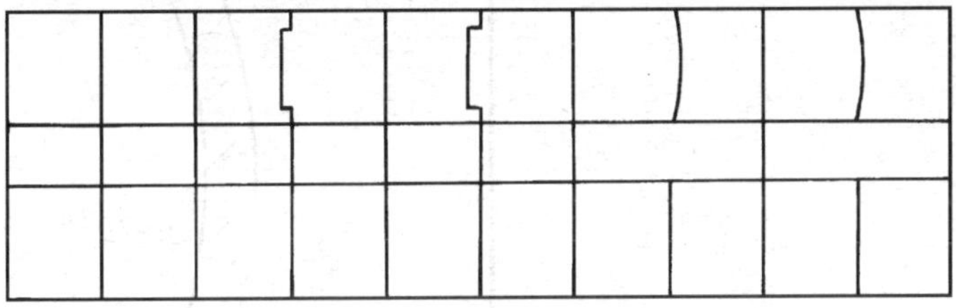

图 6-9 圈梁平面

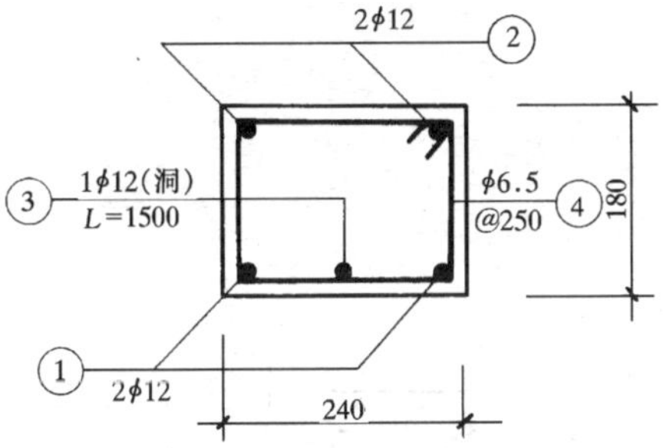

图 6-10 圈梁配筋 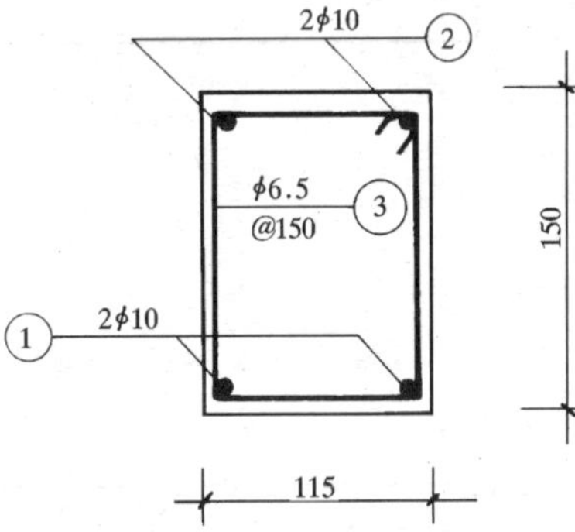　　　　　　　图 6-11 窗过梁配筋

门　窗　洞　口

编　号	洞口尺寸（mm）	位　置	数　量
M-1	800×2100	D轴	10
M-2	950×2100	1、11轴	2
C-1	1200×1200	C、B轴	20

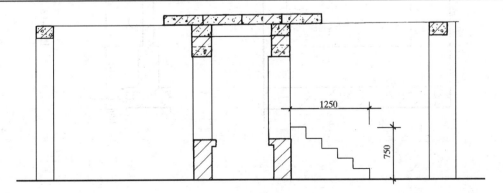

图 6-12　1-1 剖面

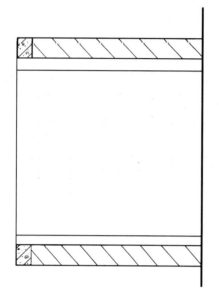
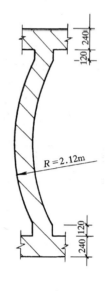

图 6-14 ③ 节点

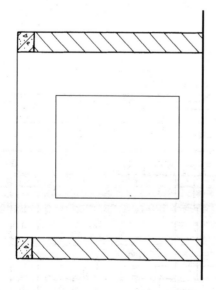
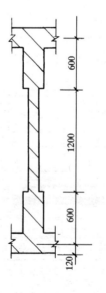

图 6-13 ① 节点

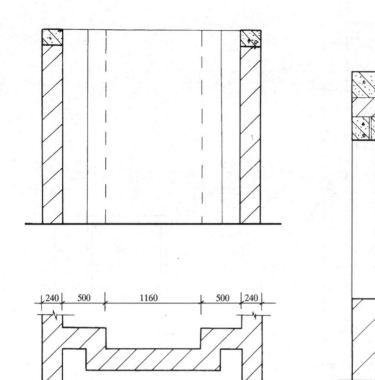

图 6-15 ②节点

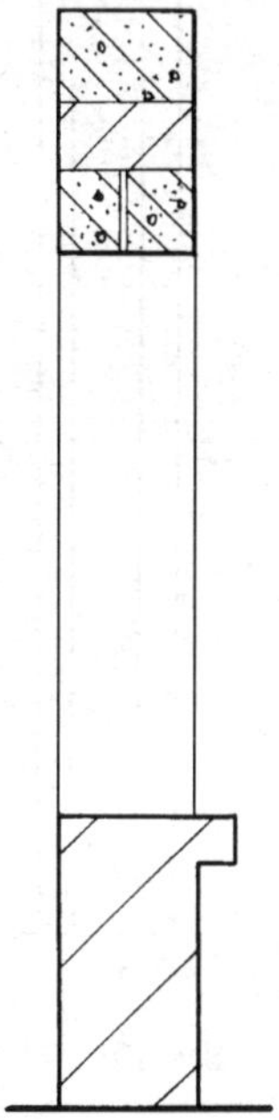

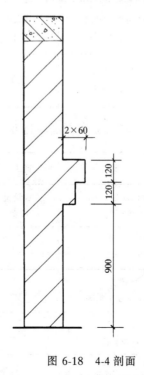

图 6-16 2-2 剖面

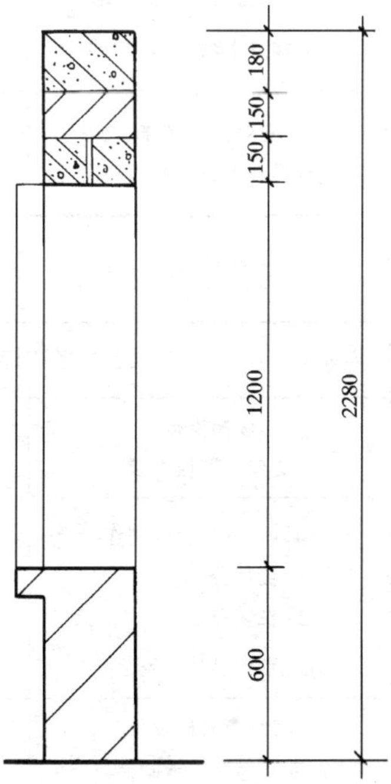

图 6-17 3-3 剖面

图 6-18 4-4 剖面

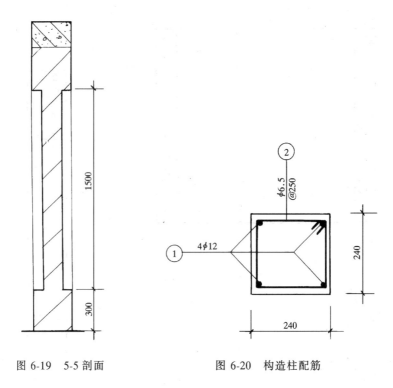

图 6-19　5-5 剖面　　　　　　图 6-20　构造柱配筋

（二）钢筋分项可完成实训项目及工位数量

序号	实训项目名称、主要工艺程序	可设置工位数量	序号	实训项目名称、主要工艺程序	可设置工位数量
1	构造柱钢筋制作，绑扎 翻样→下料→制作→绑扎	视情况 安排	3	过梁钢筋制作、绑扎 翻样→下料→制作→绑扎	视情况 安排
2	楼梯钢筋制作、绑扎 翻样→下料→制作→绑扎	同上	4	圈梁钢筋制作、绑扎 翻样→下料→制作→绑扎	同上

（三）模板分项可完成实训项目及工位数量

序号	实训项目名称、主要工艺程序	可设置工位数量	序号	实训项目名称、主要工艺程序	可设置工位数量
1	构造柱模板 拼模→安装→加固	视情况 安排	5	楼梯模板 支架→模板安装	视情况 安排
2	预制构件模板 拼模→安装支设	同上	6	砌体、装饰套板制作 1. 砌体分项 2. 抹灰分项 3. 饰面（块）分项	同上
3	（过）梁模板 拼模→支撑→安装加固	同上			
4	圈梁模板 拼模→安装支设	同上	7	砌筑皮数杆设计 准备→设计→制作	同上

（四）混凝土分项可完成实训项目及工位数量

序号	实训项目名称、主要工艺程序	可设置工位数量	序号	实训项目名称、主要工艺程序	可设置工位数量
1	构造柱混凝土的浇筑 检查、浇水→分层浇筑混凝土	视情况 安排	3	梁混凝土的浇筑 检查、洒水→分段浇筑混凝土	视情况 安排
2	预制构件混凝土的浇筑 检查、浇水→分件浇筑混凝土	同上	4	楼梯混凝土的浇筑 检查、洒水→浇筑混凝土	同上

（五）抹灰分项可完成实训项目及工位数量

序号	实训项目名称、主要工艺程序	可设置工位数量	序号	实训项目名称、主要工艺程序	可设置工位数量
1	天棚抹灰 清理→放线→打底、中层→面层抹灰	视情况 安排	6	柱面抹灰 放线→作饼→卡尺杆→分层抹灰	视情况 安排
2	墙面(平直、圆弧、折线)抹灰 作饼→冲筋→装档→面层抹灰	同上	7	梁面抹灰 侧面→底面抹灰	同上
3	楼梯踏步抹灰 放线→刮糙→面层抹灰	同上	8	窗套、腰线抹灰 放线→刮糙打底→面层抹灰	同上
4	地面抹灰 清理→作饼→冲筋→装档→压光	同上	9	各种天然饰面块料和人造饰 面块料铺贴(各部位)	同上
5	墙面装饰抹灰 (水刷石、干粘石、鏊假石等)	同上			

五、实习考核

按各分项课题中的项目分别组织实习考核。同时根据学生实习期间的实习表现、实习日记和实习报告，给出学生总实习考核成绩。

六、实习指导

学生的操作技能，是循序渐进，逐步提高的过程。实习各个训练课题或题目均有一定的独立性，在实习中并非强求同学们训练课题相同，从入学起，给每位同学建立实训项目档案，后期安排结合档案内容不断调整，结业时都可达到相同的培养目标。因此，在安排课题上，可充分利用各实训项目的工位，交叉进行实习训练。

实习时要结合劳动定额的工效要求，注意逐步增加劳动强度，以适应现场上岗要求。

单元一　砌筑和抹灰基本操作

本单元可按职业技能的应会技能等级要求，分别选择适宜题目进行练习，掌握技能，最后进行阶段考核总结。有条件时安排施工现场跟班作业，从工效、质量、进度、安全等方面，全面掌握砌筑和抹灰的施工方法，达到等级要求。

课题一　砌　筑　基　本　操　作

一、混合结构砌筑抄平、放线

（一）题目

一层砌筑分项抄平、放线。

（二）试题图

图 6-1 实习平面图。

（三）时间要求

4h 完成。

（四）要求

（1）二人一个作业小组，协作完成。

（2）先放线并将成果弹放在基面上（墨线）再抄平并将成果标注在固定皮数杆的三角架上，施工时便于和皮数杆吻合。

（3）完成的步骤和内容

控制线→轴线→墙身边线→门窗洞线→细部线（垛、预留洞等）

（五）考核评分（见表 6-1）

实操考核评定表   表 6-1

项目：砌筑抄平、放线　　　　　　学生编号：　　　姓名：　　　总得分：

序号	考 核 内 容	配分	评分内容、标准	得　分
1	控制线、轴线	15	偏差 5mm	
2	墙身、边线	15	偏差 3mm	
3	门窗洞口	10	符合装饰厚度要求，偏差 5mm	
4	细部线	10	符合砌体组砌模数尺寸	
5	弹线质量	15		
6	抄平	15		
7	工效	10	按时完成	
8	观感印象	10	观察操作是否熟练	

考评员：　　　　　　　　　　　　　日期：

二、带垛短墙砌筑

（一）题目

1.5m 高带垛短墙砌筑。

（二）试题图

图 6-1 中Ⓐ、②轴处带垛墙、高度取 1.5m。

（三）时间

4h。

（四）要求

（1）一人带一名助手，砌筑独立完成。

（2）完成的步骤和内容

准备→抄平、放线→摆砖搁底→砌头砖→挂线砌筑至要求高度。

（五）考核评分

见表 6-2。

实操考核评定表 表 6-2

项目：带垛短墙砌筑 　　　　学生编号：　　　姓名：　　　总得分：

序号	考 核 项 目	配分	评分内容、标准	得　分
1	准备工作	5	齐全、充分	
2	抄平、放线	5	外形尺寸正确	
3	撂底、排活	10	组砌排列合理	
4	墙砌体顶面标高	10	±15mm	
5	垂直度	10	允许偏差 5mm	
6	表面平整度	10	允许偏差 5mm	
7	水平灰缝平直度	10	允许偏差 7mm	
8	游丁走缝	10	允许偏差 20mm	
9	工效	10		
10	安全、文明施工	5	工完场清	
11	观感印象	15	观察各操作过程的熟练程度	

考评员：　　　　　　　　　　　　　日期：

课题二　抹 灰 基 本 操 作

一、楼梯踏步水泥砂浆抹灰

（一）题目

砖基体楼梯踏步水泥砂浆抹面。

（二）试题图

图 6-1、图 6-12 楼梯图。

（三）时间

4h。

（四）具体要求

（1）提前对楼梯基层进行清理、放线、湿润、打底刮糙。

（2）一人独立完成。

（3）采用 1:2 水泥砂浆。

（4）完成步骤

基层清理→检查放线→抹踢面→抹踏面及收头→养护。

（五）考核评分（见表 6-3）

实操考核评定表 表 6-3

项目：楼梯踏步抹面 　　　　学生编号：　　　姓名：　　　总得分：

序号	考 核 内 容	配分	评分内容、标准	得　分
1	表面平整、光滑、无空鼓			
2	阳角整齐		共线（拉通线查）、踏面高差 10mm	
3	工效		超时扣分	
4	安全、文明施工		无事故，工完场清	
5	观感印象		观察操作是否熟练	

考评员：　　　　　　　　　　　　　日期：

二、圆弧墙面抹灰

（一）题目

凸圆弧墙面水泥砂浆抹灰罩面。

（二）试题图

图 6-1　⑩轴线凸圆弧墙面。

（三）时间

4h。

（四）要求

（1）采用专用套板作圆弧筋，提前刮糙打底。

（2）一人带一名助手、完成面层抹灰。

（3）面层抹灰厚度控制可采用多种方法，操作者自己选择。

（4）采用1:2水泥砂浆。

（五）考核评分（见表6-4）

实操考核评定表　　　　　　　　　　　　表 6-4

项目：凸圆弧墙面水泥砂浆抹灰　　　　学生编号：　　　姓名：　　　总得分：

序号	考 核 内 容	配分	评分内容、标准	得 分
1	施工准备	10	充分	
2	标筋控制	15	方法效果到位	
3	表面光滑 粘结牢靠	15	光滑、无空鼓	
4	墙面垂直度	10	允许偏差4mm	
5	圆弧曲率	10	符合放样套板要求	
6	工效	15	按时完成、不超时	
7	安全、文明施工	10	安全无事故、工完场清	
8	观感印象	15	符合操作要领、熟练、顺手	

考评员：　　　　　　　　　　　　　　日期：

单 元 小 结

本单元在校内实习场地完成了较多砌筑和抹灰的综合项目，通过对各项目的实习训练，使学生的操作技能和独立施工能力均有较大提高，特别是通过工效、质量、安全等全方位的训练，使学生现场综合施工能力得到较大的锻炼。

复习思考题

1. 砌筑工程的施工程序和操作要点如何？

2. 如何设立皮数杆，它有哪些作用？

3. 怎样保证砌筑砂浆的饱满度？

4. 墙面抹灰的施工程序和操作要点如何？

5. 如何保证水泥砂浆楼地面的施工质量？

6. 抹灰工程施工准备工作的内容如何？

单元二 模板、钢筋与混凝土施工

本单元主要应安排在施工现场进行较大课题的训练。实习车间进行基本技能的目标训练，从而熟悉各分项的施工工艺过程，掌握模板、钢筋、混凝土的基本施工方法，达到等级要求。

课题一 模板的制作与安装

一、预制过梁木模板的制作与安装

（一）题目

预制过梁木模板的施工。

（二）试题图

根据图 6-11 窗过梁配制、安装模板。

（三）时间

4h。

（四）要求

（1）采用 3cm 厚木板根据外形尺寸，加工两侧及端头模板。

（2）一人带一名助手完成。

（3）操作步骤顺序及内容

选材→弹线→截锯→拼板成型→安装检查。

（五）考核评分（见表 6-5）

实操考核评定表 表 6-5

项目：过梁模板拼接安装　　　　　　学生编号：　　姓名：　　　　总得分：

序号	考 核 内 容	配分	评 分 标 准	得 分
1	选材、准备	10	合理、充分	
2	模板制作	20	拼缝严密	
3	模板安装	20	外形尺寸正确	
4	工效	20	按时完成	
5	安全、文明施工	10	无事故、工完场清	
6	观感印象	20	操作熟练，顺序正确	

考评员：　　　　　　　　　　　　　　日期：

二、圈梁模板的制作与安装

（一）题目

现浇圈梁木模板的施工。

（二）试题图

根据实习图选一段长 2.5m 的一段圈梁。

（三）时间

6h。

（四）要求

（1）采用 3cm 厚木板，进行截锯拼板。

（2）二人一组，协作完成。

（3）操作步骤顺序及内容。

选材→弹线→截锯→拼板成型→现场安装固定→检查。

（五）考核评分（见表6-6）

实操考核评定表　　　　　　　　　　　　　　　　　表6-6

项目：圈梁模板制作及安装　　　　　　　学生编号．　　姓名：　　总得分：

序号	考 核 内 容	配分	评 分 标 准	得　分
1	准备选材	10	充分、合理	
2	模板制作	20	拼缝严密	
3	模板安装	20	外形尺寸正确，标高符合设计	
4	工效	20	按时完成	
5	安全、文明施工	10	无事故、工完场清	
6	观感印象	20	操作熟练、顺序正确	

考评员：　　　　　　　　　　　　　　　　　日期：

课题二　钢筋的加工与绑扎

一、过梁钢筋的加工与绑扎

（一）题目

长1.5m截面115mm×150mm钢筋混凝土预制过梁的加工和绑扎。

（二）试题图

图6-11。

（三）时间

4h。

（四）要求

（1）根据图纸要求进行钢筋翻样，计算各种规格的下料长度。

（2）进行钢筋的领料→下料→弯曲→预制绑扎的全过程。

（3）一人带一名助手完成。

（五）考核评分（见表6-7）

实操考核评定表　　　　　　　　　　　　　　　　　表6-7

项目：预制过梁加工绑扎　　　　　　　学生编号：　　姓名：　　总得分：

序号	考 核 内 容	配分	评 分 标 准	得　分
1	钢筋制作外形	15	允许偏差±5mm	
2	骨架宽度、高度	15	允许偏差±5mm	
3	骨架的长度	10	允许偏差±10mm	
4	箍筋间距	10	允许偏差±10mm	
5	保护层尺寸	10	允许偏差±5mm	
6	工效	15	按时完成	
7	安全、文明施工	10	无事故、工完场清	
8	观感印象	15	观察考核全过程、评价熟练程度和技能水平	

考评员：　　　　　　　　　　　　　　　　　日期：

二、构造柱钢筋的加工与绑扎

（一）题目

构造柱钢筋的加工和预制绑扎

（二）试题图

图 6-20。

（三）时间

4h。

（四）要求

（1）根据图纸要求进行钢筋翻样，计算各种规格的下料长度。

（2）一人带一名助手完成。

（3）完成步骤

领料→下料→弯曲成型→预制绑扎。

（五）考核评分（见表 6-8）

实操考核评定表 表 6-8

项目：预制构造柱钢筋加工绑扎　　　　　学生编号：　　姓名：　　总得分：

序号	考核内容	配分	评分标准	得分
1	钢筋制作外形	15	允许偏差±5mm	
2	骨架宽度、高度	15	允许偏差±5mm	
3	骨架的长度	10	允许偏差±10mm	
4	箍筋间距	10	允许偏差±10mm	
5	保护层尺寸	10	允许偏差±5mm	
6	工效	15	按时完成	
7	安全、文明施工	10	无事故、工完场清	
8	观感印象	15	观察考核全过程、评价熟练程度和技能水平	

考评员：　　　　　　　　　　　日期：

课题三　基本构件混凝土浇筑

一、题目

构造柱混凝土浇筑

二、试题图

见图 6-20。

三、时间

4h。

四、要求

（1）三人一组，分工协作完成。

（2）人拌机捣，完成一根构造柱。

（3）主要施工过程

准备→配料→人工搅拌→运输→入模振捣→养护→模板拆除。

五、考核评分（见表6-9）

实操考核评定表　　　　　　　　　　　　　　　　　　表6-9

项目：构造柱混凝土浇筑　　　　　　　学生编号：　　　姓名：　　　总得分：

序号	考核内容	配分	评分标准	得分
1	准备工作	10	充分	
2	配料	10	配合比计算正确，计量准确	
3	人工搅拌	10	施工方法正确，搅拌均匀	
4	运输	5	混凝土无离析现象	
5	入模振捣	15	入模方法得当，振捣熟练	
6	拆模外观	10	平整、光滑、无缺陷	
7	工效	15	按时完成	
8	安全、文明施工	10	无安全事故，无材料浪费	
9	观感印象	15	施工步骤正确、动作熟练	

考评员：　　　　　　　　　　　　　　日期：

单　元　小　结

钢筋混凝土工程是建筑工程施工的重要分项之一，它包括模板、钢筋、混凝土等三个子分项，校内实习与现场情况有一定距离，主要掌握其操作程序过程，可结合现场实际进行提高，如可采用现场图纸，作一些技能点的要求，为现场实习打好基础。本单元项目可作为岗位考核模拟考场，完成技能鉴定模拟工作。

复　习　思　考　题

1. 钢筋混凝土框架结构柱、梁、板的施工程序及操作要点是什么？
2. 如何选定模板施工方案？
3. 梁、板结构构件钢筋的施工程序有哪些？
4. 钢筋接头留设原则怎样？有哪些接头方法？
5. 混凝土的养护有哪些方法？

模块七　施工员（工长）实习

一、施工员的职责及主要任务

（一）施工员的职责

施工员是建筑施工现场最基层、最直接的管理者，其主要职责是，在项目经理的领导下，将拥有的机械设备、材料、人力协调地组织起来，进行综合施工，以完成合同规定的或上级下达的施工任务。施工员在施工的全过程对所辖工程的生产、技术、管理等负有全部责任，是一线施工现场的基层指挥员。

（二）施工员的主要任务

1. 施工准备工作

（1）熟悉图纸

熟悉图纸的目的是清楚地了解设计要求、质量要求和细部做法，以便向工人交底，指导和检查各项具体施工项目。

（2）熟悉施工组织设计

施工员应熟悉施工项目的施工组织设计、对施工项目的生产部署、施工顺序、施工方法、技术要求有一个清晰的了解，以便具体组织施工。必要时，编制分部分项工程施工方案，制定具体的技术组织措施。

（3）现场准备

主要是对现场的"三通一平"工作进行验收；完成并检验现场的抄平、测量放线工作；并按照施工进度的安排、现场总平面布置图的要求，合理组织选定的机具、材料、构配件陆续进场，并堆放在既定的位置上。

（4）施工组织准备

1）调查劳务情况，分期分批组织劳动力进场。内容包括人员的配备是否合理，技术力量如何，生产能力如何等，按照不同的施工项目要求，选定合理的劳动力组织形式和工种配备比例。

2）研究施工工序，确定工序之间的搭接次序、时间和部位，合理组织分段流水、交叉作业计划，然后按流水和分段进行人员的分档，并根据分档情况配备运输、配料、供档的辅助力量。

2. 向工人进行工程交底

施工前，要向工人进行全面的工程交底，内容包括：

（1）计划交底

内容包括任务数量、工程的开始和结束时间，该任务在全部施工过程中对其他工序的影响和重要程度。

（2）定额交底

该任务的劳动定额、材料消耗定额、机械配合台班及每个台班产量，使工人心中有数。

（3）施工措施和操作方法交底

针对任务向工人提供有关的设计图纸及细部做法，交代施工组织设计中的有关规定，指出应遵循的施工规范和工艺标准的有关部分。

（4）安全生产交底

主要介绍施工操作、运输过程中的安全注意事项，机电设备的安全使用事项，工地的消防规定等。

（5）管理制度交底

施工一线现场管理制度主要有：

1）自检、互检、交接检的具体时间和部位；

2）分部分项质量验收标准和要求；

3）现场场容管理制度的要求；

4）样板的建立和要求。

3．施工任务的下达与验收

要按进度计划及时向班组下达施工任务书。待任务完成后，要按计划内要求和质量标准进行验收。这种验收主要从两方面进行。一方面，当完成分部分项工程以后，施工员需查阅有关资料，如混凝土强度等级、钢筋强度、砖的强度等级是否符合设计要求等。另一方面，须通知技术员、质量检查员、施工的班组长，对所施工的部位或项目，按照质量标准进行检查验收，对合格产品须进行填表登记，签字验收；对不合格的产品，立即组织原施工班组进行维修或返工。

4．施工操作中的具体指导和检查

施工操作过程中，施工员应对各项工作进行具体指导，并对施工质量进行随时检查，主要内容如下：

（1）检查抄平、放线、准备工作是否符合要求。

（2）工人能否按交底的要求进行施工，必要时应进行示范。

（3）对一些关键部位要加强指导和检查，如留槎、留洞、加筋、预埋件等，应适时提醒操作者。

（4）随时提醒安全、质量和现场场容管理中的欠缺和漏洞。

（5）按工程进度及时进行隐、预检和交接检，配合质量检查人员搞好分部分项工程质量评定。

5．做好施工日志的填写

施工日志记载的主要内容有：当日天气、当日工程进度、工人调动情况，材料供应情况，施工中的安全和质量问题，设计变更和其他重大决定，经验与教训。

二、施工员（工长）实习的目的

学生通过施工员实习，应基本明确施工员的职责范围和主要的工作内容，熟悉并掌握施工员的各项工作要领，将所学的理论知识与施工实践结合起来，提高解决工程实际问题的能力，为毕业后从事施工员岗位管理工作打下良好的基础。

三、实习内容

施工员实习内容分为内业和外业两部分，各部分的主要实习内容如下：

（一）内业工作

1. 熟悉施工图纸

参加图纸会审，掌握关键，抓住要领，找出图纸中的错误或疏漏之处，提出合理化建议。

2. 编制或熟悉单位工程施工组织设计

在工地工程技术人员及实习指导老师的指导下，有条件的参加编制单位工程施工组织设计工作，了解单位工程施工组织设计的编制方法和编制内容。进入现场后，单位工程施工组织设计已完成时，应详细阅读，清楚地了解生产部署、施工顺序、施工方法、平面布置、技术措施、工作的重点和难点，必要时，编制分部、分项工程施工方案，制定具体的技术组织措施。

3. 编制或熟悉月旬施工作业计划

在编制工程组织设计的基础上，编制月、旬施工作业计划。学生进入施工现场时，月旬施工作业计划已编制完毕时，学生应尽快熟悉此计划，对流水的划分、工程进度等，做到心中有数。

4. 参与实验室的材料检验工作

主要是了解钢筋和混凝土的检验方法和标准，加深对钢筋力学性能和混凝土配合比的理解。

5. 竣工验收资料的收集和整理

（二）外业工作

（1）做好施工准备工作。

（2）掌握在施工现场进行定位、抄平、放线等的工作程序和工作方法。

（3）学习掌握班组施工任务单的签发，工程任务的技术交底、安全交底、进度交底和质量交底的内容和方法。

（4）学习和运用施工操作规程和施工验收规范，进一步熟悉与掌握各分部分项工程的施工程序和工艺要求。

（5）学习质量管理和安全生产的有关规定，了解质量验收的方法和质量整改措施，了解建筑施工一般安全要求和各专业工种的安全操作规程。

（6）学会现场签证、隐蔽工程记录验收工作及各工种之间的交接工作，学会填写施工日志。

四、实习组织

施工员实习应分成小组，每个小组的成员不宜太多，以 3～4 人为宜，进入现场以后跟班作业。每个小组由一位现场施工工长带领指导实习。为了提高实习的效果和质量，考虑到现场施工任务繁重，不可能抽出太多的人力和精力来按学校的实习计划完成所有的实习内容，施工的内业工作可以在学校内进行，由专业老师或实习指导老师指导，必要时可以请施工现场的工程技术人员到校内辅导。时间分配比例可根据实际情况而定。

实习组织的其他要求，参阅概述中的要求。

五、实习考核

实习考核的内容和方法参阅概述中的要求。

六、实习指导

施工员实习分为三个单元进行，即：施工前的准备工作；施工现场管理常识；建筑安装设备工程与土建工程的配合等。各单元的实习指导如下：

（一）施工前的准备工作实习指导

此单元的实习重点是单位工程施工组织设计。第一种实习方案是准备一套工程图纸，在校内由实习指导老师指导进行单位工程施工组织设计的编制工作；第二种实习方案是针对拟进入的施工项目，邀请工地的工程技术人员指导编制或对已编制好的单位工程施工组织设计进行讲授和学习。这样，既学习了单位工程施工组织设计的编制内容和方法，又对拟进入的工程项目有一个深入的了解，对提高实习效率和实习质量有很大的作用。

（二）施工现场管理常识实习指导

施工现场管理是建筑企业管理的重要组成部分，也是整个企业管理工作的基础和落脚点。因此，施工现场管理水平的高低，直接影响到建筑产品的质量和企业的经济效益。

长期以来，我国建筑企业的全员劳动生产率偏低、质量欠佳、效益不高，虽然有很多客观因素，但是，忽视施工现场的科学管理是其根本原因。因此，本课题的实习对学生毕业后从事施工员岗位工作至关重要，应在现场跟班作业，在实习指导老师和现场指导老师的指导下进行。

所谓施工现场管理就是运用科学的管理思想、管理组织、管理方法和管理手段，对施工现场的各种生产要素，如人（操作者、管理者）、机（设备）、料（原材料）、法（工艺、检测）、环境、资金、能源、信息等，进行合理的配置和优化组合，通过计划、组织、控制、协调、激励等管理职能，保证现场能按预定的目标，实现优质、高效、低耗、按期、安全、文明地生产。

1.施工现场管理的任务

施工现场管理的具体任务，可以归纳为以下几点：

（1）全面完成生产计划规定的任务（含产量、产值、质量、工期、资金、成本、利润和安全等）

（2）按施工规律组织生产，优化生产要素的配置，实现高效率和高效益。

（3）搞好劳动组织和班组建设，不断提高施工现场人员的思想和技术素质。

（4）加强定额管理，降低物料和能源的消耗，减少生产储备和资金占用，不断降低生产成本。

（5）优化专业管理，建立和完善管理体系，有效地控制施工现场的投入和产出。

（6）加强施工现场的标准化管理，使人流、物流高效有序。

（7）整治施工现场环境，改变"脏、乱、差"的状况，注意保护施工环境，做到施工不扰民。

2.施工现场管理的内容

施工现场管理不仅包含组织管理工作，而且包括大量的企业管理的基础工作在现场的落实和贯彻，一般应包括以下的内容：

（1）落实施工任务，签定内部承包合同。

（2）进行开工前的各项准备工作，促成工程顺利开工。

（3）进行施工过程中经常性的施工准备工作。

（4）按计划组织综合施工，对施工的全过程进行全面控制和协调（计划、质量、成本、技术与安全、物质、劳动力等）。

（5）搞好场地管理，各种材料、设施堆放有序，道路畅通，施工环境整洁。

（6）利用施工任务书，进行基层的施工管理。

（7）组织工程交工验收。

（三）建筑安装设备工程与土建工程的配合实习指导

本单元的实习是了解性的，通过实习过程中的观摩，了解电气、房屋卫生等设备的预埋和安装对土建施工的要求，土建施工和设备的安装应配合默契，穿插有序进行，既不能漏埋或漏装，造成返工或破坏成品，又不能各工种相互扯皮、干扰，影响施工进度和施工质量。

单元一　施工前的准备工作

现代建筑工程是一项综合的、复杂的大型生产活动，它不仅耗用大量的人力、物力，常伴随着复杂的技术问题，而且现场施工涉及方方面面广泛的社会关系。因此，需要通过周密的准备，多方协调，才能为工程的顺利开工，以及为随后的连续施工提供保障，取得施工的主动权。

通过深入细致的施工准备工作，做好规划，还可以对施工中可能出现的各种问题制定相应的对策与措施，增强应变能力，有效地减少或避免施工中的风险，取得预期的良好施工效益。

现场施工准备工作的基本任务就是为了工程顺利开工和连续施工创造必要的技术、物质条件，组织施工力量，并进行相应的各种准备。具体任务包括以下几项：

1．办理现场施工的法律手续

任何一项工程施工，都要办理各种批准手续，涉及国家计划、城市规划、地方行政、交通、消防、公用事业和环境保护等有关部门。因此，施工准备阶段要派出得力人员到有关单位办好各种开工必备的手续，取得各方的支持，才能顺利开工。

2．研究并掌握工程的重点和难点，制定相应的对策

施工准备阶段要熟悉图纸和相关的技术资料，了解设计意图，审核工程设计中存在的问题，并详细了解基础、结构、设备安装和装修中的重点和难点，制订相应的施工技术措施，为工程按时、保质、高效完成做好各种准备。

3．施工条件的调查与创造

工程施工条件异常复杂多变，其中包括社会条件、投资条件、经济条件、技术条件、自然条件、现场条件和资源条件等，在开工之前，要对施工条件进行广泛周密的调查，分析对施工的有利和不利的因素，积极创造计划、技术、物资、资金、人员、组织、场地等方面的必备条件，以满足工程顺利开工和连续施工的需要。

4．合理部署和使用施工力量

为了确保施工全过程必备的人力资源，在开工前要根据工程的规模和特点选择分包

单位，合理调配劳动力，完善劳动组织，并按施工要求对进场人员进行事前的对口培训。

5. 预测施工中可能出现的风险，做好应变对策

由于工程施工周期长，影响施工的因素复杂多变，使施工随时遇到各种意外的风险，因此，为了确保工程顺利施工，在施工准备阶段，要对可能出现的各种风险进行预测，并制订必要的措施和对策，防止或减少风险损失，提高施工中的应变和动态控制能力。

现场施工准备工作的主要内容包括以下几项：

1. 组织和思想准备

组织准备主要是根据工程任务的目标要求、工程规模、工程特点、施工地点、技术要求和施工条件等，结合企业的具体情况，由企业经理任命项目经理，由项目经理组建项目经理部，与企业签订工程的内部承包合同，明确管理目标和经济责任。

思想准备是通过各种生动活泼的时事政策教育、政治思想教育以及有关的规章制度的教育，提高全体进场人员的思想认识，使他们明确工程项目施工的各项要求，以事实求是的科学态度，全面系统地分析工程的有利和不利因素，以提高大家按期、保质、高效地完成工程任务的积极性和责任心。

2. 技术准备

技术准备也称内业准备，主要包括以下内容：

(1) 熟悉、审核图纸和有关资料

此项工作主要审核图纸有无错、漏的地方，有无不明确的地方，做好记录并与设计单位洽商。搞清设计意图和工程特点，熟悉现场的地质、水文情况、收集有关资料。

(2) 进行现场调查

现场调查的目的是收集现场的各种资料，为编制面向现场的施工组织设计提供真实的资料，调查的内容包括自然条件、技术经济条件等情况。

(3) 编制施工组织设计

施工组织设计是指导工程项目，进行施工准备和组织施工的重要文件，是工程项目施工组织管理的首要条件。施工组织总设计一般由主持工程的总包单位为主编制；单位工程施工组织设计一般由施工现场管理班子或施工项目经理部编制；分部（分项）工程作业方案用以指导分项工程施工，它是以施工难度较大或技术较复杂的分项工程为对象编制的，一般由施工队编制和实施。

(4) 编制施工预算

施工预算是编制施工作业计划的依据，是施工项目经理部向班组签发任务单和限额领料的依据，是包工、包料的依据；是实行按劳分配的依据；还是施工项目经理部开展施工成本控制，进行施工图预算和施工预算对比的依据，一般由施工项目经理部编制。

3. 施工现场准备

施工现场准备也称外业工作，具体内容包括以下几项：

(1) 施工现场测量

按照建筑总平面图和已有的永久性、经纬坐标控制网和水准控制基桩进行施工区域的施工测量，设置该地区的永久性经纬坐标桩、水准基桩和工程测量控制网，用其进行建

筑物的定位放线。

（2）"三通一平"准备

所谓"三通一平"是指施工区域内的道路、水、电通畅和施工场地平整，施工准备阶段应按要求完成，以保证工程的顺利进行。

（3）大型临时设施的准备

为了使施工顺利地进行，施工现场必须修建现场施工人员的办公、生活和公用的房屋和构筑物，施工用的仓库、混凝土搅拌站、木工场、钢筋加工场、预制场等临时建筑，上述建筑要在施工准备期间按施工总平面图给定的位置建造起来。

（4）物资准备

现场物资准备主要包括：建筑材料和建筑构件的定货、储存和堆放；配置落实生产设备的定货和进场；提供建筑材料的试验申请计划，安装、调试施工机械等。

（5）其他准备工作

对有冬、雨季节施工的项目要落实临时设施和技术措施的准备工作，同时按照施工组织设计的要求，建立消防、保安等组织机构并落实相关措施。

4．施工队伍的准备

根据工程项目的规模和特点，选择施工队伍，并随工程的进展分期、分批进场。做好进场人员的培训，进行安全教育，对特殊工种要按计划进行专门培训，合格后方可上岗。施工项目开工前，要向参加施工的全体人员进行动员和交底，落实各项责任制度。

下面对施工前的准备工作内容中尤其重要的建筑识图、单位工程施工组织设计、施工现场准备等分为三个课题分别进行详细地介绍。

课题一　建　筑　识　图

建筑施工图是工程的施工语言，它形象准确地表达建筑物的外形轮廓和尺寸大小、结构构造、装修做法、材料做法以及设备安装等的具体情况。

作为参与工程施工的施工员（工长）必须掌握看图的专业本领，只有尽快地看懂图纸，才能领会设计意图，编制施工组织设计等技术文件，按图组织施工、确保工程质量。

识图的基本知识可参阅模块二单元一建筑识图课题，熟练的识图能力有待于严格的训练和长期的工程实践才能逐步培养起来。进入施工现场以后，应尽快熟悉工程项目的施工图纸，以便进行下一步的实习计划。

课题二　单位工程施工组织设计的编制

施工组织设计是用以指导一个拟建工程现场施工准备和组织施工的技术经济文件。建设部《建设工程施工现场管理规定》第十条规定"施工单位必须编制建设工程施工组织设计。建设工程实行总包和分包的，由总包单位负责编制施工组织设计或分阶段施工组织设计。分包单位在总包单位的总体部署下，负责编制分包工程的施工组织设计。"由此可见，施工组织设计是工程项目施工管理的首要工作。

一、施工组织设计的分类和内容

（一）施工组织设计的分类

施工组织设计应根据施工项目的规模、结构特点、技术繁简程度和施工条件等因素的差异，编制不同范围和深度的施工组织设计。通常，施工组织设计分为以下三类。

1．施工组织总设计

它是以整个建设项目或民用建筑群为对象编制的，作为整个工程全局性施工的指导和控制性文件。一般由主持工程的总承包单位为主编制。

2．单位工程施工组织设计

该项工作一般由现场施工管理班子或施工项目管理部编制，它以单项工程或单位工程为对象编制，作为单项工程或单位工程施工的指导性和实践性文件。

3．分部（分项）工程作业设计

此项工作以施工难度较大或技术较复杂的分项工程为对象编制，用以具体指导分项工程施工，是施工队的实践性文件，由施工队编写。

（二）施工组织设计的内容

（1）工程概况；

（2）施工方案、主要施工方法、工程进度计划、主要单位工程综合进度计划和施工力量、机具及部署；

（3）施工组织技术措施（包括工程质量、安全防护以及施工现场环境保护等各种措施）；

（4）施工总平面布置图；

（5）总包和分包的分工范围及交叉施工部署。

二、单位工程施工组织设计的编制

（一）单位工程施工组织设计的作用和编制依据

1．单位工程施工组织设计的作用

（1）贯彻施工组织总设计，具体实施施工组织总设计对该单位工程的规划精神；

（2）编制该工程的施工方案，选择施工方法、施工机械，确定施工顺序，提出实现质量、进度、成本和安全目标的具体措施，为施工项目管理提出技术和组织方面的指导性意见；

（3）编制施工进度计划，落实施工顺序、搭接关系，各分部分项工程的施工时间，实现工期目标，为施工单位编制作业计划提供依据；

（4）计算各种物资、机械、劳动力的需要量，安排供应计划，从而保证进度计划的实现；

（5）对单项工程的现场进行合理设计和布置，统筹合理利用空间；

（6）具体规划作业条件方面的施工准备工作。

2．单位工程施工组织设计的编制程序

单位工程施工组织设计主要是对一个单项工程（教学楼、车间、办公楼等）进行的，其编制程序如下：

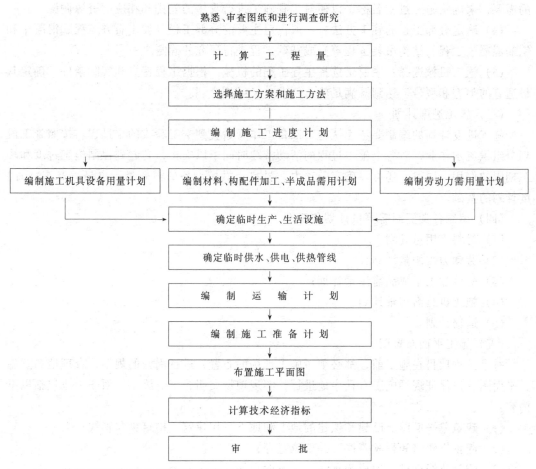

二、单位工程施工组织设计内容

（一）工程概况

包括以下内容：

（1）建筑、结构特点：如高度、层数、建筑物面积、抗震设防程度等；

（2）建设地区特点：如地形、工程与水文地质条件、地下水位、气温、冬雨季起止时间、主导风向、风力等。

（3）施工条件：如水、电、道路、场地平整情况；建筑场地四周情况；材料等物资的供应情况；施工单位的建筑机械和运输工具可供本工程使用的程度；施工技术与管理水平等。

通过上述分析，应指出本单位工程的施工特点和施工中的关键问题。

（二）施工方案的选择

包括以下内容：

（1）确定施工程序和施工流向：这是指分段施工在平面上的施工流向。对多层建筑还要定出分层分段施工的流向。

（2）确定施工顺序：应根据建筑结构特点和施工条件，做到尽量争取时间，充分利用时间，处理好施工项目（或工序）间合理的施工顺序，加速施工进度。

（3）确定施工过程名称：根据结构特点、施工方法和劳动组织，并适应施工进度计划的需要，来确定施工过程名称，以便对工程施工进行具体的安排和相应的资源调配。

（4）确定分部工程的施工方法：一般仅对主要的分部工程（如土石方工程、混凝土和钢筋混凝土工程、结构吊装工程等）或特殊工程进行研究并确定之。

（5）施工机械选择：主要是选择主导工程的机械。根据工程特点和实际条件，确定其最适宜的类型和型号。达到既满足施工要求，又经济合理。

（三）施工进度计划

施工进度计划的编制要考虑从施工准备工作开始直到交工验收的全过程。按照施工段划分组织流水作业，对各个施工过程的活动持续时间予以安排，它起到控制施工进度和竣工期限的作用。同时，还可以确定劳动力、材料、机械设备的需要量，也是编制季（月）度计划的基础。

（四）编制各类资源需要量计划包括有

（1）材料需用量计划；

（2）劳动力需用量计划；

（3）构件加工半成品需用量计划；

（4）施工机具需用量计划；

（5）运输计划。

（五）施工平面布置图

每个工程项目在施工前，都必须对施工现场的布置，进行周密的规划，合理地布置施工平面图，以保证现场施工有秩序地进行，实现现场文明施工。施工平面图中应包括以下内容：

（1）建筑总平面图上已建和拟建的地上和地下一切建筑、构筑物和管线；

（2）起重机轨道和行驶路线，井架位置等；

（3）测量放线标桩，地形等高线，土方取弃场地；

（4）材料、加工半成品、构件和机具堆场；

（5）生产用临时设施（如混凝土搅拌站、砂浆搅拌站、钢筋工棚、木工棚、仓库等）；

（6）生活用临时设施（如办公室、工人宿舍、休息室、饮水站等）；

（7）供水、供电线路及道路，包括变压站、配电房、永久性和临时性道路等；

（8）施工现场安全、防火设施。

应该指出：建筑施工是一个复杂多变的生产过程，施工现场的布置应随着生产过程的需要而变化，实行动态管理。但是，对于整个施工现场的主要道路、垂直运输机械、水、电管线和临时房屋是不会轻易变动的。因此，既不能求稳怕变，也不能乱变。对于大型施工项目、施工期限较长或建设地点狭窄时，要按施工阶段来布置施工平面图，以适应各阶段的施工要求。

（六）技术经济指标计算

单位工程施工组织设计编制的最后一项工作，就是计算该工程的技术经济指标。它包括：

（1）工期指标（预计工期）；

（2）劳动生产率指标；

（3）质量安全指标；

（4）三大材料节约指标和降低成本率指标；

（5）主要工种的机械化施工程度。

三、单位工程施工组织设计实例

根据以上所述的编制单位工程施工组织设计的依据和内容，学生可在校内在实习指导老师或现场工程技术人员的指导下进行实习，具体可分为三种模式：

（1）在校内利用某一工程项目进行模拟编制。

（2）在现场工程技术人员的指导下，参加现场单位工程施工组织设计的实践编制。

（3）学习拟进入施工项目已编制完的单位工程施工组织设计，深入理解设计中的各项内容，掌握施工的重点和难点及相关的技术组织措施，为进入现场实习打下良好的基础。

课题三 施工现场准备

施工现场准备主要是为工程项目正常施工创造良好的现场施工条件和物质保证，具体工作内容包括下面几方面。

一、布置现场测量控制网

现代建筑工程施工是一项综合的、复杂的大型生产活动，为了落实设计意图，建筑施工的全过程都需要测量工作配合施工，以保证建筑物的平面和高程位置的正确。

在施工准备阶段，先要根据现场的具体情况布置测量控制网，即按照建筑总平面图和已有的永久性经纬坐标控制网和水准控制基桩进行建设区域的施工测量，设置该施工地区的永久性经纬坐标桩、水准基桩和工程测量控制网，以控制施工过程的建筑定位放线。

二、施工现场"三通一平"准备

"三通一平"是指施工区域内的道路、水、电要通畅，施工现场的场地要平整，以保证工程顺利开工。

（一）施工道路畅通

按照施工平面布置图的要求，修好施工现场的永久性道路以及必要的临时性道路，形成畅通的交通运输网，为施工材料的进场、堆放和施工运输创造有利条件，并减少工地的扬尘。

（二）施工用水和生活用水畅通

工地的施工用水和生活用水管路要按施工平面布置图事先配置好，要与当地的永久性给、排水系统结合好，要特别注意施工排水系统的设计，使施工污水不污染、堵塞城市的排水系统，地面水排除迅速，为文明施工现场创造条件。

（三）电通

按照施工组织设计的要求，接通电力和电讯设施，并做好蒸汽、压缩空气等其他能源的供应准备，保证施工现场动力设备和通讯设备的正常运行。

（四）场地平整

按照建筑总平面设计中确定的标高和土方竖向设计，进行挖、填方的平衡计算，清理地面上的障碍物，平整场地，为工程顺利开工创造有利条件。

三、大型临时设施的准备

大型临时设施是指现场施工人员的办公、生活和共用的房屋和构筑物，施工用的各种仓库和各种附属生产企业（如混凝土搅拌站、实验室、预制构件场、木工场、钢筋加工场、机修场等）的建筑，这些临时设施是保证工程顺利施工必不可少的，因此，要在施工准备期间按照施工总平面布置图的要求建造起来。

四、物资准备

物质准备主要做好以下工作：

（1）建筑材料和建筑构（配）件的订货、储存和堆放。

（2）提出材料试验申请计划，主要是钢筋和混凝土配合比及强度的试验。

（3）配套落实生产设备的订货和进场。

（4）安装、调试施工机械，保证各种机械的正常运行。

五、做好季节性施工准备工作

主要对有冬季、雨季和高温季节施工的项目，按照施工组织设计的要求，落实相关的设施和技术措施的准备工作。

六、落实消防和保卫措施

根据施工组织设计和施工总平面图的要求，建立消防和保卫组织，落实相关的措施，做好工地施工范围的围护工作。

七、施工队伍的准备

要根据施工组织设计中对劳动力数量、质量的需求，作出相应的准备，并做好以下工作：

1. 确定分包单位

由于施工单位力量所限，某项单项工程或专业工程需要向外分包时，要与分包单位签订分包合同，明确分包单位的职责和权益。

2. 组织劳动力进场

按照开工日期和劳动力的需求计划，组织劳动力分期、分批有序进场，切忌无序和窝工。进场前要做好动员和交底工作，使进场人员了解工程设计意图，施工计划和施工技术要求，落实各种规章制度。

对施工中的特殊工种或新技术、新工艺，要按计划事先组织培训，合格后方可上岗。

单 元 小 结

本单元主要介绍了施工前应做好的准备工作，应制定周密的工作计划，落实各项内业准备和外业准备工作，达到以下施工项目开工条件：

（1）施工图纸通过会审，图纸上的问题和错误业已由设计单位修改；

（2）施工组织设计已经批准并进行交底；施工预算已编制完成；

（3）"三通一平"已满足开工后的需要；

（4）材料、机具已落实并有序进场，满足连续施工的需求；

（5）大型临时设施已建成，并能满足施工和生活要求；

（6）施工力量已调集有序进场，并进行了相关的动员和交底；

（7）场外协调配合工作已落实；

（8）永久性或半永久性坐标点和水准点已设置；

（9）现场管理班子已建成并有效运转；

（10）提出开工报告。

开工报告经有关部门批准后，在限定时间内必须开工，不得拖延。

复习思考题

1．施工员的主要职责是什么？

2．施工员的主要工作内容包括哪些？

3．施工前的内业准备工作有哪些？

4．施工前的外业准备工作主要有什么内容？

5．如何识读施工总平面图？

6．如何识读建筑平面图？

7．识读建筑立面图要领是什么？

8．结构施工图的内容包括哪些？如何识读？

9．单位工程施工组织设计的依据是什么？

10．单位工程施工组织设计的内容包括哪些？

11．施工方案的制订根据什么原则？

12．施工现场准备的作用是什么？

13．施工现场准备包括哪些主要内容？

14．工程具备开工的条件是什么？

15．通过本单元的实习，你有什么收获和体会？

单元二　施工现场管理常识

开工前的准备工作做好以后，在接到开工命令以后，应立即组织开工，在施工的全过程中，应做好以下几项工作：

（1）按计划组织综合施工，进行施工过程中的全面控制（包括计划控制、质量控制、成本控制、技术与安全管理、物流管理、机械设备管理和劳动管理等）和全面协调；

（2）加强施工现场的平面管理，合理利用空间，搞好大型临时设施和料具的堆放，保证良好的施工条件；

（3）利用施工任务书，进行基层的施工管理；

（4）组织工程的交工验收。

下面分现场施工管理、现场计划管理、现场质量与技术管理、工地现场管理等四个课题介绍。

课题一　现　场　施　工　管　理

一、施工任务单的签发和贯彻

（一）施工任务单的作用

（1）把月、旬施工作业计划付诸实施；

（2）是具体组织、指导工人施工，完成施工任务的具体文件；

（3）是对工人进行考核、支付工资和奖励的依据；

（4）是基层各种核算（业务核算、统计核算、成本核算）的依据；

（5）是进行计划管理、定额管理的基础。

（二）施工任务单的签发和贯彻

任务单一般按小组签发，以半月至一个月为宜。任务单要及时下达和回收，回收后要抓紧结算、分析和总结，任务单样式如表7-1所示。

施 工 任 务 单 表　　　　　　　　　　　　　　表7-1

××建筑工程公司估工任务书

单位工程名称　　　　　　　　　　　　　　　　　　　　　　　　　　编号：

生产小组：　　　　　　　　　　年　　月　　日　　　　　　　要求完工日期：

序号	工程项目	计量单位	计划任务			实际完成			质量评定	附注：
			工程量	估工定额	工日	工程量	估工定额	工日		1. 估工与计时项目不得混合签发
1										2. 生产用工与非生产用工项目不得混合签发
2										3. 单位工程不同，不能混合在一起
3										
	合计									
工作范围	质量要求				安全生产要求				估工工日	
									实耗工日	
									完成 %	
									定额员	

负责人：　　　　　　　　　　签发人：　　　　　　　　　　考勤员：

小组接受施工任务单之后，要组织人员按时、按质完成任务。

二、施工过程中的检查与监督

（一）施工过程中的检查与监督的内容

1. 作业检查监督和质量检查监督

（1）各部位的工程施工是否严格按图施工，是否遵守设计规定的工艺；

（2）作业是否遵守施工组织设计规定的施工顺序，是否遵守相关的规程；

（3）隐蔽工程是否符合质量检查标准和验收规定；

（4）作业进度是否符合要求；

（5）材料消耗是否符合要求；

（6）各项试验、检验是否同步进行；

（7）施工过程是否按要求进行自查、抽查和复检。

2. 对安全生产的检查监督

（1）施工现场安排是否符合要求；

（2）各项施工是否符合安全操作规程；

（3）高空作业、吊装作业是否遵守安全操作的要求；

（4）现场的防火、防爆、防自然灾害的措施是否良好。

（二）施工过程中的检查与监督的方法

（1）专业检查与群众检查相结合；

（2）认真执行关键项目、隐蔽工程检查验收制度，日常应坚持班组自检、互检、交接检等制度；

（3）日常检查与经常检查相结合；

（4）召开业务交流会和有关协作单位的碰头会，调查、分析施工过程中出现的问题，并及时提出处理意见。

三、施工调度与施工平面图的管理

（一）施工调度

施工调度在指挥生产，确保计划完成的过程中，监督检查计划的执行情况，重点是保证人力、物力特别是后勤供应的持续和平衡。

（二）施工平面图管理

在工程施工的不同阶段，都应规划相应的施工平面图，以便规范工程施工、办公区域、材料堆放区域、现场加工区域的各自正常运作，避免相互干扰，影响工程的顺利进行。

四、交工验收工作

（一）交工验收的标准

（1）工程项目根据合同的规定和设计图纸的要求已全部施工完毕，达到国家规定的质量验收标准，能满足使用要求。

（2）建筑物周围应按规定进行平整清理；

（3）技术档案、资料要齐全；

（4）竣工决算要完成。

（二）交工验收资料的内容

1．竣工图及工程项目一览表

竣工工程名称、位置、结构、层次、面积或规格、附设备、装置等清单。

2．施工图、合同等设计文件

3．各种验收报告

1）开竣工报告；

2）竣工验收证明；

3）中间交工验收签证；

4）隐蔽工程验收签证等。

4．地基及测量文件

1）地基与地质钻探资料、土方处理方案、土壤灰土试验记录；

2）测量成果资料（包括工程定位测量图、永久性或半永久性水准点坐标位置、标高测量记录及沉降和变形观测记录等）。

5．检验试验报告及质量报告

1）进场材料、成品、半成品、设备合格证及说明书、质量检验记录和试验报告；

2）土建施工的试验记录；

3）各种管线、设备安装工程的施工检验和试验记录、自控仪器的调整记录、试车试运转记录；

4）分部分项工程、单位工程质量评定表。

6．有关施工记录

1）地基处理记录；

2）工程质量事故处理记录；

3）预制构件吊装记录；

4）新技术、新工艺及特殊施工项目的有关记录；

5）预应力施工记录及构件荷载试验记录等

7．工程结算资料及有关签证、文件

8．施工单位和设计单位提供的有关建（构）筑物及设备的使用注意事项文件

9．其他有关该工程的技术决定等

（三）交工验收程序和方法

1．单项工程验收

单项工程要具备使用条件。竣工前应由建设、施工单位共同验收，办理单项验收手续，合格后，由建设单位主管部门批准后使用。

2．整个项目验收

由验收机构在施工单位参如下，验收全部竣工工程和整体建设项目，已验收过的单项工程，不再办理验收手续。

3．工程交接

（1）各项工程符合质量标准，验收合格，即可全部移交建设单位使用；

（2）根据承包合同，结合设计变更，隐蔽工程记录及各项技术鉴定，办理工程结算手续，移交全套技术经济资料；

（3）除注明在规定的保修期内，因工程质量原因造成的问题负责保修外，双方的经济关系与法律责任至此解除。

五、现场施工结束工作

（一）施工项目结算

1．施工项目结算的依据

1）承包单位与发包单位签订的工程承包合同中规定的工程造价、开竣工日期、材料供应方式、工程价款结算方式；

2）施工进度计划；

3）施工图预算；

4）国家关于工程结算的有关规定。

2．施工项目结算方式

1）按月结算。即实行旬末或月中预支，月终结算，竣工后清算的办法。跨年度施工的工程，在年终进行工程盘点，办理年度结算。

2）竣工后一次结算。建设项目或单项工程全部建筑安装工程建设期在 12 个月以内，或者工程承包合同价值在 100 万元以下的，可以实行工程价款每月月中预支，竣工后一次结算。

3）分段结算。即当年开工，当年不能竣工的单项工程或单位工程按照工程形象进度，划分不同阶段进行结算。

4）结算双方约定并经开户建设银行同意的其他结算方式。

3．材料往来的结算

1）由承包单位采购材料的，发包单位可在双方签订承包合同后，按年度工作量的一定比例向承包单位预付备料资金，并在一个月内付清。

2）按工程承包合同规定由承包单位包工包料的，发包单位将主管部门分配的材料指标划交承包单位，由承包单位购货付款，并收取备料款。

3）按合同由发包单位供应材料时，其材料可按材料预算价格转给承包单位。材料价款在结算时，陆续抵扣。承包单位不收备料款。

4）凡无工程承包合同或不具备施工条件的工程，发包单位不得预付，当承包单位收取备料款后两个月仍不开工或发包单位无故不按合同预付备料款的，开户银行可以根据双方工程承包合同的约定，分别从有关账户中收回或付出备料款。

（二）施工项目管理分析与总结

工程项目完工以后，施工现场管理班子必须对施工项目管理进行全面系统的技术评价和经济分析，以总结经验，吸取教训，不断提高施工技术和管理水平。

施工项目的分析包括全面分析和单项分析，全面分析的评价指标体系分为效果指标（含质量评定等级、实际工期与工期缩短、利润、产值利润率、劳动生产率）和消耗指标（含劳动消耗指标、材料消耗指标、机械消耗指标和成本指标）；单项分析含工程质量分析、工期分析和成本分析。

施工项目总结包括技术总结和经济总结两个方面。

通过分析和总结，综合评价施工项目的经济效益和管理效果，肯定成功的经验，吸取不足的教训，提出今后改进的目标和措施。

课题二　施工现场计划管理

现代建筑施工是一项十分复杂的生产活动。要将这些复杂的生产活动有效地、科学地组织起来，使现场的工人、机械、材料能够各得其所、各得其时、人尽其能、物尽其用，以最小的消耗，取得最大的效果，必须做好现场的计划、协调和控制工作。

一、现场施工计划的编制程序

（一）划分施工过程

施工过程的划分要密切结合选择的施工方案，其粗细程度主要取决于客观需要。一般来说，编制控制性施工进度计划时，项目可以划分得粗些，可只列出分部工程的名称。编制实施性施工进度计划时，项目要划分得细些。这样便于掌握施工进度，指导施工。

一般工业与民用建筑物在安排施工进度计划时，所采用的施工过程名称，可参考现行的定额手册上的项目名称。

（二）确定施工顺序

确定各施工过程的施工顺序应当考虑以下因素：

(1) 必须遵守施工工艺的要求，不能违章操作；

(2) 必须考虑施工方法和施工机械的要求；

(3) 必须考虑施工组织的要求，做到合理、有序、高效；

(4) 必须考虑施工质量的要求，在保证质量的前提下求速度；

(5) 必须考虑安全技术和当地气候条件的要求。

（三）划分施工段

划分施工段的目的，是组织平行流水施工。划分施工段时，应考虑结构的整体性，各施工段的工程量大致相等，且应具备足够的工作面以便操作，提高劳动生产率。

（四）计算工程量

工程量应根据施工图纸、划分的施工段和工程量计算规则进行。当编制施工进度计划前已有预算文件，并且它采用的定额和项目的划分与施工进度计划一致时，可直接利用预算的工程量，不必重新计算。

（五）确定劳动量和机械台班数

计算各分部、分项工程所需的劳动量和机械台班数可用下式计算：

$$p_i = \frac{q_i}{s_i} \tag{7-1}$$

或

$$p_i = q_i \cdot h_i \tag{7-2}$$

式中 p_i——第 i 分部分项工程所需要的劳动量（工日）或机械台班数（台班）；

q_i——第 i 分部分项工程工程量（m^3、m^2、t 等）；

s_i——第 i 分部分项工程所采用的人工产量定额（m^3、m^2、t/工日）或机械台班产量定额（m^3、m^2、t/台班）；

h_i——第 i 分部分项工程所采用的时间定额或机械时间定额。

（六）确定分部、分项工程的施工天数

计算各分部、分项工程施工天数的方法有以下两种：

1. 根据施工单位计划配备在该施工过程上的施工机械数量和专业工人人数确定

这时，施工天数可按下式计算：

$$D_i = \frac{p_i}{r_i \cdot b_i} \tag{7-3}$$

式中 D_i——完成第 i 分部分项工程所需施工天数；

p_i——第 i 分部分项工程所需劳动量（工日）或机械台班数量（台班）；

r_i——每班安排在第 i 分部分项工程的劳动人数或施工机械台数；

b_i——第 i 分部分项工程每天工作班数。

2. 根据工期要求倒排进度

此时已知完成某分部分项工程所需的施工天数，并确定了相应的劳动量（工日）或机械台班数量（台班）、每天工作班数，可以更改上式求出每天所需的机械台班数或工人人数。如求出的结果已超出施工单位现有的人力和物力，除考虑寻找其他途径增加人力和物力之外，还可以从技术和施工组织上采取积极措施加以解决。

（七）施工进度图表的编制

施工进度图表是施工项目在时间和空间上的组织形式，目前，现场常用的有横道图和网络图两种形式。

1．横道图

横道图是现场施工中应用最为广泛的进度计划表达形式。如图 7-1 所示的横道图是利用时间坐标上横线条的长度和位置来反映工程施工中各工作的相互关系和进度。在图的下方相应地可画出每天所需的劳动力或其他资源曲线。

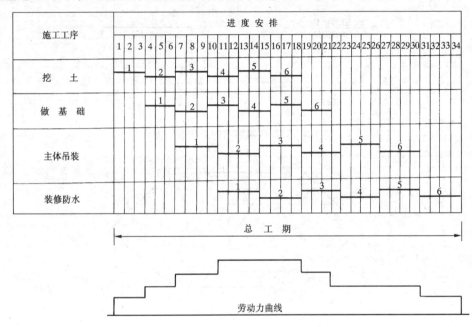

图 7-1　横道图

2．网络图

网络图是由箭线和节点组成的，用来表示工作流程的有向、有序的网状图形。一个网络图表示一项计划任务。以箭线和其两端节点的编号表示工作的网络图叫双代号网络图。如图 7-2 所示，图中箭线 A、B、C、D、E、F 各表示一项工作或用箭线两端的节点编号 1~2、2~3、2~4、3~5、4~5、5~6 表示工作。节点宜用圆圈表示，代表一项工作的开始或完成。表示工作箭线宜画成水平线或由水平线和竖直线组成的折线箭线，箭线的方向表示工作的进行方向，应保持由左向右总方向。节点内必须都编号，工作名称应写在箭线的上方，工作的持续时间应写在箭线的下方。如图 7-3 所示。

以节点或该节点编号表示工作的网络图叫单代号网络图。如图 7-4 所示。

单代号网络图中表示工作之间的相互关系的箭线宜画成水平箭线或斜箭线，箭线应保持由左向右的总方向。

建筑工程多采用双代号网络图，下面以图 7-5 为例说明双代号网络图的阅读方法。

图中表示某砖混房屋分成两个施工段施工，有挖土、铺垫层、做基础、砌筑砖基础、回填土等 5 个工序，每个工序的持续时间均标在水平箭线的下方。从图中可以看出有 5 条

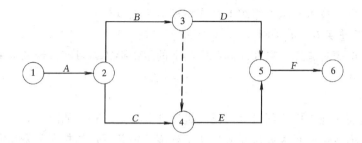

图 7-2 双代号网络图

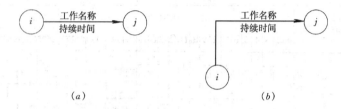

(a)　　　　　　　　　　　　　　　　　　　(b)

图 7-3 双代号网络图的工作表示方法

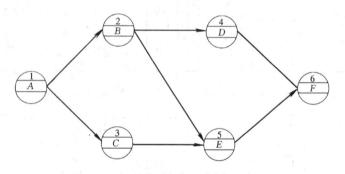

图 7-4 单代号网络图

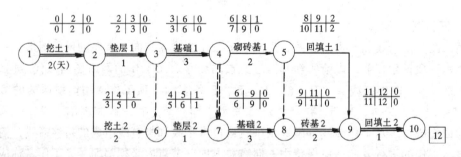

图 7-5 双代号网络图计划示例

工作线路，每条工作线路的总持续时间等于各工序持续时间之和，各条线路的走向和总持续时间如下：

线路1　①—②—③—④—⑤—⑨—⑩　　　　10d

线路2　①—②—③—⑥—⑦—⑧—⑨—⑩　　10d

线路3　①—②—③—④—⑦—⑧—⑨—⑩　　12d

线路4　①—②—③—④—⑤—⑧—⑨—⑩　　11d

线路 5　①—②—⑥—⑦—⑧—⑨—⑩　　　　　11d

从以上 5 条线路中，我们可以看出线路 3 所需的总持续时间最长（12d），称为关键线路，它决定着工程的总工期。关键线路上的工序称为关键工序。由于关键工序工期的拖延或提前，都将直接影响到整个工程的工期，为了引起足够的重视，网络图中通常用粗箭线或双箭线标出关键线路。

二、现场施工进度计划的实施和管理

为了高效、低耗地完成工程建设任务，除了编制科学的进度计划外，在施工的全过程中，要根据工程的实际情况，做好计划的实施和管理工作。

（一）施工实绩调查和报告分析

1. 施工实绩的测定和作业记录的编制

为了进行现场施工计划管理，需要做好以下几种施工实绩记录：

（1）机械的作业记录

它包括机械作业日报和机械维修报告，由驾驶员或维修人员填写。

（2）劳动作业记录

形式如表 7-2。

作 业 日 报　　　　　　　　　　　　　表 7-2

___年___月___日　　　　　　　　　　　　　　　　　　班组：_____

工种编号	工人姓名	劳动时间	基本工资	完成工作量工资	假日劳动		规定时间外劳动		深夜劳动		加班津贴		合计
					时间	金额	时间	金额	时间	金额	基本	金额	

（3）材料使用记录

表 7-3 是表示分部分项工程材料使用月报的示例。

材料使用月报 表7-3

编号_____ 　　当月施工数量_____ 　　___年___月___日

品　称	规　格	单　位	数　量	单　价	金　额	每单位工程数量		摘　要
						数　量	金　额	

（4）作业量测定

每天、每周、每月都要测定各种施工完成的工程数量。

2．报告书的分析

（1）出勤实际状况报告

表7-4为劳务出勤日报的示例。表7-5为机械作业日报的示例。通过日报的分析，可以知道每天施工的工种、人数、哪些机械在运转、哪些机械在维修、哪些机械在停置等，从而掌握施工现场的施工状况。并寻求加快施工进度、提高工效、降低成本的方法和手段。

劳务出勤日报的示例 表7-4

		日　报							
工程名称_____ 　日期_____		人×时间/日							
职务 工　种									计

使用机械：

未使用的进场机械：

本日进场数量：

其他：

填表人_____

212

									停机	修理	总计
机 械		运 转 时 间									
种 类	编 号										

机械作业日报　　　　　　　　　　　　　　日　期＿＿＿＿

记录者＿＿＿＿

工程名称＿＿＿＿＿＿＿＿＿＿

记入全部使用的机械及其全部运转时间

备注：

（2）工程进度报告

为了掌握工程进度情况，及时调整和改善计划，工程进度报告书应包括以下内容：

1）工程进度表；

2）进度曲线；

3）已完工程量报告；

4）工程进展率的报告。

（3）工程成本分析报告

工程成本分析报告包含以下几方面内容：

1）人工费报告，表 7-6 为每周人工费报告示例。

2）机械费报告，表 7-7 为每周机械费报告示例。

3）预算费用与实际费用比较表。工程进展的同时，对有关工程整体的人工费、材料费、机械费以及其他工程直接工程费的数量、单价要进行统计、分析、比较，此项工作一般每月作一次报告。表 7-8 为预算费用与实际费用比较表。

每周人工费报告的示例 表 7-6

每周人工费用报告

工程名称_____ 日期_____

工种	每周成本	数　量			单　价		成　本			实际与预算比较	
		单位	总计	现在施工量	预算	实际	预算	实际	最终预测	节约	超支

每周机械费用报告 表 7-7

工程名称_____ 机械编号_____

工　种_____ 机械名称_____

周末日期	作业量	运转时间		使用费		运转费		机械费合计		单　价	
	单位	一周	累计	一周	累计	一周	累计	一周	累计	一周	累计

214

预算费用与实际费用比较表

表 7-8

日期：＿＿月＿＿日

工程进展百分率%＿＿＿＿ 　　　　　　　　　　　　工期经过百分率%＿＿＿＿

实际费用表示至今为至的累计金额 　　　　　　　　　　工程名称＿＿＿＿＿＿＿

定额编号	分项工程	预算与实际	数量	直接工程费（元）				单价	进展百分率	备注
				人工费	材料费	其他	合计			
		预算								
		实际								
		预算								
		实际								

（二）作业量管理

作业量管理就是为了保持标准作业量而进行的管理。对于作业量的管理，首先要根据工程内容、人员配备、使用材料、施工机械等，编制如表 7-9 所示的标准作业量一览表。

工序标准作业量一览表

表 7-9

工序	工程量	日标准作业量	配备人员数									使用机械
			普工	木工	架子工	瓦工	钢筋工	混凝土工	工长	司机		

然后对计划的标准作业量和实际进行对比、研究，为此要编制作业量计划与实际对照表（见表7-10和表7-11）。

作业量计划与实际对照表　　　　　　表 7-10

月　　　日			日																									
			1	2	3	4	5	6	7	8	9	10	11	12	13	14	15	16	17	18	19	20	21	22	23			
气　　候																												
工程种类	工程量	日标准作业量	实　际　作　业　量																									
出勤工人	普　工																												
	木　工																												
	架子工																												
	瓦　工																												
	钢筋工																												
使用机械	推土机																												
	挖土机																												
	卡　车																												

工程计划与完成工程量报告书　　　　　　表 7-11

报告书 No.　_____　　　　　　　　　　工程完工日期　_____
工程名　_____　　　　　　　　　　　　报 告 日 期　_____

定额编号	工序	数量	每周作业率	所需周数	预算及实际	周　　末　　日　　期				
						9/18	9/25	10/2		
×××	开挖	1800m³	600	3	预算	600	600	600		
		1700m³	567	3	实际	300	700	700		
×××	模板	5400m²	1800	3	预算	1800	1800	1800		
		5350m²	1763	3	实际	1750	1800	1800		

216

课题三 施工现场质量与技术管理

建筑工程质量的好坏，牵动着千家万户的心，提高工程质量是物质文明和精神文明建设的要求，也是企业生存与发展的要求，建筑企业必须坚持"质量第一"的方针，努力提高全体职工的质量意识，把技术和管理提高到一个新的水平，提高企业的社会效益和经济效益，促进国民经济的持续发展。

一、施工现场质量管理的内容和方法

施工现场质量管理一般分为施工前的质量管理、施工过程中的质量管理以及工程竣工验收时的质量管理。管理方法包括 PDCA 循环法、建立施工现场质量保证体系、建立质量监控点、加强三检制、开展质量管理小组活动等，详见模块十单元二相关内容。

二、施工现场施工技术管理

（一）施工现场施工技术管理的组织、任务和内容

1. 技术管理的组织体系

我国建筑企业大多实行三级管理，故而形成以总工程师为首的三级技术管理组织体系，如图 7-6 所示。

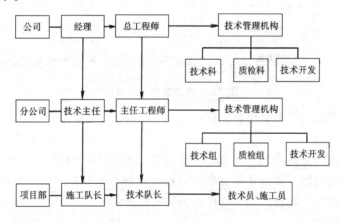

图 7-6　技术管理组织体系

2. 技术管理的任务

施工现场技术管理的基本任务如下：

（1）保证施工过程符合技术规律要求，保证施工的正常秩序；

（2）努力使用新技术，不断提高工程项目的施工质量；

（3）合理使用人力、物力，完善劳动组织，降低消耗，不断提高劳动生产率，增加经济效益；

（4）不断推广使用新材料、新技术、新工艺，不断提高现场的施工技术水平。

3. 技术管理的内容和工作程序

现场技术管理的工作内容如图 7-7 所示。其工作程序可按图 7-8 所示进行。

（二）技术管理制度

为了有效地开展施工现场技术管理工作，必须贯彻执行企业制度中有关技术管理的制

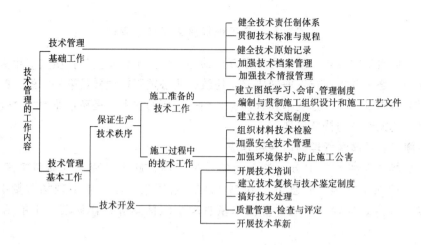

图 7-7　施工现场技术管理内容

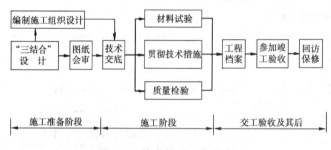

图 7-8　技术管理工作程序

度，与施工现场有关的技术管理制度有：

1. 图纸会审制度

图纸会审的目的是熟悉图纸、领会设计意图、明确技术要求，从而保证施工顺利进行。会审中发现的问题，由设计单位负责解释或处理，经洽商后，用技术核定单的形式，确定修改或处理意见，此技术核定单可作为施工依据。

2. 技术交底制度

技术交底是指工程开工前，由各级技术负责人将有关部门工程施工的各项技术要求，逐级向下传达贯彻，直到班组第一线。其目的在于使参与工程项目施工的技术人员和工人熟悉工程特点、设计意图、施工措施等。施工员应重点对操作工人进行施工项目的操作要求、技术与质量标准、技术措施等交底，做到心中有数，保证工程顺利施工。

3. 材料检验、试验制度

材料检验、试验的目的是保证进入施工现场的材料、构配件和设备的质量符合设计要求，把质量隐患消灭在施工之前，以确保工序质量和工程质量。

各种材料的检验、试验应严格按照有关部门的制度和现行标准进行。

4. 工程质量检查和验收制度

工程质量检查和验收必须严格按照建筑工程质量验收规范系列标准进行，以保证工程项目的施工质量符合设计要求。施工员应在自己的责任范围内做好自检和互检工作，配合质量检查专职人员做好专检工作。

5. 施工日志、技术档案收集与保管制度

施工员应每天全面如实地详尽记录当天的施工情况，内容包括工程的开、竣工日期及有关分部、分项工程部位的起止施工日期；技术资料的收发日期和更改记录；质量、安全、机械事故情况记载、分析和处理记录；现场有关施工过程的重要会议记录；气温、气候、停水、停电、安全事故、停工待料情况记录等。

技术档案的内容详见前述的交工验收资料的内容。施工员应对自己责任范围内的技术资料做好日常的收集和保管工作，以便工程竣工时交付验收。

课题四 工地现场管理

一、现场安全防护

建筑施工是多工种、综合交叉作业，而且受外界影响的因素较多，施工条件恶劣，可变因素多，稍有不慎，极易产生安全事故，因此，必须认真做好现场安全防护工作。

（一）土方施工中的安全防护要点

（1）土方开挖前要做好排水处理，防止地表水、施工用水和生活废水渗入施工现场或冲刷边坡，从而影响边坡的稳定，下大雨时，应暂停土方施工。

（2）挖土方应从上而下逐层挖掘，两人操作间距应大于2.5m。严禁采用掏挖的操作方法。

（3）开挖坑（槽）沟深度超过1.5m时，应根据土质和深度情况，按规定放坡或加可靠支撑，并设置工人的上下坡道或爬梯。开挖深度超过2m时，必须在边沿设立两道1.2m高的护身栏杆。在危险处，夜间应设红色标志灯。

（4）挖土时要随时注意土壁变动情况，如发现有裂纹或部分塌落现象，要及时采取相应的措施进行处理或加固。夜间挖土方时，施工现场应有足够的照明。

（5）坑（槽）沟边1m以内不得堆土、堆料、停置机具。坑（槽）沟边与建筑物、构筑物的距离不得小于1.5m，特殊情况下，必须采取有效技术措施，并报上级安全技术部门审查同意后方准施工。

（6）基坑（槽）开挖深度超过3m以上、用吊车吊运弃土时，起吊设备距坑边距离一般不得小于1.5m，坑内操作人员在起吊时马上离开吊点正下方。

（7）人工挖大孔径桩，现场施工人员必须戴好安全帽。井下作业人员连续工作时间不宜超过4h，井下作业人员应勤于轮换。在井下人员工作时，井上的配合人员不得擅自离守。孔口边1m范围内不得有杂物。堆土应离孔口边1.5m以外。井孔上下应设可靠的通话联络。施工前，必须制订防坠落物，防坍塌，防人员窒息等安全措施，并应做到责任到人。

（二）里外脚手架及其防护

1. 外脚手架及其防护

外脚手架的搭设及其防护应特别注意以下几点：

（1）外脚手架一律按承重架的要求搭设。如搭双排架，基础土层应坚实，立柱下垫垫板，必须设扫地杆，立柱间距不大于1.5m，大横杆间距不大于1.2m，小横杆间距不大于1m。脚手架要交圈，水平方向不允许断开，四角要搭十字盖，一直到顶，中间每隔10m要搭一道十字盖。脚手架与楼层必须用刚性拉接。单排脚手架宽度不超过1.5m，要特别注意与墙体的牢固拉结。

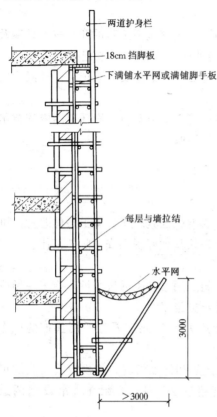

图 7-9 外脚手架安全防护图

（2）首层设 3m 宽、距地 3m 高的安全网。作业层下一步架应满铺一层水平网，作业层临边要设 1.2m 高的两道护身栏和 18cm 高的挡脚板，满铺脚手板，以防人、物的高处坠落，造成意外伤害，如图 7-9 所示。

（3）脚手架顶端护身栏的高度，必须超过平层顶、女儿墙顶 1m，超过坡屋顶檐口 1.5m，在石棉瓦、玻纤瓦等轻型屋面作业时，必须在楞上搭上垫板操作，以防踏偏坠落。

2. 里脚手架及其防护

如用里脚手架砌外墙，必须做到：

（1）架子宽度不能小于 1.2m；

（2）架子高度要低于外墙砌筑面 20cm；

（3）外墙砌高 4m 以上时，要先安装首层安全网；

（4）作业层外安一层随层安全网，随工作面的升高而提高；

（5）支搭里脚手架的马凳，必须专用，不允许任意选用砖块代替，马凳必须栓绑牢固，不得摇晃；

（6）用钢管支搭的里脚手架，立杆间距不大于 1.5m，大横杆间距不大于 1.3m，小横杆间距不大于 1m。架高 2m 以上时，作业面设 1.2m 高的两道护身栏和 18cm 高的挡脚板，脚手架的尽端和墙角处应绑八字撑。

（三）"五临边"及其防护

建筑施工中的"五临边"是指：深度超过 2m 的槽、坑、沟的周边；无外脚手架的屋面和框架结构楼层的周边；井字架、龙门架、外用电梯和脚手架与建筑物的通道两侧边；楼梯口的梯段边；尚未安装栏板、栏杆阳台、料台、挑平台的周边。临边的不安定因素很多，是施工中防止人、物坠落伤人的重要环节。

临边的防护，一般是设两道防护栏杆或一道栏杆，加立挂安全网，在条件许可的情况下，阳台栏板和结构随层安装，是解决相关安全防护的最好办法。

屋面楼层临边防护见图 7-10。

楼梯、楼层和阳台防护见图 7-11。

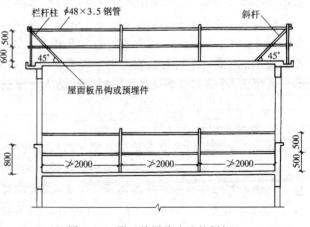

图 7-10　屋面楼层临边防护栏杆

220

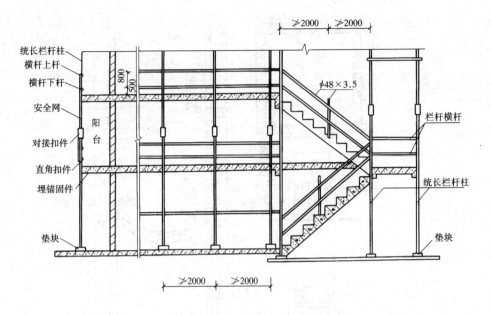

图 7-11　楼梯、楼层和阳台临边防护栏杆

通道侧边防护见图 7-12。

（四）四口防护

建筑施工中的"四口"，是指楼梯平台口、电梯井口、出入口（通道口）、预留洞口。

（1）楼梯平台口，位于构筑物上下楼梯的休息平台处，当上一步楼梯尚未安装时，在休息平台处形成可能发生坠落的状况。其防护通常是在楼梯口处设两道防护栏杆或制作专用的防护架，如图 7-13 随层架设。回转式楼梯间应支设首层水平安全网，每隔四层要设一道水平安全网。

（2）电梯井口位于构筑物每层设置的电梯门处，当电梯未安装前，形成可发生坠落的隐患。其防护是在电梯井口设置不低于 1.2m 的金属防护门，电梯井内首层以上，每隔四层设一道水平安全网。安全网应封闭严密，未经上级主管技术部门批准，电梯井内

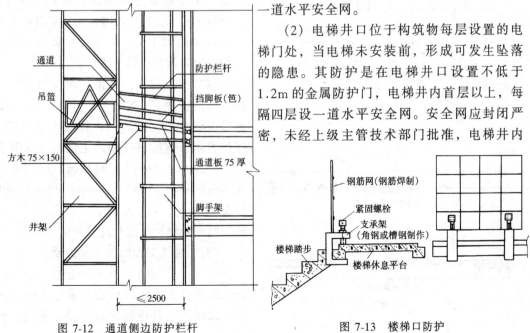

图 7-12　通道侧边防护栏杆　　　　图 7-13　楼梯口防护

221

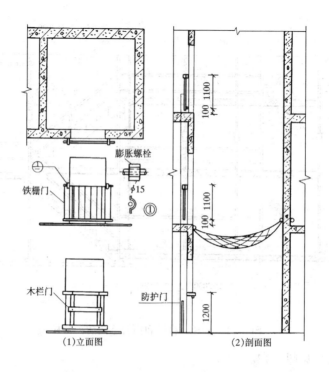

（1）立面图　　　　　　（2）剖面图

图 7-14　电梯井口防护门

不得做垂直运输通道或垃圾通道。如井内已搭设安装电梯的脚手架，其脚手板可花铺，但每隔四层应满铺脚手板，如图 7-14 所示。

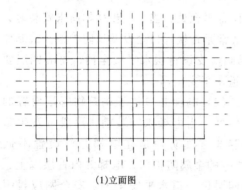

（1）立面图

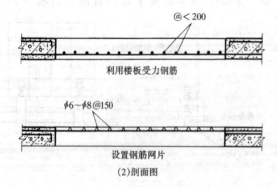

（2）剖面图

图 7-15　洞口钢筋防护网

（3）出入口，是指构筑物首层供施工人员进出建筑物的通道出入口。其防护标准是：在建筑物的出入口搭设长 3～6m、宽于通道各 1m 的防护棚，棚顶应满铺不小于 5cm 厚的脚手板，非出入口和出入口通道两侧必须封严，严禁人员出入。

（4）预留洞口，是指在构筑物中预留的各种设备管道、垃圾道、通风口的孔洞。其防护标准是：1.5m×1.5m 以下的孔洞，应预埋通长钢筋网并加固定盖板（见图 7-15）1.5m×1.5m 以上的孔洞，四周必须设两道护身栏杆（见图 7-16），中间支挂水平安全网。作为半地下室的采光井，上口应用脚手板铺满，并与建筑物固定。

（五）桩基工程的安全防护要点

（1）在打桩前，对于临近施工范围的危险房屋，必须经过检查并采取有效措施进行加固。机具进场经过危桥、陡坡、陷

222

地时，要注意平稳，防止碰撞电杆、房屋，避免造成事故。安设机架应铺垫平稳，架设稳定牢固。

（2）机械司机在施工操作时，要注意集中精力，不要随便离开岗位。应经常注意机械的运转情况，发现问题及异常情况，要及时加以排除和处理。打桩时桩头垫料严禁用手拨正，不要在桩锤未打到桩顶就起锤或过早刹车，以免损坏桩机设备。

（3）钻孔灌注桩在已钻成的孔尚未浇灌混凝土以前，必须用盖板封严，以免落土和发生人员坠落事故。

（4）冲抓锤或冲孔锤操作时，不准任何人进入落锤区安全范围以内，以防砸伤。

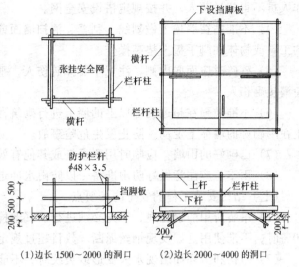

图 7-16 洞口防护栏杆

（5）成孔钻机操作时，注意钻机安定平稳，以防止钻架突然倾倒或钻具突然下落而发生事故。

（6）爆扩桩包扎药包时，不要用牙去咬雷管和电线。遇雷、雨时不要包药包。检查雷管和已经包扎的药包线路时，应做好安全防护。引爆时要拟定（一般不小于 20m）安全区，并有专人警戒。使用的炸药雷管应当日领用，并须专人保管，剩余的炸药雷管应当日退还入库。

（7）人工挖大孔径桩，现场施工人员必须戴好安全帽。井下作业人员连续工作时间不宜超过 4h，井下作业人员应勤于轮换。在井下人员工作时，井上的配合人员不得擅离职守。孔口边 1m 范围内不得有杂物，堆土应离孔口边 1.5m 以外。井孔上下应设可靠的通话联络。施工前必须制定防坠人落物，防坍塌，防人员窒息等安全措施，并应做到责任到人。

（8）多桩开挖时，应采用间隔挖孔方法，以减少水的渗透和防止土体滑移。

（9）已扩底的桩，要尽快浇灌桩身混凝土；若不能很快浇灌的桩，应暂不扩底，以防扩大后塌方。

（10）参加挖孔的作业人员，事先必须检查身体，凡患精神病、高血压、心脏病、癫痫病及聋哑人等不能参加施工。

（六）砌筑安全防护要点

（1）砌筑操作前必须检查操作环境是否符合安全要求，道路是否通畅，机具是否完好、牢固，安全设施和防护用品是否齐全，经检查符合要求后方可施工。

（2）砌基础时，应检查并随时注意基坑边坡土质的变化情况。堆放砖材料应离槽（坑）边 1m 以上。

（3）砌墙时，超过一定高度（即离地平 1.2m 左右）就应搭设脚手架。脚手架必须平稳、牢固，架上堆放材料不得过多，砖的堆放高度不得超过三码砖。同一块脚手板上的操作人员不得超过两人，并按规定搭设安全网。

（4）不准站在墙顶上做划线、刮缝、清扫墙面或检查大角垂直等工作。不准用不稳固的工具或物体在脚手板上垫高操作。

（5）砍砖时应面向内侧，注意不要掉砖伤人，垂直传递砖块时，必须仔细、认真，避免漏接砸伤人。

（6）不准勉强在超过胸部以上的墙上进行砌筑，以免将墙体碰撞倒塌而造成事故。禁止在刚砌好的墙体上走动，防止发生危险事故。

（7）已砌好的山墙，应临时用联系杆或其他有效的加固措施，使其稳固、牢靠。

（8）雨季，应注意做好防雨准备，以防雨水冲走砂浆，致使砌体坍塌。

（七）结构安装工程的安全防护要点

（1）吊装所用的钢丝绳，事先必须进行认真地检查，表面磨损、腐蚀达钢丝绳直径的10％时，不准使用。如发现钢丝绳断丝数目超过规定，不能使用，应予报废。

（2）吊钩和卡环如出现永久变形或裂纹时，不能使用。

（3）起重机的行驶道路，必须坚实可靠。如地面为松软土层时，要进行压实处理，必要时，还须铺设道木进行加固。

（4）履带式起重机必须带负荷行走时，重物应在履带的正前方，并用绳索牵住构件，缓慢行驶，构件离地面不得超过50cm。起重机在接近满刹时，不得同时进行两种操作动作。

（5）起重机工作时，起重臂、钢丝绳、重物等要与架空电线保持一定的安全距离（按部颁标准），杜绝碰触高压架空电线。

（6）起吊构件时，升降吊钩要平稳，避免紧急制动和冲击。

（7）构件捆绑必须牢固可靠，易绑、易拆。起吊钢丝绳的长度应适度，绳索间的夹角应在60°左右，绑扎构件时吊钩重心要对准吊物重心。高空吊装构件时不能使用吊钩，必须使用卡环，并在构件上绑扎溜绳，以控制构件的悬空位置。

（8）为保证吊装过程中构件的稳定，凡设计上有支撑和连接构件的，必须随吊装进度一并安装牢固或施焊连接，使之成为一个整体，以保证结构的稳定。

（9）吊装柱子，如靠钢楔不能保证其临时固定的稳定，应采取揽风绳或加斜撑等措施。屋架吊装前，应在柱间上搭设作业台，其宽度不得小于60cm。两侧要绑护身栏，架设要牢固。为操作人员上下安全，应配备放靠式和悬挂式梯子，上端必须用绳子与固定的构件绑牢。

（10）塔式起重机在吊装作业中，如遇下列情况之一，应立即停止作业。

1）超载或构件重量估算不准；

2）夜间施工照明不良；

3）指挥信号不清；

4）吊埋于土中或与冻土粘接重量不明的构件；

5）斜拉斜吊（即构件不在吊钩的正下方，起重绳不与地面垂直）；

6）吊大型墙板等构件或大灰斗等不使用横吊梁和卡环；

7）吊棱刃物绑扎绳索不加衬垫；

8）吊罐体时，罐体内盛装液体过满；

9）机械故障；

10）6 级以上大风、雷雨天等恶劣天气。

（八）其他防护措施

（1）施工区域有临街或临人行通道时，为确保行人和车辆的安全行驶，应在临街面或行人道上方支搭防护棚，棚上铺满脚手板或挂封闭安全网。

（2）施工现场多台起重设备交叉作业时，两机吊臂高度要错开，至少相距 5m，水平距离至少也要相距 5m，并应制定相应的安全技术措施，严格按章操作，严防事故发生。

（3）进入施工区域的所有人员必须戴好安全帽，操作工人必须根据个人的工种要求，穿戴好个人防护用品。

二、建筑施工现场环境保护管理

为了防止建筑施工作业污染周围的环境，并减少施工过程对居民的干扰，施工组织设计中应设有针对性的环境保护措施，并必须在施工过程中认真贯彻落实。

施工现场环境保护项目及内容视工程项目不同、施工地点不同而略有不同，一般可以概括为"三防八治理"，即：

三防：防大气污染、防水源污染、防噪声污染。

八治理：锅炉烟尘治理、锅灶烟尘治理、沥青锅烟尘治理、地面路面施工垃圾扬尘、搅拌站扬尘治理、施工废水治理、废油废气治理、施工机械车辆噪声治理、人为噪声治理等。

（一）防大气污染要求

（1）工地锅炉和生活锅灶须符合消烟除尘标准，应采用各种行之有效的消烟除尘技术，减少烟尘对大气的污染。

（2）尽量采用冷防水新技术、新材料。需熬热沥青的工程应采用消烟节能沥青锅，不得在施工现场敞口熔融沥青或者焚烧油毡、油漆以及其他会产生有毒有害烟尘和恶臭的物质。

（3）有条件的应尽量采用商品混凝土、无法使用的必须在搅拌站安装除尘装置，搅拌机应采用封闭式搅拌机房，并安装除尘装置。应使用封闭式的圈筒或者采取其他措施处理高空废弃垃圾，严禁从建筑物的窗口洞口向下抛撒施工垃圾。施工现场要坚持定期洒水制度，保证施工现场不起灰扬尘。施工垃圾外运时应洒水湿润并遮盖，保证不沿路遗撒扬尘。

对水泥、白灰、粉煤灰等易飞扬的细颗粒材料应存放在封闭式库房内，如条件有限须库外存放时，应严密遮盖，卸运尽量安排在夜间，以减少集中扬尘。

（4）机械车辆的尾气要达标，不达标的不得行驶。

（二）施工废水处理

（1）有条件的施工现场应采用废水集中回收利用系统。妥善处理泥浆水，未经处理不得直接排入城市排水设施和河流。

（2）搅拌站应设沉淀池，沉淀池应定期清掏。高层、多层大面积水磨石废水及外墙水刷石废水应挖排水沟，经沉淀池沉淀后方能排入下水道。

（3）搅拌站、洗车台等集中用水场地除设沉淀池外应设一定坡度，不得有积水。现场道路应高出施工地面 20～30cm，两侧设置畅通的排水沟，以保证现场不积水。

（4）工地食堂废水凡接入下水道的必须设置隔油隔物池，附近无下水道的应选择适当地点挖渗坑，不得让污水横流。

（三）施工噪声治理

（1）离居民区较近和要求宁静的施工现场，对强噪声机械如发电机、空压机、搅拌机、砂轮机、电焊机、电锯、电刨等，应设置封闭式隔声房，使噪声控制在最低限度。

（2）对无法隔声的外露机械如塔吊、电焊机、打桩机、振捣棒等应合理安排施工时间，一般不超过晚上 22：00，减轻噪声扰民。特殊情况需连续作业时，须申报当地环保部门批准，并妥善做好周围居民工作，方可施工。

（3）施工现场尽量保持安静，现场机械车辆少发动、少鸣笛，施工操作人员不要大声喧闹和发出刺耳的敲击、撞击声，做到施工不扰民。

（4）采用新技术、新材料、新工艺降低施工噪声，如自动密实混凝土技术等。

（五）油料污染治理

（1）现场油料应存放库内，油库应作水泥砂浆地面，并铺油毡，四周贴墙高出地面不少于 15cm，保证不渗漏。

（2）埋于地下的油库，使用前要进行严密性试验，保证不渗不漏。

（3）距离饮水水源点周围 50m 内的地下工程禁止使用含有毒物质的材料。

三、现场保卫、消防管理

（一）现场保卫工作

（1）施工组织设计要有保卫、消防措施方案及设施平面布置图，并按有关规定报公安部门审批或备案。

（2）施工单位应根据工程规模，所处环境建立保卫、消防组织，配备专职人员。

（3）现场要建立门卫和巡逻护场制度，护场保卫人员要配戴值勤标志。

（4）锅炉房、变电室、泵房、大型机械设备及工程的关键部位和关键工序，是现场的要害部位，要采取强有力措施加强保卫。

（5）料场、库房的设置应符合治安消防要求，并配备必要的防范设施。贵重、剧毒、易燃易爆、放射性物质应设专人、专库保管，严格存放、保管、领用和回收制度。

（6）做好成品的保护工作，严防盗窃、破坏和治安事故的发生。

（7）加强现场包工队的管理，非施工人员不准住在现场，严禁赌博、酗酒、传播淫秽物品和打架斗殴。

一旦发生治安案件和灾害事故，应保护现场，并立即报告上级，配合公安机关调查和侦破。

（二）现场消防管理

（1）现场要有明显的消防标志，并按要求对职工进行消防安全教育、培训和检查。

（2）现场必须设置消防通道，其宽度不得小于 3.5m，消防通道应能环行，且不准占用。

（3）现场要配备足够的消防器材，并做到布局合理，使用方便，要经常对消防器材进行检查、维护，保证灵敏有效。

（4）现场进水干管直径不小于100mm，消火栓处昼夜要有明显标志，配备足够的水龙头，周围3m内，不得堆放任何物品。

（5）高度超过24m的在施工程，应配置直径不小于65mm的消防竖管，并随层设消防栓，配备水龙带。

（6）电工、电焊工要持证上岗，操作时要有用火证，并配备看火人员和灭火用具。

（7）对易燃、易爆物品要指定防火负责人，强化管理措施。

（8）施工现场严禁吸烟，必要时，可设有防火措施的吸烟室。

（9）氧气瓶、乙炔瓶工作间距不小于5m，两瓶与明火作业距离不小于10m。禁止在工程内使用液化石油气钢瓶、乙炔发生器作业。

四、场容及料具管理

（一）场容要求

（1）施工区域应用围墙与非施工区域隔离，防止施工污染施工区域以外的环境。施工围墙应完整严密，牢固美观。施工工地的大门和门柱应牢固美观，高度不得低于2m。现场围场应封闭严密、完整、牢固、美观，高度不低于1.8m。沿街围墙应使用金属板材、标准砌块材、有机物板材或软质材（编织布、苫布等应拉平绷紧）。

（2）施工现场大门明显处应设统一样式的施工标牌，标牌应写明工程名称、建筑面积、建设单位、设计单位、施工单位、工地负责人、开工日期、竣工日期、工程概况等内容。

（3）大门内应有施工平面布置图和各种管理制度的标牌，内容详细、字迹工整、清晰。

（4）场地内应有良好的排水措施，场地平整、坚实、畅通。施工现场应整洁，运输车辆不带泥砂出场，并做到沿途不遗撒。

（5）建筑垃圾应及时清运到指定消纳场所，严禁乱倒乱卸。各种料具堆放有序，保持场内的整洁。

（6）现场不允许随地大小便。施工区域和生活区域应明确划分，并划分责任区域，设标志牌，分片包干到人。

（二）现场料具管理

（1）施工场地外一般不宜堆放料具，必须临时堆放时，要办理相关手续，并堆放整齐，不得有碍交通和影响市容。

（2）场地内的料具应按平面布置图的指定位置分类堆放整齐，不得混杂。

（3）各种料具的保管，应根据材料性能采取必要的防雨、防潮、防晒、防冻、防火、防爆措施；贵重物品、易燃、易爆、有毒物品应及时入库，专库保管，加设明显标志，并建立严格的领、退料制度。

（4）做好以下材料节约工作：

1）水泥库内外的散灰要及时清用，水泥袋要及时、认真打包、回收。

2）搅拌机四周、拌料处及施工现场内要及时清扫落地料，浇筑混凝土时，应采取措施防止混凝土散落在模板外。

3）现场使用的钢筋要做到合理使用，长短搭配，利用好下脚料。

4）现场用料应严格按计划进场，不得积压，砖、砂、石等散料应随用随清，不留料底。

5）现场应设垃圾分捡站，及时分捡、回收、利用、清运施工垃圾，施工垃圾必须清运到指定的清纳场地倾倒，严禁乱倒、乱卸。

6）现场剩余料具、包装容器应及时回收，堆码整齐，并及时清退。应注意节水、节电。

（5）现场应实行限额领料制度，严格领、退料手续。材料进、出现场，应有查验制度和必要的手续。

单 元 小 结

本单元介绍了现场施工管理的主要工作，内容包括现场施工管理（施工任务单的签发和贯彻、施工过程中的检查和监督、施工调度和施工平面图的管理、交工验收、工程结算等）；现场计划管理（现场施工计划的编制程序、现场施工进度计划的实施和管理）；施工现场质量和技术管理（施工现场质量管理的内容、施工现场质量管理的方法、施工现场技术管理）；工地现场管理（安全防护、现场环境保护、现场保卫、消防管理、场容及料具管理）。

通过本单元的实习，旨在让学生了解现场施工管理的工作内容、工作要领、为学生毕业后从事现场技术管理岗位工作奠定一定的基础。

复 习 思 考 题

1．施工任务单有什么作用？

2．施工员要对施工过程中的哪些主要工作进行检查和监督？如何监督？

3．交工验收的程序和方法如何？

4．工程验收后，现场要进行哪些收尾工作？

5．现场施工计划的编制程序有哪些？

6．分析出勤实际状况报告的作用是什么？

7．工程进度报告包括什么内容？

8．如何节约工程成本？

9．施工现场质量管理包括什么内容？

10．PDCA 循环法的基本工作内容是什么？

11．质量监控点应设置在什么地方？

12．“三检制”的含义和内容是什么？

13．现场有哪些主要的技术管理制度？各种制度的目的是什么？

14．土方施工要注意哪些安全事项？

15．脚手架的一般安全防护有哪些？

16．什么叫“四口”，“四口”防护的要点是什么？

17．什么叫“五临边”，“五临边”的防护要求是什么？

18．施工现场为防止大气污染应采取什么措施？

19．为防止施工用水污染周围的水源，应采取什么预防措施？

20．现场施工如何降低噪声？采取什么办法不扰民？

21. 如何处置生活垃圾？

22. 现场保卫应做好哪些主要工作？

23. 现场消防应做好哪些主要工作？

24. 施工现场的场容有哪些要求？

25. 节约能源和原材料有哪些措施？

单元三　建筑设备安装工程与土建工程的配合

一、分部工程、子分部工程和分项工程的划分

按照《建筑工程施工质量验收统一标准》（GB 50300—2001）的规定，建筑设备的分部，子分部和分项工程可按表 7-12 划分。

建筑设备分部、子分部、分项工程的划分　　　　表 7-12

序号	分部工程	子分部工程	分　项　工　程
1	建筑给水、排水及采暖	室内给水系统	给水管道及配件安装、室内消火栓系统安装、给水设备安装、管道防腐、绝热
		室内排水系统	排水管道及配件安装、雨水管道及配件安装
		室内热水供应系统	管道及配件安装、辅助设备安装、防腐、绝热
		卫生器具安装	卫生器具安装、卫生器具给水配件安装、卫生器具排水管道安装
		室内采暖系统	管道及配件安装、辅助设备及散热器安装、金属辐射板安装、低温热水地板辐射采暖系统安装、系统水压试验及调试、防腐、绝热
		室外给水管网	给水管道安装、消防水泵接合器及室外消火栓安装、管沟及井室
		室外排水管网	排水管道安装、排水管沟与井池
		室外供热管网	管道及配件安装、系统水压试验及调试、防腐、绝热
		建筑中水系统及游泳池系统	建筑中水系统管道及辅助设备安装、游泳池水系统安装
		供热锅炉及辅助设备安装	锅炉安装、辅助设备及管道安装、安全附件安装、烘炉、煮炉和试运行、换热站安装、防腐、绝热

229

序号	分部工程	子分部工程	分 项 工 程
2	建筑电气	室外电气	架空线路及杆上电气设备安装，变压器、箱式变电所安装，成套配电柜、控制柜（屏、台）和动力、照明配电箱（盘）及控制柜安装，电线、电缆导管和线槽敷设，电线、电缆穿管和线槽敷设，电缆头制作、导线连接和线路电气试验，建筑物外部装饰灯具、航空障碍标志灯和庭院路灯安装，建筑照明通电试运行，接地装置安装
		变配电室	变压器、箱式变电所安装，成套配电柜、控制柜（屏、台）和动力、照明配电箱（盘）安装，裸母线、封闭母线、插接式母线安装，电缆沟内和电缆竖井内电缆敷设，电缆头制作、导线连接和线路电气试验，接地装置安装，避雷引下线和变配电室接地干线敷设
		供电干线	裸母线、封闭母线、插接式母线安装，桥架安装和桥架内电缆敷设，电缆沟内和电缆竖井内电缆敷设，电线、电缆导管和线槽敷设，电线、电缆穿管和线槽敷线，电缆头制作、导线连接和线路电气试验
		电气动力	成套配电柜、控制柜（屏、台）和动力、照明配电箱（盘）及安装，低压电动机、电加热器及电动执行机构检查、接线，低压电气动力设备检测、试验和空载试运行，桥架安装和桥架内电缆敷设，电线、电缆导管和线槽敷设，电线、电缆穿管和线槽敷线，电缆头制作、导线连接和线路电气试验，插座、开关、风扇安装
		电气照明安装	成套配电柜、控制柜（屏、台）和动力、照明配电箱（盘）安装，电线、电缆导管和线槽敷设，电线、电缆导管和线槽敷线，槽板配线，钢索配线，电缆头制作、导线连接和线路电气试验，普通灯具安装，专用灯具安装，插座、开关、风扇安装，建筑照明通电试运行
		备用和不间断电源安装	成套配电柜、控制柜（屏、台）和动力、照明配电箱（盘）安装，柴油发电机组安装，不间断电源的其他功能单元安装，裸母线、封闭母线、插接式母线安装，电线、电缆导管和线槽敷设，电线、电缆导管和线槽敷线，电缆头制作、导线连接和线路电气试验，接地装置安装
		防雷及接地安装	接地装置安装，避雷引下线和变配电室接地干线敷设，建筑物等电位连接，接闪器安装

序 号	分部工程	子分部工程	分 项 工 程
3	智能建筑	通信网络系统	通信系统、卫星及有线电视系统、公共广播系统
		办公自动化系统	计算机网络系统、信息平台及办公自动化应用软件、网络安全系统
		建筑设备监控系统	空调与通风系统、变配电系统、照明系统、给排水系统 热源和热交换系统、冷冻和冷却系统、电梯和自动扶梯系统、中央管理工作站与操作分站、子系统通信接口
		火灾报警及消防联动系统	火灾和可燃气体探测系统、火灾报警控制系统 消防联动系统
		安全防范系统	电视监控系统、入侵报警系统、巡更系统、出入口控制（门禁）系统、停车管理系统
		综合布线系统	缆线敷设和终接、机柜、机架、配线架的安装、信息插座和光缆芯线终端的安装
		智能化集成系统	集成系统网络、实时数据库、信息安全、功能接口
		电源与接地	智能建筑电源、防雷及接地
		环境	空间环境、室内空调环境、视觉照明环境、电磁环境
		住宅（小区）智能化系统	火灾自动报警及消防联动系统、安全防范系统（含电视监控系统、入侵报警系统、巡更系统、门禁系统、楼宇对讲系统、住户对讲呼救系统、停车管理系统）、物业管理系统（多表现场计量及远程传输系统、建筑设备监控系统、公共广播系统、小区网络及信息服务系统、物业办公自动化系统）、智能家庭信息平台
4	通风与空调	送排风系统	风管与配件制作；部件制作；风管系统安装；空气处理设备安装；消声设备制作与安装，风管与设备防腐；风机安装；系统调试
		防排烟系统	风管与配件制作；部件制作；风管系统安装；防排烟风口、常闭正压风口与设备安装；风管与设备防腐；风机安装；系统调试
		除尘系统	风管与配件制作；部件制作；风管系统安装；除尘器与排污设备安装；风管与设备防腐；风机安装；系统调试
		空调风系统	风管与配件制作；部件制作；风管系统安装；空气处理设备安装；消声设备制作与安装；风管与设备防腐；风机安装；风管与设备绝热；系统调试
		净化空调系统	风管与配件制作；部件制作；风管系统安装；空气处理设备安装；消声设备制作与安装；风管与设备防腐；风机安装；风管与设备绝热；高效过滤器安装；系统调试

序　号	分部工程	子分部工程	分　项　工　程
4	通风与空调	制冷设备系统	制冷机组安装；制冷剂管道及配件安装；制冷附属设备安装；管道及设备的防腐与绝热；系统调试
		空调水系统	管道冷热（媒）水系统安装；冷却水系统安装；冷凝水系统安装；阀门及部件安装；冷却塔安装；水泵及附属设备安装；管道与设备的防腐与绝热；系统调试
5	电梯	电力驱动的曳引式或强制式电梯安装工程	设备进场验收，土建交接检验，驱动主机，导轨，门系统，轿厢，对重（平衡重），安全部件，悬挂装置，随行电缆，补偿装置，电气装置，整机安装验收
		液压电梯安装工程	设备进场验收，土建交接检验，液压系统，导轨，门系统，轿厢，平衡重，安全部件，悬挂装置，随行电缆，电气装置，整机安装验收
		自动扶梯、自动人行道安装工程	设备进场验收，土建交接检验，整机安装验收

二、建筑设备安装工程与土建的配合

（一）施工准备阶段的配合

1. 加强图纸的会审工作

施工前土建、建筑设备各专业的有关部门人员应会同在一起，认真审核、熟悉图纸，对图纸中要求彼此配合的工作进行商讨，并拟定配合计划，对图纸中存在的问题，尤其是对各专业施工相互影响、相互干扰的地方应共同商讨解决办法，将矛盾解决在开工之前。

2. 编制科学、合理的施工组织设计

在编制施工组织设计，安排施工生产计划时，要充分听取建筑设备各专业人员的意见，全面考虑到建筑设备各专业的特点和要求，与土建的协作配合关系，编制科学、合理的计划。进度计划一经确定，各专业人员均应严格遵守，以便协作有序施工，避免相互扯皮、干扰，影响工程的进度和质量。

3. 明确分工、配合默契

在工程施工之前，应明确土建施工须配合建筑设备各专业的工作内范围，如哪些预埋件、预留孔洞属于土建专业负责，哪些工作由专业工种自己负责，哪些工作需要双方密切配合，以杜绝漏埋、漏预留、返工、乱剔凿等毛病的出现。

（二）结构施工阶段的配合

1. 基础施工阶段

基础施工阶段，各种水电管线应按照先室外后室内，先地下后地上的施工顺序，根据土建施工的进度安排，穿插配合铺设，必须预埋的各种配件和预留的孔洞要按照设计图纸要求的位置、尺寸及时预埋和预留。

2．主体结构施工阶段

主体结构施工过程中，土建施工员应根据施工组织设计中明确的责任分工范围，做好建筑设备各专业工种的预理、预留工作的交底和施工检查监督工作，相关专业要派出人员进行指导和配合。明确由各专业工种自身安装的要遵循统一的施工计划，按照指定的时间，在规定的时限内完成。隐蔽工程施工前要加强检查和监督，如混凝土浇筑前要进行预埋管线、预留孔洞的检查验收。在浇筑过程中要派人配合跟踪检查，发现损坏或位移，要及时修补或改正，防止混凝土堵塞管线。

预制楼板吊装时，电气、暖卫等专业工种施工人员应主动配合，以避免不必要的剔凿而影响结构的质量。

各专业施工人员应对管道、设备、器具妥加保护，管道预留口要封严，防止砂石落入。剔洞不得过大，也不得切断主筋，堵洞时要用豆石混凝土，不得用碎砖头或泡沫砖块堵洞。

隐蔽工程封闭前，要对各种管道试压——试验完毕，避免工程在工程接近竣工时剔凿。各楼层的标高应与设计尺寸一致。

墙面要垂直，地面应在同一水平线上，地面厚度应一致，卫生间的地面要坡向地漏，卫生间防水层应与卫生器具甩口、立管根部粘裹严密。

（三）装修阶段的配合

1．抹灰前

在土建工程验收的同时，建筑设备各专业工种应按设计要求查对预埋、预留物，必要的孔洞剔凿好，安装好各专业工种的所有木砖、螺栓、套管和卡架等。

将全部明暗装的管道安装完毕，扫通管道，并查对设备位置和管路是否符合设计要求。

2．喷浆前

检查电气工程箱合灰口、卡架、套管等是否齐全，不合要求者要及时修理。

安装轻质隔墙板时，土建施工人员，要按建筑设备各专业工种要求开孔，开孔的位置要正确，大小适宜。

安装的电气管路全部完工，配电箱贴脸门等随之安装完，并将系统线全部穿完，接焊包头全部完成，将无盖的箱盒堵塞盖好，以保持整洁。

3．喷浆后

喷浆和墙顶装饰完成后，电气器具及时安装，安装时要注意保护土建成品及墙顶饰面的清洁。

喷浆后严禁任意剔凿，拆卸器具，如遇特殊情况，须经领导批准后方可进行，并做好后处理。

单 元 小 结

建筑设备划分为建筑给水、排水及采暖，建筑电气，智能建筑，通风与空调，电梯等五个分部工程，它关系到房屋的使用功能和办公、生活质量。为了使各种设备安装顺利，减少外露，在土建施工时有大量的预埋件、预留孔洞等须配合施工，为了保证此项工作的顺利进行，首先在施工组织设计中要对分工有明确的界定，此外，在施工的各个阶段，土建施工和建筑设备专业安装要密切配合，既分工又协作，在统一计划的指导下，及时、有序、高效地完成各种预埋和预留工作，为以后工序创造良好的工作条件。

复 习 思 考 题

1. 建筑设备安装工程的分部工程划分为哪几个？
2. 智能建筑分部工程包含哪几个子分部工程？
3. 土建工程在施工准备阶段如何与建筑设备安装工程配合？
4. 结构施工阶段土建与建筑设备安装工程如何配合？
5. 装修阶段应配合设备安装做什么工作？

模块八　预算员实习

建筑工程预算，是以货币的形式，确定建筑产品的计划价格。它的正确与否，将会影响工程建设计划的准确性和财务开支的合理性，以及影响建筑安装企业经济收入和工程成本分析的正确性。

本模块要求学生在建筑施工现场参加单位工程预决算编制全过程或部分过程。定期讲评写好实习日记，记载每天实习内容和主要收获、存在的问题。通过实习，参加考核并取证。

一、实习目的

通过实习，能够根据本地区的现行定额、有关施工图纸、施工验收规范、施工安全操作规程等资料，编制单位工程施工图预（决）算。

二、实习内容与要求

（一）实习内容

1. 识读图纸部分

（1）了解一般工业与民用建筑的建筑构造和结构构造；

（2）了解建筑施工程序和一般施工工艺；

（3）了解建筑施工验收规范和质量标准；

（4）了解常用建筑材料的分类、强度等级；构配件及制品的名称、分类；

（5）了解常用机械设备的品种，规格技术性能和用途。

2. 建筑工程定额部分

（1）了解定额的编制原则、编制水平、编制程序；

（2）定额的种类及各定额之间的关系；

（3）概算定额、预算定额及施工定额三大定额的概念、作用及应用；

（4）了解材料预算价格和机械台班费的组成，会进行地区材料差价的换算。

3. 建筑工程预算部分

（1）掌握一般土建工程施工图预算的编制方法、步骤；

（2）了解定额中各分部分项工程的项目划分、包括的工程内容；

（3）掌握建筑安装工程预算费用的构成；

（4）掌握工程量计算的一般原则，会套用相应的定额子目，计算单位工程的预算费用。

（二）实习要求

1. 纪律要求

（1）在施工现场实习，严格按照公司的有关规定虚心向现场预算员学习；

（2）坚守岗位，不擅自离岗或串岗；

（3）按时上下班，不迟到、早退，有特殊情况，及时向实习指导老师说明；

（4）每天写好实习日记。

2．专业要求

（1）对实习内容要事先做预习，特别是应加强对定额的了解；

（2）实习时，要认真听取现场技术人员的各种技术交底，特别应注意工程的建筑构造、建筑材料、施工技术及施工组织等方面的内容；

（3）在编制建筑工程施工图预算时，各项费用的计取程序及费率要符合本地区的规定；

（4）在套用定额时，要注意定额的调整及换算。

三、实习组织

（一）实习方式

1．校内实习

为了保证学生在施工现场实习时顺利进行，应重视学生在校内实习，即在辅导老师的指导下，完成大作业。

本书已经给出了一套完整的建筑工程施工图纸，并根据北京市1996年建设工程概算定额及其他有关定额，按照要求编制了该工程的土建工程施工图概算。

学生要在老师的指导下，熟悉并掌握本工程施工图概算编制的全过程，并且还可根据该工程图纸，结合学生所在地区的现行概算定额或预算定额，独立地编制本工程的施工图概算或施工图预算。

对于基础较好的学生，指导老师还可利用其他图纸，让学生根据定额，独立完成大作业，为施工现场的实习打下基础。

2．校外实习

学生到达施工现场前，应首先了解现场预算员的工作内容。施工现场预算员主要是根据《施工定额》编制施工预算。施工预算与施工图概（预）算在编制原理及方法上是基本相同的，但仍存在不同之处，有待学生在实际操作中了解掌握。

到达施工现场后，指导教师应根据现场情况对学生进行分组实习：

一组是根据现有施工图纸，编制单位工程施工图概（预）算，并符合工程的实际情况，对有些项目进行调整，在定额的使用上，避免生搬硬套。如果工程过于复杂，建筑面积过大，也可完成某分部工程的施工图概（预）算编制。

另一组是根据施工定额，在现场预算员的指导下，完成施工预算的编制。并根据施工预算，完成施工作业计划及限额领料单的签发，为施工组织设计提供依据。

若工程已进入尾声，还可安排一组学生参与工程竣工决算的编制工作。

每组实习时间为两周，三个实习组按要求轮换调整，以保证实习内容的全面性。

实习结束后，学生应根据整个实习期间的情况，写出实习报告，实习教师进行考核打分。

（二）时间安排

1．校内实习（3周）

2．校外实习（6周）

3．实习总结（1周）

将自己编制的施工图预算校对装订成册，写编制说明。

1.生产实习成绩评定

根据教学计划规定，生产实习单独考核成绩，考核内容和考核方法参照概述中的有关规定执行。

2.考证

学生实习结束后，应参加本地区有关预算员考证的培训，通过学习，考取相应的上岗证书。

五、实习指导

预算员在掌握定额的基础上，到达施工现场，应首先熟悉施工图纸及施工组织设计，然后根据本地区的定额，编制施工图预算。在编制的过程中，应当严格遵守本地区定额中，对工程量计算规则及各项费用计取的有关规定。特别应当注意：①在工程量的计算过程中，其列项应当避免重复或漏项。②在套用定额时，避免生搬硬套，注意定额的调整与换算，以保证施工预算的准确性。

单元一　建筑工程定额概述

建筑工程定额，是指在一定的生产条件下，生产质量合格的单位产品所需要消耗的人工、材料、机械台班和资金的数量标准。它反映出一定时期的社会劳动生产率水平。

本单元主要介绍定额的分类、性质及三大定额（施工定额、预算定额、概算定额）的概念、内容、作用及应用。

课题一　建筑工程定额的性质、分类

一、建筑工程定额的性质

（一）定额的科学性

定额的科学性，表现为定额的编制是在认真研究客观规律的基础上，自觉遵循客观规律的要求，用科学方法确定各项消耗量标准。所确定的定额水平，是大多数企业和职工经过努力能够达到的平均先进水平。

（二）定额的法令性

定额的法令性，是指定额一经国家、地方主管部门或授权单位颁发，各地区及有关施工企业单位，都必须严格遵守和执行，不得随意变更定额的内容和水平。定额的法令性保证了建筑工程统一的造价与核算尺度。

（三）定额的群众性

定额的拟定和执行，都要有广泛的群众基础。定额的拟定，通常采用工人、技术人员和专职定额人员三结合方式。使拟定定额时能够从实际出发，反映建筑安装工人的实际水平，并保持一定的先进性，使定额容易为广大职工所掌握。

（四）定额的稳定性和时效性

建筑工程定额中的任何一种定额，在一段时期内都表现出稳定的状态。但是，任何一种建筑工程定额，都只能反映一定时期的生产力水平，当生产力向前发展了，定额就会变得陈旧了。所以，建筑工程定额在具有稳定性特点的同时，也具有显著的时效性。当定额

不再能起到它应有作用的时候，建筑工程定额就要重新编制或重新修订了。

二、建筑工程定额的分类

（一）按生产要素分类可分为

劳动消耗定额、材料消耗定额、机械台班定额。

（二）按用途分类可分为

施工定额、预算定额、概算定额、概算指标。

（三）按专业和费用性质分类

建筑工程定额、安装工程定额、间接费定额（标准）、其他费用定额。

（四）按主编单位及适用范围分类

全国统一定额、地区统一定额、企业定额、临时定额。

课题二　施　工　定　额

（一）施工定额的含义

施工定额是施工企业组织生产和加强管理，在企业内部使用的一种定额。属于企业生产定额。它是指在一定的生产条件下，生产质量合格的单位产品所需消耗的人工、材料和机械台班的数量标准。

（二）施工定额的组成

施工定额由劳动消耗定额、材料消耗定额、机械台班消耗定额三种定额组成。

1. 劳动定额

劳动定额又称人工定额，是指在正常的施工技术和组织条件下，完成单位合格产品所需要的劳动消耗数量标准；或规定在一定劳动时间内，生产合格产品的数量标准。

劳动定额的表现形式为时间定额和产量定额

（1）时间定额

时间定额是指某种专业的工人班组或个人，在合理的劳动组织与合理使用材料的条件下，完成符合质量要求的单位产品所必须的工作时间（工日）。

时间定额一般采用工日为计量单位，即工日／m^3、工日／m^2、工日／t、工日／块……等。每个工日工作时间，按法定制度规定为 8h。

（2）产量定额

产量定额是指某种专业的工人或个人，在合理的劳动组织与合理使用材料的条件下，单位工日应完成符合质量要求的产品数量。

产量定额的计量单位是多种多样的，通常是以一个工日完成合格产品数量来表示。即以 m／工日、m^2／工日、m^3／工日、t／工日、块／工日……等。

（3）时间定额与产量定额的关系

在实际应用中，经常会碰到要由时间定额推算出产量定额，或由产量定额折算出时间定额。这就需要了解两者的关系。

时间定额与产量定额在数值上互为倒数关系。

时间定额和产量定额，虽然以不同的形式表示同一个劳动定额，但却有不同的用途。时间定额是以工日为计量单位，便于计算某分部（项）工程所需要的总工日数，也易于核算工资和编制施工进度计划。产量定额是以产品数量为计量单位，便于施工小组分配任务，考核工人劳动生产率。

2．材料消耗定额

材料定额，是指在合理和节约使用材料的条件下，生产质量合格的单位产品所必须消耗的一定品种规格的材料、燃料、半成品、构件和水电等动力资源的数量标准。

材料消耗定额可分为两部分。一部分是直接用于建筑安装工程的材料，称为材料净用量。另一部分是操作过程中不可避免的废料和现场内不可避免的运输、装卸损耗，称为材料损耗量。

材料损耗量用材料损耗率来表示，即材料的损耗量与材料净用量的比值。可用下式表示：

$$材料损耗率 = \frac{材料损耗量}{材料净用量} \times 100\%$$

$$材料消耗量 = 材料净用量 + 材料损耗量$$

或 $$材料消耗量 = 材料净用量 \times （1 + 材料损耗率）$$

现场施工中，各种建筑材料的消耗主要取决于材料定额。用科学的方法正确地规定材料净用量指标以及材料的损耗率，对降低工程成本，节约投资有着重大的意义。

3．机械台班消耗定额

机械定额，是指在正常的施工条件和合理使用机械的条件下，规定利用某种机械完成单位合格产品所必需的人—机时间，或规定在单位时间内人—机完成的合格产品数量标准。

机械定额按其表现形式，可分为机械时间定额和机械产量定额。

机械时间定额，是指在合理劳动组织和合理使用机械正常施工条件下，由熟练工人或工人小组操纵使用机械，完成单位合格产品所必须消耗的机械工作时间。计量单位以"台班"或"工日"表示。

机械产量定额，是指在合理劳动组织和合理使用机械正常施工条件下，机械在单位时间内应完成的合格产品数量。计量单位以立方米、根、块等表示。

机械时间定额与机械产量定额也互为倒数关系。

（三）施工定额的作用

（1）是编制施工组织设计和施工作业计划的依据；

（2）是签发施工任务书和限额领料单的依据；

（3）是编制施工预算、实行经济责任制、加强企业成本管理的基础；

（4）是考核班组、贯彻按劳分配原则和项目承包的依据；

（5）是施工企业开展劳动竞赛、提高劳动生产率的重要前提条件；

（6）是编制预算定额的基础。

（四）施工定额的内容

施工定额是由文字说明部分、定额部分及有关附录等三部分内容组成。

1．文字说明部分

包括总说明和分册章、节说明。

总说明：说明该定额的编制依据、适用范围、工程质量要求及定额的有关规定。

分册章、节说明：主要说明本册章、节定额的工作内容，施工方法及工程量的计算方法和有关规定。

2．定额项目表

是由工作内容、定额表、附注组成。

表 8-1 是以北京地区 1993 年颁发的《北京市建筑工程施工预算定额》为例，该定额
是施工定额的一种。

砖 墙 表 8-1

定额编号	项目		单位	施 工 预 算					主要材料、机械			劳动定额
				预算价值（元）	其 中			预算用工（工日）	红机砖（块）	M2.5混合砂浆（m³）	1:3水泥砂浆（m³）	综合
					人工费（元）	材料费（元）	机械费（元）		0.23	97.09	172.12	
6-1		基 础	m³	159.03	16.63	142.40		1.183	507	0.26		1.088 / 0.919
6-2		外 墙	m³	165.53	22.19	143.34		1.578	510	0.26		1.351 / 0.74
6-3	砌	内 墙	m³	163.66	20.32	143.34		1.445	510	0.26		1.233 / 0.811
6-4		圆弧形墙	m³	167.13	23.79	143.34		1.692	510	0.26		1.441 / 0.694
6-5	砖	1/2砖墙	m³	175.85	30.62	145.23		2.178	535	0.22		1.86 / 0.538
6-6		1/4砖墙	m³	213.76	59.85	153.91		4.257	602	0.15		3.772 / 0.265
6-7		1/2保护墙	m³	26.90	2.85	24.05		0.203	63		0.055	0.069 / 5.926

3．附录

附录一般放在定额分册说明之后，主要内容有计算附表，砂浆、混凝土配合比表等。
表 8-2 为北京地区 1993 年颁发的《北京市建筑工程施工预算定额》中附录九砌筑砂浆配
合比表。

砌筑砂浆配合比表（m³） 表 8-2

材料 项目	单位	单价（元）	混 合 砂 浆					水 泥 砂 浆			勾缝水泥砂浆1:1
			M10	M7.5	M5	M2.5	M1	M10	M7.5	M5	
合价	元		145.47	129.88	114.27	97.09	83.92	155.70	132.80	112.13	293.19
水泥	kg	0.318	304	248	190	129	79	346	274	209	826
白灰	kg	0.101	31	53	81	103	130				
砂子	kg	0.028	1631	1631	1631	1631	1631	1631	1631	1631	1090

（五）施工定额的应用

1. 直接套用定额

当设计要求与施工定额表的工作内容完全一致时，可直接套用定额。

例：某多层混合结构工程，其设计要求与定额项目内容一致的一砖厚内墙 80m³，采用 M2.5 的混合砂浆砌筑，采用 1993 年《北京市建筑工程施工预算定额》计算其工料用量。

解：查表 8-1 的定额子目和表 8-2

施工预算价值：$80 \times 163.66 = 13092.80$ 元

其中：人工费：$80 \times 20.32 = 1625.60$ 元

材料费：$80 \times 143.34 = 11467.20$ 元

劳动定额用工：$80 \times 1.233 = 98.64$ 工日

材料用量：

标准砖：$80 \times 510 = 40800$ 块

M2.5 混合砂浆：$80 \times 0.26 = 20.80$ m³

砂浆成分（查表 8-2）：

水泥用量：$20.80 \times 129 = 2683$ kg

白灰用量：$20.80 \times 103 = 2142$ kg

砂子用量：$20.80 \times 1631 = 33925$ kg

2. 施工定额的换算调整

当设计要求与定额项目内容不一致时，按分册说明、附录等有关规定换算使用。

如在分册说明中规定，调制砂浆以搅拌机为准，如人力调制时，相应时间定额乘以 1.03 系数等。若上例中为人力搅拌，其他不变，则调整后的时间定额＝原时间定额量× $1.03 = 1.233 \times 1.03 = 1.270$ 工日 /m³

则劳动定额的用工：$80 \times 1.270 = 101.60$ 工日

课题三　预　算　定　额

（一）预算定额的概念

预算定额是指在正常的施工条件下，确定完成一定计量单位分项工程和结构构件的人工、材料和机械台班消耗量的标准。

预算定额是一种计价定额，但不是惟一的计价定额。

（二）预算定额的作用

（1）是编制施工图预算，编制标底、报价，进行评标、决标的依据；

（2）是拨付工程款和进行工程竣工结算的依据；

（3）是编制施工组织设计，进行工料分析，实行经济核算的依据；

（4）是编制概算定额和概算指标的基础资料。

（三）预算定额的内容

1. 总说明、各章说明

预算定额手册的总说明，介绍了预算定额的编制依据、定额的适用范围，指出了预算定额实际应用中应注意的事项和有关规定。

各章说明，介绍了部分工程预算定额的统一规定，定额的换算方法，各分项工程量计算规则。

2.定额项目表

定额项目表一般由工程内容、计量单位、项目表组成。

工程内容是规定分项工程预算定额所包括的工作内容，以及各工序所消耗的人工、材料、机械台班消耗量。

项目表是定额的主要组成部分，它反映了一定计量单位分项工程的预算价值（定额基价）以及其中人工费、材料费、机械使用费，人工、材料和机械台班消耗量标准。

$$预算价值 = 人工费 + 材料费 + 机械费$$

其中　人工费 = 定额合计用工量×定额日工资标准；

材料费 = Σ（定额材料用量×材料预算价格）+ 其他材料费；

机械费 = Σ（定额机械台班用量×机械台班使用费）。

3.附录

附录一般在各册预算定额的后面，通常包括各种砂浆、混凝土配合比表，供不同材料预算价格的换算和编制施工计划使用。

（四）预算定额的应用

使用预算定额以前，首先要认真学习定额的有关说明、规定、熟悉定额，在预算定额的使用中一般分为定额的套用、定额的换算和编制补充定额三种情况。

1.预算定额的直接套用

当分项工程的设计要求与预算定额条件完全相符时，可以直接套用定额。这是编制施工图预算的大多数情况。

2.预算定额的换算

当设计要求与定额项目的工程内容、材料规格、施工方法等条件不完全相符，不能直接套用定额时，可根据定额总说明、册说明等有关规定，在定额规定范围内加以调整换算后套用。

定额换算主要表现在以下几方面：

（1）砂浆强度等级的换算；

（2）混凝土强度等级的换算

（3）按定额说明有关规定的其他换算。

3.预算定额的补充

当工程项目在定额中缺项，又不属于调整换算范围之内，无定额可套用时，可编制补充定额，经批准备案，一次性使用。

课题四　概　算　定　额

（一）概算定额的概念

概算定额是确定生产一定计量单位扩大结构构件或扩大分项工程所需的人工、材料和机械台班量的数量标准。

概算定额是在预算定额的基础上，以主要工程内容为主，适当合并相关预算定额的分项内容，进行扩大，与预算定额相比具有更扩大的性质。

概算定额属于计价定额，与预算定额性质相同。但是，它们的项目划分和扩大程度上有很大差异，即概算定额比预算定额更扩大。

（二）概算定额的作用

（1）作为初步设计、编制工程概算和编制施工图概算的依据；

（2）是编制招标标底、投标报价及签订施工承包合同的依据；

（3）是支付工程备料款、结算工程款和审定工程造价的依据；

（4）是编制建设工程估算指标的基础；

（5）是编制主要材料申请计划、设备清单的计算基础和施工备料的参考。

（三）概算定额的内容

概算定额的主要内容包括总说明、册章节说明、建筑面积计算规则、定额项目表和附录、附件等。

定额项目表是概算定额的核心，表头部分有工程内容，表中有项目、计量单位、概算单价、主要工程量及主要材料用量等。

（四）概算定额的应用

用概算定额前，首先要学习概算定额的总说明，册、章说明，以及附录、附件，熟悉定额的有关规定，才能正确地使用概算定额。

概算定额的使用方法同预算定额一样，分为直接套用、定额的调整换算和编制补充定额项目三种情况，这里不再重复。

单 元 小 结

本单元叙述了建筑工程定额的性质、分类以及施工定额、预算定额和概算定额的概念、组成及应用。

施工定额是直接为施工服务的企业生产定额，它主要由劳动消耗定额、材料消耗定额、机械台班消耗定额组成，是企业编制施工预算，进行内部经济核算的基础。

预算定额是一种计价定额，是在施工定额的基础上编制而成的，它是编制施工图预算、拨付工程款和工程结算、编制施工组织设计，实行经济核算的依据。

概算定额比预算定额扩大，它作为初步设计，编制工程概算和施工图概算的依据，是支付工程备料款、结算工程款和审定工程造价的依据。

不同的定额有不同的性质、用于不同的场合，相互之间既有内在的联系又互相区别，要学会正确区分和应用。

复 习 思 考 题

1．建筑工程定额具有哪些性质？

2．建筑工程定额如何分类？

3．什么叫施工定额？它有什么作用？

4．何谓预算定额？它与施工定额有什么区别？主要作用是什么？

5．什么叫概算定额？它有什么作用？

单元二　建筑安装工程概（预）算基本知识

本单元主要介绍建筑安装工程费用项目中：直接费、间接费、计划利润和税金四个组成部分的构成。

课题一　建筑安装工程概（预）算的分类

建筑安装工程概（预）算可分为：设计概算、施工图预算和施工预算三种。

（一）设计概算

设计概算是指在初步设计阶段，由设计单位根据初步或扩大初步设计图纸、概算定额（或概算指标）、各项费用定额（或取费标准）等有关资料，预先计算和确定建筑安装工程费用的文件。

概算文件应包括建设项目总概算、单项工程综合概算、单位工程概算以及其他工程和费用概算。

概算是控制工程建设投资、编制工程计划、控制工程建设拨款以及考核设计经济合理性的依据。

（二）施工图预算

施工图预算是指在工程开工之前，由施工单位根据施工图纸计算的工程量、施工组织设计和国家（或地方主管部门）规定的现行预算定额及各项费用定额（或取费标准）等有关资料，预先计算和确定建筑安装工程建设费用的文件。

施工图预算是确定建筑安装工程造价、实行经济核算和考核工程成本、实行工程包干、进行工程结算的依据，也是建设银行划拨工程价款的依据。

（三）施工预算

施工预算是施工单位内部编制的一种预算。是指施工阶段在施工图预算的控制下，施工队根据施工图计算的工程量、施工定额、单位工程组织设计等资料。通过工料分析，预先计算和确定完成一个单位工程或其中的分部工程所需的人工、材料、机械台班消耗量及其相应费用的文件。

施工预算是签发施工任务单、限额领料、开展定额经济包干、实行按劳分配的依据，也是施工企业开展经济活动分析和进行施工预算与施工图预算的对比依据。

课题二　建筑安装工程费用概述

在工程建设中，建安工程概（预）算所确定的每一个单项工程的投资额，实质上是相应工程的计划价格。这种计划价格在实际工程中以货币的形式表现，即被称为建筑安装工程费用或建筑安装工程造价。

本课题中，将以现行的北京市1996年《建设工程间接费及其他费用定额》为基础，简单介绍建筑工程费用的构成。

现行北京市建筑安装工程费用是由直接费、间接费、计划利润、税金等四部分构成。具体见表8-3。

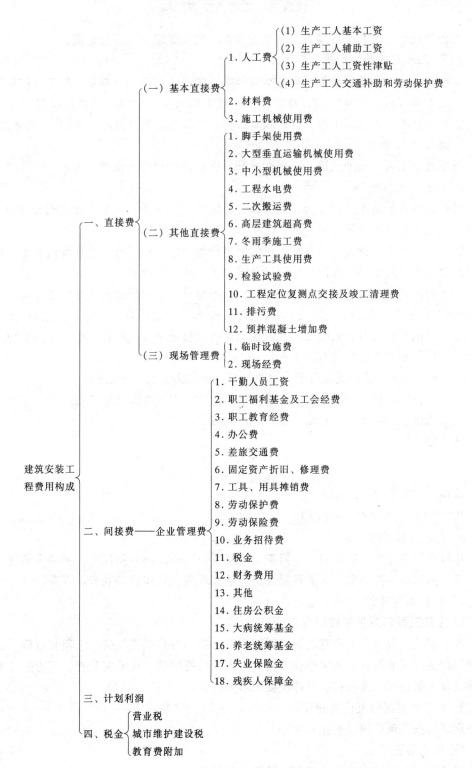

课题三 工程直接费的构成

工程直接费是由基本直接费、其他直接费、现场管理费三部分构成。

（一）基本直接费的构成

定额项目表中的预算价值（即基本直接费）是由人工费、材料费、施工机械使用费所组成。这三项费用是以概（预）算定额中所规定的人工、材料、机械台班消耗量（简称"三量"）分别乘定额人工单价、材料预算价格、机械台班费（简称"三价"）的结果。

1. 定额工资单价

包括基本工资、辅助工资，工资性津贴、交通补助和劳动保护费等。

2. 材料的预算价格

材料的预算价格主要由原价、供销部门手续费、包装费、运杂费及采购保管费五部分组成，该五项费用也可划分为三项：

（1）供应价格：材料、设备在本市的销售价格，包括出厂价、包装费以及由产地运至北京或由生产厂运至供销部门仓库的运杂费和供销部门手续费。

（2）市内运费：自本市生产厂或供销部门仓库运至施工现场或施工单位指定地点的运杂费；由外埠采购的材料、设备自本市车站（到货站）运至施工现场或施工指定地点的运杂费。

（3）采购及保管费：采购材料或设备及保管（包括途耗、库耗）所发生的费用，其费率为供应价格和市内运费之和的 2.5%。即：

$$采购及保管费 = （供应价格 + 市内运费）× 2.5\%$$
$$材料预算价格 = 供应价格 + 市内运费 + 采购及保管费$$

例：求碳素结构元（方）钢 5.5～9mm 的预算价格。

从定额中查出：

$$供应价格 = 2700 元/t$$
$$市内运费 = 45 元/t$$

采购及保管费 = （2700 + 45）× 2.5% = 68.63 元/t

预算价格 = 供应价格 + 市内价格 + 采购及保管费 = 2700 + 45 + 68.63 = 2813.63 ≈ 2814 元/t

3. 机械台班费的组成

机械台班费包括：折旧费、大修费、维修费、安拆及场外运输费、辅助设施费、动力燃料费、人工费、养路费、车船税及公路运输管理费、管理费、利润、税金。

（二）其他直接费

1. 土建工程其他直接费的内容

脚手架使用费、大型垂直运输机械使用费、中小型机械使用费、工程水电费、二次搬运费、高层建筑超高费、冬雨季施工费、生产工具使用费、检验实验费、工程定位复测点交接及竣工清理费、排污费、预拌混凝土增加费。

2. 土建工程其他直接费的计算

建筑物按建筑面积以平方米计算。

（三）现场管理费

现场管理费包括临时设施费和现场经费两部分。

1. 临时设施费

（1）临时设施费概念：临时设施费是指施工企业为进行建筑、安装、市政工程施工所必需的生活和生产用临时设施费用。

（2）临时设施费的计算：土建工程的临时设施费用是以直接费（含其他直接费）为基数乘以相应项目的费率计算的，见表8-4。

2．现场经费

（1）现场经费的内容：现场经费是指项目经理部组织工程施工过程中所发生的费用。包括如下内容：

a．工作人员工资；b．办公费；c．差旅交通费；d．低值易耗品摊销费；e．劳动保护费；f．业务招待费；h．其他费用。

（2）现场经费的计算：土建工程的现场经费以直接费（含其他直接费）为基数乘以相应项目的费率计算，见表8-5。

土建工程的临时设施费　　　　　　　　　　　　表8-4

定额编号	项　　目				费率（%）
14-1	混合结构 内浇外挂 内浇外砌	住宅	三环路以内		2.18
14-2			三环路以外		2.06
14-3		其他	三环路以内		2.35
14-4			三环路以外		2.25
14-5	全装配框架结构 内外全现浇 （滑模）	住宅	三环路以内	檐高（m） 25以下	1.95
14-6				25以上	1.90
14-7			三环路以外	25以下	1.85
14-8				25以上	1.81
14-9		其他	三环路以内	25以下	2.14
14-10				25以上	1.90
14-11			三环路以外	25以下	2.04
14-12				25以上	1.81
14-13	构筑物	砖砌体为主			2.19
14-14		现浇混凝土为主			2.00
14-15	钢结构工程				1.50
14-16	现浇基础桩（护坡桩）				1.44

土建工程的现场经费　　　　　　　　　　　　表8-5

定额编号	项　　目				费率（%）
14-17	单层建筑	工业厂房	跨度	18m以外	3.65
14-18				18m以内	3.29
14-19		其　他			2.74
14-20	住宅	混　合　结　构			2.91
14-21		现浇混凝土	檐高	45m以上	3.57
14-22				45m以下	3.40
14-23				25m以下	2.89
14-24		预制混凝土			2.38
14-25	公共建筑	混　合　结　构			3.13
14-26		混凝土结构	檐高	45m以上	3.68
14-27				45m以下	3.50
14-28				25m以下	2.98
14-29		框架结构		45m以上	4.11
14-30				45m以下	3.70
14-31				25m以下	3.08
14-32	钢　结　构　工　程				1.46
14-33	柱　基　础　工　程				2.67
14-34	室内固定设施安装				1.25

课题四　建筑工程间接费及其他费用

建筑安装工程间接费是指建筑安装企业为组织施工和进行经营管理以及间接为建筑安装工程生产服务的各项费用。

本课题以1996年颁发的《北京市建设工程间接费及其他费用定额》为例进行介绍（见表8-6）。

建　筑　工　程 表8-6

序号	工程类别 费率(%) 取费基数 费用项目			企业管理费	利润	税金	综合费率
				直　接　费			
1	单层	工业厂房	跨度18m以外	14.58	9	4.20	27.78
2			跨度18m以内	13.42	7.5	4.11	25.03
3	建筑	其他建筑		12.23	6	4.02	22.25
4	住宅	檐	45m以上	15.34	10	4.26	29.60
5			45m以下	14.12	8	4.15	26.27
6	建筑	高	25m以下	13.28	7	4.09	24.37
7	公共	檐	45m以上	17.41	11	4.37	32.78
8			45m以下	16.23	9	4.26	29.49
9	建筑	高	25m以下	13.73	7	4.10	24.83
10	构筑物	混凝土烟囱、水塔、筒仓		15.84	9	4.24	29.08
11		贮水（油）池	500m³以外	15.36	8	4.19	27.55
12			500m³以内	14.58	7.5	4.15	26.23
13		混凝土为主其他构筑物		12.17	7	4.05	23.22
14		砖砌体为主构筑物		11.46	6	3.99	21.45
15	钢结构			5.68	5	3.76	14.44
16	独立土石方			9.36	6.5	3.94	19.80
17	打桩工程			9.06	6	3.91	18.97
18	仿古建筑			14.12	8	4.15	26.27
19	室内设施安装			4.84	4.5	3.72	13.06
20	室外工程			11.26	6	3.99	21.25

从表中可以看出，企业管理费和其他费用的费率是以建筑工程的类别、跨度或檐高等划分定额子目的。不同类别，其费率标准也不一样。

（一）间接费

主要指企业管理费。

1.企业管理费的内容

指企业行政管理部门为管理和组织经营活动发生的各项费用。

2.企业管理费的计算

土建工程企业管理费的计算是以工程直接费为基数乘以相应的费率计取的。

（二）其他费用

其他费用包含了利润和税金。土建工程其他费用的计取是以工程直接费为基数乘以相应工程类别的费率计算的。

单 元 小 结

本单元主要介绍了建筑安装工程费用项目中直接费、间接费、计划利润和税金四个组成部分的构成。

工程直接费由基本直接费、其他直接费和现场管理费等三部分构成。基本直接费由人工费、材料费、施工机械使用费组成。土建工程的其他直接费包括脚手架使用费、大型垂直运输机械使用费、中小型机械使用费、工程水电费、二次搬运费、高层建筑超高费、冬雨季施工费、生产工具使用费、检验实验费、工程定位复测点交接及竣工清理费、排污费等。现场管理费包括临时设施费和现场经费两部分。

建筑工程间接费主要指企业管理费，即企业行政管理部门为管理和组织经营活动发生的各项费用，是以工程直接费为基数乘以相应的费率计取的。

工程的利润和税金是以工程直接费为基数乘以相应工程类别的费率计算的。

复 习 思 考 题

1．什么叫施工图预算？它的作用是什么？

2．什么叫施工预算？它的作用是什么？

3．工程直接费包括什么内容？

4．人工费如何计算？

5．材料费如何计算？

6．间接费包括哪些费用？

7．计划利润如何计算？试举一例计算。

8．税金包括哪些项目？各项目如何计算？

单元三　一般土建工程施工图概（预）算的编制

本单元依据北京市(1996)建设工程概算定额，建设工程间接费及其他费用定额，以某公司的办公楼土建工程部分为例，向大家介绍单位工程施工图概算编制的全过程，并结合该实例简单介绍与此工程有关的工程量计算规则，其目的主要是要学生熟悉工程概(预)算的编制步骤。

但教师在授课及学生在学习的过程中应注意，不得生搬硬套，一定要结合本地区的现行定额编制。

课题一　一般土建工程工程量的计算

一、施工图概（预）算的编制过程

（1）熟悉施工图纸及施工组织设计；

（2）熟悉定额并掌握有关计算规则；

（3）列项计算工程量；

（4）套定额子目，编制工程概（预）算书；

（5）编制工料分析表；

（6）审核、编写说明、签字、装订成册。

二、工程量的计算规则

1. 建筑面积的计算规则

（1）单层建筑物无论其高度如何，均按建筑物外墙勒脚以上外墙外围水平面积计算。

（2）多层建筑物按分层建筑面积的总和计算。每层建筑面积按建筑物勒脚以上外墙外围水平面积计算。

2. 建筑物檐高的规定

（1）有挑檐的，从室外设计地坪标高算至挑檐上皮的高度。

（2）有女儿墙的，从室外设计地坪标高算至屋顶结构板上表面的高度。

3. 建筑物层高的计算

（1）建筑物的首层层高，按室内设计地坪标高至首层顶部的结构（楼板）顶面的高度。

（2）其余各层的层高，均为上下结构层顶面标高之差。

4. 基础工程工程量计算

（1）平整场地：按首层外墙轴线内包水平投影面积，以平方米计算。

（2）挖土方：带形基础按基础断面面积乘以轴线长度，以立方米计算。

带形基础挖土方＝基础断面面积×轴线长度

砖基础断面面积的计算如下：

砖基础断面面积＝基础墙高×基础墙厚＋大放脚增加断面面积

（3）地下降水：按首层外墙轴线内包水平投影面积，以平方米计算。

（4）基础垫层：带形基础垫层按轴线长度乘以垫层宽度乘以厚度，以立方米计算。

（5）砖基础：带形基础的工程量计算，同带形基础挖土方，并扣除面积大于 $0.3m^2$ 以上孔洞所占的体积。

（6）基础梁：基础梁按轴线长度乘以梁的断面面积，以立方米计算。

（7）室内管沟：按轴线长度以延长米计算，末端不到纵横轴线交点的部分，按图示长度计算。

5. 墙体工程工程量

（1）外墙高度规定：平屋顶带挑檐，从设计标高 ±0.000 算至挑檐板下表面；带女儿墙，从 ±0.000 算至屋面板上表面。

（2）内墙高度规定：平屋顶从 ±0.000 或楼板结构面算至上一层结构面。

（3）砖墙工程量计算：墙体面积＝轴线图示长度×墙体高度－门窗框外围面积－ $0.3m^2$ 以上孔洞面积；女儿墙面积＝轴线图示长度×女儿墙高度。

6. 钢筋混凝土工程

（1）柱的工程量计算：

1）柱：按柱断面面积乘以柱高（从柱基或楼板上表面算至柱顶面），以立方米计算。

2）构造柱：自基础（或地梁）上表面算至柱顶面，以延长米计算，构造柱计算时，不分断面尺寸。

（2）梁的工程量计算：单梁工程量＝梁的轴线长度×梁的断面面积。

（3）板的工程量计算：平板、有梁板等分厚度均按墙体轴线内包水平投影面积，以平方米计算。预应力圆孔板，按墙体轴线内包水平投影面积以平方米计算。

（4）楼梯的工程量计算：现、预制钢筋混凝土楼梯（含休息平台），应分层按楼梯间墙的轴线内包水平投影面积以平方米计算。

（5）雨罩的工程量计算：现、预制雨罩按雨罩长度乘以外墙轴线至雨罩外皮的宽度，以平方米计算。

7．屋面工程

平屋面工程的列项，一般包括屋面、找坡层、隔气层、防水层等。

（1）平屋面按外墙轴线内包水平投影面积，以平方米计算。

（2）挑檐板的计算：挑檐板的列项有防水和保护层，防水层（或保护层）＝轴线到挑檐边的宽度×外墙轴线长×0.68。

（3）水落管从室外设计地坪算至屋面结构层上皮，以延长米计算。

8．门窗工程

（1）门窗、窗帘盒等按门窗框外围面积，以平方米计算。

（2）特殊五金安装以个、副、套计算。

9．楼地面工程

（1）房心回填土、楼地面底层及面层均按轴线内包水平投影面积，以平方米计算。

（2）防潮（水）层。平面按轴线内包水平投影面积，以平方米计算。立面防潮（水）层＝图示轴线长×图示高度。

（3）楼梯装饰按墙体轴线内包水平投影面积分层，以平方米计算。楼梯栏杆（栏板）扶手按扶手的中心线水平投影长度，以延长米计算。

（4）台阶均按图示水平投影面积，以平方米计算。

（5）散水按外墙轴线以延长米计算。

10．顶棚工程

（1）抹灰、吊顶龙骨、吊顶面层、吊顶面层装修、顶棚保温均按墙的轴线内包水平投影面积，以平方米计算。

（2）梁侧立面的装饰工程量为：梁侧立面装饰＝梁的轴线长×梁高，将其工程量并入顶棚工程量，执行顶棚相应子目。

11．装修工程

（1）外墙装修按外墙轴线长度乘以外墙高度（平屋顶带挑檐者，从室外设计地坪算至挑檐板下表面；带女儿墙者，从室外设计地坪算至女儿墙顶上表面），以平方米计算，扣除门窗框外围面积及 $0.3m^2$ 以上的孔洞面积。

（2）块料面层的外墙裙按外墙轴线长度乘以图示高度，以平方米计算。

（3）内墙装修按墙体轴线长度乘以室内±0.000 或楼板结构面上表面至上一层结构上表面的高度，以平方米计算，并扣除门窗框外围面积及大于 $0.3m^2$ 孔洞所占面积。

（4）内墙裙按墙体轴线长度乘以图示高度，以平方米计算，不扣除门窗及洞口所占面积，门窗洞口侧壁也不增加。

12．建筑配件

（1）厕、浴隔断按图示组合间计算。

（2）浴池按池外侧水平投影面积，以平方米计算。

三、其他直接费的计取

按建筑面积乘以相应项目费率计算。

四、现场管理费的计取

临时设施费和现场经费均以直接费（含其他直接费）为基础乘以相应项目的费率计算。

课题二　施工图纸的识读

施工图概预算的编制，首先是在熟悉施工图纸的基础上进行的。可见，施工图纸的识读，对于单位工程概预算的准确与否，起到了至关重要的作用。本课题将以某公司办公楼为例，进一步深化有关读图的基本知识。

（一）有关说明

（1）本工程为三层办公楼，"一"字形砖混结构。

（2）建筑面积：1129.95m²，建筑物檐高：9.45m，层高：3.00m，±0.000 标高相对于绝对标高 48.80m。

（3）结构按地震烈度 8 度设防。

（4）材料做法选自 88J 系列通用图集。

（5）预制过梁选自〈京 92G21〉标准图集。

（二）图纸目录（见附图 1～附图 20）

（三）读图实例

附图 1：总平面图

（1）首先熟悉总平面图中的各种图例符号，该总平面图中的新建工程为一幢一字形的 3 层办公楼。

（2）该工程位于规划红线内 8.00m，左临停车场，右为原有道路，且周围绿化良好。

（3）该工程坐北朝南，砖混结构；首层 ±0.000 等于绝对标高 48.80m。

附图 2：首层平面层

（1）该办公楼的平面形状为"一"字形，两个入口，总长为 30.18m，总宽为 12.480m，绘图比例：1:100。

（2）轴线编号：纵向轴线自南向北为 A、B、C、D，横向轴线自西向东为 1～10。

（3）外墙厚 360mm，内墙厚 240mm，设男女卫生间各一个，楼梯两部。

（4）走道宽（轴线间距离）1800mm，两边房间进深（轴线间距离）5100mm，办公室 12 个。

（5）注意 I-I 剖切位置及门窗尺寸和数量。

附图 3：标准层平面图

读图方法及房间设置同首层平面图，但应注意二层的地面标高为 3.000m。

附图 4：顶层平面图

基本同标准层平面图，但应注意三层的地面标高为 6.000m，并设有大会议室及计算机室各一间。

附图 5：女儿墙平面图

女儿墙厚 240mm；构造柱一直伸至女儿墙，但截面发生变化。

附图 6：南立面图

(1) 外墙装修为清水砖墙，水刷石勒脚，女儿墙为白水泥。

(2) 办公楼总高为 9.900m，室内外高差 0.450m，层高为 3000mm，女儿墙高 900mm。

(3) 所有窗高为 1800mm。

(4) 两个主入口。

附图 7：北立面图

基本同南立面图，但北立面无出入口。

附图 8：西、东立面及剖面图

(1) 西、东立面基本同南、北立面，但无出入口，注意雨篷及台阶方向。

(2) 剖面图中：应首先从首层找到剖切位置，看清投影方向，被剖切到的墙为 A 和 D；注意圈梁、过梁、楼板、雨篷、屋顶、檐口等的位置及连接关系，并检查该图的尺寸标准与立面图中是否一致。

附图 9：外墙详图

(1) 注意各楼层、过梁、圈梁、窗台等的标高。

(2) 注意地面、楼面、外墙、内墙、踢脚，顶棚等工程作法，并查出具体施工步骤。

附图 10：卫生间大样

(1) 注意卫生间各层地面标高，均低于本层其他处 0.020m，且向地漏处有 0.5% 的坡度。

(2) 观察各洁具的布置情况。

附图 11：楼梯详图

(1) 在平面图中：从首层只看到了第一跑的下半部，同时标注了剖切位置；在标准层中，看到了一个完整的楼梯及上下两个半楼梯段的重合投影；在顶层则看到了两跑完整的楼梯段。应特别注意楼层及休息板的标高，梯段、梯井的宽度，踏步数及踏步宽和休息平台宽。

(2) 在剖面图中，应看到剖到的第一、三跑，第二、四跑为投影；注意栏杆与扶手的连接节点，预埋铁件的尺寸大小查看《建筑构造通用图集 88J7》。

附图 12：材料作法表及门窗数量表

(1) 核对门窗的规格及数量。

(2) 从 88J 系列图集中查找各材料作法的具体施工要求（或见本书表 8-7）。

附图 13：基础平面图

(1) 该办公楼基础为条形基础。

(2) 图中粗实线表示基础墙厚，中实线表示基础底宽，虚线表示暖气沟宽度。

(3) 构造柱在基础生根。

(4) 注意剖切位置。

附图 14：基础详图及地圈梁平面图

(1) 在基础详图中：应注意 A-A 为外墙基础断面图，而 B-B 为内墙基础断面图，找到其不同之处；暖沟截面为 1000mm×1000mm。

（2）在地圈梁平面图中，应注意地梁的形式有两种，即 DL1 与 DL2，且全部交圈。

附图 15：首层结构平面图

（1）该办公楼板的布置形式有两种：预制钢筋混凝土板：用①、②、③表示布置情况；现浇钢筋混凝土板；配筋情况用④表示。另走道采用现浇板。

（2）所有门上过梁选自《京 92G21》。

附图 16：标准层结构平面图

同首层结构平面图。

附图 17：顶层结构平面图

与其他层的不同之处：卫生间顶板此处采用预制钢筋混凝土板，布板形式为③。

附图 18：楼梯配筋详图

1 号筋（Φ12@200）为楼梯的受力筋；2 号筋（1φ8）为分布筋；3 号筋（φ6@200）为架立筋。

附图 19：屋顶节点大样、构造柱及外墙拉结筋作法

注意配筋情况，角柱与边柱等的区别，是否满足构造要求。

附图 20：楼层节点大样及梯梁详图

主要检查四种梁的配筋情况。

课题三 一般土建工程施工图概（预）算编制实例

一、实例工程名称及设计图纸

（一）工程名称

×××公司办公楼

（二）工程概况

本实例为一幢三层砖混结构办公楼工程。

（1）本工程为×××公司办公楼，位于北京市西城区××小区内西侧，属砖混结构。该楼为新建工程，按地上三层设计，耐火及耐久等级均为三级，抗震设防为八度。

（2）本办公楼为一字形内廊式建筑，按规划要求，其总长为 30.18m，总宽为 12.48m，檐高 9.45m，总建筑面积 1129.95m²。相对标高 ±0.00mm，相当于绝对标高 48.80m，室内外高差 −0.45m。

（3）基础采用带形砖基础，五层不等高大放脚，埋深 −1.90m。

（4）现浇钢筋混凝土构件除注明者外，均为 C20 混凝土，现浇板厚 100mm。门窗均为铝合金现制，5mm 厚普通平板玻璃，门为平开门，窗为推拉窗。

（5）办公室、会议室、打印室、医务室、财务室、计算机室均做松木窗帘盒，铝合金双轨窗帘轨，详见 88J4（一）$\frac{1}{107}$。内窗台全部采用预制水磨石窗台板。

（6）屋面、台阶、散水、外墙装修、内墙装修、顶棚、楼地面的工程做法，详见工程做法表及附图中材料做法表。

（7）参考图集《建筑构造通用图集 88J》。

（三）工程做法表

见表 8-7。

工 程 做 法 表　　　　　　　　　表 8-7

做 法 名 称	做 法 层 次	备 注
屋 37 [小石子或着色剂保护层屋面（不上人）]	①防水层 ②20 厚 1:2.5 水泥砂浆找平层 ③干铺加气混凝土保温层表面平整扫净 ④1:6 水泥焦渣最低处 30 厚，找 2% 坡度，振捣密实，表面抹光 ⑤钢筋混凝土现浇板或预制板（平放）	①本例选用小豆石保护层 ②本例选用 SBS 改性沥青油毡Ⅲ型 ③保温选用 25cm 厚 ④无隔汽层，屋面保温层需加透汽孔
地 40-1 [铺地砖地面（勾缝）]	①8～10 厚铺地砖地面干水泥擦缝 ②撒素水泥面（洒适量清水） ③20 厚 1:4 干硬性水泥砂浆结合层 ④素水泥浆结合层一道 ⑤60 厚（最高处）1:2:4 细石混凝土从门口处向地漏找泛水，最低处不小于 30 厚 ⑥100 厚 3:7 灰土 ⑦素土夯实	
地 62-1 [花岗石地面]	①20 厚花岗石铺面灌稀水泥浆擦缝 ②撒素水泥面（洒适量清水） ③30 厚 1:4 干硬性水泥砂浆结合层 ④素水泥浆结合层 ⑤50 厚 C10 混凝土 ⑥100 厚 3:7 灰土 ⑦素土夯实	
楼 23-1 [铺地砖楼面（勾缝）]	①8～10 厚铺地砖楼面，干水泥擦缝 ②撒素水泥面（洒适量清水） ③20 厚 1:4 干硬性水泥砂浆结合层 ④素水泥浆结合层一道 ⑤40～50 厚（最高处）1:2:4 细石混凝土从门口处向地漏找泛水，最低处不小于 30 厚 ⑥水乳型橡胶沥青防水涂料一布四涂（无纺布）防水层，四周卷起 150 高，外粘粗砂，门口处铺出 300 宽（JG-2） ⑦20 厚 1:3 水泥砂浆找平层，四周抹小八字角 ⑧素水泥浆结合层一道 ⑨钢筋混凝土楼板	

做 法 名 称	做 法 层 次	备 注
楼 43-1 [花岗石楼面（磨光）]	①铺 20 厚花岗石楼面灌稀水泥浆擦缝 ②撒素水泥面（洒适量清水） ③30 厚 1:4 干硬性水泥砂浆结合层 ④60 厚 1:6 水泥焦渣垫层 ⑤钢筋混凝土楼板	
踢 34-1 [花岗石板踢脚（磨光）]	①稀水泥浆擦缝 ②安装 20 厚花岗石板 ③20 厚 1:2 水泥砂浆灌缝	
散 1 [细石混凝土散水]	①40 厚 1:2:3 细石混凝土撒 1:1 水泥砂子压实赶光 ②150 厚 3:7 灰土 ③素土夯实向外坡 4%	
棚 2 [板底喷涂顶棚]	①喷顶棚涂料 ②板底腻子刮平 ③钢筋混凝土预制板底抹缝（1:0.3:3 水泥石灰膏砂浆打底，细筋灰略掺水泥罩面，浅缝一次成活）	①本例选用多彩花纹涂料
棚 10 [板底抹水泥砂浆顶棚]	①喷顶棚涂料 ②5 厚 1:2.5 水泥砂浆罩面 ③5 厚 1:3 水泥砂浆打底扫毛 ④钢筋混凝土现制板底刷素水泥浆一道（内掺水重 3%～5% 的 108 胶）	①楼道选用多彩花纹涂料 ②卫生间选用耐擦洗涂料 ③雨罩选用耐擦洗涂料
外墙 1 [清水砖墙面]	清水砖墙 1:1 水泥砂浆勾凹缝	
外墙 12 [水刷石墙面]	①8 厚 1:1.5 水泥石子（粒径约 4mm）或 10 厚 1:1.25 水泥石子（粒径约 6mm）罩面 ②刷素水泥浆一道（内掺水重 3%～5% 的 108 胶） ③12 厚 1:3 水泥砂浆打底扫毛或划出纹道	本例为勒脚
内墙 5 [抹灰墙面]	①喷内墙涂料 ②2 厚纸筋灰罩面 ③8 厚 1:3 石灰膏砂浆 ④13 厚 1:3 石灰膏砂浆打底	本例选用多彩花纹涂料
内墙 88 [瓷砖墙面]	①白水泥擦缝 ②贴 5 厚釉面砖 ③8 厚 1:0.1:2.5 水泥石灰膏砂浆结合层 ④12 厚 1:3 水泥砂浆打底扫毛或划出纹道	本例选用带色瓷砖，规格 0.15×0.20
台 17 [花岗石台阶]	①花岗石条石规格 A×B 按工程设计，长条 1000～1500，表面剁平 ②30 厚 1:3 干硬性水泥砂浆结合层 ③素水泥浆结合层一道 ④100 厚 C15 现制钢筋混凝土 6-150 双向配筋（厚度不包括踏步三角部分），台阶面向外坡 1% ⑤150 厚 3:7 灰土 ⑥台阶横向两端 M2.5 砂浆砖砌 240 厚地垄墙，横向总长度大于 3m 时，每隔 3m 加一道 240 厚地垄墙，地垄墙埋深在冰冻线以下，基础垫层 600 宽、300 高，3:7 灰土或 C10 混凝土	①A 为花岗石条石长 ②B 为花岗石条石宽

注：工程做法表摘自《建筑构造通用图集》88J1 工程做法。

二、×××公司办公楼土建工程施工图概算编制实例

本施工图概算实例包括以下内容:

(1) 工程概预算书封面;

(2) 编制说明;

(3) 建筑工程概算费用计算程序表;

(4) 直接费汇总表;

(5) 分部分项工程造价表;

(6) 指导价材料汇总表;

(7) 分部分项工程指导价材料分析表;

(8) 工程量计算表。

(一) 工程概(预)算书封面

见表 8-8。

工程概(预)算书封面　　　　　　　　　　　　　　　　　表 8-8

北京市建筑安装工程

承包工程工程(概)算书

建设单位:　×××公司

施工单位:　××××建筑工程公司

工程名称:　×××公司办公楼

建筑面积: 1129.95m²	工程结构: 砖混结构
檐　　高: 9.45m	工程地点: 城区、三环以内
预算总价: 1418617 元	单方造价: 1255.47 元/m²

建设单位:　　　　　　　　　　　　　施工单位: ××××建筑

(公章)　　　　　　　　　　　　　　(公章) 工程公司

负责人: _____　　　　　　　　　审核人: _____

　　　　　　　　　　　　　　　　　　证号: _____

经手人: _____　　　　　　　　　编制人: _____

　　　　　　　　　　　　　　　　　　证号: _____

开户银行: _____　　　　　　　　开户银行: _____

19　年　月　日　　　　　　　　　　19　年　月　日

(二) 编制说明

本概算为×××公司办公楼土建工程施工图概算。

1. 工程概况

本工程为三层无地下室办公楼,砖混结构,一字形内廊式建筑。总长 30.18m,总宽 12.48m,总高 10.35m,总建筑面积 1129.95m²,层高 3m,檐高 9.45m。

基础为有圈梁砖带形基础,五层不等高大放脚,C10 混凝土垫层,基础埋深 −1.90m。C20 现浇钢筋混凝土构造柱、圈梁、过梁、楼梯、雨罩。结构板:部分为 C20 现浇钢筋混凝土板,板厚 100mm;部分为预应力短向板。门窗均为铝合金现制。卫生间为地砖楼地面、瓷砖

墙面、耐擦洗涂料顶棚;其余为花岗石楼地面、多彩花纹涂料墙面及顶棚。外墙清水砖墙勾缝,水刷石勒脚。花岗石台阶,细石混凝土散水,屋顶 SBS 改性沥青油毡Ⅲ型防水。

2．编制依据

(1) ×××公司办公楼施工图纸(见附图 1～附图 20);

(2) 北京市(1996 年)建设工程概算定额、建设工程间接费及其他费用定额;

(3) 北京市建设工程造价管理处有关文件。

3．其他有关说明

(1) 本概算未计算钢筋调整量,结算时应计算、检验是否需要调整;

(2) 预拌混凝土增加费,根据施工中预拌混凝土使用量及甲乙双方洽商在结算时计取;

(3) 本概算中的指导价材料,待结算时按有关规定计算价差;

(4) 因选型未定,本概算未计算门锁材料费,结算时按有关规定执行;

(5) 本概算未计取竣工调价,结算时按有关文件办理。

(三) 建筑工程概算费用计算程序表

见表 8-9。

建筑工程概算费用计算程序表   表 8-9

工程名称：×××公司办公楼

序号	项目名称	计算公式		金额(元)
		文字说明	数字算式	
1	直接费	含其他直接费、现场管理费		1103339
2	其中暂估价			
3	企业管理费	(1) ×相应工程类别费率	1103339×13.73%	151488
4	利润	(1) ×相应工程类别费率	1103339×7%	77234
5	税金	(1) ×相应工程类别费率	1103339×4.1%	45237
6	工程造价	(1) + (3) + (4) + (5)	1103339+151488+77234+45237	1377298
7	建筑行业劳保统筹基金	工程造价×1%	1377298×1%	13773
8	建材发展补充基金	工程造价×2%	1377298×2%	27546
9	工程总价	(6) + (7) + (8)	1377298+13773+27546	1418617

(四) 直接费汇总表

见表 8-10。

直接费汇总表   表 8-10

工程名称：×××公司办公楼

序号	工程项目	直接费(元)	其中人工费(元)	序号	工程项目	直接费(元)	其中人工费(元)
	直接费汇总	1103339	129174				
一、	基础工程	83184	18759	七、	顶棚工程	19828	8581
二、	墙体工程	116278	18262	八、	装修工程	68759	21329
三、	混凝土工程	116252	12902	九、	建筑配件	9191	897
四、	屋面工程	43099	2903	十、	其他直接费	90645	15480
五、	门窗工程	103374	5690	十一、	小计	1046018	129174
六、	楼地面工程	395408	24371	十二、	现场管理费	57321	

（五）分部分项工程造价表

见表 8-11。

分部分项工程造价表　　　　　　　　　　　　　　　　　　　　表 8-11

工程名称：×××公司办公楼

顺序号	定额编号	工 程 项 目	单位	数量	概算价（元）		其中：人工（元）	
					单价	合价	单价	合价
		建筑面积	m²	1129.95				
	一、	基础工程				83184		18759
	1-1	平整场地	m²	356.4	1.68	599	1.68	599
	1-22	其他结构砖带基挖土方	m³	161.86	61.93	10024	44.89	7266
	1-68	带形基础灰土垫层	m³	1.21	44.36	54	18.8	23
	1-71	带形基础 C10 混凝土垫层	m³	57.32	213.08	12214	32.72	1876
	1-147	室内靠墙管沟 1.0m×1.0m	m	71.4	147.5	10532	35.5	2535
	1-182	室内管沟抹防水砂浆	m²	71.4	4.83	345	1.1	79
	1-183	室内管沟混凝土垫层增加费	m	71.4	12.99	927	−1.69	−121
	1-101	有圈梁砖带形基础	m³	157.54	307.79	48489	41.27	6502
	二、	墙体工程				116278		18262
	2-2	365mm 砖外墙	m²	607.14	91.08	55298	14.24	8646
	2-4	115mm 砖内墙	m²	24.3	23.92	581	5.12	124
	2-5	240mm 砖内墙	m²	1052.27	53.04	55812	7.99	8408
	2-7	240mm 砖女儿墙	m²	75.06	67.10	5037	14.44	1084
	三、	混凝土工程				116252		12902
	3-31	C20 构造柱	m	360.4	63.12	22748	10.56	3806
	3-43	C20 矩形梁	m³	7.47	1217.03	9091	136.67	1021
	3-75	C20 现浇平板 100mm 厚	m²	221.58	64.33	14254	8.73	1934
	3-123	C20 现浇楼梯	m²	73.44	148.83	10930	41.52	3049
	3-141	现浇雨罩挑宽 2m 以内	m²	7.2	202.76	1460	46.61	336
	3-201	预应力圆孔板 4.2m 内	m²	774.18	74.62	57769	3.56	2756
	四、	屋面工程				43099		2903
	6-1	豆石屋面加气混凝土块保温	m²	356.4	53.55	19085	4.07	1451
	6-33	水泥焦渣找坡层	m²	356.4	12.89	4594	1.74	620
	6-66	SBS 改性沥青油毡防水层（Ⅲ型）	m²	356.4	53.01	18893	2.05	731
	6-87	镀锌铁皮水落管	m	37.8	13.94	527	2.66	101
	五、	门窗工程				103374		5690
	8-76	铝合金平开门	m²	90.16	496.46	44761	20.11	1813
	8-89	铝合金推拉窗	m²	137.73	337.54	46489	22.9	3154
	8-115	松木窗帘盒	m²	92.32	70.14	6475	2.37	219
	8-118	双轨铝合金窗帘轨	m²	92.32	30.79	2843	1.5	138

顺序号	定额编号	工 程 项 目	单位	数量	概算价（元）		其中：人工（元）	
					单价	合价	单价	合价
	8-138	预制磨石窗台板（青水泥）	m²	137.73	19.04	2622	1.32	182
	8-148	门锁安装	个	41	4.49	184	4.49	184
六、		楼地面工程				395408		24371
	9-1	房心回填土（室内外高差 75cm 以内）	m²	356.4	2.89	1030	2.89	1030
	9-32	现预制块料地面灰土、混凝土底层	m²	325.8	12.22	3981	3	977
	9-33	现预制块料楼面 6cm 焦碴底层	m²	578.16	8	4625	0.83	480
	9-77	磨光花岗石楼地面	m²	903.96	295.03	266695	10.66	9636
	9-147	卫生间地面灰土、细石混凝土底层	m²	30.6	12.43	380	3.31	101
	9-153	卫生间面砖地面层勾缝	m²	30.6	61.78	1890	7.74	237
	9-157	卫生间楼面细石混凝土底层	m²	61.2	39.95	2445	4.6	282
	9-167	卫生间面砖楼面面层勾缝	m²	61.2	61.78	3781	7.74	474
	9-173	卫生间楼面防水层 JG-2 一布四涂	m²	61.2	44.29	2711	6.05	370
	9-180	厕所蹲台	间	18	91.93	1655	35.17	633
	9-309	磨光花岗石踢脚	m	875.4	49.49	43324	5.65	4946
	9-322	楼梯装饰磨光花岗石	m²	73.44	503.16	36952	26.25	1928
	9-329	镀铬钢管栏杆硬木扶手	m	46.2	300.22	13870	28.24	1305
	9-363	花岗石面台阶	m²	12.42	870.05	10806	119.93	1490
	9-385	豆石混凝土散水	m	83.4	15.14	1263	5.77	481
七、		顶棚工程				19828		8581
	10-1	预制混凝土板底勾缝抹灰	m²	774.18	1.49	1154	0.99	766
	10-2	现制混凝土板底抹灰	m²	278.64	5.73	1597	2.94	819
	10-40	卫生间天棚面层喷耐擦洗涂料	m²	91.8	6.18	567	2.51	230
	10-41	顶棚面层喷多彩花纹涂料	m²	961.02	17.18	16510	7.04	6766
八、		装修工程				68759		21329
	11-1	砖外墙面全部勾缝	m²	719.73	5.42	3901	3.5	2519
	11-56	砖女儿墙内侧抹水泥砂浆	m²	75.06	17.17	1289	10.52	790
	11-69	砖内墙抹混合砂浆底灰	m²	316.87	4.59	1454	2.79	884
	11-82	砖内墙抹石灰砂浆底灰	m²	2243.42	4.38	9826	2.79	6259
	11-86	砖内墙抹水泥拉毛底灰	m²	316.87	5.28	1673	2.83	897
	11-97	内墙面喷多彩花纹涂料	m²	2243.42	16.24	36433	2.88	6461
	11-132	内墙面贴彩色瓷砖	m²	316.87	44.4	14069	10.99	3482
	11-342	雨罩装修现制宽度 2m 以内	m²	7.2	15.79	114	4.96	36
九、		建筑配件				9191		897
	12-26	预制水磨石拖布池	组	6	90.21	541	13.2	79
	12-46	厕所隔断	间	18	403.25	7259	31.07	559

顺序号	定额编号	工程项目	单位	数量	概算价（元）		其中：人工（元）	
					单价	合价	单价	合价
	12-74	房间名牌	个	45	18.88	850	4.42	199
	12-113	平屋顶出人孔（带小门）	个	1	540.59	541	59.7	60
十、		其他直接费				90645		15480
	13-7	建筑面积综合脚手架费用 其他建筑檐高 25m 以下	m²	1129.95	5.01	5661	2.93	3311
	13-30	大型垂直运输机械使用费 混合结构、檐高 25m 以下	m²	1129.95	23.14	26147		
	13-76	中小型机械使用费 混合结构、檐高 25m 以下	m²	1129.95	13.9	15706		
	13-95	工程水电费 混合结构、檐高 25m 以下	m²	1129.95	3.39	3831		
	13-110	二次搬运费 混合结构、三环路以内	m²	1129.95	14.29	16147	6.52	7367
	13-137	冬雨季施工费 混合结构、檐高 25m 以下	m²	1129.95	10.21	11537	3.07	3469
	13-158	生产工具使用费 混合结构、檐高 25m 以下	m²	1129.95	6.43	7266		
	13-177	检验试验费 混合结构、檐高 25m 以下	m²	1129.95	1.24	1401		
	13-196	工程定位复测点交接及竣工清理费 混合结构、檐高 25m 以下	m²	1129.95	2.53	2859	1.18	1333
	13-215	排污费 混合结构、檐高 25m 以下	m²	1129.95	0.08	90		
		直接费合计				1046018		129174
十一、		现场管理费				57321		
	14-3	临时设施费 混合结构、三环路以内	元	1046018	2.35%	24581		
	14-25	现场经费 混合结构、公共建筑	元	1046018	3.13%	32740		

（六）指导价材料汇总表

见表 8-12。

指导价材料汇总表 表 8-12

工程名称：×××公司办公楼

序号	材料代码	材料名称	数量	单位	序号	材料代码	材料名称	数量	单位
1	01001	钢筋	15284	kg	17	09040	SBS改性沥青油毡Ⅲ型	517	m²
2	02001	水泥	157942	kg	18	09034	乳化橡胶沥青	132	kg
3	03002	模板	4.144	m²	19	04105	铝合金窗帘轨	152.3	m
4	03001	板方材	0.143	m³	20	05068	铝合金平开门	90.2	m²
5	06003	过梁	11.06	m³	21	05073	铝合金推拉窗	137.7	m²
6	06038	沟盖板	5	m³	22	04052	松木窗帘盒	61	m
7	06018	圆孔板	51.1	m³	23	04033	预制水磨石窗台板	22	m²
8	11009	铁件	534	kg	24	04015	磨光花岗石	1166	m²
9	02007	加气混凝土块	92.7	m³	25	08170	JG-2防水涂料	260	kg
10	01014	镀锌钢板	61	kg	26	04138	镀铬栏杆	391	m
11	04189	地面砖	83	m²	27	08154	耐擦洗涂料	48	kg
12	04203	彩色瓷砖	333	m²	28	08160	多彩花纹涂料	3307	kg
13	04059	硬木扶手	55	m	29	04035	磨石隔断板	50	m²
14	04135	法兰套	457	个	30	03024	出人孔盖板	1	套
15	02003	白水泥	130	kg	31	03025	出人孔下门	1	套
16	05016	厕浴大门	16	m²	32	04250	磨石拖布池	6	个

说明：本教学实例因工程量较小，故对部分同品名不同规格材料只作综合分析而未按不同材料编号分析。例如：04015 中含 04016、04017、04022；08154 中含 08153、08152；08160 中含 08159、08158；11009 中含 11008 等。此类做法，仅供学员学习时参考，工程实际中应当严格按材料编号进行分析。

（七）分部分项工程指导价材料分析表

见表 8-13。

（八）工程量计算表

见表 8-14。

表 8-13

分部分项工程指导价材料分析表

工程名称：×××公司办公楼

定额编号	分项工程名称	单位	数量	钢筋(kg) 单方	钢筋(kg) 合计	水泥(kg) 单方	水泥(kg) 合计	模板(m²) 单方	模板(m²) 合计	板方材(m³) 单方	板方材(m³) 合计	过梁(m³) 单方	过梁(m³) 合计	沟盖板(m³) 单方	沟盖板(m³) 合计
一、	基础工程				4569		33335		1.118		0.143		0.29		5
1-71	C10混凝土垫层	m³	57.32			219	12553	0.014	0.803						
1-147	室内靠墙管沟	m	71.4			25	1785			0.002		0.004	0.29	0.07	5
1-182	室内管沟抹防水砂浆	m²	71.4			7	500								
1-183	室内管沟混凝土垫层增加费	m	71.4			34	2428								
1-101	有圈梁砖基	m³	157.54	29	4569	102	16069	0.002	0.315						
二、	墙体工程						30444		0.3				10.77		
2-2	365mm砖外墙	m²	607.14	3	2483	23	13964					0.009	5.46		
2-4	115mm砖内墙	m²	24.3		1281	4	97					0.002	0.05		
2-5	240mm砖内墙	m²	1052.27	1	1052	14	14732					0.005	5.26		
2-7	240mm砖女儿墙	m²	75.06	2	150	22	1651	0.004	0.3						

小计：钢筋(kg) 合计 8232 ｜ 水泥(kg) 合计 38684 ｜ 模板(m²) 合计 2.689 ｜ 铁件(kg) 合计 80 ｜ 圆孔板(m³) 合计 51.1

定额编号	分项工程名称	单位	数量	钢筋(kg) 单方	钢筋(kg) 合计	水泥(kg) 单方	水泥(kg) 合计	模板(m²) 单方	模板(m²) 合计	铁件(kg) 单方	铁件(kg) 合计	圆孔板(m³) 单方	圆孔板(m³) 合计
三、	混凝土工程												
3-31	C20构造柱	m	360.4	11	3964	47	16939	0.002	0.721				

定额编号	分项工程名称	单位	数量	钢筋（kg）单方	合计	水泥（kg）单方	合计	模板（m²）单方	合计	铁件（kg）单方	合计	圆孔板（m³）单方	合计	单方	合计
3-43	C20矩形梁	m³	7.47	201	1051	396	2958	0.024	0.179	1	7				
3-75	C20现浇平板	m²	221.58	7	1551	31	6869	0.002	0.443	1	73				
3-123	C20现浇楼梯	m²	73.44	10	734	71	5214	0.007	0.514						
3-141	现浇雨罩	m²	7.2	22	158	71	511	0.008	0.058						
3-201	预应力圆孔板	m²	774.18	1	774	8	6193	0.001	0.774			0.066	51.1		

	加气混凝土块（m³）合计	水泥（kg）合计	SBSⅢ型（m²）合计	乳化橡胶沥青（kg）合计	铁件（kg）合计	镀锌钢板（kg）合计
	92.7	11761	517	132	20	54

定额编号	分项工程名称	单位	数量	加气混凝土块（m³）单方	合计	水泥（kg）单方	合计	SBSⅢ型（m²）单方	合计	乳化橡胶沥青（kg）单方	合计	铁件（kg）单方	合计	镀锌钢板（kg）单方	合计
	四、屋面工程														
6-1	豆石屋面加气混凝土保温	m²	356.4	0.26	92.7	12	4277								
6-33	水泥焦碴找坡层	m²	356.4			21	7484	1.45	517						
6-66	SBSⅢ型防水层	m²	356.4							0.37	132	0.03	11	1.43	54
6-87	镀锌铁皮水落管	m	37.8									0.24	9		

	水泥（kg）	铁件（kg）	窗帘轨（m）	开平门（m²）	推拉窗（m²）	窗帘盒（m）	窗台板（m²）
	320	232	152.3	90.2	137.7	61	22

五、门窗工程

定额编号	分项工程名称	单位	数量	水泥(kg)		铁件(kg)		窗帘轨(m²)		平开门(m²)		推拉窗(m²)		窗帘盒(m)		窗台板(m²)		合计
				单方	合计	单方	合计	单方	合计	单方	合计	单方	合计	单方	合计	单方	合计	
8-76	铝合金平开门	m²	90.16	1	90	0.16	14			1	90.2							
8-89	铝合金推拉窗	m²	137.73	1	138	0.37	51					1	137.7					
8-115	松木窗帘盒	m²	92.32	1	92	0.46	42							0.66	61			
8-118	双轨铝合金窗帘轨	m²	92.32			0.91	125	1.65	152.3									
8-138	预制磨石窗台板	m²	137.73													0.16	22	

		水泥(kg) 合计	花岗石(m²) 合计	地面砖(m²) 合计	防水涂料(kg) 合计	锦砖(m²) 合计	铁件(kg) 合计	硬木扶手(m) 合计	法兰套(个) 合计	镀铬栏杆(m) 合计
		33920	1166	83	260	22	178	55	457	391

六、楼地面工程

定额编号	分项工程名称	单位	数量	水泥(kg)		花岗石(m²)		地面砖(m²)		防水涂料(kg)		锦砖(m²)		铁件(kg)		硬木扶手(m)		法兰套(个)		镀铬栏杆(m)		合计(模板)(m²)
				单方	合计	单方	合计	单方	合计	单方	合计	单方	合计	单方	合计	单方	合计	单方	合计	单方	合计	
9-32	预制块料地面底层	m²	325.8	11	3584																	
9-33	预制块料楼面底层	m²	578.16	13	7516																	
9-77	磨光花岗石楼地面	m²	903.96	12	10848	0.94	850															0.037
9-147	卫生间地面底层	m²	30.6	11	337																	
9-153	卫生间面砖地面面层	m²	30.6	10	306			0.9	28													
9-157	卫生间楼面底层	m²	61.2	21	1285					2.12	130											
9-167	卫生间面砖楼面面层	m²	61.2	10	612			0.9	55													

定额编号	分项工程名称	单位	数量	水泥(kg) 单方	水泥(kg) 合计	花岗石(m²) 单方	花岗石(m²) 合计	地面砖(m²) 单方	地面砖(m²) 合计	防水涂料(kg) 单方	防水涂料(kg) 合计	锦砖(m²) 单方	锦砖(m²) 合计	铁件(kg) 单方	铁件(kg) 合计	硬木扶手(m) 单方	硬木扶手(m) 合计	法兰套(个) 单方	法兰套(个) 合计	镀铬栏杆(m) 单方	镀铬栏杆(m) 合计
9-173	卫生间楼面防水层	m²	61.2	28	1714					2.12	130										
9-180	厕所蹲台	间	18	49	882							1.23	22								
9-309	磨光花岗石踢脚	m	875.4	3	2626	0.13	114							0.035	31						
9-322	楼梯装饰磨光花岗石	m²	73.44	27	1983	2.27	167														
9-329	镀铬钢管栏杆硬木扶手	m	46.2	1	46									3.11	144	1.19	55	9.9	457	8.47	391（模板 m²）
9-363	花岗石面台阶	m²	12.42	95	1180	1.98	25							0.22	3					0.003	0.037
9-385	豆石混凝土散水	m	83.4	12	1001																

定额编号	分项工程名称	单位	数量	水泥(kg) 单方	水泥(kg) 合计	耐擦洗涂料(kg) 单方	耐擦洗涂料(kg) 合计	多彩涂料(kg) 单方	多彩涂料(kg) 合计
					2446		42		884
七、顶棚工程									
10-1	预制混凝土板底勾缝抹灰	m²	774.18	1	774				
10-2	现浇混凝土板底抹灰	m²	278.64	6	1672				
10-40	卫生间顶棚面层喷耐擦洗涂料	m²	91.8			0.46	42		
10-41	顶棚喷多彩花纹涂料	m²	961.02					0.92	884

定额编号	分项工程名称	单位	数量	水泥(kg) 单方	水泥(kg) 合计	白水泥(kg) 单方	白水泥(kg) 合计	多彩涂料(kg) 单方	多彩涂料(kg) 合计	彩色瓷砖(m²) 单方	彩色瓷砖(m²) 合计	耐擦涂料(kg) 单方	耐擦涂料(kg) 合计	出入孔盖板(套) 单方	出入孔盖板(套) 合计	出入孔下门(套) 单方	出入孔下门(套) 合计	合计
八、	装修工程				6935		130				311		6					
11-1	砖外墙全部勾缝	m²	719.73	4	2879	0.12	86											
11-56	女儿墙内侧抹水泥砂浆	m²	75.06	15	1126													
11-69	砖内墙抹混合砂浆底灰	m²	316.87	1	317													
11-86	砖内墙抹水泥拉毛底灰	m²	316.87	4	1267													
11-97	砖内墙喷多彩涂料	m²	2243.42					1.08	2423									
11-132	内墙面贴彩色瓷砖	m²	316.87	4	1267	0.14	44			0.98	311							
11-342	雨罩装修	m²	7.2	11	79							0.84	6					

定额编号	分项工程名称	单位	数量	水泥(kg) 单方	水泥(kg) 合计	铁件(kg) 单方	铁件(kg) 合计	磨石隔断板(m²) 单方	磨石隔断板(m²) 合计	厕浴大门(m²) 单方	厕浴大门(m²) 合计	镀锌钢板(kg) 单方	镀锌钢板(kg) 合计	出入孔盖板(套) 单方	出入孔盖板(套) 合计	出入孔下门(套) 单方	出入孔下门(套) 合计	合计
九、	建筑配件				97		25		50		16		7		1		1	
12-26	预制水磨石拖布池	组	6	8	48													
12-46	厕所隔断	间	18	2	36	0.32	6	2.76	50									
12-74	房间铭牌	个	45	13	13	0.32	14			0.89	16							
12-113	平屋顶出入孔	个	1			4.19	4					7.29	7		1		1	

工程名称×××公司办公楼   年　月　日　共　页

序号	工程项目	单位	计　算　式	数量
	建筑面积	m^2	$376.65 + 376.65 + 376.65 = 1129.95$	1129.95
	首层		$30.18 \times 12.48 = 376.65$	
	二层		$30.18 \times 12.48 = 376.65$	
	三层		$30.18 \times 12.48 = 376.65$	
（一）	基础工程			
1	平整场地	m^2	$(3 \times 2 + 3.6 \times 2 + 3.3 \times 5) \times (5.1 \times 2 + 1.8) = 356.4$	356.4
2	其他结构砖带基挖土方	m^3	$67.51 + 92.77 + 1.58 = 161.86$	161.86
	A-A 剖		$(0.365 \times 1.7 + 0.189) \times (29.7 \times 2 + 12 \times 2) = 67.51$	
	B-B 剖		$(0.24 \times 1.7 + 0.189) \times (29.7 \times 2 + 12 \times 8) = 92.77$	
	楼梯基础		$(0.365 \times 1.2 \times 1.8) \times 2 = 1.58$	
3	灰土垫层	m^3	$0.56 \times 0.3 \times 3.6 \times 2 = 1.21$	1.21
4	C10 混凝土垫层	m^3	$20.02 + 37.3 = 57.32$	57.32
	A-A 剖		$1.2 \times 0.2 \times (29.7 \times 2 + 12 \times 2) = 20.02$	
	B-B 剖		$1.2 \times 0.2 \times (29.7 \times 2 + 12 \times 8) = 37.3$	
5	室内靠墙管沟	m	$29.7 \times 2 + 12 = 71.4$	71.4
6	室内管沟抹防水砂浆	m^2	$(29.7 \times 2 + 12) \times 1 = 71.4$	71.4
7	室内管沟混凝土垫层增加费	m	$29.7 \times 2 + 12 = 71.4$	71.4
8	有圈梁砖带基	m^3	$67.51 + 88.45 + 1.58 = 157.54$	157.54
	A-A 剖		$(0.365 \times 1.7 + 0.189)(29.7 \times 2 + 12 \times 2) = 67.51$	
	B-B 剖 楼梯基础		$(0.24 \times 1.7 + 0.189)(29.7 \times 2 + 12 + 8) - 1 \times 1 \times 0.24 \times 18 = 88.45$ $0.365 \times 1.2 \times 1.8 \times 2 = 1.58$	
（二）	门窗工程			
1	铝合金平开门	m^2	$84.43 + 5.73 = 90.16$	90.16
	M_1 （内门）		$(1 - 0.05)(2 - 0.025) \times 45 = 84.43$ $1.8763 m^2/樘$	
	M_2 （外门）		$(1.5 - 0.05)(2 - 0.025) \times 2 = 5.73$ $2.864 m^2/樘$	
2	铝合金推拉窗	m^2	$36.23 + 101.5 = 137.73$	137.73
	C_1 （外窗）		$(1.2 - 0.05)(1.8 - 0.05) \times 18 = 36.23$ $2.0125 m^2/樘$	
	C_2 （外窗）		$(1.5 - 0.05)(1.8 - 0.05) \times 40 = 101.50$ $2.5375 m^2/樘$	
3	松木窗帘盒	m^2	$6.04 + 86.28 = 92.32$	92.32
	C_1		$2.0125 \times 3 = 6.04$ 打印室、医务室、财务室	
	C_2		$2.5375 \times 34 = 86.28$ 办公室、会议室、计算机室	
4	双轨铝合金窗帘轨	m^2	$6.04 + 86.28 = 92.32$	92.32
	C_1		$2.0125 \times 3 = 6.04$	
	C_2		$2.5375 \times 34 = 86.28$	

序号	工 程 项 目	单位	计　算　式	数量
5	预制水磨石窗台板	m²	36.23 + 101.5 = 137.73	137.73
	C₁		2.0125 × 18 = 36.23	
	C₂		2.5375 × 40 = 101.5	
6	门锁安装	个	2 + 45 − 6 = 41	41
(三)	墙体工程			
1	365 砖外墙	m²	$\qquad M_1 \qquad C_1 + C_2$ (29.7 + 12) × 2 × 9 − 5.73 − 137.73 = 607.14	
2	115 砖内墙	m²	10.8 + 13.5 = 24.3	24.3
	男卫生间内		1.2 × 3 × 3 = 10.8	
	女卫生间内		1.5 × 3 × 3 = 13.5	
3	240 砖内墙	m²	379.8 + 401.4 + 355.5 − 84.43 = 1052.27	1052.27
	首层		(29.7 × 2 − 3.6 × 4 + 5.1 × 16) × 3 = 379.8	
	二层		(29.7 × 2 − 3.6 × 2 + 5.1 × 16) × 3 = 401.40	
	三层		(29.7 × 2 − 3.6 × 2 + 5.1 × 13) × 3 = 355.5	
	扣内门框外围面积		1.876 × 45 = 84.43	
4	240 砖女儿墙	m²	(29.7 + 12) × 2 × 0.9 = 75.06	75.06
(四)	钢筋混凝土工程			
1	C20 构造柱	m	54.4 + 288 + 18 = 360.4	360.4
	基础中		1.7 × 32 = 54.4	
	结构墙体中		9 × 32 = 288	
	女儿墙中		0.9 × 20 = 18	
2	C20 矩形梁	m³	0.63 + 0.63 + 0.72 + 0.63 + 0.63 + 0.72 + 0.63 + 0.63 + 0.72 + 1.53 = 7.47	7.47
	首层：L₁		0.25 × 0.35 × 3.6 × 2 = 0.63	
	L₂		0.25 × 0.35 × 3.6 × 2 = 0.63	
	L₃		0.2 × 0.25 × 1.8 × 8 = 0.72	
	二层：L₁		0.25 × 0.35 × 3.6 × 2 = 0.63	
	L₂		0.25 × 0.35 × 3.6 × 2 = 0.63	
	L₃		0.2 × 0.25 × 1.8 × 8 = 0.72	
	三层：L₁		0.25 × 0.35 × 3.6 × 2 = 0.63	
	L₂		0.25 × 0.35 × 3.6 × 2 = 0.63	
	L₃		0.2 × 0.25 × 1.8 × 8 = 0.72	
	L₄		0.2 × 0.5 × 5.1 × 3 = 1.53	
3	C20 现浇平板 100 厚	m²	53.46 + 30.6 + 53.46 + 30.6 + 53.46 = 221.58	221.58
	首层：楼道		29.7 × 1.8 = 53.46	
	卫生间		5.1 × 3 × 2 = 30.6	

序号	工程项目	单位	计　算　式	数量
	二层：楼道		$29.7 \times 1.8 = 53.46$	
	卫生间		$5.1 \times 3 \times 2 = 30.6$	
	三层：楼道		$29.7 \times 1.8 = 53.46$	
4	C20 现浇楼梯	m²	$36.72 + 36.72 = 73.44$	73.44
	1～2 层		$5.1 \times 3.6 \times 2 = 36.72$	
	2～3 层		$5.1 \times 3.6 \times 2 = 36.72$	
5	现浇雨罩挑宽2m以内	m²	$2.5 \times (1.2 + 0.24) \times 2 = 7.2$	7.2
6	预应力圆孔板	m²	$235.62 + 235.62 + 302.94 = 774.18$	774.18
a	首层：开间 3m		$5.1 \times 3 \times 2 = 30.6$　小计 235.62	
	开间 3.3m		$5.1 \times 3.3 \times 10 = 168.3$	
	开间 3.6m		$5.1 \times 3.6 \times 2 = 36.72$	
b	二层：开间 3m		$5.1 \times 3 \times 2 = 30.6$　小计 235.62	
	开间 3.3m		$5.1 \times 3.3 \times 10 = 168.3$	
	开间 3.6m		$5.1 \times 3.6 \times 2 = 36.72$	
c	三层：开间 3m		$5.1 \times 3 \times 4 = 61.2$　小计 302.94	
	开间 3.3m		$5.1 \times 3.3 \times 10 = 168.3$	
	开间 3.6m		$5.1 \times 3.6 \times 4 = 73.44$	
（五）	屋面工程			
1	豆石屋面加气混凝土保温	m²	$29.7 \times 12 = 356.4$	356.4
2	水泥焦碴找坡层	m²	$29.7 \times 12 = 356.4$	356.4
3	SBS 改性沥青油毡Ⅲ型防水层	m²	$29.7 \times 12 = 356.4$	356.4
4	镀锌铁皮水落管	m	$(9 + 0.45) \times 4 = 37.8$	37.8
（六）	楼地面工程			
1	房心回填土	m²	$29.7 \times 12 = 356.4$	356.4
2	地面底层（灰土、混凝土）	m²	$73.44 + 53.46 + 168.3 + 30.6 = 325.8$	325.8
	门厅、楼梯间		$5.1 \times 3.6 \times 4 = 73.44$	
	楼道		$29.7 \times 1.8 = 53.46$	
	办公室		$5.1 \times 3.3 \times 10 = 168.3$	
	打印室、储藏室		$5.1 \times 3 \times 2 = 30.6$	
3	楼面底层（6cm 焦碴）	m²	$289.08 + 289.08 = 578.16$	578.16
a	二层：楼道		$29.7 \times 1.8 = 53.46$　小计：289.08	
	办公室		$5.1 \times 3.3 \times 10 + 5.1 \times 3.6 \times 2 = 205.02$	
	医务室、储藏室		$5.1 \times 3 \times 2 = 30.6$	
b	三层：楼道		$29.7 \times 1.8 = 53.46$　小计：289.08	
	办公室		$5.1 \times 3.3 \times 10 + 5.1 \times 3.6 \times 2 = 205.02$	
	财务室、储藏室		$5.1 \times 3 \times 2 = 30.6$	

序号	工程项目	单位	计　算　式	数量
4	磨光花岗石楼地面	m²	325.8＋289.08＋289.08＝903.96	903.96
a	首层：门厅、楼梯间		5.1×3.6×4＝73.44　小计：325.8	
	楼道		29.7×1.8＝53.46	
	办公室		5.1×3.3×10＝168.3	
	打印室、储藏室		5.1×3×2＝30.6	
b	二层：楼道		29.7×1.8＝53.46　小计：289.08	
	办公室		5.1×3.3×10＋5.1×3.6×2＝205.02	
	医务室、储藏室		5.1×3×2＝30.6	
c	三层：楼道		29.7×1.8＝53.46　小计：289.08	
	机房、办公室、会议室		5.1×3.3×5＋5.1×6.6＋5.1×9.9＋5.1×3.6×2＝205.02	
	财务室、储藏室		5.1×3×2＝30.6	
5	卫生间地面底层（灰土、混凝土）	m²	5.1×3×2＝30.6	30.6
6	卫生间面砖地面面层	m²	5.1×3×2＝30.6	30.6
7	卫生间楼面底层	m²	30.6＋30.6＝61.2	61.2
	二层		5.1×3×2＝30.6	
	三层		5.1×3×2＝30.6	
8	卫生间面砖楼面面层	m²	30.6＋30.6＝61.2	61.2
	二层		5.1×3×2＝30.6	
	三层		5.1×3×2＝30.6	
9	卫生间楼面防水层	m²	30.6＋30.6＝61.2	61.2
	二层		5.1×3×2＝30.6	
	三层		5.1×3×2＝30.6	
10	厕所蹲台	间	9＋9＝18	18
	男卫生间		3×3＝9	
	女卫生间		3×3＝9	
11	磨光花岗石踢脚	m	318.6＋298.2＋267.6＝875.4	875.4
a	首层：楼道		（29.7＋1.8）×2＝63　小计：318.6	
	办公室		（5.1＋3.3）×2×10＝168	
	打印室、储藏室		（5.1＋3）×2×2＝32.4	
	门厅、楼梯间		（5.1×2＋3.6）×4＝55.2	
b	二层：楼道		（29.7＋1.8）×2＝63　小计：298.2	
	办公室		（5.1＋3.3）×2×10＋（5.1＋3.6）×2×2＝202.8	
	医务室、储藏室		（5.1＋3）×2×2＝32.4	
c	三层：楼道		（29.7＋1.8）×2＝63　小计：267.6	
	办公室		（5.1＋3.3）×2×5＋（5.1＋3.6）×2×2＝118.8	
	计算机、会议室		（5.1＋6.6）×2＋（5.1＋9.9）×2＝53.4	
	财务室、储藏室		（5.1＋3）×2×2＝32.4	

序号	工程项目	单位	计　算　式	数量
12	楼梯装饰磨光花岗石	m²	$36.72 + 36.72 = 73.44$	73.44
	1～2层		$5.1 \times 3.6 \times 2 = 36.72$	
	2～3层		$5.1 \times 3.6 \times 2 = 36.72$	
13	镀铬钢管栏杆硬木扶手	m	$21.52 + 24.68 = 46.2$	46.2
	1～2层		$[(0.25 + 3 + 0.25) \times 2 + 0.2 \times 2 + (3.6 - 0.24)] \times 2 = 21.52$	
	2～3层		$[(0.25 + 3 + 0.25) \times 2 + 0.2 \times 2 + (1.7 - 0.12)] + (3.6 - 0.24)] \times 2 = 24.68$	
14	花岗石台阶	m²	$(0.35 \times 2 + 1 + 0.24) \times (0.5 + 2.2 + 0.5) \times 2 = 12.42$	12.42
15	豆石混凝土散水	m	$(29.7 + 12) \times 2 = 83.4$	83.4
（七）	顶棚工程			
1	预制混凝土板底勾缝抹灰	m²	$235.62 + 235.62 + 302.94 = 774.18$	774.18
a	首层：门厅		$5.1 \times 3.6 \times 2 = 36.72$　小计：235.62	
	办公室		$5.1 \times 3.3 \times 10 = 168.3$	
	打印室、储藏室		$5.1 \times 3 \times 2 = 30.6$	
b	二层：办公室		$5.1 \times 3.6 \times 2 + 5.1 \times 3.3 \times 10 = 205.02$　小计：235.62	
	打印室、储藏室		$5.1 \times 3 \times 2 = 30.6$	
c	三层：卫生间		$5.1 \times 3 \times 2 = 30.6$　小计：302.94	
	财务室、储藏室		$5.1 \times 3 \times 2 = 30.6$	
	办公室、会议室、计算机室		$5.1 \times 3.3 \times 5 + 5.1 \times 3.6 \times 2 + 5.1 \times 9.9 + 5.1 \times 6.6 = 205.02$	
	楼梯间		$5.1 \times 3.6 \times 2 = 36.72$	
2	现浇混凝土板抹灰	m²	$101.34 + 96.3 + 81 = 278.64$	278.64
a	首层：楼道		$29.7 \times 1.8 = 53.46$　小计：101.34	
	梁侧立面：		$2L_1$　　　　$2L_2$　　　　　　$8L_3$ $3.6 \times 0.35 \times 2 \times 2 + 3.6 \times 0.35 \times 2 \times 2 + 1.8 \times 0.25 \times 2 \times 8 = 17.28$	
	卫生间		$5.1 \times 3 \times 2 = 30.6$	
b	二层：楼道		$29.7 \times 1.8 = 53.46$　小计：96.3	
	梁侧立面：		$2L_2$　　　　　$8L_3$ $3.6 \times 0.35 \times 2 \times 2 + 1.8 \times 0.25 \times 2 \times 8 = 12.24$	
	卫生间		$5.1 \times 3 \times 2 = 30.6$	
c	三层：楼道		$29.7 \times 1.8 = 53.46$　小计：81	
	梁侧立面：		$2L_2$　　　　　$8L_3$　　　　　　$3L_4$ $3.6 \times 0.35 \times 2 \times 2 + 1.8 \times 0.25 \times 2 \times 8 + 5.1 \times 0.5 \times 2 \times 3 = 27.54$	
3	卫生间顶棚面层喷耐擦洗涂料	m²	$5.1 \times 3 \times 2 \times 3 = 91.8$	91.8
4	顶棚面层喷多彩花纹涂料	m²	$306.36 + 301.32 + 353.34 = 961.02$	961.02
a	首层：门厅		$5.1 \times 3.6 \times 2 = 36.72$　小计：306.36	

序号	工程项目	单位	计 算 式	数量
	楼道		$29.7 \times 1.8 = 53.46$	
	办公室		$5.1 \times 3.3 \times 10 = 168.3$	
	打印室、储藏室		$5.1 \times 3 \times 2 = 30.6$	
	梁侧立面：		$\overset{2L_2}{3.6 \times 0.35 \times 2 \times 2} + \overset{2L_2}{3.6 \times 0.35 \times 2 \times 2} + \overset{8L_3}{1.8 \times 0.25}$ $\times 2 \times 8 = 17.28$	
b	二层：楼道		$29.7 \times 1.8 = 53.46$ 小计：301.32	
	办公室		$5.1 \times 3.3 \times 10 + 5.1 \times 3.6 \times 2 = 205.02$	
	医务室、储藏室		$5.1 \times 3 \times 2 = 30.6$	
	梁侧立面：		$\overset{2L_2}{3.6 \times 0.35 \times 2 \times 2} + \overset{8L_3}{1.8 \times 0.25 \times 2 \times 8} = 12.24$	
c	三层：楼道		$29.7 \times 1.8 = 53.46$ 小计：353.34	
	办公室、楼梯间		$5.1 \times 3.3 \times 5 + 5.1 \times 3.6 \times 4 = 157.59$	
	会议室、计算机室		$5.1 \times 9.9 + 5.1 \times 6.6 = 84.15$	
	财务室、储藏室		$5.1 \times 3 \times 2 = 30.6$	
	梁侧立面：		$\overset{2L_2}{3.6 \times 0.35 \times 2 \times 2} + \overset{8L_3}{1.8 \times 0.25 \times 2 \times 8} + \overset{3L_4}{5.1 \times 0.5}$ $\times 2 \times 3 = 27.54$	
(八)	装修工程			
1	砖外墙面全部勾缝	m²	$614.79 + 248.4 - 143.46 = 719.73$	719.73
	南立面、北立面		$29.7 \times (0.45 + 9 + 0.9) \times 2 = 614.79$	
	东立面、西立面		$12 \times (0.45 + 9 + 0.9) \times 2 = 248.4$	
	扣外门窗框外围面积		$5.73 + 137.73 = 143.46$ $(M_2 + C_1 + C_2)$	
2	砖女儿墙内侧抹水泥砂浆	m²	$(29.7 + 12) \times 0.9 \times 2 = 75.06$	75.06
3	砖内墙抹混合砂浆底灰	m²	$167.4 + 172.8 - 23.33 = 316.87$	316.87
	男卫生间		$(5.1 + 3) \times 2 \times 3 \times 3 + 1.2 \times 3 \times 2 \times 3 = 167.4$	
	女卫生间		$(5.1 + 3) \times 2 \times 3 \times 3 + 1.5 \times 3 \times 2 \times 3 = 172.8$	
	扣门窗框外围面积		$\overset{6C_1}{6 \times 2.0125} + \overset{6M_1}{6 \times 1.8763} = 23.33$	
4	砖内墙抹石灰砂浆底灰	m²	$77.07 + 233.18 + 268.27 + 1149.66 + 191.14 +$ $140.01 + 115.51 + 133.35 + 135.23 = 2443.42$	2443.42
	门厅（2间）		$\overset{2M_2}{(5.1 \times 2 + 3.6) \times 3 \times 2 - 2 \times 2.864} = 77.07$	
	楼梯间（6间）		$\overset{6C_2}{(5.1 \times 2 + 3.6) \times 3 \times 6 - 6 \times 2.5375} = 233.18$	
	5.1×3 房间（6间）		$\overset{6C_1 \qquad 6M_1}{(5.1 + 3) \times 2 \times 3 \times 6 - 6 \times (2.0125 + 1.8763)} = 268.27$	

序号	工程项目	单位	计 算 式	数量
	5.1×3.3 房间（25 间）		$(5.1+3.3) \times 2 \times 3 \times 25 \overset{25C_2}{-25} \times (2.5375 \overset{25M_1}{+} 1.8763) = 1149.66$	
	5.1×3.6 房间（4间）		$(5.1+3.6) \times 2 \times 3 \times 4 \overset{4C_2}{-4} \times (2.5375 \overset{4M_1}{+} 1.8763) = 191.14$	
	计算机室、会议室		$(5.1+6.6) \times 2 \times 3 + (5.1+9.9) \times 2 \times 3 \overset{5C_1}{-5 \times} 2.5375 \overset{4M_1}{-4 \times} 1.8763 = 140.01$	
	首层楼道		$(29.7 - 2 \times 3.6 + 1.8) \times 2 \times 3 \overset{2C_1}{-2 \times} 2.0125 \overset{14M_1}{-14} \times 1.8763 = 115.51$	
	二层楼道		$(29.7 - 3.6 + 1.8) \times 2 \times 3 \overset{2C_1}{-2 \times} 2.0125 \overset{16M_1}{-16} \times 1.8763 = 133.35$	
	三层楼道		$(29.7 - 3.6 + 1.8) \times 2 \times 3 \overset{2C_1}{-} 2 \times 2.0125 \overset{15M_1}{-15} \times 1.8763 = 135.23$	
5	砖内墙抹水泥拉毛底灰	m²	$167.4 + 172.8 - 23.33 = 316.87$	316.87
	男卫生间		$(5.1+3) \times 2 \times 3 \times 3 + 1.2 \times 3 \times 2 \times 3 = 167.4$	
	女卫生间		$(5.1+3) \times 2 \times 3 \times 3 + 1.5 \times 3 \times 2 \times 3 = 172.8$	
	扣门窗框外围面积		$6 \times 2.0125 \overset{6C_1}{+} 6 \times 1.8763 \overset{6M_1}{=} 23.33$	
6	内墙面喷多彩花纹涂料	m²	$77.07 + 233.18 + 268.27 + 1149.66 + 191.14 + 140.01 + 115.51 + 133.35 + 135.23 = 2243.42$	2443.42
	门厅（2 间）		$(5.1 \times 2 + 3.6) \times 3 \times 2 \overset{2M_2}{-2} \times 2.864 = 77.07$	
	楼梯间（6 间）		$(5.1 \times 2 + 3.6) \times 3 \times 6 \overset{6C_2}{-6} \times 2.5375 = 233.18$	
	5.1×3 房间（6 间）		$(5.1+3) \times 2 \times 3 \times 6 \overset{6C_1}{-6} \times (2.0125 \overset{6M_1}{+} 1.8763) = 268.27$	
	5.1×3.3 房间（25 间）		$(5.1+3.3) \times 2 \times 3 \times 25 \overset{25C_2}{-25} \times (2.5375 \overset{25M_1}{+} 1.8763) = 1149.66$	
	5.1×3.6 房间（4 间）		$(5.1+3.3) \times 2 \times 3 \times 4 \overset{4C_2}{-4} \times (2.5375 \overset{4M_1}{+} 1.8763) = 191.14$	
	计算机室、会议室		$(5.1+6.6+5.1+9.9) \times 2 \times 3 \overset{5C_2}{-5 \times} 2.5375 \overset{4M_1}{-4 \times} 1.8763 = 140.01$	

序号	工程项目	单位	计　算　式	数量
	首层楼道		$(29.7-2\times3.6+1.8)\times2\times3-\overset{2C_1}{2\times2.0125}-\overset{14M_1}{14\times1.8763}$ $=115.51$	
	二层楼道		$(29.7-3.6+1.8)\times2\times3-\overset{2C_1}{2\times2.0125}-\overset{16M_1}{16\times1.8763}$ $=133.35$	
	三层楼道		$(29.7-3.6+1.8)\times2\times3-\overset{2C_1}{2\times2.0125}-\overset{15M_1}{15\times1.8763}=$ 135.23	
7	内墙面贴彩色瓷砖	m²	$167.4+172.8-23.33=316.87$	316.87
	男卫生间（3间）		$(5.1+3)\times2\times3\times3+1.2\times3\times2\times3=167.4$	
	女卫生间（3间）		$(5.1+3)\times2\times3\times3+1.5\times3\times2\times3=172.8$	
	扣门窗框外围面积		$\overset{6C_1}{6\times2.0125}+\overset{6M_1}{6\times1.8763}=23.33$	
8	雨罩装修	m²	$2.5\times(1.2+0.24)\times2=7.2$	7.2
（九）	建筑配件			
1	预制水磨石拖布池	组	$2\times3=6$	6
2	厕所隔断	间	$3\times2\times3=18$	18
3	房间铭牌	个	$14+16+15=45$	45
4	平屋顶出人孔	个	1	1
（十）	其他直接费			
1	脚手架使用费	m²	$376.65\times3=1129.95$（同建筑面积）	1129.95
2	大型垂直运输机械使用费	m²	$376.65\times3=1129.95$（同建筑面积）	1129.95
3	中小型机械使用费	m²	$376.65\times3=1129.95$（同建筑面积）	1129.95
4	工程水电费	m²	$376.65\times3=1129.95$（同建筑面积）	1129.95
5	二次搬运费	m²	$376.65\times3=1129.95$（同建筑面积）	1129.95
6	冬雨季施工费	m²	$376.65\times3=1129.95$（同建筑面积）	1129.95
7	生产工具使用费	m²	$376.65\times3=1129.95$（同建筑面积）	1129.95
8	检验试验费	m²	$376.65\times3=1129.95$（同建筑面积）	1129.95
9	工程定位复测点交接及竣工清理费	m²	$376.65\times3=1129.95$（同建筑面积）	1129.95
10	排污费	m²	$376.65\times3=1129.95$（同建筑面积）	1129.95
（十一）	现场管理费			
1	临时设施费		直接费	
2	现场经费		直接费	

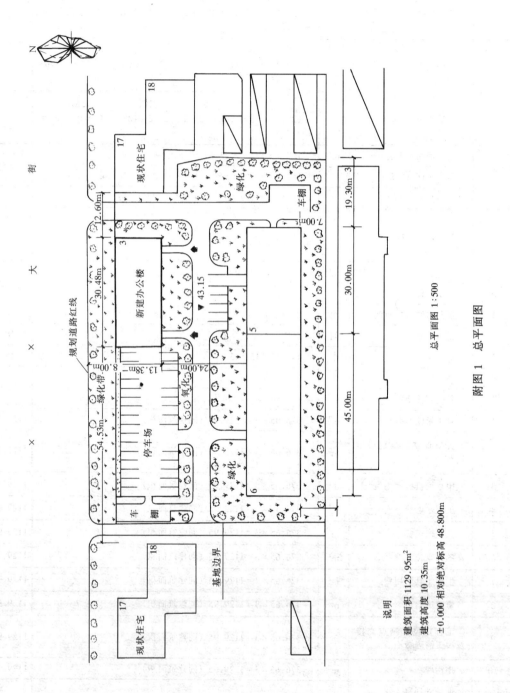

说明

建筑面积 1129.95m²
建筑高度 10.35m
±0.000 相对绝对标高 48.800m

总平面图 1:500

附图 1　总平面图

276

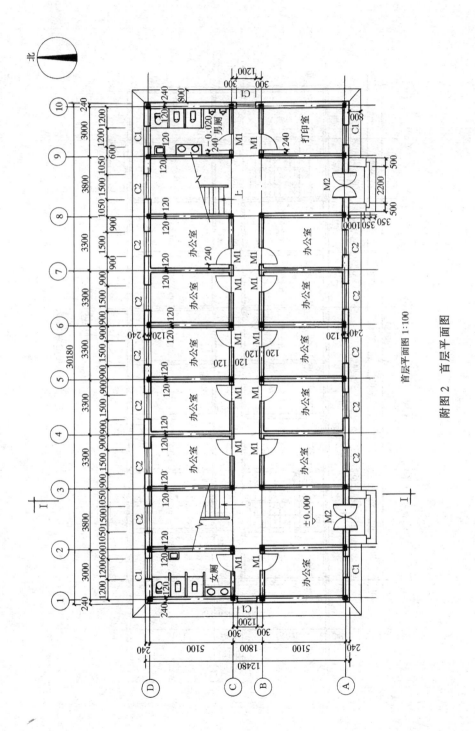

首层平面图 1:100

附图 2　首层平面图

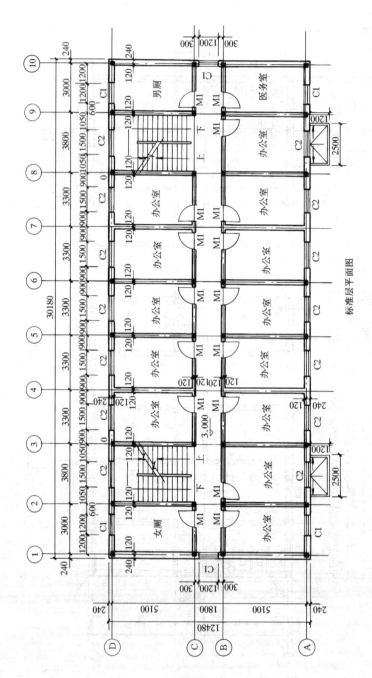

附图 3 标准层平面图

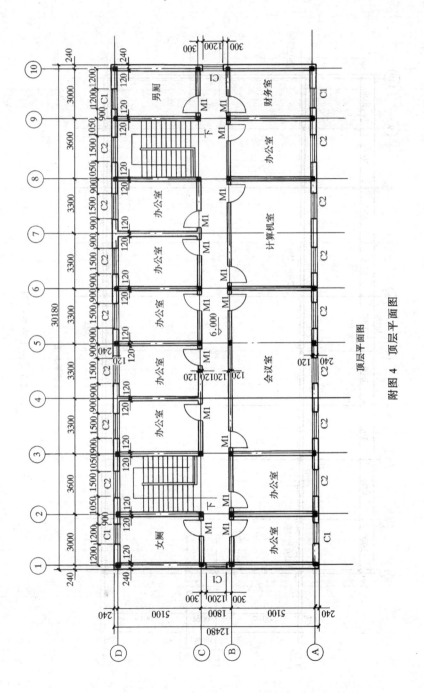

附图 4 顶层平面图

顶层平面图

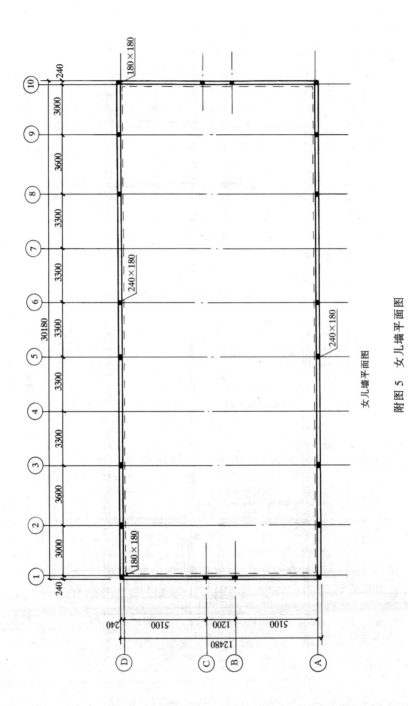

女儿墙平面图

附图 5 女儿墙平面图

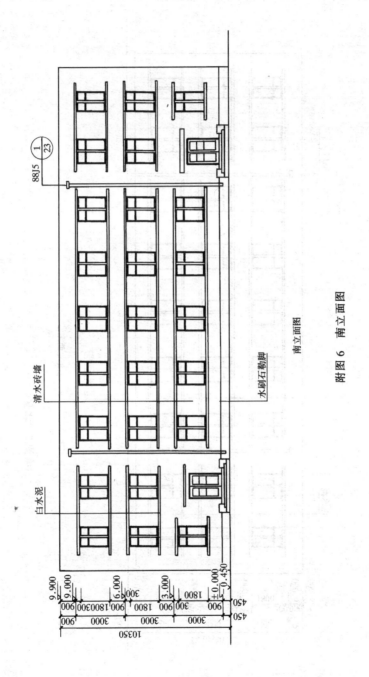

南立面图

附图 6 南立面图

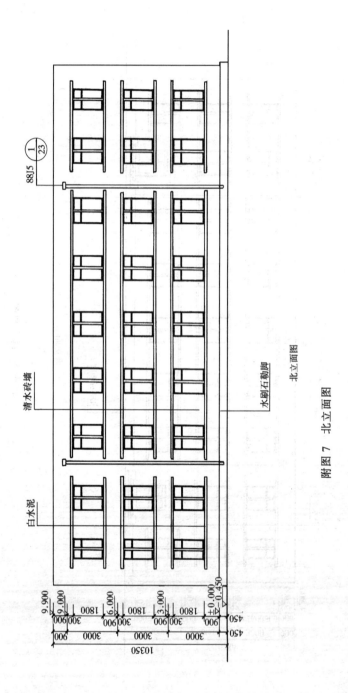

附图 7 北立面图

282

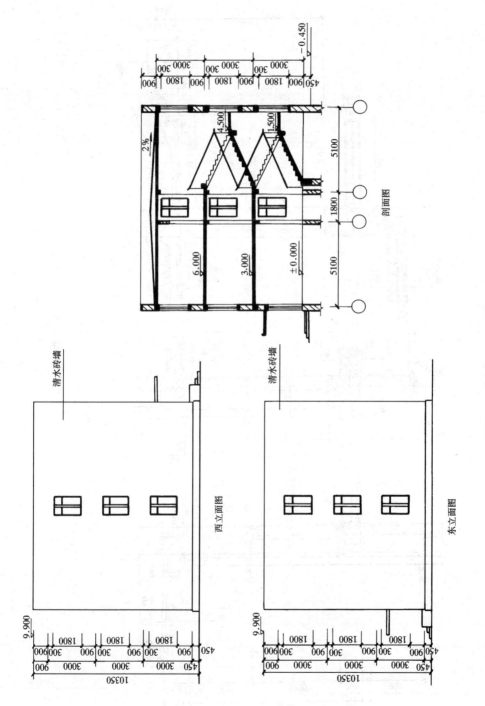

附图 8 西、东立面及剖面图

283

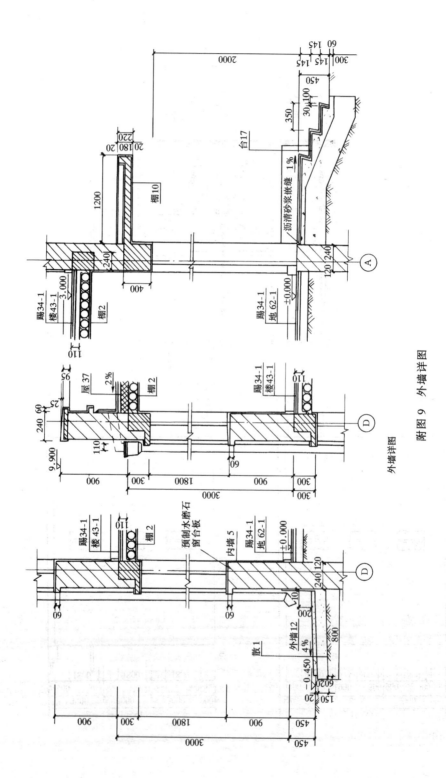

外墙详图

附图 9 外墙详图

284

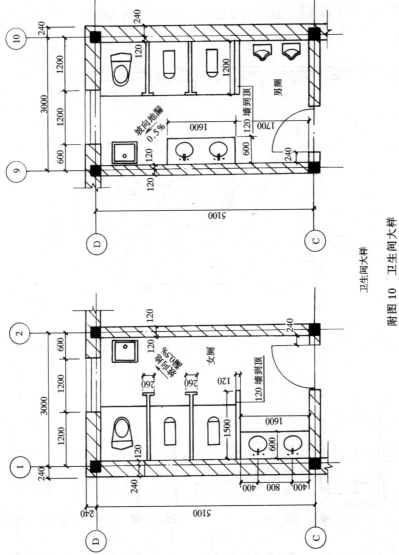

卫生间大样

附图 10 卫生间大样

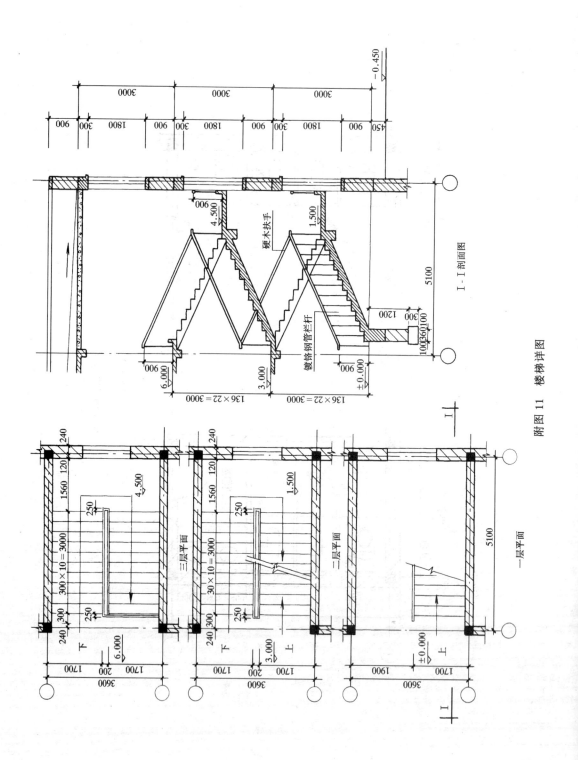

附图 11 楼梯详图

材料做法表

房间名称 \ 种类	地 面	楼 面	墙面（内）	踢 脚	顶 棚
前厅	地 62-1		内墙 5	踢 34-1	棚 2
楼道	地 62-1	楼 43-1	内墙 5	踢 34-1	棚 10
办公室（大）	地 62-1	楼 43-1	内墙 5	踢 34-1	棚 2
办公室（小）	地 62-1	楼 43-1	内墙 5	踢 34-1	棚 2
会议室		楼 43-1	内墙 5	踢 34-1	棚 2
打印室	地 62-1		内墙 5	踢 34-1	棚 2
财务室		楼 43-1	内墙 5	踢 34-1	棚 2
计算机室		楼 43-1	内墙 5	踢 34-1	棚 2
卫生间	地 40-1	楼 23-1	内墙 88		棚 10

门窗数量表

门窗号	门窗规格		数量			
	洞口尺寸（mm）	门窗尺寸	一层	二层	三层	总计
C1	1200×1800		6	6	6	18
C2	1500×1800		12	14	14	40
M1	1000×2000		14	16	15	45
M2	1500×2000		2			2

注：所有门窗均为铝合金现制，门为平开，窗为推拉。

附图 12 材料作法表及门窗数量法

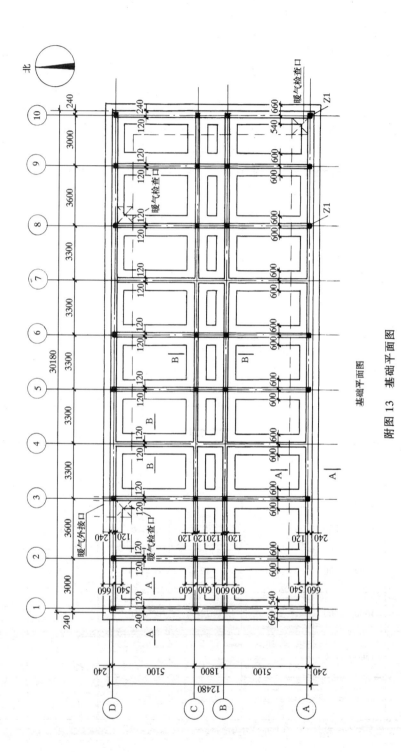

基础平面图

附图 13　基础平面图

288

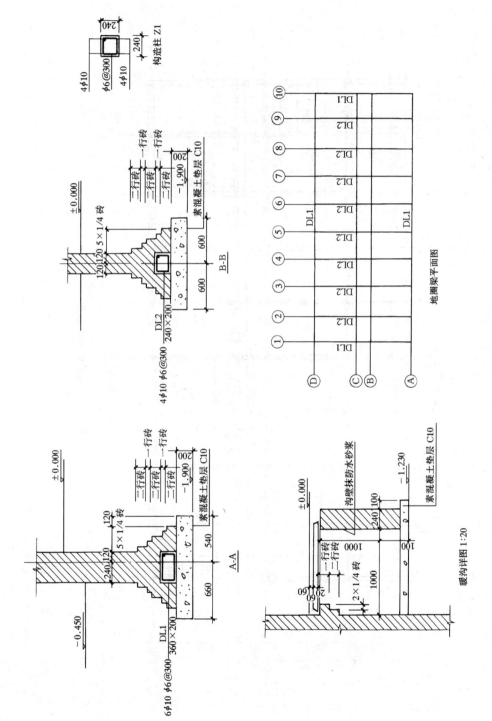

附图 14　基础详图及地圈梁平面图

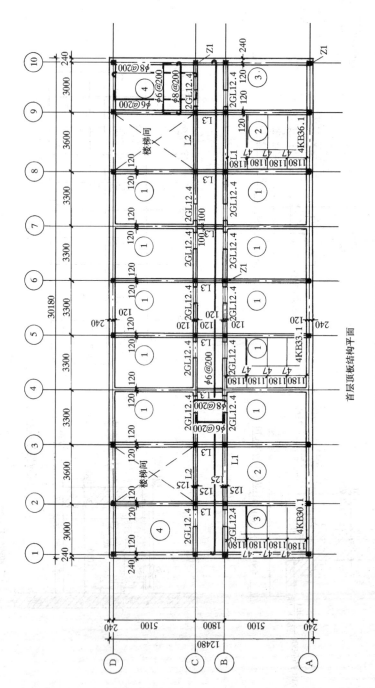

首层顶板结构平面

附图 15 首层结构平面图

290

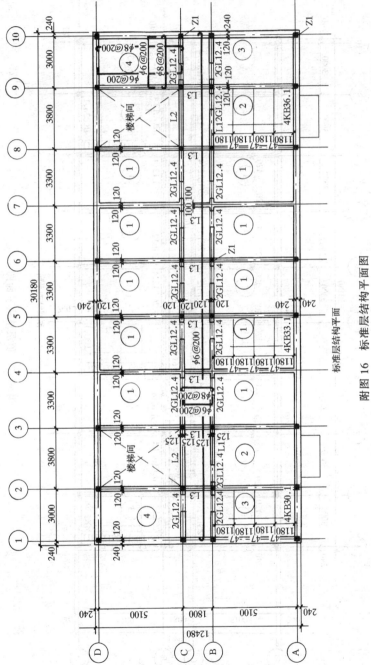

附图 16 标准层结构平面图

291

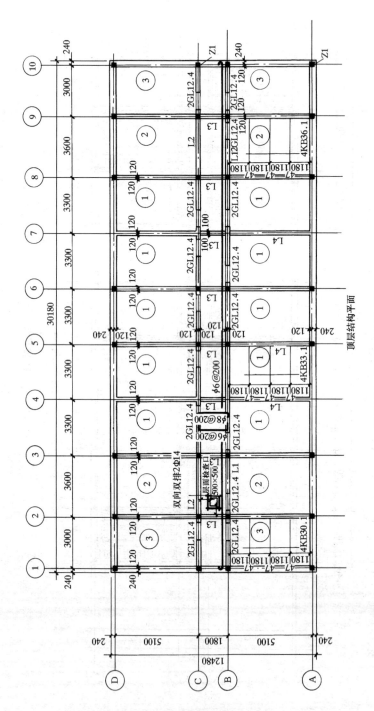

附图 17　顶层结构平面图

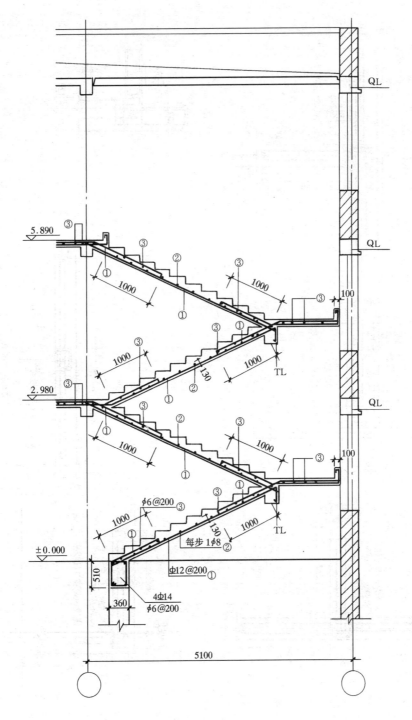

附图 18　楼梯配筋详图

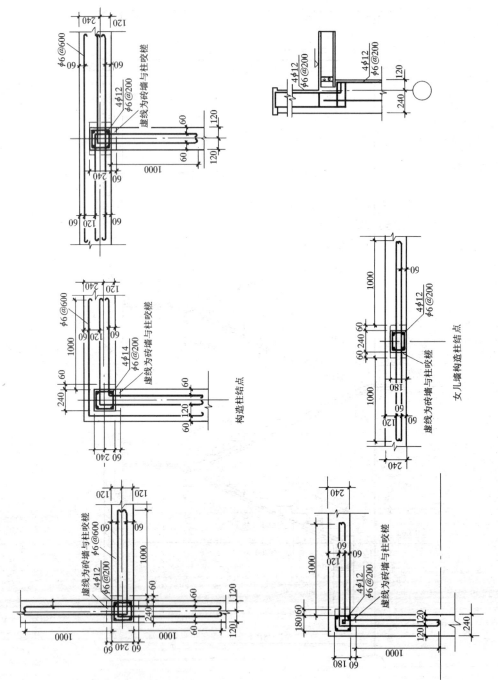

φ6@600

4φ12
φ6@200

虚线为砖墙与柱咬槎

φ6@600

4φ14
φ6@200

虚线为砖墙与柱咬槎

构造柱结点

4φ12
φ6@600

虚线为砖墙与柱咬槎
φ6@200

4φ12
φ6@200

4φ12
φ6@200

女儿墙构造柱结点

虚线为砖墙与柱咬槎

4φ12
φ6@200

虚线为砖墙与柱咬槎

附图 19　屋顶节点大样、构造柱及内外墙拉接筋做法

294

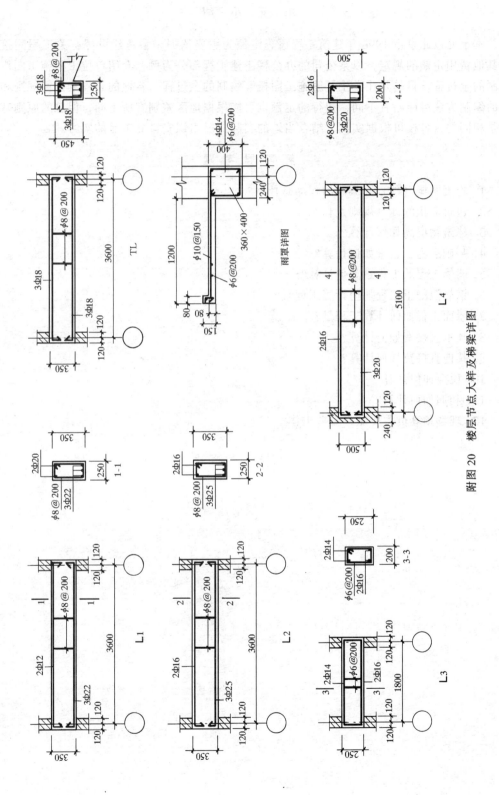

附图 20　楼层节点大样及梯梁详图

单 元 小 结

本单元以北京市 1996 年建筑工程概算定额为主要依据，参考建设部有关工程间接费及其他费用定额的规定，以某公司的办公楼土建工程部分为例，介绍单位工程施工图概算编制的全过程。目的是让学生了解施工图概算编制的全过程。各地的工程量计算规则和概算的编制方法可能略有不同，执行的定额也可能根据地区差别有所不同，但总的原则基本上是相同的，各校可根据实例，结合当地的实际情况组织安排此单元的实习。

复 习 思 考 题

1. 施工图概（预）算编制的程序是什么？
2. 建筑面积的计算规则是什么？
3. 建筑物层高如何计算？
4. 基础工程工程量如何计算？
5. 墙体工程的工程量如何计算？
6. 钢筋混凝土工程如何计算工程量？
7. 屋面工程如何计算工程量？
8. 基本直接费如何计算？
9. 其他直接费如何计算？
10. 税金如何计算？
11. 利润如何计算？
12. 现场预算员主要做好哪些工作？

模块九　材料员实习

材料员实习要求在建筑施工现场（工地）进行。学生参加单位工程料具的采购、供应和管理的业务实践，要求学生写好实习日记。

一、材料员的职责和主要工作内容

（一）材料员的职责

材料员是建筑施工现场材料与器具的直接管理者，其主要职责是在项目经理的领导下，做好材料、器具的采购、供应和管理工作，保证工程进度按计划完成，坚持按定额用料，实行严格的经济核算，降低材料成本，提高企业的经济效益。

（二）材料员的主要工作内容

1. 做好材料供应的计划工作

包括材料消耗定额的制定与管理，各项材料采购供应计划的编制与执行。

2. 做好材料供应的组织工作

包括材料的采购、申请和定货；材料的运输和组织进货；材料验收入库与保管；施工前的加工准备及发送；材料的节约回收和收旧利废。

3. 做好材料供应的核算工作

健全有关的核算制度，包括库存材料储备定额及材料资金定额的核定和核算，分部分项工程限额用料核算等。

二、材料员实习的目的

通过材料员的实习，应基本明确施工现场材料员的职责范围和主要工作内容，掌握各项具体工作的工作要领，为毕业后从事材料员岗位管理工作打下良好的基础。

三、实习内容

材料员的实习内容比较繁琐，应抓住以下的主要内容进行实习。

1. 了解现场的物资供销和管理政策与制度，在现场有关部门技术人员的指导下，根据工程预算和施工组织设计的要求，编制材料器具的采购和供应计划。

2. 熟悉主要工程材料的采购、供应和管理的方法，学习承办料具的盘存、清账、报耗，填报各类物资统计报表。

3. 熟悉常用建筑材料、构配件和制品的品种、规格和技术性能，学习外观鉴别材料质量的方法，并办理取样、送检和复检工作。

4. 在专业技术人员的指导下，根据料具的消耗定额对材料消耗进行分析，提出节约措施。

四、实习组织

材料员实习应分成小组，每个小组的成员以 3～4 人为宜，在现场材料员的带领下，跟班作业，并按计划完成相关的实习内容。

五、实习考核

实习的考核内容和考核方法参阅概述中的要求。

六、实习指导

本模块拟分为常用土建工程材料和构配件常识与施工现场物流管理两个单元进行。

（一）常用土建工程材料和构配件实习指导

本单元主要介绍水泥、钢筋、砖及砌块、骨料以及预制混凝土构件的基本常识，学生应重点掌握各种主要材料的技术性能、质量标准和验收方法。

（二）施工现场物流管理实习指导

本单元主要让学生了解施工现场的物资定额管理、物资仓库管理和施工现场物资管理内容，熟悉各种具体的运作方式和方法。

单元一　常用土建工程材料和构配件常识

施工现场所需的物资种类繁多、范围大，这些物资在定额的制定、使用保管、计划管理等方面各有不同的特点。

各种不同物资从不同的角度有不同的分类，常见的分类方式如表 9-1 所示。

物　资　分　类　表　　　　　　　　　　　　　　　　表 9-1

分类依据	物资分类	内　　　　容	特　　点
按物资在生产中的作用分类	主要材料	构成工程实体的各种物资，如钢材、木材、水泥、砖瓦、砂石、油漆、五金、水管、电线、暖气片、塑料等	便于制定材料消耗定额进行成本控制
	结构件	包括金属、木质、钢筋混凝土等预制的结构物和构件，如屋架、钢木门窗，钢筋混凝土墙板、砌块和立柱等	
	周转使用材料	具有工具性的脚手架、模板、按工具周转材料管理	
	机械配件	机械设备用的零配件，如曲轴、活塞、轴承等	
	其他材料	不构成工程实体，但工程施工或附属企业生产所需的材料，如燃料、氧气、砂纸、棉纱头等	
按材料的自然属性分类	金属材料	钢筋、型钢等各种钢材、金属脚手架、铅丝、铸铁管等	便于根据材料的物理、化学、性能分类储存保管
	非金属材料	木材、橡胶、塑料、陶瓷制品等	
按材料分配权限分类	国家统配物资	由国家计划主管分配的材料	便于编制材料申请计划和组织订货采购工作
	部管物资	由国务院各部负责分配的材料	
	地方材料	由省、市、县等各级地方政府主管分配的材料	
	市场供应材料	企业从商业部门直接购买的材料	

各种不同物资供应方式不同，现场物资供应主要有以下的供应方式：

（一）综合平衡、计划供应

这种方式是根据企业内部各级物资管理部门的职责分工，采取自上而下的逐级进行核实和平衡分配物资的方法。

（二）按施工预算包干或实行定额供料的方式

此方式是以经济责任制为依据，采取包干或定额供料的方式，以提高企业的经济效益。包干是指以单位工程为对象，以施工定额为标准，按材料的品种、规格和数量及施工进度、竣工时间、工程质量等要求，一次承包到底，节约有奖，超过消耗的受罚。实行定额供料是指按工程分部、分项工程量，结合材料消耗定额、计划定额用量，实行限额供料，分部、分项工程完成后，办理各种材料的结算退料，余料回收或结转。

（三）实行内部供料合同

一般以单位工程为对象，施工预算为标准订立内部供料合同，需方根据施工预算和施工组织设计，提出全部所需材料的使用量和使用时间，供方按需方的材料计划按时、按质、按量供应，违约的任何一方受罚。

（四）单位工程全面承包，成本票核算

单位工程全面承包是指包人工费、材料费、机械费、脚手架等工具费，要做到与质量、工期、安全挂钩，所有上述各项费用一律用成本票支付，最后核算，进行质量和节约奖励。

（五）集中配料，统一供应

它是上面几种方式的节约措施。对某些使用量大的工程材料（如钢筋、木模板、混凝土等）进行集中配料，综合使用，这可以提高材料的使用效率，降低消耗。

作为材料员要对主要土建工程材料和构配件的品种、规格和技术性能有一个全面的了解，严把材料的进场关，确保进入现场的各种材料符合设计要求，为创造建筑精品打下坚实的物质基础。

课题一　主要土建工程材料

在土建工程总造价中，材料费用约占工程造价的 70% 左右，而其中的土建工程材料的供应和管理，对确保工程进度和工程质量有相当大的作用，是材料员工作中一项主要而又关键的工作。下面介绍施工中用量大、地位关键的主要土建工程材料的有关情况。

一、水泥

水泥是重要的胶凝材料，是基本建设中最主要的材料之一。

（一）水泥的品种

水泥的品种繁多，常用的水泥品种有硅酸盐水泥、普通硅酸盐水泥、火山灰硅酸盐水泥、矿渣硅酸盐水泥、粉煤灰硅酸盐水泥及其他品种的硅酸盐水泥。

1. 硅酸盐水泥

凡由硅酸盐水泥熟料、0~5%石灰石或粒化高炉矿渣、适量石膏磨细制成的水硬性胶凝材料，称为硅酸盐水泥（即国外通称的波兰特水泥）。硅酸盐水泥分为两种类型，不掺混合材料的称为Ⅰ类硅酸盐水泥，代号 P.Ⅰ。在硅酸盐水泥粉磨时掺加不超过水泥质量 5%石灰石或粒化高炉矿渣混合材料的称为Ⅱ型硅酸盐水泥，代号 P.Ⅱ。分为 42.5、42.5R、52.5、52.5R、62.5、62.5R 六个等级。

2．普通硅酸盐水泥

普通硅酸盐水泥又称普通水泥，是由硅酸盐水泥熟料、6%～15%混合材料、适量石膏磨细制成的水硬性胶凝材料，代号P.O。

普通硅酸盐水泥掺活性混合材料时，不得超过15%，其中允许用不超过5%的窑灰或不超过10%的非活性材料代替，掺非活性混合材料时，不得超过10%。

普通硅酸盐水泥分为32.5、32.5R、42.5、42.5R、52.5、52.5R六种等级。

3．矿渣硅酸盐水泥（简称矿渣水泥）

凡由硅酸盐水泥熟料和高炉粒化矿渣、适量石膏磨细制成的水硬性胶凝材料称为矿渣硅酸盐水泥，代号P.S。水泥中粒化高炉矿渣掺加量按质量百分比计为20%～70%。允许用石灰石、窑灰、粉煤灰和火山灰质混合材料中的一种材料代替矿渣，代替数量不得超过水泥质量的8%，代替后水泥中粒化高炉矿渣不得少于20%。

矿渣硅酸盐水泥分为32.5、32.5R、42.5、42.5R、52.5、52.5R六种等级。

4．火山灰质硅酸盐水泥（简称火山灰水泥）

凡由硅酸盐水泥熟料和粉煤灰、适量石膏磨细制成的水硬性胶凝材料称为火山灰质硅酸盐水泥，代号为P·P。水泥中火山灰质混合材料掺量按质量的百分比计为20%～50%。

火山灰质硅酸盐水泥分为32.5、32.5R、42.5、42.5R、52.5、52.5R六种等级。

5．粉煤灰硅酸盐水泥（简称粉煤灰水泥）

凡由硅酸盐水泥熟料和粉煤灰、适量石膏磨细制成的水硬性胶凝材料称为粉煤灰硅酸盐水泥，代号P·F。水泥中粉煤灰掺量按质量百分比计为20%～40%。

粉煤灰硅酸盐水泥分为32.5、32.5R、42.5、42.5R、52.5、52.5R六种等级。

6．其他品种水泥

（1）快凝快硬硅酸盐水泥：凡是以适当成分的生料燃至部分熔融，所得以硅酸三钙、氟铝酸钙为主的熟料，加入适量的硬石膏、粒化高炉矿渣、无水硅酸钠，经磨细制成的一种凝固块、小时强度增长快的水硬性胶凝材料，称为快凝快硬硅酸盐水泥。分为双快—150、双快—200两个强度等级。这种水泥具有超快硬性，用于紧急抢修工程，施工4h后即可交付使用。

（2）明矾和膨胀水泥：凡是以水泥熟料、天然明矾石、石膏和粒化高炉矿渣，按适当比例磨细制成，具有膨胀性能的水硬性胶凝材料，称为明矾和膨胀水泥。分为52.5和62.5两个等级。

这种水泥硬化过程中体积增大，可用于防渗混凝土工程或防渗抹面，现场浇筑的混凝土后浇缝和预制混凝土构件的接缝及作为灌浆、补强和修补工程使用。

（3）白色硅酸盐水泥（简称白水泥）：凡以适当成分的生料燃至部分熔融，所得以硅酸钙为主要成分、铁质含量少的熟料，加入适量的石膏，经磨细制成的白色水硬性胶凝材料，称为白色硅酸盐水泥。这种水泥有32.5和42.5两种等级。

白水泥主要用于建筑物的内外装修。

（二）水泥的强度、特性和适用范围

硅酸盐水泥、普通水泥各龄期强度值见表9-2。

矿渣水泥、火山灰水泥、粉煤灰水泥各龄期强度值见表9-3。

五种常用水泥的成分、特征及应用见表9-4。

硅酸盐水泥、普通水泥各龄期强度值　　　　　　　　　　　表 9-2

品　　种	强度等级	抗压强度（MPa）		抗折强度（MPa）	
		3d	28d	3d	28d
硅酸盐水泥	42.5	17.0	42.5	3.5	6.5
	42.5R	22.0	42.5	4.0	6.5
	52.5	23.0	52.5	4.0	7.0
	52.5R	27.0	52.5	5.0	7.0
	62.5	28.0	62.5	5.0	8.0
	62.5R	32.0	62.5	5.5	8.0
普通水泥	32.5	11.0	32.5	2.5	5.5
	32.5R	16.0	32.5	3.5	5.5
	42.5	16.0	42.5	3.5	6.5
	42.5R	21.0	42.5	4.0	6.5
	52.5	22.0	52.5	4.0	7.0
	52.5R	26.0	52.5	5.0	7.0

矿渣水泥、火山灰水泥、粉煤灰水泥各龄期强度值　　　　　表 9-3

强度等级	抗压强度（MPa）		抗折强度（MPa）	
	3d	28d	3d	28d
32.5	10.0	32.5	2.5	5.5
32.5R	15.0	32.5	3.5	5.5
42.5	15.0	42.5	3.5	6.5
42.5R	19.0	42.5	4.0	6.5
52.5	21.0	52.5	4.0	7.0
52.5R	23.0	52.5	4.5	7.0

五种水泥的成分、特征及应用　　　　　　　　　　　　　　表 9-4

名称	硅酸盐水泥（P.Ⅰ P.Ⅱ）	普通水泥（P.O）	矿渣水泥（P.S）	火山灰水泥（P.P）	粉煤灰水泥（P.F）
成分	1. 水泥熟料及少量石膏（Ⅰ型） 2. 水泥熟料5%以下混合材料、适量石膏（Ⅱ型）	在硅酸盐水泥中掺活性混合材料6%～15%或非活性混合材料10%以下	在硅酸盐水泥中掺入20%～70%的粒化高炉矿渣	在硅酸盐水泥中掺入20%～50%火山灰质混合材料	在硅酸盐水泥中掺入20%～40%粉煤灰
主要特征	1. 早期强度高 2. 水化热高 3. 耐冻性好 4. 耐热性差 5. 耐腐蚀性差 6. 干缩较小	1. 早强 2. 水化热较高 3. 耐冻性较好 4. 耐热性较差 5. 耐腐蚀性较差 6. 干缩性较小	1. 早期强度低，后期强度增长较快 2. 水化热较低 3. 耐热性较好 4. 对硫酸盐类侵蚀抵抗和抗水性较好 5. 抗冻性较差 6. 干缩性较大 7. 抗渗性差 8. 抗碳化能力差	1. 早期强度低，后期强度增长较快 2. 水化热较低 3. 耐热性较差 4. 对硫酸盐类侵蚀抵抗力和抗水性较好 5. 抗冻性较差 6. 干缩性较大 7. 抗渗性较好	1. 早期强度低，后期强度增长较快 2. 水化热较低 3. 耐热性较差 4. 对硫酸盐类侵蚀和抗水性较好 5. 抗冻性较差 6. 干缩性较小 7. 抗碳化能力较差

名称	硅酸盐水泥 $\left(\begin{array}{c}\text{P.I}\\\text{P.II}\end{array}\right)$	普通水泥（P.O）	矿渣水泥（P.S）	火山灰水泥（P.P）	粉煤灰水泥（P.F）
适用范围	1. 制造地上地下及水中的混凝土、钢筋混凝土及预应力混凝土结构，包括受循环冻融的结构及早期强度要求较高的工程 2. 配制建筑砂浆	与硅酸盐水泥基本相同	1. 大体积工程 2. 高温车间和有耐热耐火要求的混凝土结构 3. 蒸汽养护的构件 4. 一般地上地下和水中的混凝土及钢筋混凝土结构 5. 有抗硫酸盐侵蚀要求的工程 6. 配建筑砂浆	1. 地下、水中大体积混凝土结构 2. 有抗渗要求的工程 3. 蒸汽养护的工程构件 4. 有抗硫酸盐侵蚀要求的工程 5. 一般混凝土及钢筋混凝土工程 6. 配制建筑砂浆	1. 地上、地下、水中和大体积混凝土工程 2. 蒸汽养护的构件 3. 有抗裂性要求较高的构件 4. 有抗硫酸盐侵蚀要求的工程 5. 一般混凝土工程 6. 配制建筑砂浆
不适用处	1. 大体积混凝土工程 2. 受化学及海水侵蚀的工程	同硅酸盐水泥	1. 早期强度要求较高的混凝土工程 2. 有抗冻要求的混凝土工程	1. 早期强度要求较高的混凝土工程 2. 有抗冻要求的混凝土工程 3. 干燥环境的混凝土工程 4. 耐磨性要求的工程	1. 早期强度要求较高的混凝土工程 2. 有抗冻要求的混凝土工程 3. 抗碳化要求的工程

（三）水泥的验收和检验

1. 水泥出厂合格证的验收

水泥出厂合格证应由生产厂家的质量部门提供给使用单位，作为证明其产品质量的依据，生产厂家在水泥发出日起 7d 内寄发并在 32d 内补报 28d 强度。

水泥出厂合格证应含品种、强度等级、出厂日期、抗压强度、抗折强度、安定性、试验强度等项内容和性能指标。各项应填写齐全，不得错漏。

2. 水泥的外观检查

进场水泥应进行外观检查，其内容包括：

（1）标志：水泥袋上应清楚标明生产厂家、生产许可证编号、品种、名称、代号、强度等级、包装年、月、日和编号。

（2）包装：抽查水泥的重量是否符合规定。绝大部分袋装水泥每袋净重为 50±1kg。

（3）外观检查：查看进场水泥有无受潮、结块、混入杂物或不同品种、强度等级的水泥混在一起的情况。

3. 水泥的取样试验

（1）取样方法和数量：水泥试验应以同一水泥厂、同强度等级、同品种、同一生产时间、同一进场日期的水泥，400t 为一验收批，不足吨数时亦按一验收批计算。

每一验收批取样一组，数量为 12kg。

取样要有代表性，一般可以从 20 个以上的不同部位或 20 袋中取等量样品，数量至少

12kg，搅拌均匀后分为两等份，一份由实验室试验用，一份密封保存备复验用。

建筑施工企业应分别按单位工程取样。

（2）试验项目：常用五种水泥的必试项目为：水泥胶泥试验（抗压强度、抗折强度）；水泥安定性；水泥初凝时间。

（四）水泥的贮存

（1）水泥在运输与保管时不得受潮和混入杂物，不同品种和强度等级的水泥应分别贮存，不得混杂。

（2）水泥应贮存在仓库内，库房应注意防潮、防漏。存放袋装水泥时，地面要放垫板，垫板离地 30cm，四周离墙 30cm；袋装水泥堆垛高度以 10 袋为宜，以免下部水泥受压变硬。

（3）水泥的贮存应按到货的先后，依次堆放，注意方便先存先用。

（4）水泥的贮存期一般不宜超过三个月，超过三个月称为过期水泥，过期水泥使用前必须重新检验等级，否则不得使用。

二、钢筋

钢筋是建筑工程中用量最大的钢材品种之一，对钢筋混凝土结构工程质量有十分重要的作用。

（一）钢筋的分类、级别、代号、尺寸、外形及允许偏差

1．钢筋的分类

（1）按化学成分分为热扎碳素钢和普通低合金钢。

热轧碳素钢按含碳量（C）的不同分为低碳钢（C≤0.25%）；中碳钢（0.25＜C＜0.6%）;高碳钢（C＞0.6%）。低碳钢和中碳钢具有明显的屈服点，强度较低，但塑性好，加工性能好，称为软钢。高碳钢无明显的屈服点，强度高，脆质而硬，称为硬钢。

（2）按加工工艺分为热轧钢筋（按其强度由低至高可分为Ⅰ、Ⅱ、Ⅲ、Ⅳ四个级别）；热处理钢筋；冷拉钢筋和钢丝。

2．钢筋的级别和代号

钢筋的级别分为Ⅰ、Ⅱ、Ⅲ、Ⅳ四级，Ⅰ级钢筋为光圆钢筋，热轧直条光圆钢筋强度等级代号为HPB235。低碳热轧盘条按其屈服强度代号为Q195、Q215、Q235，供建筑用钢筋为 HPB235。

Ⅰ级 HPB235 钢筋的强度较低，但塑性和焊接性能较好，便于加工成形，因而广泛使用于普通钢筋混凝土构件中。盘条钢筋多用作中型构件受力钢筋及其他构件的钢筋。

Ⅱ、Ⅲ、Ⅳ级为热轧带肋钢筋，属于普通低合金钢。其牌号分别为 HRB335、HRB400、HRB500 三个牌号。

3．钢筋的尺寸、外形及允许偏差

（1）热轧圆盘条（GB/T701—1997）

盘条的公称直径为：5.5、6.0、6.5、7.0、8.0、9.0、10.0、11.0、12.0、13.0、14.0mm。

盘条的直径允许偏差不大于±0.45mm，不圆度不大于0.45mm。

（2）热轧直条光圆钢筋（GB8013—91）

钢筋的公称直径范围为 8～20mm，标准推荐的钢筋的公称直径为 8、10、12、16、

20mm。

钢筋的公称横截面面积与公称重量如表 9-5 所示。

钢筋的公称横截面面积与公称重量　　　　　　　　表 9-5

公称直径 （mm）	公称截面面积 （mm²）	公称重量 （kg/m）	公称直径 （mm）	公称截面面积 （mm²）	公称重量 （kg/m）
8	50.27	0.495			
10	78.54	0.617	16	201.1	1.58
12	113.1	0.888	18	254.5	2.00
14	153.9	1.21	20	314.2	2.47

光圆钢筋的直径允许偏差为 ±0.40mm，不圆度不大于 0.40mm。

（3）热轧带肋钢筋（GB1499—1998）

钢筋的公称直径范围为 6～50mm，标准推荐的钢筋的公称直径为 6、8、10、12、16、20、25、32、40 和 50mm。

钢筋的公称横截面面积与公称重量列于表 9-6。

钢筋的公称横截面面积与公称重量　　　　　　　　表 9-6

公称直径 （mm）	公称截面面积 （mm²）	理论重量 （kg/m）	公称直径 （mm）	公称截面面积 （mm²）	理论重量 （kg/m）
6	28.27	0.222			
8	50.27	0.395	22	380.1	2.98
10	78.54	0.617	25	490.9	3.85
12	113.1	0.888	28	615.8	4.83
14	153.9	1.21	32	804.2	6.31
16	201.1	1.58	36	1018	7.99
18	254.5	2.00	40	1257	9.87
20	314.2	2.47	50	1964	15.42

钢筋按指定尺寸交货时的长度允许偏差不得大于 ±50mm。

直条钢筋的弯曲度应不影响正常使用，总弯曲度不大于钢筋总长度的 0.4%。

钢筋的重量允许偏差：公称直径 6～12mm 的为 ±7%；14～20mm 的为 ±5%；22～50mm 的为 ±4%。

（二）钢筋的技术要求

1. 热轧圆盘条

供建筑使用的热轧圆盘条的力学性能和工艺性能应符合表 9-7 的规定。

热轧圆盘条的力学性能和工艺性能　　　　　　　　表 9-7

牌　号	力　学　性　能			冷弯试验 180° d = 弯心直径 a = 试验直径
	屈服点 σ_s（MPa）	抗拉强度 σ_b（MPa）	伸长率 δ_{10}（%）	
	不　小　于			
Q215	215	375	27	$d = a$
Q235	235	410	23	$d = 0.5a$

盘条应将头尾有害缺陷部分切除：盘条的截面不得有分层和夹杂。

钢筋表面应光滑，不得有裂纹、折叠、耳子、结疤。

2．热轧直条光圆钢筋

钢筋的力学性能和工艺性能应符合表9-8的规定。冷弯试验时受弯曲部位外表面不得产生裂纹。

热轧直条光滑钢筋的力学性能和工艺性能　　　　　　　　　　表9-8

表面形状	钢筋级别	强度等级代号	公称直径（mm）	屈服点 σ_s（MPa）	抗拉强度 σ_b（MPa）	伸长率 δ_{10}（%）	冷弯 d—弯心直径 a—钢筋公称直径
				不　小　于			
光圆	I	R235	8～20	235	370	25	180° $d=a$

钢筋表面不得有裂纹、结疤和折叠。

钢筋表面凸块和其他缺陷的深度和高度不得大于所在部位尺寸的允许偏差。

3．热轧带肋钢筋

钢筋的力学性能应符合表9-9规定。

热轧带肋钢筋的力学性能　　　　　　　　　　表9-9

牌　号	公称直径（mm）	σ_s（或 $\sigma_{0.2}$）（MPa）	σ_b（MPa）	δ_5（%）
		不　小　于		
HRB335	6～25 28～50	335	490	16
HRB400	6～25 28～50	400	570	14
HRB500	6～25 28～50	500	630	12

钢筋的弯曲性能和反向弯曲性能应符合规范的规定。

钢筋表面不得有裂纹、结疤和折叠。

钢筋表面允许有凸块，但不得超过横肋的高度，钢筋表面上其他缺陷的深度和高度不得大于所在部位的允许偏差。

（三）钢筋的现场验收

1．钢筋出厂质量标准合格证的验收

钢筋质量合格证是由钢筋生产厂质量检验部门提供给用户单位，用以证明其产品质量的证件。其内容包括：钢种、规格、数量、机械性能、化学成分的数据及结论，出厂日期、检验部门的印章、合格证的编号等，其形式如表9-10所示。

<table>
<tr><td colspan="14" align="center">钢 筋 质 量 合 格 证 表 9-10</td></tr>
</table>

钢种	钢号	规格、	数量	化学成分（%）						机 械 性 能			
				碳	硅	锰	磷	硫		屈服点（MPa）	抗拉强度（MPa）	伸长率（%）	冷弯

供应单位：　　　　　备注：　　　　　厂检验部门：　　　　　　　　签章：

日期：　　年　月　日

钢筋的质量关系到建筑物的安全使用，所以合格证必须填写齐全，不得漏填或错填。钢筋进场后，经外观检查合格后，由技术员、材料员分别在合格证上签字，注明使用部位后交资料员保管。

2．进场钢筋的外观质量检查

（1）检查钢筋的尺寸，其偏差不得超过允许范围。

（2）检查钢筋的表面，不得有裂纹、折叠、结疤、耳子、分类及夹杂，盘条允许有压痕及局部的凸块、凹块、划痕、麻面，但其深度不得大于 0.20mm，带肋钢筋的表面凸块，不得超过横肋高度，钢筋表面上其他缺陷的深度和高度不得大于所在部位尺寸的允许偏差。

（3）钢筋表面铁锈重量不大于 16kg/t。

（4）带肋钢筋表面标志清晰明了。

3．钢筋试验

钢筋的试验项目包括物理试验（拉力试验和冷弯试验）和化学试验（主要分析碳、硫、磷、锰、硅的含量）。

热轧、余热处理和冷轧带肋钢筋以同规格、同炉罐号不多于 60t 为一批（冷轧带肋钢筋每批数量不大于 50t），每批取试件一组，其中热轧带肋钢筋、热轧光圆、余热处理钢筋取拉伸试件 2 个，弯曲试件 2 个；低碳钢热轧圆盘条取拉伸试件一个，弯曲试件 2 个；冷轧带肋钢筋拉伸试件每盘一个，弯曲试件每批 2 个，必要时，取化学试件一个。

同级别、同直径的冷拉钢筋每 20t 为一验收批，每批取 2 根钢筋，每根取 2 个试样分别进行拉伸和弯曲试验。

拉伸试验测定钢筋的屈服点、拉抗强度及伸长率，冷弯试验测定其工艺性能，四个指标中如有一项不合格，则加倍另取样。对不合格项目进行第二次试验，如仍有一个试件不合格，则该批钢筋为不合格品，应重新分级。

对钢筋的化学成分有疑问时，可做化学成分分析。

钢筋试验报告单是判别进场钢筋是否合格的依据，应填写齐全、准确、真实感，并与钢筋出厂质量合格证组合存档。

4．钢筋的保管

钢筋的保管主要注意防止生锈、腐蚀和混用，为此要做到如下几点：

（1）必须严格分类、分级、分牌号堆放，不准混用。

（2）非急用钢筋宜放在有棚盖的仓库内，现场露天堆放场地要干燥，并用方木等垫件保证钢筋离地 20cm 以上。

（3）钢筋不要与酸、盐、油等材料放在一起，并远离有害气体，以免腐蚀。

三、砖及砌块

（一）砌墙砖

凡是由黏土、工业废料或其他地方资源为主要原料，以不同工艺制成的在建筑中用于砌筑的承重用墙砖统称砌墙砖。砌墙砖可分为普通砖和空心砖两类。凡是孔洞率（砖面上孔洞总面积占砖面积的百分率）不大于 15% 或没有孔洞的砖称为普通砖；凡是孔洞率大于 15% 的砖称为空心砖。

普通砖根据生产原料和工艺的不同又可分为烧结砖和蒸养（压）砖。经焙烧而制成的砖称烧结砖，如黏土砖、页岩砖、烧结煤矸石砖、烧结粉煤灰砖等；经常压蒸汽养护（或高压蒸汽养护）硬化而成的砖称为蒸养（压）砖，如灰砂砖、粉煤灰砖、炉渣砖等。

砖的外观质量应符合表 9-11 的规定。

砖的外观质量（mm）　　　　　　　　　　　　　　　　　　表 9-11

项　　　　　　目		优等品	合格品
两条面高度差	不大于	2	5
弯曲	不大于	2	5
杂质突出高度	不大于	2	5
缺棱掉角的三个破坏尺寸	不得同时大于	15	30
裂纹长度	不大于		
A. 大面上宽度方向及其延伸至条面长度		70	110
B. 大面上长度方向及其延伸至顶面的长度或条顶面上水平裂纹的长度		100	150
完整面		一条面和顶面	—

注：完整面系指宽度中有大于 1mm 的裂缝长度不得超过 30mm；条顶面上造成的破坏面不得同时大于 10mm ×20mm。

（二）砌块

砌块按用途不同分为承重砌块与非承重砌块（如保温砌块、隔墙用砌块）；按有无孔洞分为实心砌块与空心砌块（如双排孔、单排孔砌块）；按所使用的原材料不同分为硅酸盐混凝土砌块（如粉煤灰硅酸盐混凝土砌块、煤矸石硅酸盐混凝土砌块）与轻骨料混凝土砌块（如火山渣混凝土砌块、陶粒混凝土砌块、浮石混凝土砌块）；按生产工艺分为烧结砌块（如烧结黏土砌块、烧结页岩砌块、烧结粉煤灰砌块）与蒸压蒸养砌块（如加气混凝土砌块、蒸养页岩泡沫混凝土砌块等）；按产品规格大小不同分为大型砌块（高度大于 980mm）、中型砌块（高度为 380～980mm）、小型砌块（高度为大于 115mm 而又小于 380mm）等三种。

用砌块代替黏土砖作墙体材料，是节约宝贵的土地资源和进行墙体改革的重要途径。砌块既可充分利用地方性的天然材料和工业废料，就地取材，变废为宝，又能方便砌筑施工，减轻劳动强度，提高劳动生产率和减轻建筑物的自重，提高抗震能力。因此广泛应用于各种结构的建筑物墙体工程。

（三）进场砖的外观质量检查

1. 取样

外观检查的砖样，在成品堆垛中按机械抽样取得，应具有代表性，砖样为 200 块。

2. 外观检查项目

（1）尺寸：长度和宽度在大面的中间测量，厚度在条面和顶面中间处测量，尺寸允许偏差应符合表 9-12 的规定。

砖的尺寸允许偏差（mm）　　　　　　　　　　　　表 9-12

公称尺寸	样本平均偏差		样本级差≤	
	优等品	合格品	优等品	合格品
长度 240	±2.0		8	8
宽度 115	±1.5		6	6
高度 53	±1.5		4	5

（2）缺棱掉角检查：缺棱掉角在砖上的破损程度，以破损部分对砖的长度、宽度和厚度三个棱边的投影尺寸来度量，称为破坏尺寸，其偏差应符合表 9-11 的规定。

（3）裂纹检查：裂纹分为长、宽和水平三个方向，以对测方向的投影长度表示，其偏差应符合表 9-11 的规定。

（4）弯曲检查：弯曲分为大面和条面两种，测定时以钢尺沿棱边贴放，择其弯曲最大处，是砖面至钢尺间的距离，其偏差应符合表 9-11 的规定。

（四）进场砖取样试验

1. 取样

同一产地、同一规格每 15 万块为一验收批，不足 20 万块亦按一批计算。烧结砖每一验收批取样一组（每组 10 块）做强度等级试验。

2. 试验

砖的必试项目为强度等级试验，符合砖的技术要求相应指标者为合格，如不合格，取双倍试样复试，再不合格则该验收批判为不合格。

四、骨料

骨料，是建筑砂浆及混凝土主要组成材料之一。起骨架及减少由于胶凝材料在硬化过程中干缩湿胀所引起的体积变化等作用，同时还可以作为胶凝材料的廉价充填料。

建筑工程中的骨料有砂、卵石、碎石和煤渣等。

（一）砂

砂按产地不同分为河砂、海砂和山砂。按砂的细度模数不同，可分为粗砂（3.7～3.1）、中砂（3.0～2.3）、细砂（2.2～1.6）、特细砂（1.5～0.7）。现场用砂要特别注意控制砂中的含泥量，用于 C30 以上混凝土时砂的含泥量不大于 3%；C30 以下不大于 5%。

（二）石子

石子分为卵石和碎石两大类。岩石由自然条件形成的，粒径大于 5mm 的称为卵石；岩石由机械加工破碎而成，粒径大于 5mm 的颗粒称为碎石。

石子的级配应合理，一般应符合表 9-13 的规定。

石子中针、片状颗粒含量和含泥量应符合表 9-14 的规定。

石子的有害物质含量应符合表 9-15 的规定。

碎石的压碎指标值应符合表 9-16 的规定。

表 9-13

碎石或卵石的颗粒级配范围

级配情况	公称粒级（mm）	累计筛余（按质量计，%）											
		筛孔尺寸（圆孔筛）（mm）											
		2.5	5	10	16	20	25	31.5	40	50	63	80	100
连续粒级	5~10	95~100	80~100	0~15	0	—	—	—	—	—	—	—	—
	5~16	95~100	90~100	30~60	0~10	0	—	—	—	—	—	—	—
	5~20	95~100	90~100	40~70	—	0~10	0	—	—	—	—	—	—
	5~31.5	95~100	90~100	70~90	—	15~45	—	0~5	0	—	—	—	—
	5~40	—	95~100	75~90	—	30~65	—	—	0~5	0	—	—	—
单粒级	10~20	—	95~100	85~100	—	0~15	0	—	—	—	—	—	—
	15~31.5	—	95~100	—	85~100	—	—	0~10	0	—	—	—	—
	20~40	—	—	95~100	—	80~100	—	—	0~10	0	—	—	—
	31.5~63	—	—	—	95~100	—	—	75~100	45~75	—	0~10	—	—
	40~80	—	—	—	—	95~100	—	—	70~100	—	30~60	0~10	0

注：1. 公称粒级的上限为该粒级的最大粒径；
2. 单粒级一般用于组合成具有要求级配的连续粒级。它也可与连续粒级的碎石或卵石混合使用，以改善它们的级配或配成较大粒度的连续粒级；
3. 根据混凝土工程和资源的具体情况，进行综合技术经济分析后，在特殊情况下允许直接采用单粒级，但必须避免混凝土发生离析。

碎石或卵石中的含泥量及
针片状颗粒含量

表 9-14

混凝土强度等级	高于或等于 C30	低于 C30
含泥量（按质量计不大于，%）	1.0	2.0
针、片状含量（按质量计不大于，%）	15	25

注：1. 对有抗冻、抗渗或其他特殊要求的混凝土，其所用碎石或卵石的含泥量不应大于 1%；
2. 如含泥基本上是非黏土质的石粉时，其总含量可由 1.0% 及 2.0% 分别提高到 1.5% 和 3.0%；
3. 对于 ≤C10 的混凝土用碎石或卵石，其含泥量可酌情放宽。

碎石或卵石中的有害
物质含量

表 9-15

项　目	质　量　标　准
硫化物及硫酸盐含量折算为 SO_3（按质量计不宜大于，%）	1
卵石中有机质含量（用比色法试验）	颜色不应深于标准色，如深于标准色，则应以混凝土进行强度对比试验，予以复核

注：碎石或卵石中如含有颗粒状硫酸盐或硫化物，则要求经专门检验，确认能满足混凝土耐久性要求时方能采用。

碎石的压碎指标值

表 9-16

岩石品种	混凝土强度等级	碎石的压碎指标值（%）	岩石品种	混凝土强度等级	碎石的压碎指标值（%）
水成岩	C55~C40	≤10	火成岩	C55~C40	≤13
	≤C35	≤16		≤C35	≤30
变质岩或深成的火成岩	C55≤C40	≤12			
	≤C35	≤20			

（三）砂、石的进场验收

（1）砂、石质量必须合格，应先试验后使用，要有出厂质量合格证或试验单。

（2）砂、石试验的必试项目：筛分试验、密度、表现密度、含泥量和泥块含量。

（3）取样：砂石应同一产地、同一规格、同一进场时间每 400m³ 或 600t 为一验收批，每一验收批取样一组，砂数量为 22kg，石子数量为 40kg。

砂、石试验各项达到混凝土用砂、石的各项技术要求为合格。

课题二　预制混凝土构件

（一）分类

一般预制混凝土构件北京地区分为如下四类：

1. 板类

包括各种空心楼板、大楼板、槽型板、楼梯、阳台和"T"型板以及薄壁空心构件烟道、垃圾道等品种。

2. 墙板类

包括内外墙板、挂壁板、内隔墙板、阳台隔板、条板、女儿墙板等品种。

3. 大型梁、柱类

包括各种预应力或非预应力大梁、吊车梁、基础梁、框架梁、天窗梁、屋架、桁架、大型柱、框架柱和基桩等品种。

4. 小型板、梁、柱类

包括沟盖板、挑檐板、栏板、窗台板、拱板、方砖和过梁檩条及 3m 以内小型梁板等品种。

（二）质量要求

1. 基本要求

构件出池、起吊和预应力筋放松，张拉时的混凝土强度，必须符合设计要求及施工规范的规定。设计无要求时，均不得低于设计强度的 70%。预应力筋孔道灌浆的质量应符合规范规定。

构件混凝土试块，在标准养护条件下 28d 强度，必须符合施工规范的规定。

2. 内外缺陷质量要求

各类混凝土预制块的内外缺陷质量要求应符合表 9-17～表 9-20 的要求。

板类内外缺陷质量要求　　　　　　　　　　　　　　　　表 9-17
（单位：mm，L—构件长）

项次	项目	允许值			
		优良品	合格品	等外品	废品
1	露筋	不允许	副筋外露总长度不超过 500	主筋外露或副筋超过合格品允许值	主筋外露总长度超过板长 10%（预应力板端部 50cm 范围内；屋面板超过 1%；其他板超过 5%）

项次	项目		允 许 值			
			优良品	合格品	等外品	废 品
2	蜂窝孔洞		不允许	蜂窝总面积不超过所在构件面的8‰,(即80cm²/m²)	蜂窝总面积超过合格品允许值;板端酥松或孔洞	肋空总长度超过300
3	板底麻面掉皮		不允许	总面积不超过所在构件面的5%(即500cm²/m²)	超过合格品允许值	—
4	硬伤掉角		不允许	总面积不大于50×200,每个支承部位不大于50×50(槽型板支承部位不允许)	超过合格品允许值	预应力板支承部位:屋面板超过60×100;其他板超过100×200
5	饰面空鼓、起砂、脱皮、鼓包、鼓泡		不允许	不允许	超过合格品要求	—
6	灯头盒电线管堵塞、漏放		不允许	不允许	堵 塞	漏 放
7	无饰面板裂	纵向面裂	不允许	总长不大于L/2,缝宽不大于0.2挑檐部位不允许	超过合格品允许值	裂 通
8		横向面裂	不允许	不延伸到侧面,且肋部缝宽不大于0.2	超过合格品允许值	延伸到两侧面的底部
9	板裂	肋裂	不允许	不允许	缝宽不大于0.2	剪力方向斜裂
10		板底裂	不允许	不允许	超过合格品要求	裂 通
11	板裂	空心板肋端水平裂	不允许	伤肋数,窄板不超过一个,宽板不超过二个,大空心板不超过四个	超过合格品要求	任一肋端开裂总长度板长4m以下大于400,4m以上大于600
12		槽型板角裂	不允许	一个角裂且不延伸到板面	超过合格品要求	4个角裂
13	有饰面板裂	板面和板底的横纵斜裂	不允许	不允许	超过合格品要求	垂直于主筋方向和斜向裂延伸到两侧面底部、平行于主筋方向裂、周围裂通或有剪力方向斜裂
14	外表不齐整		不允许	轻 微	严 重	—

注:凡未注明裂缝宽度的项目,其缝宽均不得大于0.2mm。

（单位：mm，L—构件长）

项次	项 目			允 许 偏 差			
				优良品	合格品	等外品	废 品
1	规格尺寸	长	短向圆孔板	+8 -3	+10 -5	大于合格品偏差	—
			其 他 板	+8 -5	+10 +5	大于合格品偏差	—
2		宽		±5	+8 -5	大于合格品偏差	
3		高		±5	+8 -5	大于合格品偏差	
4		板厚（翼板）		±3	+8 -5	大于合格品偏差	
5		肋 宽		±3	+8 -5	大于合格品偏差	
6		串 角		10	10	大于合格品偏差	
7		薄壁空心构件端头平面串角		5	10	大于合格品偏差	
8	外形	侧向弯曲		$L/1000$	$L/500$	大于合格品偏差	大于 $L/300$
9		扭 翘		$L/100$	$L/500$	大于合格品偏差	大于 $L/300$
10		薄壁空心构件端头平面倾斜		3	5	大于合格品偏差	
11		表面平整	一般面	5	8	大于合格品偏差	—
12			饰 面	4	5	大于合格品偏差	—
13	预留部件	镶入铁件位置	中心位移	10	15	大于合格品偏差	漏 放
14			平面高差	5	8	大于合格品偏差	漏 放
15		插铁木砖位置	中心位移	±15	20	大于合格品偏差	—
16			插铁留出长度	±20	±40	大于合格品偏差	—

312

项次	项 目			允 许 偏 差			
				优良品	合格品	等外品	废 品
17	预留部件	孔洞位置	中心位移	20	30	大于合格品偏差	—
18			规格尺寸	±10	±15	大于合格品偏差	—
19		安装孔中心位移		5	10	大于合格品偏差	漏 放
20		螺栓位置	中心位移	5	5	大于合格品偏差	漏 放
21			留出高度	±5	±10	大于合格品偏差	漏 放
22		电线管位置	水平位移	30	50	大于合格品偏差	—
23			竖向位移	+5 −0	+8 −0	大于合格品偏差	—
24		吊环位移	相对位移	30	50	大于合格品偏差	—
25			留出高度	±10	±20	大于合格品偏差	—
26	主筋外留长度			+15 −5	+30 −10	大于合格品偏差	—
27	主筋保护层			±3	±5	大于合格品偏差	±8
28	张拉预应力与规定值偏差百分率			5%	5%	大于合格品偏差	—

墙板类内外缺陷质量要求　　　　　　　　　　　表 9-19

（单位：mm，L—构件长）

项次	项 目	允 许 值			
		优良品	合 格 品	等 外 品	废 品
1	露 筋	不允许	不允许	露 筋	—
2	蜂窝孔洞	不允许	蜂窝总面积不超过所在构件面的 8‰（即：80cm²/m²），外墙面和腔壁不允许	超过合格品允许值	—
3	麻面、掉皮起砂、鼓泡	不允许	总面积不超过所在构件面的 2%（即：200cm²/m²）	超过合格品允许值	—

项次	项 目		允 许 值		
		优良品	合格品	等 外 品	废 品
4	表面空鼓、鼓包	不允许	不 允 许	超过合格品要求	—
5	空腔槽堵塞掉角、腔壁脱落	不允许	不 允 许	超过合格品要求	—
6	硬伤掉角	不允许	总面积不大于 50×200	超过合格品允许值	—
7	裂缝 门窗洞口角裂	不允许	不 允 许	超过合格品要求	形成环裂
8	面 裂	不允许	不 允 许	超过合格品要求	窗间墙和梁断面部位环裂
9	外表不齐整	不允许	轻 微	严 重	—

大型梁柱内外缺陷质量要求　　　　　　　　表 9-20

（单位：mm，L—构件长）

项次	项 目		允 许 值		
		优良品	合 格 品	等 外 品	废 品
1	露 筋	不允许	不允许	主副筋外露	主筋露出总长度超过构件长度的 5%
2	蜂窝孔洞	不允许	蜂窝总面积不超过所在构件面 8‰（即 80cm²/m²）	超过合格品允许值	空洞面积大于 200×200
3	麻面掉皮	不允许	总面积不超过所在构件面 5%（即 500cm²/m²）	超过合格品允许值	—
4	硬伤掉角	不允许	总面积不大于 50×200	超过合格品允许值	—
5	表面裂缝 横 向	不允许	只允许一个面有裂缝且不延伸至相邻面	超过合格品允许值	延伸到相邻面底部
6	纵 向	不允许	总长不大于 L/10	超过合格品允许值	总长大于 L/2
7	孔洞或孔道堵塞	不允许	不 允 许	堵 塞	—
8	外表不齐整	不允许	轻 微	严 重	—

3. 允许偏差

各类预制构件的尺寸允许偏差应符合表 9-21～表 9-23 的规定。

墙板类规格尺寸允许偏差　　　　　　　　表 9-21

（单位：mm，L—构件长）

项次	项 目		允 许 偏 差			
			优良品	合格品	等外品	废 品
1	规格尺寸	高	±5	±5	大于合格品偏差	—
2		宽	±5	±5	大于合格品偏差	—
3		厚	±3	±5	大于合格品偏差	—
4		串 角	5	10	大于合格品偏差	—

项次	项目			允许偏差			
				优良品	合格品	等外品	废品
5	规格尺寸	门窗口	规格尺寸	5	8	大于合格品偏差	—
6			串角	5	10	大于合格品偏差	—
7			位移、倾斜	5	8	大于合格品偏差	—
8	外形		镶边宽	±2	±3	大于合格品偏差	—
9			侧向弯曲	$L/1000$	$L/750$	大于合格品偏差	大于 $L/300$
10			扭翘	$L/1000$	$L/750$	大于合格品偏差	大于 $L/300$
11			表面平正	4	5	大于合格品偏差	—
12			门窗口内侧平正	3	5	大于合格品偏差	—
13	预留部分	镶入铁件位置	中心位移	10	15	大于合格品偏差	—
14			平面高差	5	8	大于合格品偏差	—
15		插铁木砖位置	中心位移	15	20	大于合格品偏差	—
16			插铁留出长度	±20	±30	大于合格品偏差	—
17		孔洞位置	安装门窗预留孔深度	±5	±10	大于合格品偏差	—
18			中心位移	±20	30	大于合格品偏差	—
19			规格尺寸	±10	±15	大于合格品偏差	—
20		安装结构吊用环	中心位移	10	15	大于合格品偏差	—
21			外留长度	±10	±15	大于合格品偏差	—
22	主筋保护层			±5	±8	大于合格品偏差	+15 −10

大型梁柱类规格尺寸允许偏差　　　　表 9-22

（单位：mm，L—构件长）

项次	项目			允许偏差			
				优良品	合格品	等外品	废品
1	规格尺寸	长	梁	+8 −5	±10	大于合格品偏差	—
			柱	+5 −8	+5 −10	大于合格品偏差	
2		宽		±5	±8	大于合格品偏差	—
3		高		±5	±8	大于合格品偏差	—
4		翼板厚		±5	±5	大于合格品偏差	—
5	外型尺寸	侧向弯曲		$L/100$	$L/750$	大于合格品偏差	大于 $L/300$
6		梁下垂		0	$L/100$	大于合格品偏差	大于 $L/300$
7		表面平正		4	5	大于合格品偏差	—
8		预应力构件两端锚固支承面平正		2	3	大于合格品偏差	—

项次	项 目		允 许 偏 差			
			优良品	合格品	等外品	废 品
9	外型尺寸	设计起拱	±5	±8	大于合格品偏差	—
10		桩顶偏斜	2	3	大于合格品偏差	—
11		桩尖轴心位移	5	10	大于合格品偏差	—
12	预留部件	镶入铁件位置 中心位移	10	15	大于合格品偏差	—
13		镶入铁件位置 平面高差	5	8	大于合格品偏差	—
14		插铁木砖位置 中心位移	15	20	大于合格品偏差	—
15		插铁木砖位置 插铁留出长度	±20	±40	大于合格品偏差	—
16		孔洞中心位移 一般孔洞	20	30	大于合格品偏差	—
17		孔洞中心位移 安装孔	5	10	大于合格品偏差	—
18		孔洞中心位移 预应力筋孔道	3	5	大于合格品偏差	—
19		孔洞中心位移 自锚混凝土洞	3	5	大于合格品偏差	—
20		螺栓位置 中心位移	5	5	大于合格品偏差	—
21		螺栓位置 留出高度	±5	±10	大于合格品偏差	—
22		吊环位置 相对位移	±30	50	大于合格品偏差	—
23		吊环位置 留出高度	±10	±20	大于合格品偏差	—
24	主筋保护层		±5	+10 −5	大于合格品偏差	+20 −10
25	主筋外留长度		±10	±20	大于合格品偏差	—
26	主筋中心位移		5	8	大于合格品偏差	—
27	张拉预应力值与规定值偏差百分率		5%	5%	大于合格品偏差	—

注：1. 牛腿规格尺寸及支承面位置允许偏差值按项次1、2、3检验；
  2. 圈梁插铁中心位移，按项次12、15检验；
  3. 叠合梁（花篮梁）预留箍筋，侧向位移按项次14检验。

小型板梁柱类内外缺陷质量要求 表 9-23

（单位：mm，L—构件长）

项次	项 目	允 许 值			
		优良品	合格品	等外品	废品
1	露筋	不允许	副筋外露总长度不超过500	超过合格品允许值或主筋外露	主筋外露总长度超过 L 的10%或两端1/4区域内超过 L 的5%
2	蜂窝孔洞	不允许	蜂窝总面积不超过所在构件面的8‰（即80cm²/m²）	超过合格品允许值	空洞面积大于 50×100
3	无饰面面层麻面掉皮	总面积不超过所在构件面的5%	超过优良品允许值	—	—

316

项次	项目		允许值			
			优良品	合格品	等外品	废品
4	饰面面层空鼓，起砂，脱皮，鼓包鼓泡		不允许	不允许	超过合格品要求	—
5	硬伤掉角		不允许	总面积不大于 50×200	超过合格品允许值	—
6	裂缝	纵向面裂	不允许	总长不超过 $L/2$	超过合格品允许值	裂　通
7		横向面裂	不允许	不延伸到侧面	超过合格品允许值	延伸到两侧面底部
8		角　裂	不允许	一个角裂延伸长度不大于 100	超过合格品允许值	延伸长度大于 $L/2$
9	外表不齐正		轻微	显著	严重	—

单 元 小 结

本单元介绍了建筑施工中用量最大，与建筑物的安全密切相关的土建工程材料的相关情况。

水泥是基本建设中最主要的材料之一，常用的水泥品种有硅酸盐水泥、普通硅酸盐水泥、火山灰水泥、矿渣水泥、粉煤灰水泥和其他品种的硅酸盐水泥。要了解各种水泥的技术性能和特性，熟悉其使用范围，并会对进场水泥进行验收和检验。

钢筋是建筑工程中用量最大的钢材品种之一，对钢筋混凝土结构和构件的安全使用起着关键作用。钢筋按化学成分分为热轧碳素钢筋和普通低合金钢；热轧碳素钢按其含碳量多少分为低碳钢、中碳钢和高碳钢三种；按加工工艺分为热轧钢筋、热处理钢筋、冷拉钢筋和钢丝。

钢筋的力学性能表示钢筋的强度，工艺性能表示钢筋加工的难易程度，一般钢筋的级别低，则强度低，但塑性和可焊性好，便于加工成型；钢筋的等级高，则强度高，质脆而硬，不易加工，应根据设计要求采用。

进场钢筋要严格把关，履行验收手续。

钢筋验收分为钢筋质量验收合格证验收，外观验收和钢筋取样试验，经以上三道验收合格后的钢筋，方可使用。

砖及砌块是结构的承重材料或围护、隔断材料。对进场的砖及砌块要做好现场的验收工作（含外观和试验）。

砂、石等骨料是混凝土和砂浆的组成材料，起骨架和填充作用，能有效地防止混凝土干缩后产生裂缝。骨料质量的好坏直接关系到砂浆或混凝土的质量好坏，并进而影响到建筑产品的好坏，所以同样应严格把关，对进场的骨料进行验收和试验，合格后方可使用。

复 习 思 考 题

1. 材料员的职责是什么？
2. 现场材料员主要应做好哪些工作？

3. 现场材料主要有哪些供应方式？

4. 水泥有哪些主要的品种？

5. 什么叫硅酸盐水泥？常用在什么地方？

6. 什么叫普通硅酸盐水泥？适用范围是什么？

7. 什么叫火山灰水泥？什么叫矿渣水泥？

8. 水泥的进场验收包括什么内容？

9. 钢筋有哪些分类？它们各自适用在什么地方？

10. 钢筋的力学性能和工艺性能各表示什么？

11. 钢筋的现场验收包括什么内容？

12. 什么叫砌墙砖？砌墙砖分几类？

13. 什么叫砌块？砌块分为哪几类？砌块比砖有什么优点？

14. 进场砖要做哪些检查？

15. 砂、石料在混凝土中起什么作用？

16. 进场砂、石料应做什么检查？

单元二　施工现场物流管理

施工现场物流管理，是指对施工生产所需的全部材料，运用管理职能进行物资计划、申请、订货、采购、运输、验收保管、定额供应、消耗管理、核算统计等一系列业务活动的组织管理工作，它对工程的顺利进行，降低消耗，提高企业的经济效益，都具有十分重要的作用。

施工现场物流管理的具体任务是：

1. 编好物资供应计划，合理组织货源，保证材料供应

物资供应计划一般以单位工程进行编制，要根据内部资源和外部资源的具体情况，加以综合平衡以后编制出符合实际情况的物资供应计划，并按此计划编制其他实施性计划，保证物资供应计划的顺利实现。

2. 按施工进度计划需要和技术要求，配套供应现场生产所需的材料

物资供应是贯穿施工全过程的重要工作。材料的进场时间要符合施工进度的要求，供应的数量要满足工程的需要，材料的质量既要符合设计的要求，又要配套齐备，保证施工生产的顺利进行。

3. 坚持定额用料，降低消耗

在现场物资管理中，要坚持实行定额供料，建立和健全物资的收、发、领、退制度，合理使用原材料，降低消耗，以达到降低工程成本的目的。

4. 加强现场物资管理，使物资管理条理化、制度化

首先要建立、健全物资管理的各项规章制度，对进入现场的材料要做到严格验收、定额发放、妥善保管和及时回收。做到材料的账、卡、物、资金"四对口"。本单元分为物资定额管理、材料供应与仓储、施工现场物资管理三个课题进行实习。

课题一 物资定额管理

物资定额管理是物资管理的重要组成部分，物资定额管理的内容包括材料消耗定额管理和储备定额管理两部分。

一、材料消耗定额

（一）材料消耗定额的作用、分类和构成

材料消耗定额是指在一定的生产技术条件下，完成单位产品和单位工作量必须消耗物资的数量标准。

所谓一定的生产技术条件包括一定的工程对象和结构性质，一定的施工工艺、一定的工人技术熟练程度、一定的组织和管理水平，上述任一种要素的不同，均会导致物资消耗不同。

1．材料消耗定额的作用

（1）材料消耗定额是编制各项材料计划的基础。

（2）材料消耗定额是确定工程造价的主要依据。

（3）材料消耗定额是推行经济责任制的重要手段。

（4）材料消耗定额是搞好材料供应及实行经济核算和降低成本的基础。

（5）材料消耗定额是推动企业提高生产技术和科学管理水平的重要手段。

2．材料消耗定额的分类

（1）按照材料消耗定额的用途可分为材料消耗概（预）算定额，材料消耗施工定额和材料消耗估算指标。

材料消耗概（预）算定额是由各省市基建主管部门在一定时期，按照一定的标准和水平编制的，用来估算或概算主要材料和设备材料的需用量。是编制施工图预算的法定依据。

材料消耗施工定额是施工企业自行编制的材料消耗定额。用于对施工队下达任务书、限额领料，是工地内部领料、供料的依据。

材料消耗估算指标，是在材料消耗概（预）算定额的基础上，以扩大的结构项目形式表示的一种定额。它通常在施工技术资料不全且不确定因素较多的场合，用于估算某项工程所需的主要材料的数量。

（2）按材料类别划分

按照材料的类别划分为主要材料消耗定额（如钢材、木材、水泥、砂、石等）、周转材料消耗定额（如模板、脚手架等）和辅助材料消耗定额。

3．材料消耗定额的构成和制定

材料消耗定额的构成包括以下几个方面：

（1）净用量：指直接用于工程实体的有效消耗，是构成材料消耗定额的主体，它随着工程的新设计、新结构、新材料的不断进步而变化。

（2）施工工艺损耗定额：指工程施工或产品生产过程的损耗。它是在一定条件下不可避免的、不可回收利用的、合理的损耗。这部分损耗会随着操作技术和施工工艺的提高而降低。

（3）非工艺操作损耗定额：指材料在采购、供应、运输、储备等非工艺操作过程中出现的不可避免的、不可回收的合理损耗，这部分损耗会随着流通技术手段的改善和管理水平的提高而逐步降低。

材料消耗定额的制定，是一项经济、技术要求很强的工作。它必须贯彻专群结合，兼顾先进性和合理性的原则。制订材料消耗定额的内容，主要是定量和定质两个方面，具体的制订方法有技术分析法、统计分析法和写实测定法三种。

二、材料储备定额

材料储备定额，是指在一定条件下，为保证施工生产正常进行所规定合理储备材料的数量标准。

（一）材料储备定额的主要作用是

（1）是企业编制材料供应计划、安排订货批量和进料时间的重要依据。

（2）经常掌握和监督材料库存变化动态，使企业的库存材料经常保持在经济合理的水平。

（3）是核定储备资金定额的重要依据。

（4）是确定仓库面积、保管设备和保管人员的依据。

（二）材料储备定额的制定

材料的储备由经常储备、保险储备和季节性储备组成。

1. 经常储备

经常储备即周转储备，指前后两批材料进货间隔期间，为保证施工正常进行而准备的合理储备标准。

$$经常储备量 = 平均每日需用量 \times 合理储备天数$$

式中
$$平均每日需用量 = \frac{计划期材料需用量}{计划期天数}$$

$$合理储备天数 = 供应间隔天数 + 验收入库天数 + 使用前准备天数$$

2. 保险储备

保险储备是为了预防材料在采购、交货和运输过程中发生误期，或者施工生产消耗量突然增大，使经常储备不足，为应急而设立的储备，这种储备一般不随意动用。

$$保险储备量 = 平均每日需用量 \times 平均误期天数$$

3. 季节性储备

季节性储备是指某些材料的资源受季节的影响，使生产供应中断而建立的储备。如有的地区在洪水季节或冰冻季节不能生产砂、石；原木在洪水季节才能放流等。这种储备只限于少量特定品种。

$$季节性储备 = 平均每日需用量 \times 季节性储备天数$$

三、材料定额的管理

（一）材料消耗定额的管理

材料消耗定额管理应做好以下工作：

1. 建立健全材料消耗定额的管理组织体制

建立各级材料定额管理机构，负责定额的编制、执行、修订工作。

配备专职或兼职定额人员，负责消耗定额的执行，并进行具体指导。

明确分工、建立岗位责任制，把定额的执行工作与企业的经济效益结合起来，不断提高企业的经营管理水平。

2. 正确解决材料消耗定额与实际损耗的矛盾

在材料消耗定额的执行过程中，由于设计与施工之间的差异，材料代用的差异、工艺要求不同发生的差异，均可能出现材料消耗定额与实际损耗之间的差异，应在使用过程中加强控制，根据实际情况提出不同的调整意见，将问题解决在施工过程中。

3. 做好定额的考核工作

现场材料消耗定额的考核，主要是实际材料消耗与定额材料的消耗比较，找出差异的项目和原因，以促进不断加强经营管理，提高施工水平，优质、高产、低消耗的目的。

(二) 材料储备定额的管理

在贯彻执行材料储备定额的过程中应建立健全责任制，使每项具体工作落实到实处。经常考核和分析定额的执行情况，及时修订定额，使储备定额处于先进合理的水平。

四、材料计划的编制

(一) 编制材料计划的准备工作

为了保证材料计划的准确性，在编制前做好以下准备工作：

(1) 收集并核实施工生产任务、施工机械、设备和技术革新等情况。

(2) 弄清本企业的材料家底，核实库存。

(3) 收集整理和分析有关材料消耗定额的原始统计材料，确定计划期内各类材料的消耗水平。

(4) 检查上期施工生产计划和材料计划的执行情况，分析研究计划期内的有利因素和不利因素，采取有效措施，改进材料的供应与管理工作。

(5) 了解市场材料信息，以便编制符合当前市场情况的材料计划。

(二) 编制材料计划的方法

材料计划一般有项目材料需用计划、项目材料申请计划、材料供应计划、材料采购和加工计划等种类，应分别编制。

1. 项目材料需用计划

项目材料需用计划是在熟悉施工图纸，编制完施工组织设计的基础上，根据图纸计算工程量，查材料消耗定额，计算生产所需的各种材料数量，完成工料分析和材料汇总工作。

材料需用量的计算一般有下列两种方法：

(1) 直接计算法：当施工图纸已到达，可根据工程实物工程量，结合施工方案和技术措施，套用相应定额，加以分析、汇总而成。

计算公式为：

某种材料计划需用量＝建筑安装实物工程量×某种材料消耗定额

上式中，建筑安装实物工程量是根据施工图纸计算出来的，但采用不同的材料消耗定额可以得出两种不同的计算结果，采用材料消耗施工定额的计算结果一般要低于采取材料消耗概 (预) 算定额。

要通过"两算"对比，做到心中无数。

(2) 间接计算法：当工程任务已落实，但施工图纸尚未出来，计算资料不全时，可根据工程投资、工程造价和建筑面积估算主要材料需用量，叫间接计算法。以此编制的计划可作为备料的依据，但当图纸齐备，施工组织设计已完成之后，仍应用直接计算法核对，并加以调整。

2．项目材料的申请计划

项目材料的申请计划根据材料需用量扣除期初库存量，加上期末库存量可以得出材料的申请数量。

3．材料供应计划

$$材料供应量＝材料申请量－计划期初库存量＋计划期末库存量$$

式中　计划期初库存量＝编制计划时的实际库存＋预计期计划收入量－预计期计划发出量

材料供应计划表格形式见表 9-24。

材料供应计划表　　　　　　　　　　表 9-24

材料名称	规格	计量单位	期初库存	计划申请量				期末库存	供应量合计	其中：供应措施					备注
				合计	其 中					采购	甲方供料	加工制作	利用库存	申请	
					×项目	×项目									

4．材料采购及加工订货计划

材料采购及加工订货计划是材料供应计划的具体落实计划。

编制时，应根据项目特点及质量要求，确定采购和加工订货材料的品种、规格、质量和数量。依据材料的使用时间，确定材料的加工周期和供应时间。按照施工进度和分期、分批进料的原则，确定采购批量，同时确定加工订货、采购所需的资金及到位时间。

采购及加工订货表的形式如表 9-25 所示。

采购（加工订货）计划表　　　　　　　　　　表 9-25

材料名称	规　格	计算单位	需用数量	需用时间	采购批量	需用资金

课题二　材料供应与仓储

材料供应是材料管理的重要组成部分，其主要任务是保质、保量、及时、配套供应施工用料，保证施工生产的顺利进行，其主要内容包括材料采购、运输和供应。

材料仓储管理的任务是组织好进场材料的收、发、保管和保养工作，要求快进、快出、合理储备、保管好、费用省。

一、材料供应管理

（一）材料采购

1. 材料采购的原则

（1）遵纪守法：材料采购必须遵守国家现行的有关法律和法规，熟悉并执行有关经济合同法、财经制度及工商行政管理部门的规定。

（2）严格按材料计划采购：即按照材料采购计划要求的品种、规格、数量、质量和时间进行采购，避免盲目采购，造成材料积压或供料不及时，延误工期。

（3）坚持择优选购：采购时要坚持："三比一算"，即比价格、比运输距离、比质量，核算成本。在保证材料质量的前提下，降低采购成本。

2. 材料采购与加工方法

首先要根据材料采购计划，收集有关的采购信息，确定各种材料采购加工的数量，选定供货单位，报请领导审批。

一次性购买材料要按所购材料的名称、品种、规格、数量、质量、价格和用途等，选定供货单位，明确质量标准，验收办法，交货地点、方式、方法和交货日期以及运输方法。货款和费用的结算，应按中国人民银行结算方法的规定，办理异地结算或本地结算。

各种材料应按约定的品种、规格、型号、质量和数量，完好无损地运回本单位仓库和施工现场，面交保管员验收，并办理验收入库手续。

采购人员凭发票和验收单向财务部门办理报销手续，冲销自己的借款，办理结账手续。

对于须加工制造和约期交货的材料，要与供货单位签定加工订货合同，明确双方的权利、义务。

（二）材料运输

材料运输是指材料借助各种运输方式将材料从生产地或储存地向使用单位的仓库或施工现场转移，从而满足施工的需要。

材料运输可采用铁路运输、公路运输、水陆交通、航空运输、管道运输和民间运输等方式，不管采用什么运输方式，都要满足及时、准确、安全和经济的要求，在材料运输中用最少的劳动消耗，最短的时间、里程，把材料从产地运到生产消费地点，满足工程的需要。

为达到最大的经济效果，事先应编制材料运输计划，选用最佳的运输方案。

（三）材料供应

材料供应的基本任务是围绕施工生产这个中心环节，按质、按品种、按数量、按时间、成套配备、经济合理地供应建筑施工所需的各种材料，达到高效、低耗的经济目的。

1. 材料供应工作的内容

材料供应工作的主要内容包括：

（1）编制材料供应计划：材料供应计划是依据施工生产计划的任务和要求来计算和编制的，在保证施工进度和工程质量的前提下，要考虑节约工程成本和加速资金周转的要求，编制符合建筑企业运营要求的材料供应计划。

（2）材料供应工作的实施：材料供应计划确定以后，对外要从各种渠道积极地落实货源，对内要组织材料的计划供应来保证计划的实现。

在计划实施的过程中，由于货源和施工生产过程中影响计划执行的因素很多，难免出现供求不平衡的现象，要做好平衡调度工作，以保证施工的顺利进行。

（3）材料供应工作的分析与考核：对材料供应计划的执行情况，要经常进行检查分析，及时发现执行过程中出现的问题，采取相应的对策，保证计划的实现。

检查方法可采用定期检查（按月、季、年进行）和经常性检查两种方法，以便发现问题，及时纠正。

分析、考核的内容包括：

1）材料供应计划完成情况的分析：即把某种材料的实际供应数量与其计划供应数量进行比较，有差异时，应找出原因，对计划进行调整。

2）材料供应的及时性分析：即考核材料供应是否及时，有时供应总量是足够的，但因供应不及时，也可能造成停工待料的情况。

3）材料供应的消耗情况分析：按施工验收的工程量，考核材料的供应量是否全部消耗，并分析所供材料是否适用，用于指导下一步材料供应并处理遗留问题。

2．材料供应方式

（1）甲方供应方式：这种方式是建设项目开发部门或项目主管对建设项目实施材料供应的方式。甲方负责材料的采购和供应，施工企业只负责施工中的材料消耗及耗用核算。施工企业在这种供应方式中处于被动地位，材料的使用效率降低，生产效率也往往受到影响。

（2）乙方供应方式：这种方式由施工企业自己负责材料的采购和供应，减少了流通环节，提高了材料的使用效率，能保证工程的顺利进行。

（3）甲、乙方联合供应方式：这种方式由业主和施工企业根据事先约定的各自材料供应范围，实施材料供应。由于甲、乙方联合完成一个项目的材料供应，因此，事先应有明确的分工，密切配合。这种方式既可充分利用甲方的资金优势和采购渠道，又能发挥企业的主动性和灵活性，提高资金效益，是一种较好的供应方式。

为搞好现场材料供应，应建立健全供应责任制，实行材料的定额供应、限额领料的具体运作方式，将在下一课题加以详细介绍。

二、材料仓储管理

仓储管理是指仓库所管材料的收、发、储业务的计划、组织、监督、控制和核算活动的总称。要使施工生产中使用的材料能及时供应，不发生中断，就必须有一定数量的储备。

（一）仓储管理的基本任务

仓储管理要确保仓库和物资安全，收好、管好，具体应做好如下几点：

1．及时、准确地验收材料

进入仓库的材料要及时、准确。做到数量准确、质量合格、包装完好、技术资料和单据账目齐全正确。

2．妥善保管、科学保养

库存材料要账、卡、物、资金对口，堆放合理，不丢失，不变质。

3．严格控制储备量

为提高仓库的使用效率，应根据储备定额，严格控制储备量。要积极处理库存呆滞材料，加强回收利用和修旧利废，保证施工顺利进行，降低材料成本。

4．坚持定额供料

实行送料制，根据定额供料，为施工现场服务，改善服务质量，提高工作效率。

5．确保仓库安全

6．建立健全科学的仓库管理制度

（二）仓储管理工作的主要内容

1．材料验收入库

材料验收入库是企业材料的"入口关"。由于材料供应的渠道复杂，材料质量差、数量不足、包装不符合要求的情况时有发生，材料在运输的过程中，也经常发生材料损坏、变质或丢失的情况，只有严格把住材料入库的关口，才能将上述所发生的各种问题解决在入库之前，划清经济责任，确保进入仓库的材料数量准确、质量合格，为工程的进行打下良好的基础。

材料验收工作要求验收人员要有高度的政治责任感，把好质量关、数量关、单据关。做到凭证手续不全不收、规格数量不符不收、质量不合格不收。

材料验收工作按以下程序进行：

（1）验收准备：收集验收资料，准备验收检测器具，计划堆放位置，安排搬运人员等。

（2）核对资料：验收前应认真核对各种资料，包括订货合同、供方发票、装箱单、磅码单等与品种、规格、数量及交货时间核对；产品质量证明书、化验单、说明书与有关质量标准核对；承运单位的运单与发货时间核对，如运输过程中的残损、短缺、变质应有运输单位的运输记录。材料验收必须有证据，没有证据或证据不全的一般不予验收。

（3）检验实物：核对证据资料后进行实物验收，包括质量验收和数量验收。

质量验收以外观验收为主，内在质量验收以各种材料的质量证明书为凭，所列数据符合标准规定的视为合格。疑有严重质量问题者，应抽样检查，合格者再办理验收手续。发货时未附质量证明书的，收方可拒付货款，保存材料，待供方补送质量证明书后，再办理验收手续。

数量验收时，计重材料一律按净重计算；计件材料按件数清点；按体积供应者，应验尺计方；按理论换算供应者，应验尺换数计算。

标明重量或件数的标准包装，应按合同约定的抽检方法和比例执行；成套设备必须与主机、部件、零件附属工具、说明书、质量证明书等配套验收和保管。

计重材料验收应与堆码配合，力求一次过磅，分层（件）堆码，每层（件）标明重量，以减少重复劳动和磅差。

（4）办理入库手续：实物验收后，应及时填写"材料入库验收单"正式入库。

在材料验收中，如发现数量和质量有问题，应填写验收记录，并尽快上报上级主管部门，在问题没有处理以前，将有问题的材料另行堆放，等待处理办法。

2．材料保管保养

材料保管保养是指材料的合理存放和维护保养的各项工作。

材料应根据其各自的性能和特点分别存放在库房、库棚和料场中，库房是封闭式的仓库，适用于存放怕日晒雨淋，对温度、湿度及有害气体较敏感的材料；库棚是半封闭的仓库，可存放怕日晒雨淋，而对温度、湿度要求不高的材料；料场是露天堆放的料仓，可堆放不怕日晒雨淋，对温度、湿度和有害气体不敏感的材料。

材料的堆码应合理、整齐、牢固和定量，并取用方便，一般呈五五摆放方式，即大的五五成方，高的五五成行，矮的五五成堆，小的五五成包（捆），物品带眼的五五成串，达到横成行、竖成线、计数取用方便、整齐美观的要求。

对入库材料的维护保养的目的是防止或减少损失，保证材料的数量和质量。维护保养的方法主要是根据材料的性能和特性选择适当的堆放场所、堆放方式，严格控制温度和湿度，掌握好材料入库的储存期限，搞好库区的环境卫生，防止虫害发生，并加强库区的消防、保卫工作，确保材料安全。

3. 材料盘点

由于库存材料的品种繁多，在保管的过程中，难免发生损耗、丢失、损坏变质和计算差错，从而导致库存数量不符，质量下降。通过定期的材料盘点，可以搞清实际的库存量、储备定额、呆滞积压和利用代用的情况。

材料盘点要求做到质量清、数量清和账卡清；盈亏有原因、事故损失有报告、调整账卡有根据，账、卡、物、资金对口。

4. 材料的发放

材料发放的基本要求是节约和合理使用，应遵循凭证发货，先入先出，急用先发，按量按质，及时准确，配套齐备的原则，有计划地发放材料，确保施工的正常进行。

材料的发放方式有仓库领取和现场送料两种方式。仓库领取主要是凭证发货；现场送料是根据单位工程供料计划或限额发料计划，按照施工进度的要求，将各类材料及时准确地送到施工现场。

5. 退料回收

退料是指工程竣工后，剩余的或已领未用的材料，经质量和数量检验，合格的办理退料手续，并冲减原领数量，以减少消耗。退料方式有实物退料、结算退料和转账退料。实物退料是将实物退库，经质量和数量检验，办理退料手续；结算退料是现场为了结算本期成本，将已领未用的材料，经盘点后在本期办理退料，并同时办理下期领料的手续；转账退料是指将本工程的剩余材料直接转至另一工程使用，不经仓库。

课题三 施工现场材料管理

施工现场材料管理是对进入现场的材料进行计划、组织、指挥控制和协调全过程工作的总称。由于现场区域大、涉及面广，材料供应能否满足施工进度的需要，直接影响到工程的进度和质量，而且现场材料管理水平的好坏，与工程成本息息相关，也影响到现场文明施工的水平，是一项十分重要的工作。

施工现场材料管理包括施工前的材料准备工作、施工阶段的材料管理、施工收尾阶段的材料管理、周转材料和器具管理等内容。

一、施工前的材料准备

材料是施工的物质基础，材料准备是否充分，将直接影响到施工进度和工期，不仅开工前要做好材料准备，而且施工的全过程，都要提前做好各阶段的材料准备，以确保工程按计划持续顺利进行。

（一）做好现场调查和规划

开工前，应认真熟悉施工图预算和施工预算，掌握主要材料的品种和用量，结合施工组织设计，了解施工进度，材料进场的时间和品种、数量，根据现场平面布置图，做好现场材料堆放规划，并建立健全现场材料管理制度。

（二）现场材料验收

现场材料验收不仅发生于施工准备阶段，而且贯穿施工的全过程，是现场材料员的主要工作。

现场材料验收要求数量准确，质量符合要求，堆放合理。验收的原则和方法与仓库验收基本相同，但要强调所收材料必须与工程的需要紧密结合，按工程的需要确定进场的时间先后和数量，工完场清，减少现场材料的积压，并将质量差、数量不足和价格差异问题解决在验收之前。

现场大宗材料的验收和管理是现场材料保管的重点，应引起足够的重视。

1．水泥的现场验收和保管

（1）验收要求：首先核对实物的厂名、品种、标号、出厂日期是否与通知单相符，然后点数验收。生产厂家应在发货后的 7d 内寄发水泥实验报告单，32d 内补发 28d 强度报告，现场接到实验报告后，与到货通知逐项核对，无误后存档备查。

散装水泥由专车运送，实行出厂（库）过磅，现场检查磅码单验收，袋装水泥重 50±1kg，如超出规定，应填写验收记录，并通知供货单位补足或按合同处理。

（2）保管要求：现场储存水泥要注意防水、防潮、保持干净。临时露天存放时，要下垫上盖，按厂别、品种、规格、标号、批号和出厂日期严格分开堆码。每批之间要留出通道，先进先出。水泥的储存期一般为三个月，过期要抽样检查试验，按试验结果使用。

2．砖的验收和保管

（1）验收要求：首先应检查质量证明书，包括强度等级、抗压强度、抗折强度、抗冻性和吸水率等指标是否齐全和合格，二是外观检查，砖的外形要方正、准确、棱角整齐，不得有弯曲和杂质造成的凹凸；砖的颜色纯正，不得有铁锈色、焦黑色的过火砖或淡黄色、敲之声哑的欠火砖。

（2）保管要求：砖要按平面图指定的位置堆放，堆放场地要坚实平整，排水良好，堆垛按体积大小定量成丁，数丁成垛，垛与垛之间留出运输通道，便于收发和盘点数量。

3．砂、石、料的验收和保管

（1）验收要求：砂的质量应附质量证明书，包括含泥量、筛分析、轻物质、云母、硫化物硫酸盐的含量等。砂的外观检查，可将砂放在手心用手搓，看有无尖锐棱角刺手，粒度是否均匀，有无粉尘粘手；把砂放于玻璃杯中，加两倍清水后用棒搅拌，观察水的浑浊程度，判断含泥量的多少；把砂放在白纸上用放大镜观察，砂的颗粒应半透明有光泽。砂的含水率应符合规范要求。

碎石或卵石的颗粒规格应均匀，含黏土尘屑率，C30 以上混凝土用石不能大于 1%；C30 以下混凝土用石不能大于 2%；硫化物和硫酸盐含量不超过 1%；针片状颗粒含量不大于 15%（C30 以上混凝土）、25%（C30 以下混凝土）。

（2）保管要求：砂、石应按规格分开堆放，堆放场地应防止污物、污水污染，避免人踏车碾造成损失。

4．石灰的验收和保管

（1）验收要求：石灰一般指生石灰，将生石灰加水熟化，得石灰膏。生石灰中含块量越多越好。石灰验收应检查质量与数量，验收时可在运输工具上或卸货堆好后用尺量方、换算成重量，或取一定体积的石灰称重量。外观应检查块灰与粉灰的比例，块灰中欠火灰与过火灰的含量，灰中杂质含量等。

（2）保管要求：生石灰露天存放时，堆放场地要干燥、平坦不积水，灰堆四周要有排水沟，并尽量堆高。生石灰的存放期不宜过长，为防止风吹散失和水分或空气深入灰堆内部，可以在灰堆的表面洒水拍实，使表面形成硬壳。

运到现场的生石灰，最好尽快熟化，过淋处理后存在灰池内，用水淹没，防止干裂以备使用。

5．钢筋的验收和保管

（1）验收要求：进场钢筋应有质量证明书，并按工程进度的需要先用先进，确保分部分项工程工完料清。钢筋的外观质量和检查办法同仓库的验收。

（2）保管要求：进入现场的钢筋应按现场平面图的要求在指定区域堆放，要根据工程部位按品种、规格、批号码放，堆放场地平整干燥，有良好的排水措施，防止钢筋污染和锈蚀。

二、施工阶段的材料管理

施工阶段的材料管理主要做好以下工作：

1．及时、准确、配套组织材料进场

首先应根据工程进度的不同施工阶段所需的各种材料，及时、配套地组织材料进场，保证工程的顺利进行；其次应根据施工顺序安排材料的进出顺序，尽量做到分部、分项工程工完料尽，减少待用材料或多余材料的占地面积，合理调整材料的堆放位置，提高场地的利用效率。

2．现场材料发放和验收结算

（1）现场材料的发放

1）发放的依据：工程用料（指大堆材料、主要材料及成品、半成品等）必须以限额领料单做为发料依据。因情况变化，限额领料单不能及时下达时，应由工长填制项目经理审批的工程暂借单为依据，但此后三日内应补齐限额领料单，否则不予发料。施工设计以外的零星用料，以工长填制，项目经理审批的工程暂设用料申请单为凭办理领发手续。

2）发放程序：施工预算或定额员签发的限额领料单下达到班组，班组材料人员凭单向材料员领料。仓库在发料时应详细记录，当发放数量超过限额时，应立即向主管工长和材料部门主管人员说明情况，采取措施。

3）材料发放方法：材料的发放程序对于不同材料是相同的，但发放方法依不同品种、规格略有不同。

砖、瓦、灰、砂、石等大堆材料一般是露天存放，多工种使用。根据有关规定，此类材料的进出场及现场发放都要进行计量检测，并注意料场清底使用。

水泥、钢材、木材等主要材料一般是仓存材料或在指定的露天料场或大棚内存放，有专职人员办理领发手续。发放时除凭限额领料单外，还要根据有关的技术资料和使用方案发料。例如水泥的发放，除凭限额领料单外，还要凭混凝土、砂浆的配合比进行发放。

成品和半成品（预制构件、钢木门窗、铁活及加工好的钢筋等）一般在指定场地或大棚内存放，有专职人员管理和发放。

在发料过程中，必须凭限额领料单开发料单，双方签字认证。材料发出后，定额员和材料员应对施工用料进行监督。

（2）验收结算

工程竣工后，由工程负责人组织有关人员对工程量、工程质量及用料情况进行验收，并签署验收意见，对节约的材料办理退料手续。

定额员根据验收合格工程项目的实际材料消耗量与定额用量对比，计算材料的节约或超耗量，并对结果进行书面分析，以便考核及为下一工程提供改进依据。

材料结算一般按月进行。限额领料单的结算按月度完成工程量结算，跨月度的，完成多少结多少，全面完成后总结算。

实行按部位一次包干的材料节超结算，随完随结。要加强原始单据和有关报表的管理，保证材料耗用和成本的真实性。

3．合理利用材料，降低材料消耗

在建安工程中，材料费占工程造价的比重很大，建筑企业的利润大部分来自采购成本的节约和降低材料消耗，特别重要的是合理利用材料，降低现场材料消耗。

为达到合理利用原材料，降低材料消耗，最大程度地节约材料，应从以下两方面着手：

（1）加强用料的科学性，合理利用原材料

1）节约水泥的措施

首先，优化混凝土配合比。混凝土是以水泥为胶凝材料，用水和粗细骨料按适当比例配制拌合，并经一定时间硬化而成的人工石料，组成混凝土的所有材料中水泥的价格最贵，水泥的品种、标号很多，合理利用水泥对保证工程质量和降低工程成本有重要意义。

优化混凝土配合比可以达到最大限度节约水泥的目的。主要的途径有：①选择合理的水泥标号。一般高强度等级水泥应配制高强度等级的混凝土，低强度等级的水泥应配制低强度等级的混凝土，所用水泥等级为混凝土强度等级的15～20倍为宜。②级配相同的情况下，选择粒径最大的石料。③在保证获取工程需要的流动性和粘聚性、保水性的前提下，掌握好合理的砂率可以使水泥的用量最省。④控制好水泥与水的比例，在满足施工要求强度的前提下，严格控制用水量。

其次，合理掺用外加剂。合理掺用外加剂可以改善混凝土的和易性、强度和耐久性，从而节约水泥。

再次，掺加粉煤灰。粉煤灰是发电厂燃烧粉状煤灰后的废碴，在混凝土中掺入适量的粉煤灰可节约可观的水泥用量，是一项长期的经济、合理、有效的节约措施。

此外在大体积混凝土工程中（建筑物基础、桥墩、水坝等）可以掺入大石块等以节省混凝土，从而达到节省水泥的目的。

2）节约木材的措施

我国木材资源奇缺，节约木材对国家建设尤为重要。施工现场节约木材的措施有：①以钢代木。在模板工程和脚手架工程中以钢模钢支架代替木模和木支撑，用钢管脚手架代替杉槁脚手架可节约大量木材，是应长期坚持的有效措施。②合理利用原材料。坚持优材不劣用，长料不短用，能用旧料代替的尽量用旧料，做到物尽其用。③综合利用，提高木材的利用率。原木和方木加工时应量材套锯，提高出材率，下脚料可以加工成施工用的小料或工具。

3）节约钢材的措施：

（A）集中断料，合理加工。在一个建筑企业范围内，应将大宗的钢构件、钢筋集中在一个单位加工，这有力于钢材的配套使用，集中加工，使耗损率压到最低水平。

（B）合理配制加工钢筋。钢筋经过冷拉之后可以提高强度、减少钢筋用量，使用预应力钢筋混凝土也可以节省钢筋。钢筋加工时应合理确定焊接或绑扎的搭接长度，长短配合，尽量减少下脚料，加工剩余的短料可以焊接成长料或安排加工其他铁活，充分利用短料、旧料。

（C）钢筋的代换要合理。一般应按设计图纸要求使用相应钢号、规格的钢筋，尽可能不以大代小，以优代劣。因各种原因实在需要代换时，应按等面积代换（相同钢号钢筋代换）或等强度代换（不同钢号钢筋代换）的原则进行核算后实施，使代用后的损失尽量减少。

（2）加强材料管理，降低材料消耗

1）作好材料分析工作

通过施工预算和施工图预算的对比，做到心中有数，据此可编制成切合实际的施工方案和采取合理的技术措施，从根本上控制材料的消耗。

2）合理供料，一次到位

现场供料应做到料到即用，减少二次搬运费和劳动力消耗，省掉二次堆积的消耗，这不仅可以节省材料，而且提高了企业的经济效益。

3）回收利用，收旧利废

现场可回收利用的料具很多，施工单位应制订具体的回收利用措施，并大力开展收旧利废活动，真正做到物尽其用，节约每一分钱，并将这项工作持久、深入地开展下去。

4）加速材料周转，节约材料资金

现场材料周转愈快，企业效益愈好。要做好这一点要求计划准确及时，材料储备不能超过储备定额，尽可能缩短周转天数，材料进场适时配套，工完料尽。

模板、脚手架等周转材料应按工程进度要求，及时安装使用，及时拆除并迅速转移。减少料具流通过程中的中间环节，简化用料手续和层次，并选择最佳的运输方案。

除此之外，企业要定期进行经济活动分析，通过分析，找出问题，制订杜绝浪费漏洞，不断提高材料的管理水平。

三、施工收尾阶段的材料管理

搞好工程收尾，有利于组织施工力量向新工程迅速转移。这一阶段材料管理主要注意及时调整用料计划，尽量减少积压材料，组织不再使用的材料器具提前退场，废料回收，并做好工程材料收发存的总结算工作。

施工收尾阶段的材料管理具体应做好以下工作：

（一）认真做好收尾准备工作

工程完成70%左右时，要全面核查未完成工程的材料需要量，检查场内材料存放量，进行查漏补缺的材料平衡工作，既确保收尾工程用料的正常供应，又尽量减少余料，为工完场清创造条件。

（二）现场材料盘点

在现场的收尾阶段，应全面盘点现场材料，经鉴定质量合格的成品、半成品及各种材料应填报材料盘点表，凡质量不合格的材料或边角余料及包装物，应作节约回收列入另表，只计算节约回收额。

材料盘点表与账存余额比较，如有盈亏的，填写材料盘盈、盘亏报告单，并按规定处理。现场材料的盈亏应由旧工程结清，不能带进新工程。

（三）材料核算

工程竣工后，材料部门进行材料数量核算，财务部门进行金额核算，以计算工程成本。

核算的过程中，应注意下列问题：

（1）施工中的设计变更，要根据洽商调整预算中的材料消耗量。

（2）材料核算应与财务核算相统一。

（3）数量核算要与金额核算相结合。

（4）分析材料计划的经济效益，找出节、超的原因，总结经验教训，提出改进措施，以便在新工程中改进材料管理工作。

四、周转材料的管理

周转材料是指模板、脚手架等重复使用的工具性材料，由于其占用数量大、投资多、周转时间长，对保证工程进度、减低工程成本有积极意义。

（一）模板管理

模板是浇筑混凝土的主要工具，其种类繁多，使用数量也大，下面以常用的组合钢模板为例，说明模板管理的一般要求。

组合钢模板的经济效益取决于周转次数，周转次数越多、越快，则效益越佳。而提高周转次数的关键在于加强管理和保持维修。

组合钢模板的管理应抓好以下工作：

1．建立岗位责任制

组合钢模板一般实行一级供应，分级管理，分级核算。

公司材料部门负责钢模板及其配件的加工订货、验收入库、统一平衡供应。

施工队应负责进行模板设计，提出用料计划，签订租赁合同，现场验收，周转使用，搞好维修保养。

2．钢模板的管理制度

钢模板的管理目前有下列方式：

（1）租赁形式：由企业内部成立租赁站负责钢模板的对内租赁；钢模生产厂家或有关企业组成租赁单位；木材公司经营的钢模板租赁业务，只要交付租金，即可取得租赁期内的使用权。

（2）承包形式：即在企业内部对模板工程进行经济承包。

（3）公司集中供应：成立专业队负责模板的安装和拆除。

（二）脚手架管理

现场脚手架是建筑施工中必不可少的周转性材料，应用的范围很广，投资大，占用的资金也较多，必须加强管理，提高周转速度和使用年限，降低消耗，提高企业的经济效益。

在企业内部，脚手架出租单位和使用单位之间，一般实行租赁制，按日计租金，以促进周转速度和爱护使用。在使用单位内与作业班组之间实行费用包干，超额受罚，节支有奖。

现场脚手架要有适当的保管维修场所，并设专人负责入库验收、记账、发放、回收、和盘点，要根据施工任务加强对脚手架的平衡调配，对回收的脚手架要及时维修和保养，库内脚手架材料要按规格堆放整齐，便于发放。

单 元 小 结

施工现场物流管理的主要任务，是编好物资供应计划，合理组织货源，按时、按质、按量、配套供应现场生产所需要的材料，并坚持计划用料、降低消耗，提高企业的经济效益。

材料定额管理是材料管理的重要组成部分，材料定额包括材料消耗定额和材料仓储定额。

材料消耗定额是编制材料计划，确定工程造价，搞好材料供应及实行经济核算的主要依据。材料消耗定额管理应建立、健全管理组织体制，正确处理消耗定额与实际损耗之间的矛盾，并做好定额的考核工作。

材料储备定额是保证施工顺利进行而规定的材料储备量的标准，它是企业编制材料供应计划，安排订货和进货时间的重要依据，也是监督库存变化动态，确定仓库面积的重要依据。材料储备定额在执行的过程中，要经常考核和分析定额的执行情况，及时修订、调整定额，使储备定额处于先进、合理的水平。材料供应的主要任务是保质、保量、及时、配套供应施工用料，保证施工生产的顺利进行。材料供应包括材料采购、材料运输和供应等工作。

材料采购要遵纪守法，货比三家，按计划采购。材料运输无论采用什么方式，都要满足及时、准确、安全和经济的要求。材料供应工作应及时、高效、低耗。要做好材料的编制、实施、分析、考核工作，将材料供应工作搞得更科学化、更合理化。

材料的仓储管理是指对仓库管辖材料的收、发、储工作。要连续不断地供应现场施工材料，仓库必须具备一定的储备。

仓储管理主要是做好材料验收入库和保管、保养工作。材料入库要严格把关，将数量不足、质量差等问题解决在入库之前，为工程的顺利进行和经济核算打下良好基础。材料的发放要牢固树立为现场服务的观念，主要材料按数、按质、按时送到现场，实行限额供应，降低消耗。

施工现场材料管理是现场材料员的主要工作，应根据不同的施工阶段，精心安排，科学、合理地做好材料管理工作。

施工前的材料准备是否充分，将直接影响到施工进度和工期。因此，要做好现场调查和规划，对材料的堆放地、运输通道等事先要有一个科学的安排，各种材料进场要严把验收关。

施工阶段要连续不断地按施工计划及时、准确、配套组织材料进场。首先要保证施工顺利进行；其次材料的进场顺序要合理，进场数量适当，尽量做到工完场清。要严格执行限额领料制度，合理使用材料，降低消耗。

施工收尾阶段要仔细调整供料计划，尽量减少积压材料，组织不再使用的材料退场，回收废料，对现场材料进行盘点和清场，尽快向新工程转移。

复 习 思 考 题

1. 施工现场物流管理的主要任务是什么？
2. 材料定额管理的作用是什么？材料定额分为哪几类？
3. 材料消耗定额由什么构成？主要作用是什么？
4. 材料消耗定额管理要做好哪些工作？
5. 什么是材料储备定额？作用是什么？
6. 材料供应的主要任务是什么？材料供应包括什么工作？
7. 什么是材料仓储？仓储管理主要应做好哪些工作？
8. 施工现场材料管理划分为哪几个阶段？
9. 施工前的材料准备工作包含什么内容？
10. 水泥的验收和保管应注意什么事项？
11. 钢筋的验收和保管应注意什么事项？
12. 施工阶段的材料管理应做好什么工作？
13. 限额领料的依据和程序是什么？
14. 现场节约水泥的措施有哪些？
15. 现场钢筋合理使用应注意什么事项？
16. 施工阶段材料管理具体应做好哪些工作？
17. 组合钢模板管理主要有什么方式？各有什么优、缺点？
18. 脚手架应如何管理？

模块十　质量员实习

一、质量员岗位职责

（1）在项目负责人领导下，负责检查监督质量保证措施的实施，组织建立各级质量保证体系，并负责适用标准的识别和解释。

（2）严格监督进场材料的质量，对各分部、分项工程的施工质量进行检查和监督。

（3）建立文件和报告制度，包括建立一套日常报表体系。以便汇录和反映施工全过程的质量信息。

（4）组织工程质量检查，主持质量分析会，对工程的质量事故进行分析，提出处理意见。严格执行质量奖罚制度。

（5）指导现场质量监督员的工作。

二、实习目的

通过学生在建筑施工现场参加单位工位的质量检查，对整个施工过程进行全面的质量管理，达到熟悉国家质量管理的有关规定，掌握分部分项工程的质量验收评定标准，了解建筑材料的检验与验收，了解发现质量事故的一般规律及解决办法，培养学生爱岗敬业、遵纪守法，一丝不苟、吃苦耐劳的工作作风，使之成为一个既懂技术又能管理的施工人员。

三、实习内容及要求

1．实习内容

有关质量管理的规定，原材料的检验与验收，分部分项工程的检查与验收，施工全过程的质量控制，质量事故的分析与处理。

2．要求

要求学生在施工企业技术人员的带领下参加施工项目的质量检查与验收，帮助技术人员整理填写资料，参与质量控制措施的制定。

四、实习组织

由学校具有"双证"（教师系列和工程系列）的教师与施工企业的技术人员组成指导小组，每天由指导小组人员专门负责学生的实习管理，以期达到实习的最佳效果。

五、成绩评定

综合实习的成绩评定按概述的有关规定进行。

六、实习指导

本模块分为建筑识图、工程质量验收常识、施工现场质量管理三个单元进行实习。建筑识图的基本知识可参阅模块二，本模块主要要求学生进入现场之后，尽快地熟悉现场施工图纸，以便更好地开展工作。

工程质量验收根据《建筑工程施工质量验收统一标准》和相关专业验收规范的要求，主要对涉及结构安全和使用功能的项目进行验收。学生在学习期间要学会"看"、"摸"、

"敲"、"照"等四项目测的检查手段和"靠"、"吊"、"量"、"套"的实测检查方法，以便毕业后尽快胜任质量员的岗位技能要求。

施工现场质量管理应有相应的施工技术标准，健全的质量管理体系、施工质量检验制和综合施工质量水平评定考核制度。建筑工程的质量控制应为全过程的控制，以达到提高企业的整体素质和经济效益的目的。

单元一　建　筑　识　图

参加质量员实习的学生进入现场之后，首先要在现场技术人员或质量员的带领下，尽快熟悉图纸，了解工程概况，建筑特征，基础结构形式，各层的结构情况，工程的重点和难点，主要技术要求，保证质量的技术措施等，只有这样，才能在整个实习的过程中，做到心中有数。

识图的基本知识、识图的步骤和要领可参阅模块二单元一的相关内容，本单元不再赘述。图要多看强记，有选择性地多做笔记，特别是对质量验收的项目，事先做好相关的准备，则能收到事半功倍的效果。

单元二　工　程　质　量　验　收

本单元实习的内容是质量管理文件、原材料的检验与验收，单位、分部、分项工程的质量检查与验收，工程事故的分析和处理。

本单元学生通过实习要求达到：正确使用相关的标准、规范、规程，对原材料会进行检验和验收，对单位工程、分部分项工程会检查与验收，对质量事故会分析和处理。

本单元是核心内容之一，质量员必须熟练掌握。

本单元分为质量管理有关文件、原材料的检验与验收、工程施工质量验收、工程事故的分析与处理四个课题进行实习。

课 题 一　质 量 管 理 有 关 文 件

建筑业是国民经济的支柱产业之一。建筑业的产品质量，直接关系到国民经济的全局，关系到人民生活。随着我国建筑业参与国际市场的竞争，建筑产品质量还关系到我国的对外贸易，关系到国家的声誉。建筑业提供的产品，既要满足国民经济各部门以及人民生活对建筑产品的数量要求，又应满足客户的质量要求。

要提高建筑业的产品质量，首先就要提高对建筑业产品质量的认识。要做到这一点，就必须在产品质量形成的各个环节，认真贯彻执行"质量第一"的方针。要达到这样的目标，建筑业就必须贯彻执行 GB/T 19000—ISO9000 系列标准，不断提高企业素质、科学技术水平、科学管理水平，积极推行全面质量管理，按照国家有关工程施工质量验收标准及施工规范施工。

建筑工程施工质量应按下列要求进行验收：

（1）建筑工程施工质量应符合《建筑工程施工质量验收统一标准》和相关专业验收规范的规定。

（2）建筑工程施工应符合工程勘察、设计文件的要求。

（3）参加工程施工质量验收的各方人员应具备规定的资格。

（4）工程质量的验收均应在施工单位自行检查评定的基础上进行。

（5）隐蔽工程在隐蔽前应由施工单位通知有关单位进行验收，并应形成验收文件。

（6）涉及结构安全的试块、试件以及有关材料，应按规定进行见证取样检测。

（7）检验批的质量应按主控项目和一般项目验收。

（8）对涉及结构安全和使用功能的重要分部工程应进行抽样检测。

（9）承担见证取样检测及有关结构安全检测的单位应具有相应资质。

（10）工程的观感质量应由验收人员通过现场检查，并应共同确认。

一、质量验收及质量管理文件

（1）《中华人民共和国建筑法》；

（2）《建筑工程施工质量验收统一标准》（GB50300—2001）及相关专业验收规范；

（3）《建设工程质量管理条例》；

（4）ISO9000 系列标准；

（5）GB/T 19000 国家系列标准。

二、工程质量验收规范支持体系

以《建筑工程施工质量验收统一标准》（GB50300—2001）为主的标准规范体系的落实和执行，还需要有关标准的支持，其支持体系见图 10-1。

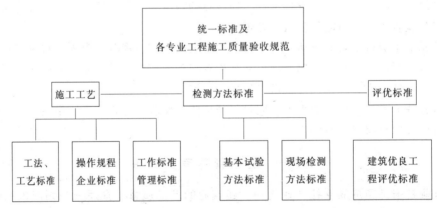

图 10-1　工程质量验收规范支持体系示意图

课题二　原材料的检验与验收

建筑材料的质量优劣是直接影响建筑工程质量的重要因素，质量员必须严格控制进场材料的质量。没有出厂合格证、试验报告单的材料，型号规格与图纸要求不符的材料，一律不得在工程上使用。进场的材料必须做到材质证明随材料走，材质证明要与所代表的材料相符。

一、钢筋的进场检验

（一）主控项目

（1）钢筋进场时，应按现行国家标准的规定抽取试件作力学性能检验，其质量必须符合有关标准的规定。

检查数量：按进场的批次和产品的抽样检验方案确定。

检验方法：检查产品及合格证、出厂检验报告和进场复验报告。

（2）对有抗震设防要求的框架结构，其纵向受力钢筋的强度应满足设计要求；当设计无具体要求时，对一、二级抗震等级，检验所得的强度实测值应符合下列规定：

1）钢筋的抗拉强度实测值与屈服强度实测值的比值不应小于1.25；

2）钢筋的屈服强度的实测值与强度标准值的比值不应大于1.3。

检查数量：按进场的批次和产品的抽样检验方案确定。

检验方法：检查进场复检报告。

（3）当发现进场钢筋有脆断、焊接性能不良或力学性能显著不正常等现象时，应对该批钢筋进行化学成分检验或其他专项检验。

检验方法：检查化学成分等专项检验报告。

（二）一般项目

进入现场的钢筋应平直、无损伤，表面不得有裂纹、油污、颗粒状或片状老锈。

检查数量：进场时和使用前全数检查。

检验方法：观察。

二、水泥的进场检验

（一）主控项目

水泥进场时应对其品种、级别、包装或散装仓号、出厂日期等进行检查，并应对其强度、安定性及其他必要的性能指标进行复检，其质量必须符合现行国家标准的规定。

当在使用中对水泥质量有怀疑或水泥出厂超过三个月（快硬硅酸盐水泥超过一个月）时，应进行复检，并按复检结果使用。

钢筋混凝土结构、预应力混凝土结构中，严禁使用含氯化物的水泥。

检查数量：按同一生产厂家、同一等级、同一品种、同一批号且连续进场的水泥，袋装不超过200t为一批，散装不超过500t为一批，每批抽样不少于一次。

检验方法：检查产品合格证、出厂检验报告和进场复检报告。

三、其他常用土建材料的进场检验

其他常用土建材料的进场检验和验收参阅材料员实习的相关内容。

课题三　工程施工质量验收

建筑工程质量验收应划分为单位（子单位）工程、分部（子分部）工程、分项工程和检验批。单位工程是指具备独立施工条件并能形成独立使用功能的建筑物或构筑物。建筑规模较大的单位工程，可将其能形成独立使用功能的部分为一个子单位工程。分部工程应按专业性质、建筑部位确定。当分部工程较大或较复杂时，可按材料种类、施工特点、施工程序、专业系统及类别等划分为若干子分部工程。分项工程应按主要工种、材料、施工工艺、设备类别等进行划分。分项工程可由一个或若干个检验批组成，检验批可根据施工及质量控制和专业验收需要按楼层、施工段、变形缝等进行划分。

一、建筑工程分部工程、分项工程划分

建筑工程分部、分项工程划分见表10-1。

序号	分部工程	子分部工程	分 项 工 程
1	地基与基础	无支护土方	土方开挖、土方回填
		有支护土方	排桩，降水、排水，地下连续墙，锚杆，土钉墙，水泥土桩，沉井与沉箱，钢筋混凝土支撑
		地基处理	灰土地基、砂和砂石地基、碎砖三合土地基，土工合成材料地基，粉煤灰地基，重锤夯实地基，强夯地基，振冲地基，砂桩地基，预压地基，高压喷射注浆地基，土和灰土挤密桩地基，注浆地基，水泥粉煤灰碎石桩地基，夯实水泥土桩地基
		桩基	锚杆静压桩及静力压桩，预应力离心管桩，钢筋混凝土预制桩，钢桩，混凝土灌注桩（成孔、钢筋笼、清孔、水下混凝土灌注）
		地下防水	防水混凝土，水泥砂浆防水层，卷材防水，涂料防水层，金属板防水层，塑料板防水层，细部构造，喷锚支护，复合式衬砌，地下连续墙，盾构法隧道；渗排水、盲沟排水，隧道、坑道排水；预注浆、后注浆，衬砌裂缝注浆
		混凝土基础	模板、钢筋、混凝土，后浇带混凝土，混凝土结构缝处理
		砌体基础	砖砌体，混凝土砌块砌体，配筋砌体，石砌体
		劲钢(管)混凝土	劲钢(管)焊接，劲钢(管)与钢筋的连接，混凝土
		钢结构	焊接钢结构、栓接钢结构、钢结构制作，钢结构安装，钢结构涂装
2	主体结构	混凝土结构	模板，钢筋，混凝土，预应力，现浇结构，装配式结构
		劲钢（管）混凝土结构	劲钢（管）焊接，螺栓连接，劲钢（管）与钢筋的连接，劲钢（管）制作、安装，混凝土
		砌体结构	砖砌体，混凝土小型空心砌块砌体，石砌体，填充墙砌体，配筋砖砌体
		钢结构	钢结构焊接，紧固件连接，钢零部件加工，单层钢结构安装，多层及高层钢结构安装，钢结构涂装，钢构件组装，钢构件预拼装，钢网架结构安装，压型金属板
		木结构	方木和原木结构，胶合木结构，轻型木结构，木构件防护
		网架和索膜结构	网架制作，网架安装，索膜安装，网架防火，防腐涂料
3	建筑装饰装修	地面	整体面层：基层，水泥混凝土面层，水泥砂浆面层，水磨石面层，防油渗面层，水泥钢（铁）屑面层，不发火（防爆的）面层；板块面层：基层，砖面层（陶瓷锦砖、缸砖、陶瓷地砖和水泥花砖面层），大理石面层和花岗岩面层，预制板块面层（预制水泥混凝土、水磨石板块面层），料石面层（条石、块石面层），塑料板面层，活动地板面层，地毯面层；木竹面层：基层、实木地板面层（条材、块材面层），实木复合地板面层（条材、块材面层），中密度（强化）复合地板面层（条材面层），竹地板面层
		抹灰	一般抹灰，装饰抹灰，清水砌体勾缝
		门窗	木门窗制作与安装，金属门窗安装，塑料门窗安装，特种门安装，门窗玻璃安装
		吊顶	暗龙骨吊顶，明龙骨吊顶
		轻质隔墙	板材隔墙，骨架隔墙，活动隔墙，玻璃隔墙
		饰面板(砖)	饰面板安装，饰面砖粘贴
		幕墙	玻璃幕墙，金属幕墙，石材幕墙
		涂饰	水性涂料涂饰，溶剂型涂料涂饰，美术涂饰
		裱糊与软包	裱糊，软包
		细部	橱柜制作与安装，窗帘盒、窗台板和暖气罩制作与安装，门窗制作与安装，护栏和扶手制作与安装，花饰制作与安装
4	建筑屋面	卷材防水屋面	保温层，找平层，卷材防水层，细部构造
		涂膜防水屋面	保温层，找平层，涂膜防水层，细部构造
		刚性防水屋面	细石混凝土防水层，密封材料嵌缝，细部构造
		瓦屋面	平瓦屋面，油毡瓦屋面，金属板屋面，细部构造
		隔热屋面	架空屋面，蓄水屋面，种植屋面

序号	分部工程	子分部工程	分 项 工 程
5	建筑给水、排水及采暖	室内给水系统	给水管道及配件安装，室内消火栓系统安装，给水设备安装，管道防腐，绝热
		室内排水系统	排水管道及配件安装，雨水管道及配件安装
		室内热水供应系统	管道及配件安装，辅助设备安装，防腐，绝热
		卫生器具安装	卫生器具安装，卫生器具给水配件安装，卫生器具排水管道安装
		室内采暖系统	管道及配件安装，辅助设备及散热器安装，金属辐射板安装，低温热水地板辐射采暖系统安装，系统水压试验及调试，防腐，绝热
		室外给水管网	给水管道安装，消防水泵接合器及室外消火栓安装，管沟及井室
		室外排水管网	排水管道安装，排水管沟与井池
		室外供热管网	管道及配件安装，系统水压试验及调试、防腐，绝热
		建筑中水系统及游泳池系统	建筑中水系统管道及辅助设备安装，游泳池水系统安装
		供热锅炉及辅助设备安装	锅炉安装，辅助设备及管道安装，安全附件安装，烘炉、煮炉和试运行，换热站安装，防腐，绝热
6	建筑电气	室外电气	架空线路及杆上电气设备安装，变压器、箱式变电所安装，成套配电柜、控制柜（屏、台）和动力、照明配电箱（盘）及控制柜安装，电线、电缆导管和线槽敷设，电线、电缆穿管和线槽敷设，电缆头制作、导线连接和线路电气试验，建筑物外部装饰灯具、航空障碍标志灯和庭院路灯安装，建筑照明通电试运行，接地装置安装
		变配电室	变压器、箱式变电所安装，成套配电柜、控制柜（屏、台）和动力、照明配电箱（盘）安装，裸母线、封闭母线、插接式母线安装，电缆沟内和电缆竖井内电缆敷设，电缆头制作、导线连接和线路电气试验，接地装置安装，避雷引下线和变配电室接地干线敷设
		供电干线	裸母线、封闭母线、插接式母线安装，桥架安装和桥架内电缆敷设，电缆沟内和电缆竖井内电缆敷设，电线、电缆导管和线槽敷设，电线、电缆穿管和线槽敷线，电缆头制作、导线连接和线路电气试验
		电气动力	成套配电柜、控制柜（屏、台）和动力、照明配电箱（盘）及控制柜安装，低压电动机、电加热器及电动执行机构检查、接线，低压电气动力设备检测、试验和空载试运行，桥架安装和桥架内电缆敷设，电线、电缆导管和线槽敷设，电线、电缆穿管和线槽敷线，电缆头制作、导线连接和线路电气试验，插座、开关、风扇安装
		电气照明安装	成套配电柜、控制柜（屏、台）和动力、照明配电箱（盘）安装，电线、电缆导管和线槽敷，电线、电缆导管和线槽敷线，槽板配线，钢索配线，电缆头制作、导线连接和线路电气试验，普通灯具安装，专用灯具安装，插座、开关、风扇安装，建筑照明通电试运行
		备用和不间断电源安装	成套配电柜、控制柜（屏、台）和动力、照明配电箱（盘）安装，柴油发电机组安装，不间断电源的其他功能单元安装，裸母线、封闭母线、插接式母线安装，电线、电缆导管和线槽敷设，电线、电缆穿管和线槽敷线，电缆头制作、导线连接和线路电气试验，接地装置安装
		防雷及接地安装	接地装置安装，避雷引下线和变配电室接地干线敷设，建筑物等电位连接，接闪器安装

序号	分部工程	子分部工程	分 项 工 程
7	智能建筑	通信网络系统	通信系统，卫星及有线电视系统，公共广播系统
		办公自动化系统	计算机网络系统，信息平台及办公自动化应用软件，网络安全系统
		建筑设备监控系统	空调与通风系统，变配电系统，照明系统，给排水系统，热源和热交换系统，冷冻和冷却系统，电梯和自动扶梯系统，中央管理工作站与操作分站，子系统通信接口
		火灾报警及消防联动系统	火灾和可燃气体探测系统，火灾报警控制系统，消防联动系统
		安全防范系统	电视监控系统，入侵报警系统，巡更系统，出入口控制（门禁）系统，停车管理系统
		综合布线系统	缆线敷设和终接，机柜、机架、配线架的安装，信息插座和光缆芯线终端的安装
		智能化集成系统	集成系统网络，实时数据库，信息安全，功能接口
		电源与接地	智能建筑电源，防雷及接地
		环境	空间环境，室内空调环境，视觉照明环境，电磁环境
		住宅（小区）智能化系统	火灾自动报警及消防联动系统，安全防范系统（含电视监控系统、入侵报警系统、巡更系统、门禁系统、楼宇对讲系统、住户对讲呼救系统、停车管理系统），物业管理系统（多表现场计量及远程传输系统、建筑设备监控系统、公共广播系统、小区网络及信息服务系统、物业办公自动化系统），智能家庭信息平台
8	通风与空调	送排风系统	风管与配件制作，部件制作，风管系统安装，空气处理设备安装，消声设备制作与安装，风管与设备防腐，风机安装，系统调试
		防排烟系统	风管与配件制作，部件制作，风管系统安装，防排烟风口、常闭正压风口与设备安装，风管与设备防腐，风机安装，系统调试
		防尘系统	风管与配件制作，部件制作，风管系统安装，除尘器与排污设备安装，风管与设备防腐，风机安装，系统调试
		空调风系统	风管与配件制作，部件制作，风管系统安装，空气处理设备安装，消声设备制作与安装，风管与设备防腐，风机安装，风管与设备绝热，系统调试
		净化空调系统	风管与配件制作，部件制作，风管系统安装，空气处理设备安装，消声设备制作与安装，风管与设备防腐，风机安装，风管与设备绝热，高效过滤器安装，系统调试
		制冷设备系统	制冷机组安装，制冷剂管道及配件安装，制冷附属设备安装，管道及设备的防腐与绝热，系统调试
		空调水系统	管道冷热（媒）水系统安装，冷却水系统安装，冷凝水系统安装，阀门及部件安装，冷却塔安装，水泵及附属设备安装，管道与设备的防腐与绝热，系统调试

序号	分部工程	子分部工程	分 项 工 程
9	电梯	电力驱动的曳引式或强制式电梯安装	设备进场验收，土建交接检验，驱动主机，导轨，门系统，轿厢，对重（平衡重），安全部件，悬挂装置，随行电缆，补偿装置，电气装置，整机安装验收
		液压电梯安装	设备进场验收，土建交接检验，液压系统，导轨，门系统，轿厢，对重（平衡重），安全部件，悬挂装置，随行电缆，电气装置，整机安装验收
		自动扶梯、自动人行道安装	设备进场验收，土建交接检验，整机安装验收

二、检验批及分项工程质量验收

（一）验收程序和组织

检验批及分项工程应由监理工程师（建设单位项目技术负责人）组织施工单位项目专业质量（技术）负责人等进行验收。

（二）质量标准

1．检验批合格质量应符合下列规定

（1）主控项目和一般项目的质量经抽样检验合格。

（2）具有完整的施工操作依据、质量检查记录。

2．分项工程质量验收合格应符合下列规定

（1）分项工程所含的检验批均应符合合格质量的规定。

（2）分项工程所含的检验批的质量验收记录应完整。

（三）验收记录

检验批质量验收记录见表10-2，分项工程质量验收记录见表10-3。

（四）检验批、分项工程达不到要求的处理

（1）经返工重做或更换器具、设备的检验批，应重新进行验收。

（2）经有资质的检测单位检测鉴定能够达到设计要求的检验批，应予以验收。

（3）经有资质的检测单位检测达不到设计要求，但经原设计单位核算认可能够满足结构安全和使用功能的检验批，可予以验收。

（4）经返修或加固处理的分项工程，虽然改变外形尺寸但仍能满足安全使用要求，可按技术处理方案和协商文件进行验收。

三、分部工程质量验收

（一）验收程序和组织

分部工程应由总监理工程师（建设单位项目负责人）组织施工单位项目负责人和技术、质量负责人等进行验收；地基与基础、主体结构分部工程的勘察、设计单位工程项目负责人和施工单位技术、质量部门负责人也应参加相关分部工程验收。

（二）质量标准

分部（子分部）工程质量验收合格应符合下列规定：

（1）分部（子分部）工程所含分项工程的质量均应验收合格。

（2）质量控制资料应完整。

工程名称		分项工程名称		验收部位	
施工单位			专业工长	项目经理	
施工执行标准名称及编号					
分包单位		分包项目经理		施工班组长	

		质量验收规范的规定	施工单位检查评定记录	监理（建设）单位验收记录
主控项目	1			
	2			
	3			
	4			
	5			
	6			
	7			
	8			
	9			
一般项目	1			
	2			
	3			
	4			

施工单位检查评定结果	项目专业质量检查员： 年 月 日
监理（建设）单位验收结论	监理工程师 （建设单位项目专业技术负责人） 年 月 日

表 10-3

工程名称			结构类型			检验批数		
施工单位			项目经理			项目技术负责人		
分包单位			分包单位负责人			分包项目经理		
序号	检验批部位、区段	施工单位检查评定结果	监理（建设）单位验收结论					
1								
2								
3								
4								
5								
6								
7								
8								
9								
10								
11								
12								
13								
14								
15								
16								
17								
检查结论 项目专业 技术负责人： 年 月 日			验收结论	监理工程师 （建设单位项目专业技术负责人） 年 月 日				

（3）地基与基础、主体结构和设备安装等分部工程有关安全及功能的检验和抽样检测结果应符合有关规定。

（4）观感质量验收应符合要求。

（三）验收记录

分部（子分部）工程验收记录见表10-4。

____分部（子分部）工程验收记录

表10-4

工程名称			结构类型		层数	
施工单位			技术部门负责人		质量部门负责人	
分包单位			分包单位负责人		分包技术负责人	
序号	分项工程名称		检验批数	施工单位检查评定	验 收 意 见	
1						
2						
3						
4						
5						
6						
	质量控制资料					
	安全和功能检验（检测）报告					
	观感质量验收					
验收单位	分包单位			项目经理　　年　月　日		
	施工单位			项目经理　　年　月　日		
	勘察单位			项目负责人　　年　月　日		
	设计单位			项目负责人　　年　月　日		
	监理（建设）单位		总监理工程师 （建设单位项目专业负责人）　　年　月　日			

（四）分部工程达不到要求的处理

（1）经返工重作或更换器具、设备的检验批，应重新进行验收。

（2）经有资质的检测单位检测鉴定能够达到设计要求的检验批，应予以验收。

（3）经有资质的检测单位检测达不到设计要求，但经原设计单位核算认可能够满足结构安全和使用功能的检验批，可予以验收。

（4）经返修或加固处理的分项工程虽然改变外形尺寸但仍能满足安全使用要求，可按技术处理方案和协商文件进行验收。

（5）通过返修或加固处理仍不能满足安全使用要求的分部工程严禁验收。

四、单位工程质量验收

（一）验收程序和组织

单位工程完工后，施工单位应自行组织有关人员进行检查评定，并向建设单位提交工程验收报告。

建设单位收到工程验收报告后，应由建设单位（项目）负责人组织施工（含分包单位）、设计、监理等单位（项目）负责人进行单位（子单位）工程验收。

单位工程有分包单位施工时，分包单位对所承包的工程项目应按建筑工程施工质量验收统一标准规定的程序检查评定，总包单位应派人参加。分包工程完成后，应将工程有关资料交总包单位。

（二）质量标准

单位（子单位）工程质量验收合格应符合下列规定：

（1）单位（子单位）工程所含分部（子分部）工程的质量均应验收合格。

（2）质量控制资料应完整。

（3）单位（子单位）工程所含分部工程有关安全和功能的检测资料应完整。

（4）主要功能项目的抽查结果应符合相关专业质量验收规范的规定。

（5）观感质量验收应符合要求。

（三）验收记录

单位（子单位）工程质量竣工验收记录见表 10-5，工程质量控制资料核查记录见表 10-6。工程安全和功能检验资料核查及主要功能抽查记录见表 10-7，工程观感质量检查记录见表 10-8。

单位（子单位）工程质量竣工验收记录　　　　　　　　　　表 10-5

工程名称		结构类型		层数/建筑面积	/
施工单位		技术负责人		开工日期	
项目经理		项目技术负责人		竣工日期	
序号	项　目	验　收　记　录		验　收　结　论	
1	分部工程	共　分部，经查　分部符合标准及设计要求			
2	质量控制资料核查	共　项，经审查符合要求　项，经核定符合规范要求　项			
3	安全和主要使用功能核查及抽查结果	共核查　项，符合要求　项，共抽查　项，符合要求　项，经返工处理符合要求　项			
4	观感质量验收	共抽查　项，符合要求　项，不符合要求　项			
5	综合验收结论				
参加验收单位	建设单位	监理单位	施工单位	设计单位	
	（公章）　　　　　单位（项目）负责人　　　年　月　日	（公章）　　　　　总监理工程师　　　年　月　日	（公章）　　　　　单位负责人　　　年　月　日	（公章）　　　　　单位（项目）负责人　　　年　月　日	

工程名称				施工单位		
序号	项目	资　料　名　称		份数	检查意见	核查人
1	建筑与结构	图纸会审、设计变更、洽商记录				
2		工程定位测量、放线记录				
3		原材料出厂合格证书及进场检（试）验报告				
4		施工试验报告及见证检测报告				
5		隐蔽工程验收记录				
6		施工记录				
7		预制构件、预拌混凝土合格证				
8		地基基础、主体结构检验及抽样检测资料				
9		分项、分部工程质量验收记录				
10		工程质量事故及事故调查处理资料				
11		新材料、新工艺施工记录				
12						
1	给排水与采暖	图纸会审、设计变更、洽商记录				
2		材料、配件出厂合格证书及进场检（试）验报告				
3		管道、设备强度试验、严密性试验记录				
4		隐蔽工程验收记录				
5		系统清洗、灌水、通水、通球试验记录				
6		施工记录				
7		分项、分部工程质量验收记录				
8						
1	建筑电气	图纸会审、设计变更、洽商记录				
2		材料、配件出厂合格证书及进场检（试）验报告				
3		设备调试记录				
4		接地、绝缘电阻测试记录				
5		隐蔽工程验收记录				
6		施工记录				
7		分项、分部工程质量验收记录				
8						
1	通风与空调	图纸会审、设计变更、洽商记录				
2		材料、设备出厂合格证书及进场检（试）验报告				
3		制冷、空调、水管道强度试验、严密性试验记录				
4		隐蔽工程验收记录				
5		制冷设备运行调试记录				
6		通风、空调系统调试记录				
7		施工记录				
8		分项、分部工程质量验收记录				
9						

工程名称			施工单位		
序号	项目	资料名称	份数	检查意见	核查人
1	电梯	土建布置图纸会审、设计变更、洽商记录			
2		设备出厂合格证书及开箱检验记录			
3		隐蔽工程验收记录			
4		施工记录			
5		接地、绝缘电阻测试记录			
6		负荷试验、安全装置检查记录			
7		分项、分部工程质量验收记录			
8					
1	建筑智能化	图纸会审、设计变更、洽商记录、竣工图及设计说明			
2		材料、设备出厂合格证及技术文件及进场检（试）验报告			
3		隐蔽工程验收记录			
4		系统功能测定及设备调试记录			
5		系统技术、操作和维护手册			
6		系统管理、操作人员培训记录			
7		系统检测报告			
8		分项、分部工程质量验收报告			

结论：

　　　　　　　　　　　　　　　　总监理工程师
施工单位项目经理　年　月　日　（建设单位项目负责人）　　　　年　月　日

（四）单位工程达不到要求的处理

（1）经返工重做或更换器具、设备的检验批，应重新进行验收。

（2）经有资质的检测单位检测鉴定能够达到设计要求的检验批，应予以验收。

（3）经有资质的检测单位检测达不到设计要求，但经原设计单位核算认可能够满足结构安全和使用功能的检验批，可予以验收。

（4）经返修或加固处理的分项工程虽然改变外形尺寸但仍能满足安全使用要求，可按技术处理方案和协商文件进行验收。

（5）通过返修或加固处理后仍不能满足安全使用要求的单位工程严禁验收。

（五）验收

当参加验收各方对工程质量验收意见不一致时，可请当地建设行政主管部门或工程质量监督机构协调处理。

单位工程质量验收合格后，建设单位应在规定时间内将工程竣工验收报告和有关文件，报建设行政管理部门备案。

单位（子单位）工程安全和功能检验
资料核查及主要功能抽查记录

表 10-7

工程名称						施工单位		
序号	项目	安全和功能检查项目		份数	核查意见	抽查结果	核查（抽查）人	
1	建筑与结构	屋面淋水试验记录						
2		地下室防水效果检查记录						
3		有防水要求的地面蓄水试验记录						
4		建筑物垂直度、标高、全高测量记录						
5		抽气（风）道检查记录						
6		幕墙及外窗气密性、水密性、耐风压检测报告						
7		建筑物沉降观测测量记录						
8		节能、保温测试记录						
9		室内环境检测报告						
10								
1	给排水与采暖	给水管道通水试验记录						
2		暖气管道、散热器压力试验记录						
3		卫生器具满水试验记录						
4		消防管道、燃气管道压力试验记录						
5		排水干管通球试验记录						
6								
1	电气	照明全负荷试验记录						
2		大型灯具牢固性试验记录						
3		避雷接地电阻测试记录						
4		线路、插座、开关接地检验记录						
5								
1	通风与空调	通风、空调系统试运行记录						
2		风量、温度测试记录						
3		洁净室洁净度测试记录						
4		制冷机组试运行调试记录						
5								
1	电梯	电梯运行记录						
2		电梯安全装置检测报告						
1	智能建筑	系统试运行记录						
2		系统电源及接地检测报告						
3								

结论：

施工单位项目经理　　　年　月　日　　总监理工程师（建设单位项目负责人）　　年　月　日

注：抽查项目由验收组协商确定。

348

工程名称			施工单位													
序号	项　　目		抽查质量状况											质量评价		
														好	一般	差
1	建筑与结构	室外墙面														
2		变形缝														
3		水落管，屋面														
4		室内墙面														
5		室内顶棚														
6		室内地面														
7		楼梯、踏步、护栏														
8		门窗														
1	给排水与采暖	管道接口、坡度、支架														
2		卫生器具、支架、阀门														
3		检查口、扫除口、地漏														
4		散热器、支架														
1	建筑电气	配电箱、盘、板、接线盒														
2		设备器具、开关、插座														
3		防雷、接地														
1	通风与空调	风管、支架														
2		风口、风阀														
3		风机、空调设备														
4		阀门、支架														
5		水泵、冷却塔														
6		绝热														
1	电梯	运行、平层、开关门														
2		层门、信号系统														
3		机房														
1	智能建筑	机房设备安装及布局														
2		现场设备安装														
3																
观感质量综合评价																	

检　查
结　论

施工单位项目经理　　　年　月　日　　　　　　　　总监理工程师
　　　　　　　　　　　　　　　　　　　　　　　（建设单位项目负责人）
　　　　　　　　　　　　　　　　　　　　　　　　　　　年　月　日

注：质量评价为差的项目，应进行返修。

五、混凝土结构工程施工质量验收

各专业工程施工质量验收应分别遵守相应的规范,今以混凝土结构工程施工中的模板分项工程、钢筋分项工程、混凝土分项工程为例,介绍其质量验收的要求。

(一)模板分项工程

1. 一般规定

(1)模板及其支架应根据工程结构形式、荷载大小、地基土类别、施工设备和材料供应等条件进行设计。模板及其支架应具有足够的承载能力、刚度和稳定性,能可靠地承受浇筑混凝土的重量、侧压力以及施工荷载。

(2)在浇筑混凝土之前,应对模板工程进行验收。

模板安装和浇筑混凝土时,应对模板及其支架进行观察和维护。发生异常情况时,应按施工技术方案及时进行处理。

(3)模板及其支架拆除的顺序及安全措施应按施工技术方案执行。

2. 模板安装

主控项目:

(1)安装现浇结构的上层模板及其支架时,下层楼板应具有承受上层荷载的承载能力,或加设支架;上、下层支架的立柱应对准,并铺设垫板。

检查数量:全数检查

检验方法:对照模板设计文件和施工技术方案观察。

(2)在涂刷模板隔离剂时,不得沾污钢筋和混凝土接槎处。

检查数量:全数检查

检验方法:观察。

一般项目:

(1)模板安装应满足下列要求:

1)模板的接缝不应漏浆;在浇筑混凝土前,木模板应浇水湿润,但模板内不应有积水;

2)模板与混凝土的接触面应清理干净并涂刷隔离剂,但不得采用影响结构性能或妨碍装饰工程施工的隔离剂;

3)浇筑混凝土前,模板内的杂物应清理干净;

4)对清水混凝土工程和装饰混凝土工程,应使用能达到设计效果的模板。

检查数量:全数检查。

检验方法:观察。

(2)用作模板的地坪、胎模等应平整光洁,不得产生影响构件质量的下沉、裂缝、起砂或起鼓。

检查数量:全数检查。

检验方法:观察。

(3)对跨度不小于4m的现浇钢筋混凝土梁、板,其模板应按设计起拱;当设计无具体要求时,起拱高度宜为跨度的1/1000~3/1000。

检查数量:在同一检验批内,对梁,应抽查构件数量的10%,且不少于3件;对板,应按有代表性的自然间抽查10%,且不少于3间;对大空间结构,板可按纵、横轴线划

350

分检查面，抽查10%，且不少于3面。

检查方法：水准仪或拉线、钢尺检查。

（4）固定在模板上的预埋件、预留孔和预留洞均不得遗漏，且应安装牢固，其偏差应符合表10-9的规定。

检查数量：在同一检验批内，对梁、柱和独立基础，应抽查构件数量的10%，且不少于3件；对墙和板，应按有代表性的自然间抽查10%，且不少于3间；对大空间结构，墙可按相邻轴线间高度5m左右划分检查面，板可按纵横轴线划分检查面，抽查10%，且均不少于3面。

检验方法：钢尺检查。

（5）现浇结构模板安装的偏差应符合表10-10的规定。

预埋件和预留孔洞的允许偏差　　表10-9

预　　目　　目		允许偏差（mm）
预埋钢板中心线位置		3
预埋管、预留孔中心线位置		3
插　筋	中心线位置	5
	外露长度	+10，0
预埋螺栓	中心线位置	2
	外露长度	+10，0
预留洞	中心线位置	10
	尺　寸	+10，0

注：检查中心线时，应沿纵、横两个方向量测，并取其中的较大值。

现浇结构模板安装的允许偏差及检验方法　　表10-10

项　　目		允许偏差（mm）	检验方法
轴线位置		5	钢尺检查
底模上表面标高		±5	水准仪或拉线、钢尺检查
截面内部尺寸	基础	±10	钢尺检查
	柱、墙、梁	+4，−5	钢尺检查
层高垂直度	不大于5m	6	经纬仪或吊线、钢尺检查
	大于5m	8	经纬仪或吊线、钢尺检查
相邻两板表面高低差		2	钢尺检查
表面平整度		5	2m靠尺和塞尺检查

注：检查轴线位置时，应沿纵、横两个方向量测，并取其中的较大值。

检查数量：在同一检验批内，对梁、柱和独立基础，应抽查构件数量的10%，且不少于3件；对墙和板，应按有代表性的自然间抽查10%，且不少于3间；对大空间结构，墙可按相邻轴线间高度5m左右划分检查面，板可按纵、横轴线划分检查面，抽查10%，且均不少于3面。

（6）预制构件模板安装的偏差应符合表10-11的规定。

预制构件模板安装的允许偏差及检验方法　　表10-11

项　　目		允许偏差（mm）	检　验　方　法
长　度	板、梁	±5	钢尺量两边角，取其中最大值
	薄腹梁、桁架	±10	
	柱	0，−10	
	墙板	0，−5	

项　目		允许偏差（mm）	检　验　方　法
宽　度	板、墙板	0，−5	钢尺量一端及中部、取其中较大值
	梁、薄腹梁、桁架、柱	+2，−5	
高（厚）度	板	+2，−3	钢尺量一端及中部，取其中较大值
	墙　板	0，−5	
	梁、薄腹梁、桁架、柱	+2，−5	
侧向弯曲	梁、板、柱	$l/1000$ 且 $\leqslant 15$	拉线，钢尺量最大弯曲处
	墙板、薄腹梁、桁架	$l/1500$ 且 $\leqslant 15$	
板的表面平整度		3	2m靠尺和塞尺检查
相邻两板表面高低差		1	钢尺检查
对角线差	板	7	钢尺量两个对角线
	墙　板	5	
翘　曲	板、墙板	$l/1500$	调水平在两端量测
设计起拱	薄腹梁、桁架、梁	± 3	拉线、钢尺量跨中

注：l 为构件长度（mm）。

检查数量：首次使用或大修后的模板应全数检查；使用中模板应定期检查，并根据使用情况不定期抽查。

3．模板拆除

主控项目

（1）底模及其支架拆除时的混凝土强度应符合设计要求；当设计无具体要求时，混凝土强度应符合表10-12的规定。

底模拆除时的混凝土强度要求　　　　　　　　　　　表10-12

构件类型	构件跨度（m）	达到设计的混凝土立方体抗压强度标准值的百分率（%）
板	$\leqslant 2$	$\geqslant 50$
	>2，$\leqslant 8$	$\geqslant 75$
	>8	$\geqslant 100$
梁、拱、壳	$\leqslant 8$	$\geqslant 75$
	>8	$\geqslant 100$
悬臂构件	—	$\geqslant 100$

检查数量：全数检查

检验方法：检查同条件养护试件强度试验报告。

（2）对后张法预应力混凝土结构构件，侧模宜在预应力张拉前拆除；底模支架的拆除应按施工技术方案执行，当无具体要求时，不应在结构构件建立预应力前拆除。

检查数量：全数检查。

检验方法：观察。

（3）后浇带模板的拆除和支顶应按施工技术方案执行。

检查数量：全数检查。

检验方法：观察。

一般项目：

（1）侧模拆除时的混凝土强度应能保证其表面及棱角不受损伤。

检查数量：全数检查。

检验方法：观察。

（2）模板拆除时，不应对楼层形成冲击荷载。拆除的模板和支架宜分散堆放并及时清运。

检查数量：全数检查。

检验方法：观察。

（二）钢筋分项工程

1．一般规定

（1）当钢筋的品种、级别或规格需作变更时，应办理设计变更文件。

（2）在浇筑混凝土之前，应进行钢筋隐蔽工程验收，其内容包括：

1）纵向受力钢筋的品种、规格、数量、位置等；

2）钢筋的连接方式、接头位置、接头数量、接头面积百分率等；

3）箍筋、横向钢筋的品种、规格、数量、间距等；

4）预埋件的规格、数量、位置等。

2．钢筋加工

主控项目：

（1）受力钢筋的弯钩和弯折应符合下列规定：

1）HPB235 级钢筋末端应作 180°弯钩，其弯弧内直径不应小于钢筋直径的 2.5 倍，弯钩的弯后平直部分长度不应小于钢筋直径的 3 倍；

2）当设计要求钢筋末端需作 135°弯钩时，HRB335 级、HRB400 级钢筋的弯弧内直径不应小于钢筋直径的 4 倍，弯钩的弯后平直部分长度应符合设计要求；

3）钢筋作不大于 90°的弯折时，弯折处的弯弧内直径不应小于钢筋直径的 5 倍。

检查数量：按每工作班同一类型钢筋、同一加工设备抽查不应少于 3 件。

检验方法：钢尺检查。

（2）除焊接封闭环式箍筋外，箍筋的末端应作弯钩，弯钩形式应符合设计要求；当设计无具体要求时，应符合下列规定：

1）箍筋弯钩的弯弧内直径除应满足专业规范的规定外，尚应不小于受力钢筋直径；

2）箍筋弯钩的弯折角度：对一般结构，不应小于 90°；对有抗震等要求的结构，应为 135°；

3）箍筋弯后平直部分长度：对一般结构，不宜小于箍筋直径的 5 倍；对有抗震等要求的结构，不应小于箍筋直径的 10 倍。

检查数量：按每工作班同一类型钢筋、同一加工设备抽查不应少于 3 件。

检验方法：钢尺检查。

一般项目：

（1）钢筋调直宜采用机械方法，也可采用冷拉方法。当采用冷拉方法调直钢筋时，HPB235 级钢筋的冷拉率不宜大于 4%，HRB335 级、HRB400 级和 RRB400 级钢筋的冷拉率不宜大于 1%。

检查数量：按每工作班同一类型钢筋、同一加工设备抽查不应少于 3 件。

检验方法：观察，钢尺检查。

(2) 钢筋加工的形状、尺寸应符合设计要求，其偏差应符合表 10-13 的规定。

检查数量：按每工作班同一类型钢筋、同一加工设备抽查不应少于 3 件。

检验方法：钢尺检查。

钢筋加工的允许偏差	表 10-13
项　　目	允许偏差（mm）
受力钢筋顺长度方向全长的净尺寸	±10
弯起钢筋的弯折位置	±20
箍筋内净尺寸	±5

3. 钢筋连接

主控项目：

(1) 纵向受力钢筋的连接方式符合设计要求。

检查数量：全数检查

检验方法：观察。

(2) 在施工现场，应按国家现行标准《钢筋机械连接通用技术规程》（JGJ 107—96）、《钢筋焊接及验收规程》（JGJ 18—96）的规定抽取钢筋机械连接接头、焊接接头试件作力学性能检验，其质量应符合有关规程的规定。

检查数量：按有关规程确定。

检验方法：检查产品合格证、接头力学性能试验报告。

一般项目：

(1) 钢筋的接头宜设置在受力较小处。同一纵向受力钢筋不宜设置两个或两个以上接头。接头末端至钢筋弯起点的距离不应小于钢筋直径的 10 倍。

检查数量：全数检查。

检验方法：观察，钢尺检查。

(2) 在施工现场，应按国家现行标准《钢筋机械连接通用技术规程》（JGJ 107—96）、《钢筋焊接及验收规程》（JGJ 18—96）的规定对钢筋机械连接接头、焊接接头的外观进行检查，其质量应符合有关规程的规定。

检查数量：全数检查。

检验方法：观察。

(3) 当受力钢筋采用机械连接接头或焊接接头时，设置在同一构件内的接头宜相互错开。

纵向受力钢筋机械连接接头及焊接接头连接区段的长度为 35 倍 d（d 为纵向受力钢筋的较大直径）且不小于 500mm，凡接头中点位于该连接区段长度内的接头均属于同一连接区段。同一连接区段内，纵向受力钢筋机械连接及焊接的接头面积百分率为该区段内有接头的纵向受力钢筋截面面积与全部纵向受力钢筋截面面积的比值。

同一连接区段内，纵向受力钢筋的接头面积百分率应符合设计要求；当设计无具体要求时，应符合下列规定：

1) 在受拉区不宜大于 50%；

2）接头不宜设置在有抗震设防要求的框架梁端、柱端的箍筋加密区；当无法避开时，对等强度高质量机械连接接头，不应大于50%；

3）直接承受动力荷载的结构构件中，不宜采用焊接接头；当采用机械连接接头时，不应大于50%。

检查数量：在同一检验批内，对梁、柱和独立基础，应抽查构件数量的10%，且不少于3件；对墙和板，应按有代表性的自然间抽查10%，且不少于3间；对大空间结构，墙可按相邻轴线间高度5m左右划分检查面，板可按纵横轴线划分检查面，抽查10%，且均不少于3面。

检验方法：观察，钢尺检查。

（4）同一构件中相邻纵向受力钢筋的绑扎搭接接头宜相互错开。绑扎搭接接头中钢筋的横向净距不应小于钢筋直径，且不应小于25mm。

钢筋绑扎搭接接头连接区段的长度为$1.3l_l$（l_l为搭接长度），凡搭接接头中点位于该连接区段长度内的搭接接头均属于同一连接区段。同一连接区段内，纵向钢筋搭接接头面积百分率为该区段内有搭接接头的纵向受力钢筋截面面积与全部纵向受力钢筋截面面积的比值，如图10-2所示。

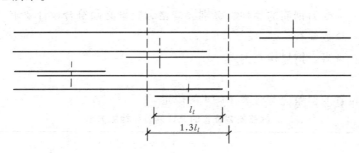

图10-2　钢筋绑扎搭接接头连接区段及接头面积百分率

注：图中所示搭接接头同一连接区段内的搭接钢筋为两根，当各钢筋直径相同时，接头面积百分率为50%。

同一连接区段内，纵向受拉钢筋搭接接头面积百分率应符合设计要求；当设计无具体要求时，应符合下列规定：

1）对梁类、板类及墙类构件，不宜大于25%；

2）对柱类构件，不宜大于50%；

3）当工程中确有必要增大接头面积百分率时，对梁类构件，不应大于50%；对其他构件，可根据实际情况放宽。

纵向受力钢筋绑扎搭接接头的最小搭接长度应符合规范的规定。

检查数量：在同一检验批内，对梁、柱和独立基础，应抽查构件数量的10%，且不少于3件；对墙和板，应按有代表性的自然间抽查10%，且不少于3间；对大空间结构，墙可按相邻轴线间高度5m左右划分检查面，板可按纵、横轴线划分检查面，抽查10%，且均不少于3面。

检验方法：观察，钢尺检查。

（5）在梁、柱类构件的纵向受力钢筋搭接长度范围内，应按设计要求配置箍筋。当设计无具体要求时，应符合下列规定：

1）箍筋直径不应小于搭接钢筋较大直径的 0.25 倍；

2）受拉搭接区段的箍筋间距不应大于搭接钢筋较小直径的 5 倍，且不应大于 100mm；

3）受压搭接区段的箍筋间距不应大于搭接钢筋较小直径的 10 倍，且不应大于 200mm；

4）当柱中纵向受力钢筋直径大于 25mm 时，应在搭接接头两个端面外 100mm 范围内各设置两个箍筋，其间距宜为 50mm。

检查数量：在同一检验批内，对梁、柱和独立基础，应抽查构件数量的 10%，且不少于 3 件；对墙和板，应按有代表性的自然间抽查 10%，且不少于 3 间；对大空间结构，墙可按相邻轴线间高度 5m 左右划分检查面，板可按纵、横轴线划分检查面，抽查 10%，且均不少于 3 面。

检验方法：钢尺检查。

4．钢筋安装

主控项目：

钢筋安装时，受力钢筋的品种、级别、规格和数量必须符合设计要求。

检查数量：全数检查。

检验方法：观察，钢尺检查。

一般项目：

钢筋安装位置的偏差应符合表 10-14 的规定。

钢筋安装位置的允许偏差和检验方法　　　　　　　　　　表 10-14

项　　　　目		允许偏差（mm）	检　验　方　法
绑扎钢筋网	长、宽	±10	钢尺检查
	网眼尺寸	±20	钢尺量连续三档，取最大值
绑扎钢筋骨架	长	±10	钢尺检查
	宽、高	±5	钢尺检查
受力钢筋	间距	±10	钢尺量两端、中间各一点，取最大值
	排距	±5	
	保护层厚度　基础	±10	钢尺检查
	保护层厚度　柱、梁	±5	钢尺检查
	保护层厚度　板、墙、壳	±3	钢尺检查
绑扎箍筋、横向钢筋间距		±20	钢尺量连续三档，取最大值
钢筋弯起点位置		20	钢尺检查
预埋件	中心线位置	5	钢尺检查
	水平高差	+3，0	钢尺和塞尺检查

注：1．检查预埋件中心线位置时，应沿纵、横两个方向量测，并取其中的较大值；

2．表中梁类、板类构件上部纵向受力钢筋保护层厚度的合格点率应达到 90% 及以上，且不得有超过表中数值 1.5 倍的尺寸偏差。

356

检查数量：在同一检验批内，对梁、柱和独立基础，应抽查构件数量的10%，且不少于3件；对墙和板，应按有代表性的自然间抽查10%，且不少于3间；对大空间结构，墙可按相邻轴线间高度5m左右划分检查面，板可按纵、横轴线划分检查面，抽查10%，且均不少于3面。

（三）混凝土分项工程

1．一般规定

（1）结构构件的混凝土强度应按现行国家标准《混凝土强度检验评定标准》（GBJ 107—87）的规定分批检验评定。

对采用蒸汽法养护的混凝土结构构件，其混凝土试件应先随同结构构件同条件蒸汽养护，再转入标准条件养护共28d。

当混凝土中掺用矿物掺合料时，确定混凝土强度时的龄期可按现行国家标准的规定取值。

（2）检验评定混凝土强度用的混凝土试件的尺寸及强度的尺寸换算系数应按表10-15取用；其标准成型方法、标准养护条件及强度试验方法应符合普通混凝土力学性能试验方法标准的规定。

混凝土试件尺寸及强度的尺寸换算系数 表10-15

骨料最大粒径（mm）	试件尺寸（mm）	强度的尺寸换算系数
≤31.5	100×100×100	0.95
≤40	150×150×150	1.00
≤63	200×200×200	1.05

注：对强度等级为C60及以上的混凝土试件，其强度的尺寸换算系数可通过试验确定。

（3）结构构件拆模、出池、出厂、吊装、张拉、放张及施工期间临时负荷时的混凝土强度，应根据同条件养护的标准尺寸试件的混凝土强度确定。

（4）当混凝土试件强度评定不合格时，可采用非破损或局部破损的检测方法，按国家现行有关标准的规定对结构构件中的混凝土强度进行推定，并作为处理的依据。

（5）混凝土的冬期施工应符合国家现行标准《建筑工程冬期施工规程》（JGJ 104—97）和施工技术方案的规定。

2．混凝土施工

主控项目

（1）结构混凝土的强度等级必须符合设计要求。用于检查结构构件混凝土强度的试件，应在混凝土的浇筑地点随机抽取。取样与试件留置应符合下列规定：

1）每拌制100盘且不超过100m³的同配合比的混凝土，取样不得少于一次；

2）每一工作班拌制的同一配合比的混凝土不足100盘时，取样不得小于一次；

3）当一次连续浇筑超过1000m³时，同一配合比的混凝土每200m³取样不得少于一次；

4）每一层楼、同一配合比的混凝土，取样不得少于一次；

5）每次取样应至少留置一组标准养护试件，同条件养护试件的留置组数应根据实际需要确定。

检验方法：检查施工记录及试件强度试验报告。

（2）对有抗渗要求的混凝土结构，其混凝土试件应在浇筑地点随机取样。同一工程、同一配合比的混凝土，取样不应少于一次，留置组数可根据实际需要确定。

检验方法：检查试件抗渗试验报告。

（3）混凝土原材料每盘称量的偏差应符合表 10-16 的规定。

检查数量：每工作班抽查不应少于一次。

检验方法：复称。

（4）混凝土运输、浇筑及间歇的全部时间不应超过混凝土的初凝时间。同一施工段的混凝土应连续浇筑，并应在底层混凝土初凝之前将上一层混凝土浇筑完毕。

原材料每盘称量的允许偏差　　表 10-16

材　料　名　称	允　许　偏　差
水泥、掺合料	±2%
粗、细骨料	±3%
水、外加剂	±2%

注：1. 各种衡器应定期校验，每次使用前应进行零点校核，保持计量准确；
2. 当遇雨天或含水率有显著变化时，应增加含水率检测次数，并及时调整水和骨料的用量。

当底层混凝土初凝后浇筑上一层混凝土时，应按施工技术方案中对施工缝的要求进行处理。

检查数量：全数检查。

检验方法：观察，检查施工记录。

一般项目：

（1）施工缝的位置应在混凝土浇筑前按设计要求和施工技术方案确定。施工缝的处理应按施工技术方案执行。

检查数量：全数检查。

检验方法：观察，检查施工记录。

（2）后浇带的留置位置应按设计要求和施工技术方案确定。后浇带混凝土浇筑应按施工技术方案进行。

检查数量：全数检查。

检验方法：观察，检查施工记录。

（3）混凝土浇筑完毕后，应按施工技术方案及时采取有效的养护措施，并应符合下列规定：

1）应在浇筑完毕后的 12h 以内对混凝土加以覆盖并保湿养护；

2）混凝土浇水养护的时间：对采用硅酸盐水泥、普通硅酸盐水泥或矿渣硅酸盐水泥拌制的混凝土，不得少于 7d；对掺用缓凝型外加剂或有抗渗要求的混凝土，不得少于 14d；

3）浇水次数应能保持混凝土处于湿润状态；混凝土养护用水应与拌制用水相同；

4）采用塑料布覆盖养护的混凝土，其敞露的全部表面应覆盖严密，并应保持塑料布内有凝结水；

5）混凝土强度达到 1.2N/mm² 前，不得在其上踩踏或安装模板及支架。

注：1. 当日平均气温低于 5℃时，不得浇水；

2．当采用其他品种水泥时，混凝土的养护时间应根据所采用水泥的技术性能确定；

3．混凝土表面不便浇水或使用塑料布时，宜涂刷养护剂；

4．对大体积混凝土的养护，应根据气候条件按施工技术方案采取控温措施。

检查数量：全数检查。

检验方法：观察，检查施工记录。

六、现场常用的质量检验方法

通过大量的工程施工实践，现场工程技术人员和质量检查人员总结归纳出目测和实测两大类检查方法，学生在实习的过程中，要认真加以体会和实践，尽快掌握。

（一）目测的检查手段

目测的检查手段包括：看、摸、敲、照等四项。

"看"即对照有关质量标准进行外观目测观察。例：钢筋的排列数量、固定措施；模板及支架的牢固程度；混凝土的外观质量；砖墙的砌筑质量等都是靠目测检查。所以，目测是质量检查的重要手段，也是难度最大的手段，要通过长期反复实践，才能准确掌握。

"摸"即手感检查，适用于装饰工程的某些项目。如水刷石、干粘石、抹灰等的平整度，油漆的光洁度，均可以通过手摸加以鉴别。

"敲"是运用工具对工程项目进行音感检查。例：装饰工程中饰面砖的镶贴和饰面板的安装等均应进行敲击检查，以确定有无空鼓。

"照"是采用镜子反射的方法，检查人眼高度以上的产品、缝隙较小伸不进头的产品背面的质量情况；对封闭后光线较暗的部位（如下水道的底部、模板内部等）可采用灯光照射检查。

（二）实测检查方法

实测检查方法包括：靠、吊、量、套等几项。

"靠"是检查平整度的手段。主要利用靠尺检查工程项目表面的平整度，例如墙面和地面等有平整度要求的项目。

"吊"是检查垂直度的手段。一般采取托线板或线锤吊线来检查工程项目测量面的垂直度，若采用专用检测工具，则更加快捷、准确。

"量"是用各种工具检查所需实测的项目，例如：用尺量墙面的长度、高度、厚度；拉小线量灰缝的平直度；用百格网量砂浆的饱满度；用塞尺测平整度等均属"量"的范围。

"套"是以方尺检查项目方正的一种方法。如对阴阳角的方正；踢角线的垂直度；门窗对角线的方正等均应套方检查。

上述两大类检查手段是现场质量检查员用得最多，工作量最大的检查工作，工作繁琐但事关质量的好坏，所以一定要认真细微，逐项检查、记录，严把质量关。

课题四　工程事故的分析与处理

工程质量事故是指建筑安装工程质量不符合设计要求，超出国家颁发的有关工程技术规范和质量验收标准允许的偏差范围，影响工程正常使用，需作返工或加固处理的单位工程或分项工程。

一、工程质量事故的特点

1．复杂性

工程质量事故的复杂性，主要表现在引发质量事故的因素复杂，从而增加了对质量问题的性质、危害的分析、判断和处理的复杂性。可能是设计问题或施工问题，也可能是原材料的问题。

2. 严重性

工程质量事故，轻者影响施工顺利进行，拖延工期，增加工程费用；重者给工程留下隐患，成为危房，影响安全使用或不能使用；更严重的，会引起建筑物倒塌，造成人民生命财产的巨大损失。

3. 可变性

许多工程质量问题，还将随着时间不断发展变化。混合结构墙体的裂缝也会随着温度应力和地基的沉降量而变化，甚至有的细微裂缝，也可以发展成构件断裂或结构物倒塌的重大事故。

4. 多发性

工程事故频频发生，重大质量事故仍不能杜绝。有些质量问题多次重复发生，如雨篷、阳台倾覆，悬挑梁、板断裂，混凝土强度不足等等，要做到警钟长鸣，预防为主，确保建设工程质量。

二、工程质量事故的分类

工程质量事故按照不同的方法，可分为以下几类。

1. 按事故破坏及影响程度分

(1) 一般事故，直接损失在 10 万元以下，5 千元以上，无重大伤亡，仅个别构件破坏、主体结构影响不大。

(2) 重大事故，有下列情况之一者为重大事故：

1) 建筑物、构筑物的主要结构倒塌。

2) 建筑物、构筑物出现超过规范规定的基础不均匀下沉，主体倾斜、结构开裂或主体结构强度不足。

3) 影响结构安全，降低工程使用年限，致使工程改变使用功能。

4) 返工损失在 10 万元以上。

2. 按事故发生的时间分

(1) 施工过程中发生的质量事故。

(2) 竣工交付使用后发生的质量事故。

3. 按事故发生的表现形式分

(1) 变形：超过设计及规范规定的变形。

(2) 裂缝：包括工程结构各种类型的裂缝。

(3) 倒塌：工程倒塌事故。

(4) 结构强度不足或承载能力不够。

(5) 建筑功能事故：如房屋漏雨、渗水、隔热、隔声功能不良等。

(6) 其他事故：如塌方、滑坡、火灾、天灾等。

三、工程质量事故的原因

1. 违背基本建设程序

违背基本建设程序，不按客观规律办事是造成工程质量事故时常发生的主要原因。

2．工程地质勘察原因

工程不认真进行地质勘察，所提供的地质资料有误，或无勘测资料进行设计。

3．地基加固处理不当

对软弱地基及土质孔洞处理不当，是导致重大质量事故的原因。

4．设计方面问题

设计考虑不周，结构构造不合理，计算简图不正确，内力分析有误，沉降缝及伸缩缝设置不当等，甚至无证设计都是诱发质量事故的隐患。

5．建筑材料及制品不合格

钢筋物理力学性能达不到要求、水泥受潮、过期结块、安定性不良、砂石级配不合理等等。

6．施工和现场管理问题

（1）不认真按图施工。

（2）不按有关施工规范及操作规程施工。

（3）粗制滥造，偷工减料。

（4）施工现场管理混乱。

四、工程质量事故调查与处理

（一）事故调查

事故发生后应及时组织调查。通常，工程质量事故调查报告的项目应包括：

（1）工程概况；

（2）事故发生的时间、部位；

（3）事故原因分析；

（4）事故涉及人员与主要责任者情况等；

（5）今后预防发生类似事故的措施；

（6）参加调查人员的姓名或职务；

（7）单位主管领导及填表人签字。

（二）事故处理

发生重大工程质量事故后，现场负责人应立即向上级和有关部门报告，并保护好现场，做好记录，等待上级有关部门处理。

事故处理完成后，还必须提交完整的事故处理报告，其具体内容主要有：

（1）事故调查的原始资料，如出现事故的时间、地点、对事故的描述，事故观测记录，事故发展变化规律及事故是否已稳定等。

（2）事故原因分析，在判定事故性质的基础上，阐明造成事故的主要原因，并提供可靠的证明数据、资料。

（3）事故处理方案，依据事故有关资料、提出具体的处理方法及技术措施，是全面返工、还是加固处理等。

（4）事故处理的检查验收结论。

（5）事故涉及人员及主要责任者情况。

单　元　小　结

本单元叙述了工程质量验收的主要内容，包括质量管理的有关文件、原材料的检验与验收、工程施工质量验收、工程事故的分析与处理。

《建筑工程施工质量验收统一标准》及相关的专业验收规范是新的工程质量验收规范体系，一定要认真学习，不折不扣地贯彻执行。

原材料的质量是保证工程质量的关健，一定要严把材料的进场检验和验收关，不合格的材料坚决杜绝进入施工现场。

课题三详细列出了验收要求，对检验批和分项工程、分部工程、单位工程的验收程序、质量标准、达不到要求的处理办法以及相关的验收记录作了较详尽的介绍，并以混凝土工程为例，列出了钢筋、模板、混凝土分项工程的验收要求，重点是强化对结构安全和使用功能，人体健康强制性条文的理解。

工程质量事故的调查与处理是质量管理的一项重要工作，一定要认真对待，查明原因，分清责任、提出妥善的处理方案。

复 习 思 考 题

1．新的工程质量验收规范体系坚持了什么指导思想？
2．检验批和分项工程的质量标准是什么？
3．分部（子分部）工程的验收程序和组织、质量标准是什么？
4．单位工程的验收程序是什么？
5．对原材料进行进场检验的重要性是什么？
6．现场常用的质量检查方法有哪些？
7．模板工程质量验收的主控项目包括什么内容？
8．什么是主控项目？什么是一般项目？
9．钢筋工程质量验收的主控项目是什么？
10．混凝土工程质量验收的主控项目是什么？
11．什么是一般工程质量事故？什么是工程质量重大事故？
12．如何进行工程质量事故的调查和处理？

单元三　施工现场质量管理

施工现场质量波动一般受人、设备、材料、工艺、环境等五方面因素（称为"4MIE"）的影响，施工现场质量管理就是强化对以上五种因素的控制。

施工现场质量管理一般分为施工前的质量管理、施工过程中的质量管理以及工程竣工验收时的质量管理。在整个施工过程中，要贯彻"预防为主"的指导思想，强化事前控制，严格检查把关，把质量隐患消灭在萌芽状态，不将上道工序的质量问题转到下道工序。

施工现场质量管理应有相应的施工技术标准，健全的质量管理体系，施工质量检验制度和综合施工质量水平评定考核制度。施工现场质量管理可按表10-17进行检查记录。

施工现场质量管理检查记录　　　　　表 10-17

开工日期：

工程名称			施工许可证（开工证）	
建设单位			项目负责人	
设计单位			项目负责人	
监理单位		总监理工程师		
施工单位		项目经理	项目技术负责人	
序号	项　目		内　容	
1	现场质量管理制度			
2	质量责任制			
3	主要专业工种操作上岗证书			
4	分包方资质与对分包单位的管理制度			
5	施工图审查情况			
6	地质勘察资料			
7	施工组织设计、施工方案及审批			
8	施工技术标准			
9	工程质量检验制度			
10	搅拌站及计量设置			
11	现场材料、设备存放与管理			
12				

检查结论：

　　总监理工程师

　　（建设单位项目负责人）　　　　　　　　　　　　　　　年　　月　　日

课题一 施工前的质量计划与控制

施工前的质量管理也就是施工准备工作的质量控制，它是确保建筑产品质量的重要一环，是落实"质量第一"方针的具体措施。

施工准备工作的质量控制要做好以下几点：

一、对"4MIE"进行事前控制

在施工准备阶段首先要对影响工程质量的"4MIE"进行事前控制，具体工作内容有：

1．确认施工队伍及人员的技术资质

施工队伍的技术资质应与所担负的施工任务相适应，不具备相应资质的施工队伍不能进入施工现场，同时对具备相应技术资质的分包单位的质量管理制度要进行检查验收。

主要专业工种的工人应持有相应的操作上岗证书，工种和等级配备应满足工程的需要，特殊工种必须持证上岗，未经技术培训和安全培训的人员不能上岗，以确保操作质量。

2．确保机械设备的性能，原材料、构配件的规格和质量

机械设备是施工中重要的劳动条件，为充分发挥机械设备的作用，确保安全，事前应对机械设备的完好情况和工作性能作检查和确认，并制定定机、定人、定岗位责任的"三定"制度，严守操作规程，防止出现质量事故。

原材料、构配件的质量对建筑工程施工质量起着主导作用。因此，原材料、构配件进场、入库时，要按质量员实习单元二工程质量验收中原材料的检验与验收的要求办理，为确保工程质量打下基础。

3．审核施工方案和保证工程质量的技术措施

要确保施工方案在技术上可行、经济上合理，有利于提高工程质量。

4．施工环境的控制

影响工程质量的环境因素很多，主要有工程技术环境（如地质、水文、气象等）、工程管理环境（如质量保证体系、管理制度等）、劳动环境（如劳动结合、劳动工具、工作面等）。每一种环境因素又是复杂多变的，因此，在施工前要根据现场的实际情况和工程特点，研究合理的方案，加强施工现场的整顿、整理和清扫工作，创造一个良好的施工秩序和施工环境。

二、建立施工现场质量保证体系

要根据企业的质量保证体系和质量目标，结合在施工程的工程特点和施工现场的实际情况，建立施工现场的质量保证体系和质量管理制度；完善计量及质量检测技术和手段；编制现场质量目标展开图，使现场质量工作深入人心、齐抓共管、分工负责，确保现场工程质量目标和措施的落实。

三、施工图及有关技术资料的审核

通过对施工图及有关技术资料的会审，了解工程特点、设计意图，掌握工程的重点和关键部位的工程质量要求以及相应的技术措施。

四、审核开工报告书

现场的各项施工准备工作做好之后，就可以填写开工报告，通过监理工程师检查符合开工条件后，项目经理才能发布开工命令，否则，不得擅自开工。

五、施工前测量工作

项目开工前应编制测量控制方案，经项目技术负责人批准后方可实施，测量记录应归档保存。主要控制施工范围内建筑物之间相互关系，控制桩建筑红线桩及坐标，找出现场有关水准点位置，相对标高绝对标高数据，并引到拟建工程附近。施工过程中应对测量点线妥善保护，严禁擅自移动。

六、施工人员培训

施工企业应时全体施工人员进行质量知识培训，并应保存培训记录，达到持证上岗。

课题二 施工过程中的质量控制

一、施工过程中质量控制的内容

施工过程中的质量控制是整个施工阶段现场质量控制的中心环节，必须制定切实可行的措施，落实到人，质量管理人员要重点抓好以下工作：

1. 施工操作质量检查

确保操作符合工艺操作规程要求。

2. 工序质量交接检查

必须加强对质量的巡视检查，纠正违章作业，通过自检、互检、交接检查，一环扣一环，环环不放松，这是确保整个工程质量的有力保证。

3. 隐蔽工程的检查

此项检查是防止质量隐患，避免质量事故的重要措施。必须办理质量隐检鉴证手续，隐检中发现的问题要及时认真处理，处理后经监理工程师复核认证后，方可进行下一道工序。

4. 加强工程施工预检

未经预检或预检不合格，均不得进行下道工序施工。

5. 成品保护的检查

对已完成的工程成品要采取保护、包裹、覆盖、局部封闭等措施，防止后续工序对成品的污染和破坏。

二、现场质量管理的方法

（一）全面质量管理的基本工作方法——PDCA循环法

全面质量管理活动的全过程就是质量计划和组织实施的过程。美国质量管理专家戴明博士把这一过程划分为计划的（P）、（D）、（C）、（A）四个阶段，简称为PDCA循环法。即按计划—实施—检查—处理四个阶段周而复始地进行质量管理，四个阶段的基本工作内容如下：

1. 计划阶段（P）

计划阶段的主要工作就是确定质量管理方针、质量目标以及实现该方针和目标的措施和行动计划。

2. 实施阶段（D）

此阶段按照预定计划、目标和措施及其分工，采取切实可行的步骤去执行，努力实现预期的要求。

3. 检查阶段（C）

认真检查执行情况和实施的结果，及时地将执行情况和实施的结果与拟定计划进行比较，找出成功的经验和失败的教训。

4．处理阶段（A）

这一阶段包括两个具体的步骤：

（1）总结经验，将有效的措施形成标准。通过修订、完善相应的工艺文件、工艺规程、作业标准和各种质量管理规章制度，将质量工作提高到一个新的水平。

（2）提出尚未解决的问题。通过检查，对效果不明显或效果不符合设计要求的问题，以及没有得到解决的质量问题，归总列为遗留问题，在下一个循环中要作为重要问题加以解决。

（二）建立施工现场质量保证体系

图 10-3 为一个施工项目质量管理保证体系网络示意图。在施工现场的各类人员要各司其职、自我把关、人尽其责，做到按图施工，按工艺操作，按制度办事，保证本岗位不将不合格的产品流向下一道工序。

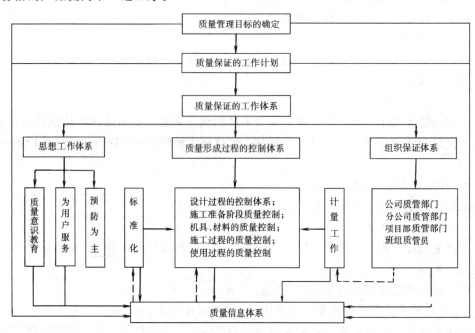

图 10-3　施工项目质量管理保证体系

（三）建立质量监控点

质量监控点是施工现场在一定时期和一定条件下，需要特别加强监控的部位和工序，这是质量管理的重点。

通常考虑以下因素设置质量监控点：

（1）关键工序和关键部位；

（2）施工工艺本身有特殊要求或对下一道工序施工和安装有重大影响的分部分项工程项目；

（3）易出安全事故的工序；

（4）质量不稳定、可能出现不合格产品较多的施工部位与分部分项工程项目；

（5）回访、保修中信息反馈回来的不良环节。

普通混凝土浇筑工程质量监控点设置见表10-18。

普通混凝土浇筑工程质量控制点设置　　　　　　　　　　表10-18

工程项目	班组目标	分项项目	控制点设置	自控标准	规范标准	对策措施	检查工具及检查方法	执行人	经济责任制
	无蜂窝、麻面、烂根、露筋、夹渣	蜂窝	配合比，振捣		梁柱上一处不大于100cm²，累计不大于200cm²；基础、墙、板上一处不大于200cm²，累计不大于400cm²	1. 混凝土搅拌时，严格控制配合比 2. 混凝土自由倾落高度一般不得超过2m，应分层捣固，掌握每点的振捣时间 3. 在钢筋密集处，可采用豆石混凝土浇筑，应选配适当的石子 4. 预留洞处应在两侧同时下料，采用正确的振捣方法，严防漏振 5. 浇筑混凝土前，应检查钢筋位置和保护层厚度是否准确，注意固定垫块，垫块放置必须合理，分布均匀 6. 为防止钢筋移位，严禁振捣棒撞击钢筋，操作时不得踩踏钢筋 7. 在模板上沿施工缝位置通条开口，以便清理杂物和冲洗 8. 模板拼缝必须严密，钢木结合部分须处理妥善	尺量外露石子面积及深度		1. 三包二保：包质量，包数量，包材料；保工期，保节约 2. 凡质量未达到要求者，扣其工资和质量奖
		孔洞	下料，振捣		无孔洞		凿去孔洞周围松动石子，尺量孔洞面积及深度		
		露筋	保护层厚度，振捣		无露筋		尺量钢筋外露长度		
		缝隙夹渣	振捣		无缝隙夹渣层		凿去夹渣层，尺量缝隙长度和深度		
		位移	混凝土的浇灌、振捣		允许偏差值在5～15mm	1. 模板固定要牢固 2. 位置线要弹准确，认真将吊线找直，及时调整误差 3. 模板应稳定牢固，拼接严密，无松动，螺栓紧固可靠，并应检查、核对，以防施工过程中发生位移 4. 门洞口模板及各种预埋件位置应符合设计要求，做到位置准确、定位牢固 5. 防止混凝土浇筑时冲击门口模板和预埋件，坚持门洞口两侧混凝土对称均匀进行浇筑和振捣的方法 6. 振捣混凝土时，不得振动钢筋、模板及预埋件，以免模板变形或预埋件位移和脱落	尺量检查		

工程项目	班组目标	分项项目	控制点设置	自控标准	规范标准	对策措施	检查工具及检查方法	执行人	经济责任制
无蜂窝、麻面、烂根、露筋、夹渣		平整度	振捣，养护		框架允许偏差为8mm，大模板允许偏差为5mm	7. 浇筑混凝土板时，应采用平板式振动器振捣 8. 混凝土浇筑后12h内，应进行覆盖浇水养护，在混凝土强度达到1.2N/mm² 后，方可在已浇筑的结构上走动 9. 模板应有足够的强度、刚度和稳定性 10. 柱模板外面应设置柱箍 11. 混凝土浇筑前，应仔细检查模板尺寸和位置是否正确，支撑是否牢固，穿墙螺栓是否锁紧，发现问题及时处理 12. 混凝土一次下料不得过多 13. 不用重物冲击模板，保护模板的牢固和严密 14. 减小放线误差，及时校正并调整 15. 加强支撑	2m靠尺或楔形尺检查		1. 三保二包质量，包数量，包材料；保工期，保节约 2. 凡质量未达到要求者，扣其工资和质量奖
		垂直度	下料		允许偏差5mm		2m托线板或经纬仪或吊线和尺量检查		
		截面尺寸	振捣		允许偏差最小值为+8～-5mm		钢尺拉线水准仪检查		
		标高	振捣		允许偏差值为±10mm（层高）±30mm（全高）				

（四）加强"三检制"

"三检制"是指操作人员"自检"、"互检"和专职质量管理人员的"专检"相结合的检验制度。它是确保现场施工质量的一种行之有效的方法。

1. 自检

自检是操作人员对自己的施工工序或已完成分项工程进行自我检验，及时消除质量不合格的异常因素，防止不合格的产品流向下一道工序，起到自我监督作用。

2. 互检

互检是操作人员之间对已完成的工序或分项工程进行相互检验，起到相互监督的作用。

3. 专检

专检是指专职质量检验员对分部分项工程进行检验。在专检的管理中，还可以细分为专检、巡检和终检。

设置自检、互检是为了提高全员的质量意识，使质量标准深入人心，将质量事故杜绝在萌芽状态中。专检是站在工程全局的高度，对分部分项工程、上下工序的交接时的质量问题进行专控。

（五）开展质量管理小组活动

1．质量管理小组的建立和管理

质量管理小组有以下两种形式：

（1）在行政班组内设置，成员相对固定，一般以 10 人左右为宜。

（2）针对某项具体活动临时成立的跨部门、跨班组的质量管理小组，任务完成以后，自行解散。

质量管理小组活动必须坚持按 PDCA 循环程序进行，要做到有课题、有分析、有图表、有对策、有实施、有总结、有成果。

具体工序如图 10-4 所示。

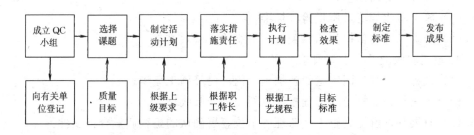

图 10-4　质量管理小组活动流程图

课题三　施工后的质量控制

所谓施工后的质量控制是指各分部各项工程都已全部施工完毕。它是建设投资成果转入生产或使用的标志，是全面考核投资效益、检验设计和施工质量的重要环节。

质量控制的主要工作有：收尾工作、竣工资料的准备、竣工验收的预验收、竣工验收、工程质量回访。

一、收尾工作

收尾工作的特点是零星、分散、工程量小、分布面广，如不及时完成将会直接影响项目的验收及投产使用。因此，应编制项目收尾工作计划并限期完成。项目经理和技术员应对竣工收尾计划执行情况进行检查，重要部位要做好记录。

二、竣工资料的准备

竣工资料是竣工验收的重要依据。承包人应按竣工验收条件的规定，认真整理工程竣工资料。竣工资料包括以下内容：工程施工技术资料、工程质量保证资料、工程检验评定资料、竣工图，规定的其他应交资料。交付竣工验收的施工项目必须有与竣工资料目录相符的分类组卷档案。

三、竣工验收的预验收

施工单位自行组织的内部模拟验收是顺利通过验收的可靠保证，可及时发现遗留问题，事先予以返修、补修。

四、竣工验收

1．竣工验收应按下列程序依次进行

（1）竣工验收准备；

（2）编制竣工验收计划；

（3）组织现场验收；

（4）进行竣工结算；

（5）移交竣工资料；

（6）办理交工手续。

2．竣工验收的依据

（1）批准的设计文件、施工图纸及说明书；

（2）双方签订的施工合同；

（3）设备技术说明书；

（4）设计变更通知书；

（5）施工验收规范及质量验收标准；

（6）外资工程应依据我国有关规定提交竣工验收文件。

3．竣工验收应符合下列要求

（1）设计文件和合同约定的各项施工内容已经施工完毕；

（2）有完整并经核定的工程竣工资料，符合验收规定；

（3）有勘察、设计、施工、监理等单位签署确认的工程质量合格文件；

（4）有工程使用的主要建筑材料、构配件和设备进场的证明及试验报告；

（5）合同约定的工程质量标准；

（6）单位工程质量竣工验收的合格标准；

（7）单项工程达到使用条件或满足生产要求；

（8）建设项目能满足建成投入使用或生产的各项要求。

4．竣工验收

承包人确认工程竣工、具备竣工验收各项要求，并经监理单位认可签署意见后，向发包人提交"工程验收报告"（表10-19）。发包人收到"工程验收报告"后，应在约定的时间和地点，组织有关单位进行竣工验收。

发包人组织勘察、设计、施工、监理等单位按照竣工验收程序，对工程进行核查后，应做出验收结论，并形成"工程竣工验收报告"表（10-20），参与竣工验收的各方负责人应在竣工验收报告上签字并盖单位公章。

通过竣工验收程序，办完竣工结算后，承包人应在规定期限内向发包人办理工程移交手续。

五、工程质量回访

工程交付使用后，应定期进行回访，对出现的质量问题应及时解决。

工程名称		建筑面积	
工程地址		结构类型/层数	
建设单位		开、竣工日期	
设计单位		合同工期	
施工单位		造　　价	
监理单位		合同编号	

	项 目 内 容	施工单位自查意见
竣工条件自检情况	工程设计和合同约定的各项内容完成情况	
	工程技术档案和施工管理资料	
	工程所用建筑材料、建筑配件、商品混凝土和设备的进场试验报告	
	涉及工程结构安全的试块、试件及有关材料的试（检）验报告	
	地基与基础、主体结构等重要分部（分项）工程质量验收报告签证情况	
	建设行政主管部门、质量监督机构或其他有关部门责令整改问题的执行情况	
	单位工程质量自检情况	
	工程质量保修书	
	工程款支付情况	

　经检验，该工程已完成设计和合同约定的各项内容，工程质量符合有关法律、法规和工程建设强制性标准。

　　　　　项目经理：
　　　　　企业技术负责人：（施工单位公章）
　　　　　法定代表人：　　　　　年　月　日

监理单位意见：

　　　　　　　　　　　　　　　　　　　　　　　　　　　总监理工程师：（公章）
　　　　　　　　　　　　　　　　　　　　　　　　　　　　　年　月　日

工 程 竣 工 验 收 报 告　　　　表 10-20

工程概况	工程名称		建筑面积	m²
	工程地址		结构类型	
	层数	地上 层， 地下 层	总高	m
	电梯	台	自动扶梯	台
	开工日期		竣工验收日期	
	建设单位		施工单位	
	勘察单位		监理单位	
	设计单位		质量监督单位	
	工程完成设计与合同所约定内容情况			
验收组织形式				
验收组组成情况	专业			
	建筑工程			
	采暖卫生和燃气工程			
	建筑电气安装工程			
	通风与空调工程			
	电梯安装工程			
	工程竣工资料审查			

竣工验收程序	
工程竣工验收意见	建设单位执行基本建设程序情况：
	对工程勘察、设计、监理等方面的评价：

项目负责人	建设单位	（公章） 年　月　日
勘察负责人	勘察单位	（公章） 年　月　日
设计负责人	设计单位	（公章） 年　月　日
项目经理 企业技术负责人	施工单位	（公章） 年　月　日
总监理工程师	监理单位	（公章） 年　月　日

工程质量综合验收附件：

1．勘察单位对工程勘察文件的质量检查报告；

2．设计单位对工程设计文件的质量检查报告；

3．施工单位对工程施工质量的检查报告，包括：单位工程、分部工程质量自检记录，工程竣工资料目录自查表，建筑材料、建筑构配件、商品混凝土、设备的出厂合格证和进场试验报告的汇总表，涉及工程结构安全的试块、试件及有关材料的试（检）验报告汇总表和强度合格评定表，工程开、竣工报告；

4．监理单位对工程质量的评估报告；

5．地基与勘察、主体结构分部工程以及单位工程质量验收记录；

6．工程有关质量检测和功能性试验资料；

7．建设行政主管部门、质量监督机构责令整改问题的整改结果；

8．验收人员签署的竣工验收原始文件；

9．竣工验收遗留问题的处理结果；

10．施工单位签署的工程质量保修书；

11．法律、规章规定必须提供的其他文件。

单 元 小 结

本单元叙述了施工现场质量管理的内容和方法，强调在施工过程中，要贯彻"预防为主"的指导思想，加强事前控制，严格检查把关，努力将质量隐患消灭在萌芽状态，不将上道工序的质量问题流向下道工序。

施工前的质量控制主要是对施工现场、技术、管理、环境的质量进行审核，建立现场质量保证体系，审核开工报告，努力创造一个好的开工条件。

整个施工过程中的质量控制主要是抓好施工操作、工序交接、隐蔽工程验收、工程预检和成品保护各个环节的控制，并通过全面实施 PDCA 循环法、建立质量保证体系、建立质量监控点、加强"三检"制、开展质量管理小组活动等方法将质量工作落到实处，收到实效。

工程施工后的质量控制主要是做好工程竣工的预验收、竣工验收和工程质量回访，对可能出现的质量问题及时解决。

复 习 思 考 题

1. 现场施工质量波动的主要因素是什么？
2. 施工现场质量管理的内容一般包括什么？
3. 施工现场质量管理的指导思想是什么？
4. 施工前准备的质量控制包括什么内容？
5. 施工过程中质量控制的内容是什么？
6. 什么叫 PDCA 循环法？
7. 建立质量监控点要考虑什么因素？
8. 什么叫"三检制"？
9. 质量管理小组活动有什么作用？
10. 施工后的质量控制有什么工作？

参 考 文 献

1 杜喜成主编. 工业与民用建筑专业实习指导. 武汉：武汉工业大学出版社，2000
2 杜训，陆惠民编著. 建筑企业施工现场管理. 北京：中国建筑工业出版社，1997
3 《建筑施工手册》编写组. 建筑施工手册（缩印本）. 北京：中国建筑工业出版社，1992
4 叶刚主编. 建筑施工技术. 北京：金盾出版社，2000
5 北京建工集团总公司主编. 建筑分项工程施工工艺标准. 北京：中国建筑工业出版社，1997
6 潘全祥主编. 建筑安装工程施工技术资料手册. 北京：中国建筑工业出版社，2001
7 苏振民，周韬主编. 施工员管理手册. 北京：中国建筑工业出版社，1998
8 潘全祥主编. 材料员. 北京：中国建筑工业出版社，1998
9 徐剑主编. 建筑识图与房屋构造. 北京：金盾出版社，2000
10 陈代华主编. 建筑工程概预算与定额. 北京：金盾出版社，1997
11 北京市第三建筑工程公司主编. 建筑工程质量管理专用手册. 北京：中国建筑工业出版社，1996